Magdalena Dorner-Pau
Spielend (be)schreiben

DaZ-Forschung

—

Deutsch als Zweitsprache, Mehrsprachigkeit und Migration

Herausgegeben von
Bernt Ahrenholz
Christine Dimroth
Beate Lütke
Martina Rost-Roth

Band 26

Magdalena Dorner-Pau

Spielend (be)schreiben

Performative Verfahren zur Förderung deskriptiver Kompetenzen in sprachlich heterogenen Grundschulklassen

DE GRUYTER

Druckkostenzuschuss durch die Stadt Graz

ISBN 978-3-11-111062-2
e-ISBN (PDF) 978-3-11-071083-0
e-ISBN (EPUB) 978-3-11-071090-8

Library of Congress Control Number: 2020950167

Bibliografische Information der Deutschen Nationalbibliothek
Die Deutsche Nationalbibliothek verzeichnet diese Publikation in der Deutschen
Nationalbibliografie; detaillierte bibliografische Daten sind im Internet über
http://dnb.dnb.de abrufbar.

© 2022 Walter de Gruyter GmbH, Berlin/Boston
Dieser Band ist text- und seitenidentisch mit der 2021 erschienenen
gebundenen Ausgabe.
Bilder und Grafiken: Simon Dorner
Druck und Bindung: CPI books GmbH, Leck

www.degruyter.com

Meinen Kindern gewidmet.

Inhalt

1	Einleitung —— 1	
2	Beschreiben —— 9	
2.1	Begriffsbestimmung —— 9	
2.2	Vorgang des Beschreibens —— 12	
2.3	(Welt-)Wahrnehmung im Beschreiben —— 14	
2.4	Perspektivität des Beschreibens —— 16	
2.4.1	Aspektivischer Darstellungsstil —— 17	
2.4.2	Zentralperspektivischer Darstellungsstil —— 18	
2.5	Sprache und Beschreiben —— 20	
2.6	Grenzen des Beschreibens —— 22	
2.7	Stereotype Zuschreibungen an das Beschreiben —— 28	
2.7.1	Maximen für Beschreibungen —— 29	
2.7.1.1	Maxime der Unpersönlichkeit und Sachlichkeit —— 30	
2.7.1.2	Maxime der Informativität und Relevanz —— 31	
2.7.1.3	Maxime der Konkretheit und Detailliertheit —— 32	
2.7.1.4	Maxime der Verständlichkeit —— 32	
2.7.2	Sprachliche Besonderheiten des Beschreibens —— 36	
2.7.2.1	Referenzbezug —— 36	
2.7.2.2	Syntax —— 37	
2.7.2.3	Temporalität —— 38	
2.7.2.4	Unpersönlichkeit —— 39	
2.7.2.5	Objektpräzisierende und -spezifizierende Mittel —— 39	
2.8	Die Beschreibung —— 40	
2.9	Beschreiben im Unterricht der Primarstufe —— 43	
2.9.1	Entwicklung des schriftlichen Beschreibens auf der Primarstufe —— 45	
2.9.2	Beschreiben im Deutschunterricht —— 49	
2.9.2.1	Bilder beschreiben im Deutschunterricht —— 51	
2.9.2.2	Kompetenzen des Beschreibens entwickeln —— 54	
2.9.2.2.1	Kommunikationsbezogenes Vorgehen —— 55	
2.9.2.2.2	Wortschatzbezogenes Vorgehen —— 56	
2.9.2.2.3	Wahrnehmungsbezogenes Vorgehen —— 56	
2.10	Schlussfolgerung mit Bezug auf die empirische Untersuchung —— 57	

3	**Wahrnehmen** — 60
3.1	Begriffsbestimmung — 60
3.2	Vorgang des Wahrnehmens — 62
3.3	Objekt-Welt-Bezug im Wahrnehmen — 63
3.4	Wahrnehmen visueller Inhalte — 66
3.4.1	Wahrnehmen von Was? Wie? Wo? — 67
3.4.2	Wahrnehmen und Erkennen von Objekten und Handlungen — 68
3.4.2.1	Frame — 70
3.4.2.2	Script — 71
3.5	Sprache und Wahrnehmen — 72
3.6	Wahrnehmen im Unterricht der Primarstufe — 77
3.7	Wahrnehmungsförderung auf der Primarstufe — 81
3.8	Schlussfolgerung mit Bezug auf die empirische Untersuchung — 84

4	**Performatives Lehren und Lernen** — 87
4.1	Begriffsbestimmung — 87
4.2	Dramapädagogik als eine Form performativen Lehrens und Lernens — 89
4.2.1	Arbeitsformen und Techniken — 92
4.2.2	Rahmen und Regeln — 96
4.2.3	Mehrwert dramapädagogischen Arbeitens — 97
4.2.4	Wahrnehmen und Beschreiben in der Dramapädagogik — 99
4.3	Schlussfolgerung mit Bezug auf die empirische Untersuchung — 101

5	**(Be)Schreiben in der Zweitsprache Deutsch** — 106
5.1	Begriffsbestimmung — 106
5.2	Individuelle Voraussetzungen für das Lernen und Schreiben in der L2 — 108
5.3	Schreiben in der Zweitsprache — 111
5.4	DaZ-Situation in österreichischen Volksschulen — 118
5.5	Beschreiben und Wahrnehmen im österreichischen Lehrplan (DaZ) — 119
5.6	Schlussfolgerung mit Bezug auf die empirische Untersuchung — 121

6	**Empirische Untersuchung** — 124
6.1	Forschungsfragen und -hypothesen — 128

6.1.1	Grundlagentheoretische Forschungsfragen —— 128	
6.1.2	Anwendungsbezogene Forschungsfragen —— 129	
6.1.3	Hypothesen —— 130	
6.2	Darstellung des Ablaufs der Interventionsstudie —— 131	
6.3	Sprachdidaktische Intervention und deren Rahmung —— 134	
6.3.1	Experimentalgruppe —— 138	
6.3.2	Vergleichsgruppe —— 142	
6.3.3	Gegenüberstellung der Untersuchungsgruppen —— 145	
6.4	Exkurs: Konzeption der Materialien und Pilotierung —— 149	
6.4.1	Testbild —— 149	
6.4.2	Aufgabenstellung —— 151	
6.4.3	Didaktische Settings —— 152	
6.4.4	Inhaltliche Rahmung und Sachtexte —— 153	
7	**Material und Methode —— 155**	
7.1	Stichprobe —— 155	
7.2	Datenmaterial —— 157	
7.3	Auswertungsmethoden —— 158	
7.3.1	Auswertung der Bildbeschreibungen —— 159	
7.3.1.1	Untersuchung nach Analyse-Kriterien (OR, OA, OV) —— 159	
7.3.1.1.1	Objekt-Referenz (OR) —— 161	
7.3.1.1.2	Objekt-Attribuierung (OA) —— 166	
7.3.1.1.3	Lokale Objekt-Verortung (OV) —— 170	
7.3.1.2	Untersuchung nach Indikatoren —— 175	
7.3.1.3	Grundlagentheoretische Zusatzuntersuchungen —— 179	
7.3.1.3.1	Deiktische Verortungen —— 179	
7.3.1.3.2	Atypien —— 180	
7.3.1.3.3	Konkretisierungen —— 181	
7.3.1.3.4	Parallelismen und Aufzählungen —— 181	
7.3.1.3.5	Textlänge —— 183	
7.3.2	Auswertung von Sachtest, Feedback- und Fragebögen —— 183	
8	**Ergebnisdarstellung zu grundlagentheoretischen Forschungsinteressen —— 185**	
8.1	Muster der Objekt-Referenz: Gesamtstichprobe —— 188	
8.1.1	Muster der Objekt-Referenz: Teilstichprobe L1-Lernende —— 190	
8.1.2	Muster der Objekt-Referenz: Teilstichprobe L2-Lernende —— 192	
8.1.3	Muster der Objekt-Referenz: Gegenüberstellung L1- und L2-Lernende —— 194	

8.2		Muster der Objekt-Attribuierung: Gesamtstichprobe —— 195
8.2.1		Muster der Objekt-Attribuierung: Teilstichprobe L1-Lernende —— 197
8.2.2		Muster der Objekt-Attribuierung: Teilstichprobe L2-Lernende —— 200
8.2.3		Muster der Objekt-Attribuierung: Gegenüberstellung L1- und L2-Lernende —— 202
8.3		Muster der lokalen Objekt-Verortung: Gesamtstichprobe —— 203
8.3.1		Muster der lokalen Objekt-Verortung: Teilstichprobe L1-Lernende —— 205
8.3.2		Muster der lokalen Objekt-Verortung: Teilstichprobe L2-Lernende —— 207
8.3.3		Muster der lokalen Objekt-Verortung: Gegenüberstellung L1- und L2-Lernende —— 209
8.4		Zusammenhänge zwischen Mustern der OR, OA und OV —— 210
8.5		Grundlagentheoretische Zusatzuntersuchungen: Gesamtstichprobe —— 216
8.6		Zusatzuntersuchungen: Teilstichproben L1- und L2-Lernende —— 221
8.7		Zusammenfassung und Diskussion —— 225
9		**Ergebnisdarstellung zu anwendungsbezogenen Forschungsinteressen —— 240**
9.1		Objektreferenz (Experimental- und Vergleichsgruppe) —— 240
9.2		Objekt-Attribuierung (Experimental- und Vergleichsgruppe) —— 244
9.3		Lokale Objekt-Verortung (Experimental- und Vergleichsgruppe) —— 248
9.4		Hypothese zum performativen Lehren und Lernen —— 253
9.5		Evaluierung der didaktischen Settings (Experimental- und Vergleichsgruppe) —— 255
9.6		Sprachdidaktische Rahmung —— 258
9.7		Zusammenfassung und Diskussion —— 262
10		**Fazit und Ausblick —— 271**

Literaturverzeichnis —— 277
Abbildungsverzeichnis —— 291
Tabellenverzeichnis —— 295

1 Einleitung

Geradezu immer, wenn Menschen sprachlich handeln, *beschreiben* sie. Sie beschreiben in privaten wie öffentlichen, in alltäglichen wie fachspezifischen, in mündlichen wie schriftlichen Kommunikationssituationen. Das Beschreiben ist als „basales Äußerungsmuster" (Klotz 2013: 27) im sprachlichen Handeln nahezu omnipräsent. Diese Vorrangstellung des Beschreibens, das immer und überall stattfindet und „informativer Kern fast allen sprachlichen Handelns" ist (Klotz 2013: 9f.), macht das Beschreiben zu einer alltäglichen Selbstverständlichkeit, gleichzeitig ist es aus empirischer Perspektive nur bedingt fassbar. Zur Frage nach seinem ‚Wesen' gesellt sich hier auch die Frage nach seinen Grenzen, also wo diese Sprachhandlung beginnt und wo sie endet.

Bezüglich dieser Fragen ist der fachwissenschaftliche Diskurs kontrovers, selbst Begriffsbestimmungen in deutschsprachigen Wörterbüchern bieten hier reichlich Interpretationsspielraum. So versteht zum Beispiel der DUDEN als Standard-Nachschlagwerk unter *beschreiben* „im Einzelnen mit Worten wiedergeben, schildern, darstellen, erklären" (DUDEN 2005: 295); diesem Begriffsverständnis zufolge wäre das Beschreiben weitgehend gleichbedeutend mit dem Erklären.

Die Quelle dieser Definitionsproblematik scheinen die unterschiedlichen Ansichten darüber zu sein, was den Prozess des Beschreibens tatsächlich ausmacht. Wird unter Beschreiben gemeinhin das möglichst sachliche und detaillierte Reproduzieren eines wahrgenommenen Wirklichkeitsausschnittes verstanden (vgl. Stutterheim & Kohlmann 2001: 1280), spricht man an anderer Stelle nicht von (neutraler) Reproduktion, sondern von „perspektivierender Interpretation" (Köller 2005: 27) oder „sprachlicher Abstraktion" und „Reduktion" (Begemann 2005: 194), aber auch Neu-Betrachtung – „Hinausgehen über das Gegebene und [...] Einordnen in einen Sinnzusammenhang" (Feilke 2005: 57) – beziehungsweise Neu-Strukturierung wahrgenommener Inhalte, verbunden mit „heuristischer und epistemischer Funktion" (Klotz 2013: 34).

Auch wenn der Fachdiskurs mitunter kontroversiell ist, trifft man sich in dem Punkt, dass das Beschreiben eine direkte und nahezu exemplarische Verbindung zum Wahrnehmen hat – denn beschrieben werden kann letztlich nur das, was man über die vielgestaltigen Wege der Wahrnehmung aufgenommen hat: „Beschreiben beginnt mit der Wahrnehmung" (Klotz 2013: 203). So lenkt die wissenschaftliche Auseinandersetzung mit dem Beschreiben, das als „basales pragmatisches Äußerungsmuster" (Klotz 2013: 27) betrachtet wird, den Fokus der Aufmerksamkeit zuerst und direkt auf die ihm zu Grunde liegende Wahrnehmung.

Wahrnehmen ist – so wie das Beschreiben auch – ein höchst individueller und selektiver Prozess (vgl. Hagendorf et al. 2011: 21f.). Niemals wird die Welt in einem 1:1-Abbild wahrgenommen; Wahrnehmung „erfasst nie die ganze Wahrheit"" (Roth 1996: 85). Welche Faktoren die Wahrnehmung beeinflussen und verändern, ist u.a. Forschungsgegenstand der Kognitionswissenschaften. Als einer der Einflussfaktoren auf die Wahrnehmung wird auch die sprachliche Sozialisierung beziehungsweise die „Sprache als kulturelles Phänomen" (Thiering 2018: 106) angenommen und die Frage diskutiert, in welchem Ausmaß erstsprachliche Strukturen und sprachlich-kulturelle Sozialisation die (Welt-) Wahrnehmung tatsächlich beeinflussen. Auch wenn Wirkkraft und Tragweite des sprachlichen Einflusses auf die Wahrnehmung kontrovers diskutiert werden (siehe dazu Goller et al. 2017; Thiering 2018), lässt sich festhalten, dass „sprachliche Strukturen, mit denen man von Geburt an aufwächst, [...] einen großen Einfluss auf kognitive Prozesse [...] wie zum Beispiel die visuelle Wahrnehmung" haben können (Flecken & Francken 2016: 4), dass Sprache daher jedenfalls „in gewissem Maße unsere Wahrnehmung färbt" (Flecken & Francken 2016: 4).

In der Schule spielt das Beschreiben eine zentrale Rolle und ist fester Bestandteil von Lehrplänen (vgl. Klotz 2013: 164). Im Lehrplan für österreichische Volksschulen (=Grundschulen) wird ihm ab der 3. Schulstufe im Bereich „Deutsch, Lesen, Schreiben" ein wichtiger Stellenwert zugemessen. Deskriptive Kompetenzen sollen hier aufgebaut und ab der 4. Schulstufe weiter ausdifferenziert werden (vgl. BMBWF 2018: 117). Der Sprachunterricht ist in diesem Kontext von großer Bedeutsamkeit; hier gilt es ein ‚deskriptives Grundgerüst' für die Kompetenzerweiterung in Sekundar- und Oberstufe zu errichten. Im Idealfall soll die didaktische Vermittlung jedoch nicht nur im Aufgabenbereich des Sprachunterrichts gesehen werden, sondern sich auch im Sinne eines „sprachsensiblen" (Leisen 2010; Wildemann & Fornol 2016) oder „sprachaufmerksamen" (Schmölzer-Eibinger et al. 2013) Unterrichts über alle Unterrichtsfächer erstrecken.

Bei der methodisch-didaktischen Vermittlung der Sprachhandlung Beschreiben kann es unterschiedliche Schwerpunkte geben, welche sowohl textuell strukturelle als auch funktionell pragmatische Aspekte betreffen. In der Grundschule jedoch kann noch nicht die Realisierung einer „Beschreibung als Textsorte/Textmuster mit ihrem Erfordernis kategorialen Denkens" (Ossner 2016: 262) gefordert werden, weil dies nicht dem Stand der kognitiven Entwicklung von Grundschülern und Grundschülerinnen entsprechen würde. Vielmehr scheint es wichtig, schrittweise und durch das Beschreiben selbst sich dem Beschreiben anzunähern, im Sinne einer „Herausforderung zur kognitiven Weiterentwicklung" (Ossner 2016: 262). In der neueren Schreibdidaktik wird zudem gefordert, sich im Sinne eines kompetenzfördernden Schreibunterrichts an den bereits etablierten individuellen Schreibfähigkeiten der Schüler/innen zu orientieren. Dies als Voraussetzung dafür, dass es in weiterer Folge gelingt, jene Kompetenzen auszubauen und zu vertiefen (vgl. Baurmann & Pohl 2009: 75ff.). Als didaktische Frage vor der Entwicklung von Maßnahmen zum Ausbau deskriptiver Kompetenzen stellt sich daher zunächst und grundlegend jene nach der Ermittlung der tatsächlich vorhandenen deskriptiven (Schreib-)Kompetenzen. Dies scheint in Bezug auf Erstsprachenlernende (L1 Deutsch) in der Grundschule empirisch gut erforscht (dazu Augst et al. 2007), für Zweitsprachenlernende (L2 Deutsch) auf dieser Altersstufe ist dies jedoch nicht der Fall. Wenn gegenwärtig nachhaltig kompetenzerweiternde didaktische Maßnahmen in Diskussion stehen, müsste bei der Vermittlung in besonderer Weise Rücksicht auf die sprachliche Heterogenität im Klassenzimmer genommen werden. Es gilt daher einerseits empirisch fundierte Ergebnisse die deskriptiven (Schreib-)Kompetenzen von Zweitsprachenlernenden im Grundschulbereich betreffend zu gewinnen und andererseits didaktisch fundierte Schreib- und Unterrichtsarrangements zu entwickeln sowie auf empirischem Wege zu überprüfen, welche spezifisch für den Unterricht in sprachlich heterogenen Klassen geeignet scheinen.

Die vorliegende Arbeit widmet sich diesen Desideraten. Um bereits etablierte deskriptive Grundkompetenzen von Schülern und Schülerinnen auf der dritten Schulstufe[1] zu untersuchen, werden ausschließlich deskriptive Performanzen von Beschreibungs-Novizen[2] im medial schriftlichen Bereich herangezogen. Das bedeutet, dass die Probanden und Probandinnen sich bis zum Zeitpunkt der Datenerhebung auf der Ebene des Unterrichts noch nicht mit Bild-, Personen- oder Gegenstandsbeschreibungen beschäftigt haben, weshalb hier intuitives, persönliches Beschreibungswissen erhoben werden kann. Der Terminus Beschreibungs-Novize meint jedoch nicht, dass es sich hier um Probanden und Probandinnen ohne deskriptive Vorkenntnisse handeln würde, denn das Beschreiben findet - wie eingangs erwähnt - „immer und überall statt" (Klotz 2013: 9)[3]. Die hier als Beschreibungs-Novizen bezeichneten Schüler/innen beschreiben selbstverständlich immer wieder in ihrem Alltag (mündlich und schriftlich) und es ist

---

1 Die dritte Schulstufe wurde den Vorgaben des österreichischen Lehrplans entsprechend gewählt, der dezidiert einfordert, auf dieser Schulstufe im Fach „Deutsch, Lesen, Schreiben" deskriptive Kompetenzen auf- und auszubauen (vgl. BMBWF 2018: 117).
2 Der Begriff Beschreibungs-Novize wird in dieser Arbeit als Fachterminus verwendet; von einer gendergerechten Schreibweise wird in diesem Fall ausnahmsweise Abstand genommen.
3 Das Beschreiben spielt „unter dem Gesichtspunkt des Verhältnisses von Genesis und Geltung" (Feilke 2005: 59) eine übergeordnete Rolle und kann als „pragmatisches Kontinuum" angesehen werden, welches „von fast unauffällig über informativ ergänzend bis hochgradig explizit reicht" (Klotz 2013: 74).

davon auszugehen, dass sie dies auch im Laufe ihrer Sprachentwicklung bisher häufig getan haben. Das Noviziat bezieht sich explizit auf die schulische Vermittlung und die in deren Rahmen zu erwerbenden Kenntnisse, Fähigkeiten und Fertigkeiten in Bezug auf eine bestimmte Sprachhandlung oder ein bestimmtes Textmuster.

Zur Untersuchung jener deskriptiven Grundkenntnisse wurde für diese Arbeit ein Verfahren entwickelt und erprobt, mit dem deskriptive (Schreib-)Kompetenzen von Erst- und Zweitsprachenlernenden im medial schriftlichen Bereich anhand von Bildbeschreibungen ermittelt, quantitativ erfasst, systematisiert und verglichen werden können. Im Rahmen dieses Forschungsvorhabens wurden daher schriftliche Performanzen (Bildbeschreibungen) von Schülern und Schülerinnen erhoben und nach deskriptionsrelevanten Kriterien untersucht, die sich zunächst aus der grundlegenden Quaestio des Beschreibens ergeben: „Wie ist x beschaffen" (v. Stutterheim & Kohlmann 2001: 1280). Zentral sind hier die drei Analysebereiche Objekt-Referenz, Objekt-Attribuierung und lokale Objekt-Verortung:

Die „Objekt-Referenz" bildet den Kern der Information in Bildbeschreibungen; es wird untersucht, ob von den Probanden und Probandinnen die einzelnen Objekte des Testbildes (vordergründige Objekte und Schauplatz) und gegebenenfalls auch Details benannt werden. Vollständigkeit und Korrektheit der Angaben können am Bild überprüft werden.

Bei der „Objekt-Attribuierung" handelt es sich um die Erweiterung, Präzisierung und Spezifizierung des informativen Kerns (Objekt-Referenz); über sie wird die Frage nach dem „Wie" (v. Stutterheim & Kohlmann 2001: 1280), nach der Beschaffenheit der Beschreibungsgegenstände, beantwortet.

Die „Objekt-Verortung" dient ebenfalls der Präzisierung und Spezifizierung des informativen Kerns. Sie ist zudem auch Indikator für die Verständlichkeit in Beschreibungstexten und dient u.a. dazu, diese rezipierendenorientiert nach räumlichen Prinzipien zu strukturieren.

Die deskriptiven Performanzen von Erstsprachenlernenden ($n=39$) und Zweitsprachenlernenden ($n=69$) werden nach den zuvor angeführten Kriterien und mit unterschiedlichen methodischen Verfahren untersucht, um den Status quo der tatsächlich vorhandenen deskriptiven (Schreib-)Kompetenzen beider Lerner/innengruppen im Sinne einer grundlagentheoretischen Untersuchung zu eruieren. Dies ermöglicht neben der Perspektive auf den Text (Bildbeschreibung) auch die Perspektive auf den Entwicklungsstand und die Bandbreite der Entwicklung deskriptiver Schreibkompetenzen (Entwicklungsbandbreite) von Schülern und Schüler/innen auf der dritten Schulstufe; hier im Speziellen der Entwicklungstand deskriptiver (Schreib)Kompetenzen von Zweitsprachenlernenden. Um den Blick auf jenen Status quo zu komplementieren, werden darüber hinaus Zusatzuntersuchungen (qualitative und quantitative Textanalysen) durchgeführt, die weitere schreib- und textbezogene Aspekte abbilden.

In der vorliegenden Arbeit werden ferner Antworten auf die Frage nach unterschiedlichen Handlungsmöglichkeiten gesucht, mit denen das Ziel einer methodisch-didaktisch validen Förderung der Entwicklung von deskriptiven Schreibkompetenzen von Erst- und Zweitsprachenlernenden fächerübergreifend erreicht werden kann; dies insbesondere – der aktuellen gesellschaftlichen Situation entsprechend – im Hinblick auf sprachlich heterogene Volksschulklassen. Im Zentrum des Interesses steht hier die Untersuchung performativer Verfahren zum Ausbau deskriptiver Schreibkompetenzen; dies im Rahmen einer Interventionsstudie mit quasi-experimentellem Forschungsdesign, Experimental- und Vergleichsgruppe sowie Prä- und Posttest, um eine „systematische Wirkungsforschung zur Erfassung der Lernerträge" (Sambanis 2013: 116) zu realisieren. Den Ausgangspunkt bildet die Wahrnehmung als Grundlage des (schriftlichen) Beschreibens. Entsprechend soll die rein visuelle (Bild)Wahrnehmung als Voraussetzung für eine Bildbeschreibung auf performativem Wege durch weitere Wahrnehmungsmöglichkeiten über Bewegung und performatives Spiel ergänzt und angereichert werden. Dies wird mittels Dramapädagogik bewerkstelligt, einem ganzheitlichen Lehr- und Lern-Verfahren, welches auch im Fremdsprachenunterricht eingesetzt wird und für den Unterricht in sprachlich heterogenen Klassen besonders geeignet scheint (vgl. Schewe 1993; Tselikas 1999). Kinder sind performativ tätig, erleben Bildinhalte, indem sie selbst Teil eines Bildes werden, es u.a. mittels „Standbild" (Scheller 2016: 59ff.) nonverbal darstellen, körperlich wahrnehmen und anschließend schriftlich beschreiben. Dem dramapädagogisch fundierten sprachdidaktischen Vorgehen der Experimentalgruppe (n=54) wird ein Verfahren gegenübergestellt, das ebenfalls bei der visuellen (Bild)Wahrnehmung ansetzt und diese um die auditive (Bild-) Wahrnehmung – im Kontext einer realen (deskriptiven) Kommunikationssituation – erweitert. Die Vergleichsgruppe (n=54) lernt folglich beschreiben übers mündliche Beschreiben in einer realen Kommunikationssituation, die von der medialen Mündlichkeit zur medialen Schriftlichkeit führt.

Dadurch werden zwei in der linguistischen Forschungsliteratur empfohlene Arbeitsverfahren zur Erweiterung und Vertiefung deskriptiver Kompetenzen herangezogen und einander gegenübergestellt: Es handelt sich einerseits um ein wahrnehmungsbezogenes (Heinemann 2000; Klotz 2015) und andererseits um ein kommunikationsbezogenes Verfahren (Heinemann 2000). Die dafür konzipierten sprachdidaktischen Unterrichtsarrangements zur Förderung der deskriptiven (Schreib-)Kompetenz beider Untersuchungsgruppen erfahren in Verbindung mit Sachthemen im Sachunterricht eine fachbezogene Rahmung[4].

Die vorliegende Arbeit ist in zwei Teilbereiche – den theoretischen und den empirischen – gegliedert. Zunächst wird das Beschreiben (Kapitel 2) aus unterschiedlichen Perspektiven beleuchtet, die zum Beispiel den Vorgang des Beschreibens (siehe dazu 2.2) oder stereotype Zuschreibungen an das Beschreiben (siehe dazu 2.7) betreffen. Es wird der Frage nachgegangen, welche Rolle die Wahrnehmung beim Beschreiben spielt (siehe dazu 2.3) und inwiefern die Erstsprache beim Beschreiben bestimmend sein kann (siehe dazu 2.5). Weiters wird ein Konnex zur Schule hergestellt (siehe dazu 2.9) und auf Basis von Lehrplan-Analysen der Stellenwert des Beschreibens im Unterricht österreichischer Volksschulen bestimmt. Ferner wird die Frage nach der Entwicklung des schriftlichen Beschreibens auf der Primarstufe (siehe dazu 2.9.1) gestellt und skizziert, wie Kompetenzentwicklung in Bezug auf das Beschreiben didaktisch angeleitet werden kann (siehe dazu 2.9.2.2). Abschließend werden Schlussfolgerungen gezogen, die die empirische Untersuchung betreffen.

Das dritte Kapitel setzt sich mit dem Prozess auseinander, der dem Beschreiben zugrunde liegt – dem Wahrnehmen. Der komplexe Vorgang des Wahrnehmens wird nachgezeichnet (siehe dazu 3.2), ein kurzer Abriss über die Wahrnehmung visueller Inhalte (siehe dazu 3.4) folgt. Zentral ist weiters die Frage (wie im zweiten Kapitel zum Beschreiben auch), welchen Einfluss die Sprache (im Besonderen die Erstsprache) bzw. die sprachliche Sozialisierung beim Prozess des Wahrnehmens haben kann (siehe dazu 3.5). Weiters wird auch in diesem Kapitel ein Bezug zur Schule hergestellt und anhand von Lehrplan-Analysen Aufschluss über den Stellenwert des aktiven Wahrnehmens im Unterricht österreichischer Volksschulen gegeben (siehe dazu 3.6). Ferner wird die Frage nach einer gezielten Wahrnehmungsschulung im Unterricht gestellt (siehe dazu 3.7), wobei in diesem Kontext dem performativen Lehren und Lernen besondere Relevanz zugesprochen wird; das Kapitel schließt mit Schlussfolgerungen, die die empirische Untersuchung betreffen.

Das vierte Kapitel bietet einen Einblick in das performative Lehren und Lernen und stellt im Besonderen die Dramapädagogik als eine mögliche Form zu dessen Umsetzung vor (siehe dazu 4.2). Weiters werden die Merkmale drama-

---

[4] Die sprachdidaktischen Settings erhalten eine fachlich-inhaltliche Rahmung beziehungsweise Kontextualisierung. Diese bezieht sich auf einen Sachkundeunterricht, der geographische und historische Daten zum Wohnort der Schüler/innen beinhaltet und sich im Lehrplan österreichischer Volksschulen für die dritte Schulstufe unter „Erfahrungs- und Lernbereich Raum" (BMBWF 2018: 85) findet.

pädagogischen Arbeitens und dessen Mehrwert für den Unterricht besonders in sprachlich heterogenen Klassen angesprochen (siehe dazu 4.2.3). Ferner wird die Rolle des Wahrnehmens und Beschreibens in der Dramapädagogik untersucht (siehe dazu 4.2.4) und zuletzt werden Schlussfolgerungen, die empirische Untersuchung betreffend, formuliert (siehe dazu 4.3).

Kapitel fünf befasst sich mit dem Schreiben in der Zweitsprache Deutsch auf der Primarstufe. Dabei wird zunächst auf die Gruppe der Zweitsprachenlernenden und den Aspekt der internen Heterogenität eingegangen (siehe dazu 5.2). Ferner werden Ergebnisse aus der Schreibforschung im Bereich Deutsch als Zweitsprache vorgestellt, die unterschiedliche Aspekte des Schreibens betreffen (siehe dazu 5.3). Weiters wird die schulische Situation von Zweitsprachenlernenden in Österreich („Deutschförderklassen") beleuchtet (siehe dazu 5.4) und anhand von Lehrplananalysen der Stellenwert des Beschreibens, des Wahrnehmens wie auch des performativen Arbeitens untersucht (siehe dazu 5.5). Das Kapitel schließt mit Schlussfolgerungen in Bezug auf die empirische Untersuchung.

Kapitel sechs stellt die empirische Untersuchung vor und positioniert zunächst die Untersuchung in der didaktisch-empirischen Schreibforschung. Weiters werden die Forschungsfragen und Hypothesen angeführt und der Ablauf der Interventionsstudie dargestellt. Das sprachdidaktische Vorgehen in beiden Untersuchungsgruppen wird in berichtender Form detailliert wiedergegeben (siehe dazu 6.3.1 und 6.3.2) und anschließend einander gegenübergestellt. Darauf folgt ein Exkurs zur Konzeption und Pilotierung der im Rahmen der Untersuchung verwendeten Materialien (siehe dazu 6.4).

Das Kapitel sieben „Material und Methode" stellt die Stichprobe (siehe dazu 7.1) und das erhobene Datenmaterial vor (siehe dazu 7.2). Weiters werden das methodische Vorgehen und alle Auswertungsmethoden, darunter auch die unterschiedlichen Auswertungsverfahren, die die Beschreibungstexte durchlaufen haben, erläutert und anhand von Textbeispielen aus dem Korpus illustriert (siehe dazu 7.3.1).

Kapitel acht stellt die Ergebnisse zu den grundlagentheoretischen Fragestellungen — den deskriptiven Schreibkompetenzen von Schüler/innen auf der dritten Schulstufe — vor. Dabei werden die Ergebnisse der Gesamtstichprobe und der Teilstichproben der L1-Lernenden und L2-Lernenden präsentiert und einander gegenübergestellt. Abschließend werden die Ergebnisse nochmals zusammengefasst, vor dem Hintergrund des Forschungsbereiches Deutsch als Zweitsprache und der empirischen Schreib(lehr)forschung diskutiert sowie Forschungsdesiderate abgeleitet.

Das neunte Kapitel stellt die Ergebnisse hinsichtlich anwendungsbezogener Fragestellungen dar, etwa der Untersuchung von performativen Verfahren zum Ausbau deskriptiver Schreibkompetenzen. Nach Darstellung aller Ergebnisse werden diese abschließend in einer Gesamtschau zusammengefasst, kritisch diskutiert und daraus resultierende Forschungsdesiderate formuliert.

Die Arbeit schließt mit einem Fazit im zehnten Kapitel, bei dem rückblickend die empirische Untersuchung kritisch reflektiert und die Relevanz gewonnener Ergebnisse für die empirische Schreibdidaktik wie auch für die L2-Schreibforschung formuliert wird.

2 Beschreiben

In der empirischen Untersuchung der vorliegenden Arbeit werden die vorhandenen deskriptiven Schreibkompetenzen von Schüler/innen auf der dritten Schulstufe untersucht, zugleich wird nach effektiven Wegen zur Förderung und zum Ausbau jener Kompetenzen gesucht. Das Beschreiben – hier das schriftliche Beschreiben eines Bildes – ist dabei zentraler Forschungsgegenstand, der jedoch grundsätzlich, wie in der Einleitung angedeutet, eingehender theoretischer Erläuterungen bedarf. In diesem Kapitel wird daher auf die heterogene Begriffsbestimmung des Beschreibens eingegangen, weiters der Vorgang des Beschreibens skizziert, das Wahrnehmen als Grundlage des Beschreibens eingeführt und die Rolle der Sprache bei der Enkodierung von Beschreibungsinhalten thematisiert. Überdies wird auf die stereotypen Zuschreibungen an das Beschreiben eingegangen, die als Anforderungen vermehrt an schriftliche Beschreibungsprodukte gestellt werden. Ferner wird eine Brücke zur Schule geschlagen und die Entwicklung des schriftlichen Beschreibens in der Erstsprache Deutsch auf der Primarstufe skizziert, die Rolle des Beschreibens im österreichischen Lehrplan für Volksschulen untersucht und theoretische Überlegungen zum Ausbau deskriptiver Kompetenzen werden dargestellt. Dies mündet schließlich in Überlegungen und Schlussfolgerungen, die die empirische Untersuchung betreffen.

2.1 Begriffsbestimmung

Das Beschreiben nimmt eine zentrale Stellung im menschlichen Sprachhandeln ein. Es findet beinahe immer statt, es „fokussiert und thematisiert", es „stattet aus und inszeniert" (Klotz 2013: 9), es ist „informativer Kern fast allen sprachlichen Handelns, ist informative Ausstattung" (Klotz 2013: 10). Das Beschreiben ist im Sprachhandeln omnipräsent und daher keinesfalls auf die Beschreibung etwa als Textsorte zu beschränken (vgl. Klotz 2013: 9). Vielleicht ist es aufgrund seiner starken Präsenz im täglichen Sprachhandeln und seiner funktionalen Vielseitigkeit betreffend Ausstattung und Inszenierung von sprachlichem Handeln auch so schwierig, den Begriff konkret und eindeutig zu fassen. Dies zeigt sich, wenn in einem ersten Schritt in historischen und aktuellen Wörterbüchern vergeblich nach einer einheitlichen, stringenten Begriffsbestimmung gesucht wird (auch findet sich kein eigener Eintrag in etymologischen Wörterbüchern der deutschen Sprache[5]). Im Folgenden soll dennoch für eine erste semantische Erkundung ein kursorischer Blick auf das Begriffsverständnis in deutschen Wörterbüchern geworfen werden.

Im Deutschen Wörterbuch (DWB) von Jacob und Wilhelm Grimm findet sich folgende Definition:

> BESCHREIBEN. conscribere, describere. mhd. beschriben pass. K. 39, 44. 60, 14. 267, 8; nnl. beschrijven.
> 1) für schreiben, abfassen, aufzeichnen: und Mose beschrieb ihren auszug [...]
> 2) vollschreiben, implere paginam: ein blatt papier beschreiben [...]
> 3) darstellen, schildern, was nah an die erste bedeutung grenzt: schaft euch aus iglichem stamm drei menner, das ich sie sende, und sie sich aufmachen und durchs land gehen und beschreibens nach ihren erbteilen [...]
> 4) geometrische figuren zeichnen: ein gleichseitiges viereck, eine krumme linie beschreiben [...]
> 5) beschreiben, conscribere, durch ausschreiben einberufen, bescheiden: die churfürsten und geistlichen und weltlichen fürsten ... zu beschreiben
>
> (DWB 1854: 1592f.; Hervorhebung im Original; siehe auch Universität Trier 2019a)

Hier wird deutlich, dass das Beschreiben in engem Zusammenhang mit der Schriftlichkeit gesehen wird und zwar in unterschiedlichen Sachbereichen, hier etwa Religion, Politik und Recht. Punkt 3 „darstellen, schildern" mag zunächst an unser gegenwärtiges, jedenfalls auch orales, kommunikativ-pragmatisches Begriffsverständnis erinnern, das wird aber mit dem Hinweis relativiert, dass das Darstellen und Schildern der ersten Bedeutung nahe sei („schreiben, abfassen, aufzeichnen").

Der Eintrag in der 9. Auflage des Deutschen Wörterbuchs (Paul 1992) gibt einen kurzen Überblick über die historische Begriffsverwendung und belegt ebenfalls, dass sich das Beschreiben zunächst ursprünglich auf das schriftliche Aufzeichnen bezieht. Nach Paul (1992) tritt allerdings seit dem Mittelhochdeutschen die Bedeutung des Aufzeichnens zugunsten des Schilderns zunehmend in den Hintergrund:

> **beschrieben** mhd. beschrieben, zunächst >etwas aufzeichnen< oder >Aufzeichnungen über etwas machen<: *das Gesetzes Werk sei beschrieben in ihrem Herzen Lu.*; daraus seit dem Mhd. und jetzt gew. >schildern<, wobei die Vorstellung einer Aufzeichnung

---

[5] Es wurden nur Einträge zum „Schreiben" mit knappen Querverweisen zum „Beschreiben" aufgenommen; die dort angeführten Informationen sind auch in allgemeinen Wörterbüchern zu finden.

zurückgetreten ist: *Es habens fast alle gelehrten Leute beschrieben* (Stieler), dazu *unbeschreiblich*. Mit anderer Art von Obj., abhängig von be-: *eine Tafel, ein Blatt* b. In der Geometrie seit dem 16. Jh. *einen Kreis, ein Viereck* b., dann auch übertr. von Vögeln, Sternen, Händen usw., zuerst Le. *mit der Hand die Hälfte einer krieplichten Acht* b., vielleicht Lehnbed. nach engl. *describe*.

(Paul 1992: 116; Hervorhebung im Original)

Im Deutschen Universalwörterbuch (8. Auflage) aus dem Dudenverlag (DUDEN 2015) werden Begriffsbedeutungen angeführt, die die zuvor angeführten Erläuterungen ergänzen und (unter Punkt 2) eine große Realisierungsbandbreite des Beschreibens feststellen, die vom Wiedergeben über das Schildern und Darstellen bis hin zum Erklären reicht:

be | schr**ei**ben <st. V.; hat> [mhd. beschrîben = aufzeichnen; schildern]: **1. a)** mit *Schriftzeichen versehen*; vollschreiben: viele Seiten b.; Druckvorlagen dürfen nur einseitig beschrieben werden; drei sehr eng beschriebene Bogen.
b) (EDV) (*einen Datenträger*) *mit Daten versehen*: eine CD b. **2.** *ausführlich, im Einzelnen mit Worten wiedergeben, schildern, darstellen, erklären*: seine Erlebnisse, Eindrücke [anschaulich] b.; den Täter genau b.; es ist nicht zu b., wie entsetzt ich war; wer [aber] beschreibt mein Entsetzen (*mein Entsetzen war unbeschreiblich*), als ich das sah; beschreibende (*deskriptive*) Wissenschaft, Grammatik. **3.** [frühnhd. in der Mathematik für ↑ konstruieren] *eine gekrümmte Bewegung machen, ausführen; eine bestimmte, bes. eine gekrümmte Bahn ziehen*: mit den Armen eine Acht [in der Luft] b. [...]

(DUDEN 2005: 295; Hervorhebung im Original)

Das Wörterbuch der deutschen Gegenwartssprache konkretisiert das Beschreiben hinsichtlich seiner medialen Realisierungsformen („mündlich oder schriftlich") und geht näher auf den Vorgang („durch Aufzählen von Kennzeichen und Besonderheiten"), die Modalität (etwas „genau, ausführlich, anschaulich" beschreiben) und die Funktion des Beschreibens („eine Vorstellung von etwas, jemandem geben") ein. Zudem – und dies ergänzt in besonderer Weise die Begriffserläuterung im DUDEN (2015) – wird belegt, dass Beschreiben synonym mit Sagen beziehungsweise Schildern verwendet wird („ich kann dir nicht beschreiben/sagen, was in mir vorging"):

beschr**ei**ben, beschrieb, hat beschrieben
1. etw. auf etw. schreiben, etw. mit Schriftzeichen bedecken: ein Blatt Papier, viele Seiten b.; das Kind beschrieb die Tafel (mit Buchstaben); der Bogen darf nur einseitig beschrieben werden: ein beschriebenes Blatt; die Karte ist auf beiden Seiten (eng) beschrieben
2. etw. mündlich oder schriftlich darstellen, mündlich oder schriftlich durch Aufzählen von Kennzeichen und Besonderheiten eine Vorstellung von etw., jmdm. geben: (jmdm) etw. genau, ausführlich, anschaulich, b.; ein Erlebnis, den Hergang, e. Arbeitsgang, Experiment, Reise b.; in diesem Buch ist beschrieben, wie Amerika entdeckt wurde; sie beschrieb der Polizei genau den gestohlenen Gegenstand, den Täter; jmds. Äußeres, eine Stadt b.; er

beschrieb dir den Weg; der Botaniker muss die neue Pflanze, die er entdeckt hat, b.; die beschreibenden Naturwissenschaften (die Naturwissenschaften, die die Tatsachen sammeln, beschreiben, sie in einem System einzuordnen suchen); er beschrieb dem Arzt seine Beschwerden; diese Empfindung, dieses Gefühl lässt sich (mit Worten) nicht, schwer b.; ich kann dir nicht b. (sagen), was in mir vorging; wer (aber) beschreibt mein Erstaunen (wie erstaunt war ich), als ich ihn plötzlich sah!; sein Entsetzen war kaum, nicht zu b. (er war überaus entsetzt); es ist nicht zu b., wie schön es gestern war (es war gestern unbeschreiblich schön)
3. einen Kreis b. *eine Kreisbewegung ausführen*: die Bahn, die die Erde um die Sonne beschreibt; die Himmelskörper b. verschiedene Bahnen [...]

(Wörterbuch der deutschen Gegenwartssprache 1961: 35; Hervorhebung im Original)

Diese wenigen Beispiele zeigen, dass das Wort „beschreiben" auf durchaus unterschiedliche Weise verwendet wird. Auch die Bandbreite an Auslegungs- und Realisierungsmöglichkeiten macht das Beschreiben als Forschungsobjekt zu einer Herausforderung und erfordert zunächst eine vertiefende Klärung der Grundlagen, auf denen dieses „basale pragmatische Äußerungsmuster" (Klotz 2013: 25) als Sprachhandlung beruht.

2.2 Vorgang des Beschreibens

Beim Beschreiben übersetzt man „einen hoch komplexen sinnlichen oder inneren Eindruck in das Medium der Sprache, d.h. in einen notwendig reduzierenden und abstrahierenden Zeichenkomplex" (Begemann 2005: 194). Dieser hochkomplexe sinnliche oder innere Eindruck entsteht – in einer ebenso hochkomplexen Weise – aufgrund von Wahrnehmung. Die Wahrnehmung wiederum steht in ständiger Wechselbeziehung mit Reifung, Übung, Lernen und der bisher gemachten Erfahrung in der Welt und verändert sich daher laufend; denn „die individuelle Lerngeschichte in spezifischen ökologischen und kulturellen Kontexten führt zu Veränderungen der Wahrnehmung" (Hagendorf et al. 2011: 20). Mit der Wahrnehmung[6] eng verbunden ist die Aufmerksamkeit, „wobei eine der Hauptfunktionen der Aufmerksamkeit darin liegt, Informationen auszuwählen, die dem Erreichen von aktuellen Wahrnehmungs- und Handlungszielen dienlich sind" (Hagendorf et al. 2011: 8). Wahrnehmung, Aufmerksamkeit und Erkenntnis sind u.a. die Faktoren, die ein Phänomen erfahrbar machen, die es also zu einem sinnlichen oder inneren Eindruck werden lassen, der in weiterer

---

6 Eine ausführliche Auseinandersetzung mit dem Thema Wahrnehmung findet sich in Kapitel 3.

Folge in ebenso komplexer Weise – „reduziert[7] und abstrahiert" – in Sprache übersetzt wird (vgl. Begeman 2005: 194). So bildet die Beschreibung als sprachliches Produkt des Beschreibens[8] niemals die Sache selbst ab, sondern ist immer nur deren sinnvolle (sprachliche) Reduktion[9] (Klotz 2013: 23), die darauf abzielt, einen „Wirklichkeitsausschnitt in sachlicher und detaillierter Weise zu reproduzieren, um beim Hörer ein möglichst genaues Abbild des entsprechenden Sachverhalts zu erzeugen" (v. Stutterheim & Kohlmann 2001: 1280). Dadurch soll gewährleistet werden, dass der beschriebene Sachverhalt im Vorstellungsraum der Rezipienten reproduziert oder im Fall wissenschaftlichen Beschreibens tatsächlich wiederherstellbar wird (vgl. Ossner 2016: 252).

Beim Beschreiben wird das Beschreibungsobjekt zunächst benannt, in weiterer Folge werden Aussagen darüber gemacht. Diese Aussagen können „einerseits nach sachlogischen, systematischen Aspekten" (Klotz 2013: 21) erfolgen, andererseits durch unterschiedliche sprachlich-pragmatische Muster geprägt sein. Beschrieben werden kann in „einem scheinbar erzählerischen Gestus, der dies nur an der Oberfläche ist, aber auch in einem informativen,

---

[7] Die Reduktion erfolgt bei der Umsetzung wahrgenommener Realität in sprachliche Zeichen – die Wahrnehmung als solche wird also nicht unreflektiert wiedergegeben, sondern mit Hilfe der „Abduktion" im Rahmen diverser Hypothesenbildungen umgesetzt (vgl. Begemann 2005: 199). Hier eignet sich die Wahrnehmungstheorie von Peirce gut, um die spezifische Leistung und Besonderheit der Abduktion zu verdeutlichen. „Der menschliche Blick – so Peirce – besteht ohne abduktives Schlussfolgern aus einem leeren Starren („vacant staring") auf eine ungeordnete Mannigfaltigkeit von Farben und diffusen Formen. Erst ein Urteil konstruiert oder rekonstruiert (das ist eine Frage des Erkenntnisoptimismus) eine bislang bekannte oder auch neue Ordnung [...]. Mithilfe einer Abduktion wird die Lücke zwischen visuellem Eindruck und Aussagesatz [der sprachlichen Aussage über den visuellen Eindruck, Anm. d. Verf.] überbrückt" (Reichertz 2013: 74). So ist das, was man an den Dingen sieht und „was man als ihre wesentlichen Merkmale zu erkennen meint, [...] vielmehr immer schon von einer bestimmten Perspektive und einem Vorverständnis geprägt, so dass sich in Abhängigkeit von diesen auch unterschiedliche Beschreibungen desselben Phänomens ergeben" (Begemann 2005: 199).
[8] In Bezug auf die Beschreibung als sprachliches Produkt des Beschreibens führt Ossner (2016) aus: „Das Ergebnis der Tätigkeit des Beschreibens kann man eine Beschreibung nennen. Von diesem (naiven) Gebrauch des Ausdrucks „Beschreibung" ist zu unterscheiden, wenn man „Beschreibung" als Textmuster mit bestimmten Eigenschaften versteht, das wiederum als Textsorte beschrieben werden kann" (Ossner 2016: 253; Hervorhebung im Original).
[9] In dem Gedicht „Der wirkliche Apfel" von Michael Ende (2004) wird auf humoristische Art verdeutlicht, an welche Grenzen man stößt, wenn man sich mit dem Beschreiben als sprachliche Äußerungsform eingehend beschäftigt: Wenn man einen Gegenstand neu wahrnimmt, ihn umfassend betrachtet und die daraus gewonnene Erkenntnis im Rahmen einer Beschreibung realisieren möchte, kann dieser Prozess bis zu existenziellen Fragen führen (siehe dazu Ende 2004: 277).

deklarativen und gelegentlich in einem scheinbar argumentativen Gestus" (Klotz 2013: 22).

Beim Beschreiben stellt sich grundsätzlich die Frage, was der Fall ist, während beim Erklären der Grund angegeben wird, warum es der Fall ist. Beschreibend werden Aussagen über einzelne Phänomene in Form von singulären Urteilen und/oder generellen beziehungsweise universellen Urteilen gemacht; diese bilden dann Gesetzmäßigkeiten in Form von Hypothesen. Die Erklärung bringt hingegen die begründete Funktion dieser Gesetze ins Spiel (vgl. Begemann 2005: 198)[10].

Im Rahmen des Beschreibens wird, nachdem die Frage nach dem Was beantwortet ist, auch der Frage nach dem Wie nachgegangen, also: „Wie ist x beschaffen?" (v. Stutterheim & Kohlmann 2001: 1280). Beim Beschreiben wird also auch nach den Eigenschaften eines Sachverhalts gefragt (vgl. v. Stutterheim & Kohlmann 2001: 1280)[11]. Diese Eigenschaften können unterschiedlicher Art sein und sich auf attributive, temporale, lokale[12] etc. Angaben des beschriebenen Sachverhalts beziehen. Eine deskriptive Themenentfaltung kann daher in sehr unterschiedlichen Ausprägungen in Erscheinung treten, bedingt durch das Thema – also durch den beschriebenen Sachverhalt selbst (vgl. Brinker 2001: 65). Darüber hinaus spielen auch „Erwartungen, Interessen und Vorwissen der Adressaten" (Feilke 2003: 7) eine entscheidende Rolle, weshalb auch bei gleichem Thema stets unterschiedliche Formen der Beschreibung möglich sind (Feilke 2003: 7). „So wie die Wahrnehmung der Sache die Form des Beschreibens bestimmt, prägen auch die Erwartungen des Adressaten und die Wahrnehmung dieser Erwartungen" (Feilke 2003: 7) durch den Sprachproduzenten die unterschiedlichen Formen des Beschreibens. Der Verwendungszusammenhang und das angenommene Vorwissen des Adressaten gelten als entscheidende Faktoren für die Beschreibungsdarstellung (vgl. Feilke 2003: 9).

2.3 (Welt-)Wahrnehmung im Beschreiben

Das Beschreiben wird traditionell der Aufgabe zugeordnet, einen „vorgegebenen Sachverhalt in seinem So-Sein mit sprachlichen Mitteln so genau wie möglich zu

---

10 In der empirischen Untersuchung wird die Frage nach dem Was über das Analysekriterium Objekt-Referenz erfasst.
11 In der empirischen Untersuchung wird die Frage nach dem Wie über das Analysekriterium Objekt-Attribuierung erfasst.
12 In der empirischen Untersuchung wird die Frage nach dem Wo (lokale Angaben) über das Analysekriterium Objekt-Verortung erfasst.

reproduzieren" (Köller 2005: 25). Diese Reproduktion könnte mit einem bildnerischen Vorgang, dem Malen oder Zeichnen, gleichgesetzt und für die Beschreibung das Bild vom sprachlichen Gemälde – wenn nicht sogar vom sprachlichen Gipsabdruck – verwendet werden (vgl. Köller 2005: 25). Zwar hat das Bild vom „sprachlichen Gemälde" eine gewisse Berechtigung, wenn man die beschreibenden von den narrativen, argumentativen, persuasiven etc. Sprachhandlungen abzugrenzen versucht. Das Bild greift jedoch insgesamt zu kurz, denn das „Beschreiben ist eine wesentliche Sprach- und Textform für den Weltbezug des Menschen und seiner Orientierung darin" (Klotz 2013: 27)[13]. Es ist ein sprachlich-textueller Ausdruck der Eindrücke, die aus der unmittelbaren menschlichen Weltbegegnung gewonnen wurden, ein zentrales kognitiv-sprachliches Resultat der Auseinandersetzung des Menschen mit anderen Menschen und seiner Umwelt – und damit nicht statisch-abbildend, sondern dynamisch-verarbeitend. Der Vorgang des Beschreibens ist immer an der aktiven „Subjekt-Welt-Begegnung" (Klotz 2013: 33) orientiert, denn beschreiben lässt sich grundsätzlich nur das, was das beschreibende Subjekt über den Weg seiner Wahrnehmung und seiner Erkenntnis bzw. seines (Vor-)Wissens aufnimmt und verarbeitet[14]. Die Erkenntnis ermöglicht es dem Individuum, die Reize der Wahrnehmung in besonderer – subjektiv gebundener – Weise zu interpretieren, um sie dann auf sprachlicher Ebene zu konkretisieren. Beschreibungen sind daher „nicht neutrale Reproduktionen, sondern perspektivierende Interpretationen" (Köller 2005: 27). Auch wenn das Beschreiben primär der Informationsvermittlung über einen Sachverhalt, Vorgang etc. dient, so wird die Wahrnehmung nicht einfach abgebildet oder wiedergegeben, sondern durch das Beschreiben neu strukturiert. Beschreiben hat somit nicht wahrnehmungsabbildende, sondern viel eher wahrnehmungsstrukturierende Funktion (vgl. Feilke 2005: 45ff.). Denn das Beschreiben erfordert eine „Neu-Betrachtung, ein neues Wahrnehmen des Gegenstands oder Sachverhalts" (Klotz 2013: 15f.), was

---

13 Die Tätigkeit des Zeichnens und Malens ist freilich keine 1:1-Abbildung der Wirklichkeit, des „So-Seins". Sie ist vielmehr – wie auch die beschreibende sprachliche Darstellung – eine Übersetzung der Wahrnehmung der Welt in Bildsprache. Auch bei Fotografien handelt es sich um einen selektiven Ausschnitt der Wirklichkeit, um das Bemühen um die Darstellung einer wahrnehmungsbezogenen Subjekt-Welt-Beziehung.
14 Wahrnehmung und Erkenntnis scheinen auf theoretischer Ebene kognitive Phänomene zu sein, die klar voneinander abgrenzbar sind. In der praktischen Umsetzung ist diese klare Trennung nicht gegeben – bedingen sie einander doch in ständiger Wechselbeziehung. Anders ausgedrückt: Man nimmt eher wahr, was man (er-)kennt – oder man nimmt eher nicht wahr, was man nicht kennt.

einer epistemischen Funktion in der Mensch-Welt-Begegnung nahekäme. Klotz führt dazu aus:

> Beschreiben ist Zeigen. Das Thematisieren, ein Sosein festzustellen und/oder zu erfinden, mit Anschaulichkeit zu verbinden und folglich der vorstellenden Wahrnehmung zuzuführen, ist ein Weg in eine Erkenntnis an sich, die der Erläuterung bedürfen kann. Beschreiben hat insofern eine Rückbindung an die Sinne, auch wenn es Beschreibungen gibt und immer geben wird, die jenseits sinnlicher Erfahrung liegen - doch dann ist es ein Weg, der dem in die Sinnhaftigkeit absichtsvoll ähnelt.
>
> (Klotz 2013: 27)

2.4 Perspektivität des Beschreibens

Zum Aspekt der Subjekt-Welt-Beziehung und den damit verbundenen Einflüssen aufs Beschreiben muss daher grundsätzlich festgehalten werden, dass – auch wenn dies in diversen, auch schulischen Kontexten gefordert und erwartet wird – niemals rein objektiv beschrieben werden kann[15]. Im Beschreiben manifestieren sich vielmehr immer Wahrnehmung, Wissen, Interesse etc. des Sprachproduzenten:

> Wahrnehmungen und Beschreibungen gehen entsprechend aus verdeckten Urteilsprozessen hervor und dürfen deshalb nicht als passivische Reproduktionen vorgegebener Realität verstanden werden. Beschreibungen sind Ergebnisse von Sinnbildungsprozessen, in denen etwas >als etwas< wahrgenommen und beschrieben wird. Wahrnehmungsinhalte sind Ergebnisse von Wahrnehmungsgeschichten, in denen vielfältige Faktoren konstruktiv aufeinander bezogen werden müssen, wobei widerborstige Wahrnehmungsphänomene, individuelle Wahrnehmungsmotive, spezifische Wahrnehmungsabläufe und die konventionalisierten Wahrnehmungsmuster eine wichtige Rolle spielen.
>
> (Köller 2005: 32f.; Hervorhebung im Original)

Beim Beschreiben handelt es sich also nie um eine neutrale Reproduktion des beschriebenen Sachverhalts, sondern immer um dessen perspektivierte Interpretation (vgl. Köller 2005: 27). Hierbei kann man nach Köller (2005) — in Analogie zur Gestaltung von Bildern — zwischen zwei Arten der Perspek-

---

[15] Ossner (2016) merkt im Hinblick auf diese Erwartungshaltung an, dass man von dem/der Beschreibenden erwartet, beschriebene Sachverhalte so objektiv wie möglich darzustellen. Dies bedingt, dass eine subjektive Sicht im Rahmen von Beschreibungen vermieden beziehungsweise als solche gekennzeichnet werden sollte (vgl. Ossner 2016: 252).

tivierung[16] und der damit jeweils verbundenen Objektivierung unterscheiden: der „aspektivischen" und der „zentralperspektivischen" Darstellungs- beziehungsweise Objektivierungsweise. Diese Oppositionspole schaffen ein Darstellungskontinuum und machen auf die Spannweite aufmerksam, in der sich das Beschreiben bewegen kann.

2.4.1 Aspektivischer Darstellungsstil

Der Begriff „aspektivischer Darstellungsstil" wurde von der deutschen Ägyptologin Emma Brunner-Traut (1990) geprägt. Es handelt sich dabei nicht um die Wiedergabe faktischer und/oder potenzieller Seheindrücke von Phänomenen von einem festen Sehepunkt aus (zum Beispiel bei Fotografien). Es handelt sich vielmehr darum, die für relevant gehaltenen Einzelaspekte der jeweiligen Phänomene „im Rahmen von oft sehr unterschiedlichen Erfassungsperspektiven zu repräsentieren" (Köller 2005: 35). Es wird also nicht das beschrieben, was der faktische Seheindruck bietet — kein sehbildgetreuer Eindruck sprachlich gestaltet — sondern vielmehr das gestalterisch hervorgehoben, was für konstitutiv wichtig erachtet wird. Brunner-Traut demonstriert diesen Darstellungsstil am Beispiel altägyptischer Bilder, auf denen der Kopf der Menschen in Seitenansicht, Brust und Augen jedoch in Vorderansicht zu sehen sind. Nicht nur in altägyptischen Bildern, auch in Kinderbildern, kindlichen Beschreibungen oder expressionistischen Kunstwerken findet sich diese Darstellungsweise.

Hinsichtlich regulärer Darstellungserwartungen im visuellen wie auch im sprachlich-textuellen Bereich mögen sie atomistisch und realitätsfern wirken. Man darf jedoch diese Darstellungsweise nicht voreilig als defizitär bezeichnen, vielmehr ist sie Ausdruck einer ganz bestimmten Objekterfahrung, die „einen ganz spezifischen kulturgeschichtlichen und entwicklungspsychologischen Hintergrund" (Köller 2005: 36) besitzt. Bei Sachbeschreibungen von Schülern und Schülerinnen (aber auch von Erwachsenen) zeigt sich diese Darstellungsweise oftmals in einer additiven Anhäufung von Einzelwahrnehmungen. Dabei neigt man im Vergleich zum Kommentieren eher zur syntaktischen Aneinanderreihung (Parataxe) und nicht zur Hypotaxe; diese

---

[16] Der Begriff der „Perspektive" ist weder subjekt- noch objektgebunden, sondern strukturorientiert. Damit soll auf die spezifisch determinierte Abhängigkeit zwischen Objekt- und Subjektsphäre in Wahrnehmungs-, Erkenntnis- und Gestaltungsprozessen hingewiesen werden (vgl. Köller 2005: 29).

würde nämlich eine grundsätzlich strengere perspektivische Zuordnung von Einzelaussagen erfordern. (Vgl. Köller 2005: 36)

2.4.2 Zentralperspektivischer Darstellungsstil

Unter einem zentralperspektivischen Darstellungsstil versteht man die Darstellung dessen, was sich für ein Subjekt von einem bestimmten räumlichen, zeitlichen und kognitiven Sehepunkt aus faktisch als Erscheinungsbild darbietet. Man könnte hierbei auch von einer „Objektivierung des Subjektiven" sprechen, weil der von „dem jeweiligen Gestaltungssubjekt eingenommene Sehepunkt prädeterminiert, wie ein Phänomen als Objekt bzw. als Welt erscheint" (Köller 2005: 37). Die in der Malerei angewandten Prinzipien der zentralperspektivischen Objektivierungsweise (fester Sehepunkt, eindeutige Fluchtpunkte, durchstrukturierter Systemraum etc.) haben in besonderer Weise auch für das Beschreiben eine gewisse Attraktivität, weil dadurch die intersubjektive Verständlichkeit gefördert wird:

> Beschreibungen gewinnen an Klarheit, wenn sie neben einem festen örtlichen und zeitlichen auch einen festen kognitiven Sehepunkt haben. Dieser kann sich durch eindeutige Erkenntnisinteressen bzw. durch eine klare und stringent angewandte Fachterminologie manifestieren. Auch die Tendenz von zentralperspektivischen Darstellungen zu einem durchstrukturierten Systemraum, in dem jedes Detail seinen festen Stellenwert hat, ist Beschreibungen sicher sehr zugänglich.
>
> (Köller 2005: 37f.)

Diese beiden von Köller konkretisierten Darstellungsweisen sind für die Auseinandersetzung mit dem Beschreiben und seinen unterschiedlichen Realisierungs- und Darstellungsformen in besonderer Weise geeignet. Dieses Kontinuum erlaubt eine wertfreie, deskriptive Auseinandersetzung mit Beschreibungen, ohne sie auf die Attribute subjektiv versus objektiv zu reduzieren. Vielmehr fragt diese Betrachtungsweise nach der Systematik und Struktur hinter der Darstellung, also nach der Art des Objektivierungsstils[17].

---

[17] Klotz (2013) sieht neben den von Köller (2005) angeführten Darstellungsweisen des Beschreibens noch zwei weitere vor: Als „systembezogene Beschreibungen" werden Darstellungsweisen verstanden, die auf Basis einer klaren, eindeutigen, auf fachlicher Grundlage stehenden (deskriptiven) Kommunikation gefordert und erwartet werden. Allerdings gilt auch: „Zur Professionalisierung solcher Kommunikation gehört es, dass die Texte, und hier insbesondere die Beschreibungen, fachsystemisch sind. Ob Juristen, Bauingenieure, Kunsthistoriker, Grammatiker [...] sie alle vertexten nicht nur präzise mit Hilfe des jeweiligen

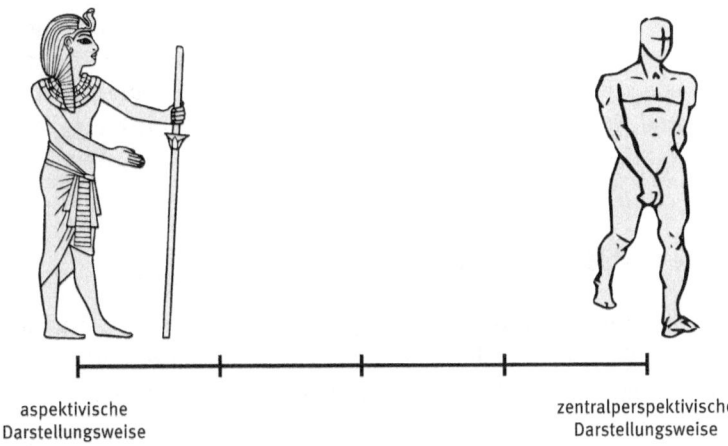

aspektivische Darstellungsweise				zentralperspektivische Darstellungsweise

Abb. 1: Darstellungskontinuum von der aspektivischen zur zentralperspektivischen Darstellungsweise nach Köller (2005)

Subjektivität und Objektivität können hierbei natürlich auch eine Rolle spielen, jedoch tun sie das nicht vordergründig. Anders bei der Subkategorisierung der Beschreibung durch Werlich (1983) oder Zydatiß (1989), die eine „objektive" (*technical description* bei Werlich 1983: 51) von einer „impressionistischen" Beschreibung (*impressionistic description* bei Werlich 1983: 47) unterscheiden. Bei der technical description handelt es sich um eine möglichst „präzise und knappe Darstellung einer Person, eines Gegenstandes oder anderer Entitäten und ihrer Bestandteile" (Schmid 2005: 136), eine Beschreibung „from an objective point of view" (Werlich 1983: 47). Die impressionistic description drückt neben der grundsätzlichen Intention des Beschreibens zusätzlich Assoziationen, Gefühle und/oder Stimmungen des Sprachproduzenten aus und könnte folglich als eine Beschreibung „from a subjective point of view" (Werlich 1983: 47) klassifiziert werden. Zydatiß ordnet diesen impressionistischen Typ deshalb auch nicht dem deskriptiven Texttyp zu, sondern dem narrativen. Werlich hingegen betrachtet ihn als eine Form des deskriptiven Typs neben der

---

Fachwortschatzes" (Klotz 2013: 47); pragmatische Äußerungsformen stabilisieren sich nämlich über die Zeit innerhalb der Systeme zu „Traditionen und Erwartungen". Eine weitere Darstellungsweise ist die der „Variantenkombination im Alltag", bei der alle drei Modi – aspektivische, zentralperspektivische und systembezogene Beschreibungsweise – vermischt werden. Aus didaktischer Perspektive wäre es nach Klotz empfehlenswert ein Bewusstsein für diese verschiedenen Darstellungsweisen mit den damit verbundenen Ausdrucksformen, kommunikativen Erwartungen etc. im Unterricht zu erreichen. (Vgl. Klotz 2013: 50)

objektiven Beschreibung. Diese unterschiedliche Handhabung von vordergründig nicht-objektiven Beschreibungen, die sich in divergierenden Kategorisierungen niederschlägt, verdeutlicht in besonderer Weise die „Zwitterstellung" (Schmid 2005: 136) der impressionistischen Beschreibung. (Vgl. Schmid 2005: 136)

2.5 Sprache und Beschreiben

Sprache kann die individuelle Wahrnehmung beeinflussen (siehe 3.5) und die Wahrnehmung das Beschreiben (siehe 2.3). Daraus kann abgeleitet werden, dass sich das Beschreiben in Abhängigkeit von der Sprache, die man bei der sprachlichen Realisierung verwendet, auch jeweils anders gestaltet. Dies bestätigen nicht zuletzt sprachvergleichende psycholinguistische Untersuchungen (vgl. Flecken & Francken 2016). So gibt es in bestimmten Sprachkulturen wie zum Beispiel im Kuuk Thaayorre, einer indigenen Sprache Nordaustraliens, keine Bezeichnungen für „links" und „rechts", stattdessen wird mittels Himmelsrichtungen (z.B. *der Wald liegt südlich des Flusses*) beschrieben (vgl. Boroditsky 2012: 1). Untersuchungen belegen, dass Sprecher/innen jener Kulturen auch anders über räumliche Beziehungen nachdenken als Sprecher/innen der meisten europäischen Sprachen. Sie sind „sehr gut und extrem akkurat darin, sich an Orte zu erinnern und deren genaue Lage im System der Himmelskoordinaten einzuschätzen" (Flecken & Francken 2016: 1). Ein weiteres Beispiel sind Begriffe zur Farbbestimmung; Hanunó'o, eine malayo-polynesische Sprache, kennt zum Beispiel nur vier grundlegende Farbbezeichnungen, die im weitesten Sinn dem deutschen Schwarz, Weiß, Rot und Grün entsprechen. Die konkrete Unterscheidung der Farben erfolgt danach, ob etwas hell oder dunkel beziehungsweise nass oder trocken, frisch oder ausgetrocknet ist (vgl. Paefgen 2005: 232).

Neben der Lexik können auch andere sprachbezogene Aspekte eine entscheidende Rolle bei der Realisierung von Weltwahrnehmung und ihrer Beschreibung spielen. So differiert – wie eine Studie von Flecken und Francken (2016) zeigt – die Beschreibung eines Vorgangs durch Sprecher/innen der deutschen und englischen Sprache grundsätzlich, wenn Probanden gebeten werden einen Bildimpuls mit dynamischem Bildinhalt[18] (Person in Bewegung) zu beschreiben.

---

[18] Bei dem hier angesprochenen Bildimpuls handelt es sich um ein Schwarz-Weiß-Foto, auf dem eine weibliche Person in Rückenansicht zu sehen ist, die auf einer Straße – zwischen Äckern liegend – auf ein Gebäude (Plattenbau mit über 15 Stockwerken) zugeht. Die Frau befindet sich auf der linken Straßenseite; anhand der Schrittstellung ihrer Beine erkennt man eindeutig, dass sie in Bewegung ist. Das Gebäude befindet sich in Fernsicht rechts im Bild, vor dem Wohnbau

Zeitliche Aspekte des zu beschreibenden Ereignisses werden unterschiedlich markiert. So gibt es im Englischen eine grammatikalisierte Verlaufsform, die sich in *a woman is walking* äußert. Durch das Verbsuffix *-ing* wird das beschriebene Ereignis als momentan im Verlauf präsentiert. Im Deutschen ist dieses Konzept nicht einheitlich grammatikalisiert, auch wenn es Formen gibt, die ein Ereignis im Verlauf beschreiben, zum Beispiel: *eine Frau läuft gerade* oder *eine Frau ist am Laufen*. (Vgl. Flecken & Francken 2016: 3)

Auch die Wahrnehmung des Ereignisses selbst scheint sprachbezogen zu variieren, denn Sprecher/innen des Englischen fokussieren auf das in der Szene dargestellte Bewegungsereignis (*a woman is walking along the road*), während deutsche Sprecher/innen „den angestrebten Endpunkt in ihre Ereignisdarstellung integrieren (*Eine Frau geht auf ein Gebäude zu*)" (Flecken & Francken 2016: 3). Messungen der Blickbewegungen zeigen außerdem, dass „deutsche Sprecher „ihre visuelle Aufmerksamkeit konsequent stärker auf den Endpunkt fokussierten als englische Muttersprachler, welche vor allem die Frau fokussierten" (Flecken & Francken 2016: 3). In einer Untersuchung zur Verbsemantik wurde festgestellt, dass im Deutschen und Niederländischen bei der lokalen Verortung von Gegenständen in Beschreibungen die genaue Lage des Gegenstandes wiedergegeben wird (*Die Flasche steht / liegt auf dem Tisch*), während dies im Englischen nicht so eindeutig erfolgt (*There is a bottle on the table*). So konnte in diesem Kontext auch festgestellt werden, dass „Niederländer der Position eines Objektes mehr Aufmerksamkeit schenken als Engländer und Diskrepanzen bezüglich der Position von Objekten dementsprechend genauer und schneller wahrnehmen" (Flecken & Francken 2016: 3).

Aber auch hinsichtlich der Strukturierung von Informationen in Beschreibungen beziehungsweise der Themenentfaltung (siehe 2.7.1.4) zeigen sich große Unterschiede zwischen Sprechern des Deutschen und des Englischen. „Sprecher des Englischen wählen einen objektbezogenen Darstellungsmodus, Sprecher des Deutschen dagegen bevorzugen in diesen Aufgaben eine raumbasierte Strategie" (v. Stutterheim & Kohlmann 2001: 1288). Dies bedeutet, dass auf Englisch ein Gesamtobjekt mit seinen typischen Eigenschaften als globale Texttopik etabliert, im Deutschen hingegen das Augenmerk auf „den durch das Objekt ausgegrenzten Raum, im Sinne einer mit Objekten anzufüllenden Struktur" (v.

---

ist horizontal eine Baumbegrünung (ebenfalls in Fernsicht) zu erkennen, die sich über die gesamte Bildbreite erstreckt. Der Himmel zeigt große Quellwolken. Anhand der Kleidung der Frau (hüftlange Jacke, lange Hose, geschlossene Schuhe) kann angenommen werden, dass zum Zeitpunkt der Bildaufnahme kühle Temperaturen vorherrschen. Das Foto ist (vermutlich aus 4 m Abstand zur Frau) von der Straße aus aufgenommen (siehe dazu Flecken & Francken 2016).

Stutterheim & Kohlmann 2001: 1288) gelegt wird. Dies ist nicht zuletzt auch auf die morphosyntaktischen Kontraste raumreferentieller Ausdrücke, die in beiden Sprachen verfügbar sind, zurückzuführen. So weist das Deutsche ein reiches Ausdrucksinventar für Relationen zwischen Regionen (z.B. *daneben, vornedran*) auf, für die es im Englischen in dieser Form keine Entsprechungen gibt (z.B. *next to this, in front of that*) (vgl. v. Stutterheim & Kohlmann 2001: 1288).

Die Erstsprache mit ihrem Lexikon und ihren morphosyntaktischen Spezifika kann die Wahrnehmung der Welt in gewisser Weise beeinflussen; dies wiederum kann Auswirkungen auf das Erkennen und in weiterer Folge auf die (sprachliche) Darstellung — die Beschreibung der Welt — haben:

> Sprachliche Strukturen, mit denen man von Geburt an aufwächst, haben einen großen Einfluss auf kognitive Prozesse, die zunächst nicht sprachlich erscheinen, wie zum Beispiel die visuelle Wahrnehmung. In den Kognitionswissenschaften wird angenommen, dass wir in der Entwicklung vom Kind zum Erwachsenen aus unseren Erfahrungen lernen und dass diese Erfahrungen letztendlich unsere Kognition, unser Erleben strukturieren. Sprache ist ein großer und wichtiger Bestandteil dieser Erfahrungen, weshalb es eigentlich kein Wunder ist, dass Sprache in gewissem Maße unsere Wahrnehmung färbt.
>
> (Flecken & Francken 2016: 4)

2.6 Grenzen des Beschreibens

Das Beschreiben ist – wie eingangs erwähnt – omnipräsent im Sprachhandeln, es kann auf unterschiedliche Art realisiert werden, sei dies in vordergründig dominanter oder hintergründig subordinierter Weise (vgl. Heinemann 2000: 363) und wird zu den basalen pragmatischen Äußerungsmustern gezählt. Es kann nach Klotz hinsichtlich seiner Relevanz und Tragweite gleichberechtigt neben das Erzählen gestellt werden; denn das Erzählen und das Beschreiben sind die „beiden zentralen sprachlich-textuellen Modi der unmittelbaren menschlichen Weltbegegnung" (Klotz 2013: 27)[19]. Es wird mit unterschiedlichen mentalen und

---

[19] Nach Klotz (2013) dürften sich in allen Kulturen die zwei spezifischen Darstellungsweisen des Erzählens und Beschreibens entwickelt haben, die spezifisch auf die sprachliche Darstellung der Mensch-Welt-Beziehung abzielen. Dabei scheint der narrative Modus dem Menschen näher zu liegen, weshalb sich dieser auch differenzierter entwickelt habe und öfter darauf zurückgegriffen werde. Die Dominanz mag auch darin begründet sein, dass beim Erzählen immer auf vorhandene (lineare) Zeitstrukturen zurückgegriffen wird und zudem eine Orientierung im Raum möglich sein kann. Diese gut greifbaren außersprachlichen Komponenten Zeit und Raum stehen beim Erzählen gleichsam „von selbst" zur Verfügung und machen das Erzählen im Vergleich zum Beschreiben ‚populärer'. Der deskriptive Gestus hingegen kann nicht (immer) auf eine ‚natürliche' Ordnung (Raum, Zeit) zurückgreifen; er muss sich seine Ordnung in zum Teil

sprachlichen Teilhandlungen realisiert und reicht vom „Benennen und Zuschreiben über das Vergleichen und über die Annäherung durch Ähnlichkeitssuggestion bis zu systematischer und ästhetischer Einbettung in soziokulturelle und wissenschaftliche Zusammenhänge" (Klotz 2013: 27).

Der zuvor angeführte Aspekt der Mensch-Welt-Begegnung zeigt, wie weit das Spektrum des Beschreibens reichen kann und lässt die Forderung nach dem Markieren von Grenzen laut werden. Dem theoretischen Diskurs ist nicht eindeutig zu entnehmen, wann das Beschreiben ‚anfängt' und wann es ‚endet'. Diesbezüglich finden sich zwei Positionen: Es herrsche erst dann Deskription vor, wenn über das reine Benennen hinausgegangen werde (vgl. Klotz 2013: 26). Oder: Das Beschreiben in seiner konstituierenden Funktion beginne bereits bei der konkreten Wortwahl, beim Begriff (vgl. Feilke 2005: 53ff). Beschreibung und Begriff bedingen sich gegenseitig, denn „eine Beschreibung ist in einem Begriff aufgehoben, und jeder Begriff muss in einer Beschreibung explizierbar sein"[20] (Ossner 2005: 72). Dies bringt aber auch das Problem mit sich, dass nicht alle Wahrnehmungsbereiche sprachlich fassbar sind – oder anders ausgedrückt, dass es prinzipiell eine Begrenztheit hinsichtlich der lexikalischen Ressourcen gibt und vieles wortwörtlich nicht beschreibbar ist. Daraus lässt sich eine offenkundige Diskrepanz zwischen dem Wesen des zu Beschreibenden und der Beschreibung selbst ableiten (vgl. Schmid 2005: 140)[21].

---

schwierigen kognitiven Operationen erst schaffen und Prioritäten im Zusammenhang mit der Entscheidung setzen, was von der Fülle an Welt-Wahrnehmung relevant für das Beschreiben sei. Zudem muss auch die konkrete Beschreibungs-Funktion mitgedacht werden, diese kann informativer, heuristischer, imaginativer etc. Natur sein und beeinflusst ebenfalls die Darstellungsweise. (Vgl. Klotz 2013: 19)

20 Dieser Umstand, dass Beschreibung und Begriff sich gegenseitig bedingen, hat zur Folge, dass ein Begriffsinhalt wie zum Beispiel „Ringelblume" (Calendula) durch eine (Pflanzen-)Beschreibung erläutert wird. Die Beschreibung wiederum kann durch einen Begriff (zum Beispiel in der Überschrift) zusammengefasst werden. In diesem Sinne hat das Beschreiben „eine Nähe zum Erklären" (Ossner 2016: 259), worauf auch Feilke (2005) und Rehbein (1984) explizit hinweisen. (Vgl. Ossner 2016: 259)

21 Ein Beispiel hierfür ist die Bergbeschreibung, bei der nach Schmid (2005) im Deutschen keine große lexikalische Vielfalt und Bandbreite zur Verfügung stehe. So sind beschreibende Adjektive, abgesehen von „groß, mächtig, hoch, erhaben", in der Minderzahl. „Felsig, zerklüftet, zackig, faltig, kantig kommen in den Sinn, aber recht vielfältig ist das hier zur Verfügung stehende Vokabular nicht" (Schmid 2005: 140). Der britische Bergsteiger und Schriftsteller Arnold Lunn führt diesbezüglich an: „An unskilled writer uses certain epithets in descriptions of mountains. The peaks are high, the snow withe, the pines dark, and from the summit you can see a long way. By changing the names of the summits seen you can manufacture the description of the required view. Now the whole secret of the art consists in finding the phrase that differentiates one setting from another. " (Lunn zitiert nach Schmid 2005: 140)

So divergent die Auseinandersetzung mit dem Anfang des Beschreibens ist, so schwierig ist auch sein Ende fassbar zu machen. Zudem stellt sich die Frage, in welchem Maße diese Bedeutungsbreite des Beschreibens auch Sprachproduzenten und -rezipienten selbst geläufig ist. Dies kann eben dann zum Problem werden, wenn unterschiedliche Begriffsverständnisse im Zusammenhang mit Bildungserfolg stehen (siehe 2.9).

Um sich dem Spektrum des Beschreibens zu nähern und seine Grenzen auszuloten, empfiehlt es sich, die unterschiedlichen Arten der Realisierung hinsichtlich ihrer Darstellungsfunktion näher zu betrachten, ob also primär oder sekundär – vordergründig oder hintergründig – beschrieben wird. Helmuth Feilke (2005) unterscheidet zwei Arten des Beschreibens: „Beschreiben I" und „Beschreiben II". Für ihn setzt das Beschreiben bereits beim Bezeichnen bzw. Benennen ein – also bei der Wahl von Begrifflichkeiten (Beschreiben I)[22]. Dieses Beschreiben, das bereits bei der Wortwahl beginnt, könnte man als „bottom-up-Seite" des Beschreibens bezeichnen. Es konstituiert in dieser Form neben dem Beschreiben in seiner Makroform – dem Beschreiben II – auch andere Sprachhandlungen, wie das Erzählen, Instruieren, Erklären oder Argumentieren. Feilke führt diesbezüglich aus:

> Die Darstellungsfunktion erwächst historisch aus der Symptom- und der Signalfunktion, ist aber als einzige genuin sprachlich. In diesem Sinne liegen beschreibende Prozeduren bereits vor in allen Akten der Bezeichnung, sei es die Determinierung von Nomina (>der< Mann, >ein< Mann, >alle< Männer), sei es die charakterisierende Attribuierung oder die adverbiale Bestimmung des Prädikats; auch Wortbildungen können in diesem Sinn beschreibende Funktion übernehmen. Ich möchte im Blick auf diese Grundfunktionen von >Beschreiben I< sprechen. Es ist die bottom-up-Seite, die konstruktive Seite des Beschreibens und in dieser Funktion fundiert das Beschreiben freilich auch die Beschreibung als Makroform, aber eben nicht nur das Beschreiben, sondern durchaus auch das Erzählen, das Instruieren, das Erklären und das Argumentieren. Das >Beschreiben I< als ausdrucks- und textbildende Prozedur zielt auf ein sprachlich vermitteltes Erkennen und Wiederkennen. Es ist epistemisch produktiv. >Beschreiben I< ist als sprachliche Prozedur und Textsegment von allgemeinerem Charakter als das >Beschreiben II< als Makroform.
>
> (Feilke 2005: 53; Hervorhebung im Original)

---

[22] Nach Klotz (2013) ist unter pragmatischer Sichtweise ebenfalls bereits das Benennen deskriptiv, weil „Benennungen konnotative Bedeutungen mit einbringen". Das Deskriptive sei somit als pragmatisches Kontinuum anzusehen, welches „von fast unauffällig über informativ ergänzend bis hochgradig explizit reicht" (Klotz 2013: 74).

Klotz (2013) unterscheidet grundsätzlich zwischen deskriptiven und partiell deskriptiven Sprachhandlungen, die sich explizit als Beschreibungen präsentieren (vgl. Klotz 2013: 202). Auf medial schriftlicher Ebene unterscheidet er zwischen dem Beschreiben auf der Mikroebene durch Zuschreibungen in Wortgruppen und Sätzen, dem Beschreiben auf der Mesoebene in Textsegmenten und dem Beschreiben auf der Makroebene in Form einer Beschreibung. Durch diese Analyse des Beschreibens auf Makro-, Meso- und Mikroebene wird eine Charakterisierung der Beschreibung als Textsorte[23] nahelegt:

> Das Beschreiben [ist] nicht nur ein besonderer pragmatischer Gestus, der Texte und Textteile durchdringen und mitformen kann, sondern dieser Gestus ist für bestimmte Texte *die* dominante Sprachhandlung, sodass eben doch von der Makro-Textsorte Beschreiben ausgegangen werden kann. Und ebenso existiert diese Makro-Textsorte auf einer Mesoebene dort, wo ganze Textsegmente dominant deskriptiv sind. Dass sich also unter der Makrotextsorte so unterschiedliche Formen finden lassen wie Wegbeschreibungen, Versuchsbeschreibungen, Anamnese, Baubeschreibung, Kunst- und Tourismusführer und ebenso literarische Textsegmente, hebt den Textsortenbegriff „Beschreibung" nicht auf, sondern bewahrt ihn durch die Unterscheidung in Ebenen. – Ergänzend ist auf die deskriptive Mikroebene zu verweisen, die sich in verschiedenen Oberflächenformen wie Wortgruppen, Teilsätzen und Sätzen durch Attribuierung und/oder Prädikation fortlaufend in fast allen Textsorten findet.
>
> (Klotz, 2013: 20; Hervorhebung im Original)

Heinemann, der sich hauptsächlich mit schriftlich-textuellen Formen des Beschreibens und deren Vertextungsmustern auseinandersetzt, versteht „das einfache Beschreiben (von Objekten) als Merkmal-Komplexion des Benennens" (Heinemann 2000: 365). Man kann daher davon ausgehen, dass man deskriptiven Textteilen nahezu in allen Textsorten (und Textexemplaren) in untergeordneter Form begegnet, jedoch nur in seltenen Fällen mit Makrofunktion, da das Beschreiben nur „in Ausnahmefällen zur Konstitution von ganzheitlichen Texten verwendet wird" (Heinemann 2000: 363).

Beim Versuch, die Handlung des Beschreibens besser fassbar zu machen, trifft man im wissenschaftlichen Diskurs — aus strukturalistischer Perspektive — auf formelhafte Anleitungen. Werlich (1975: 30) richtet seinen Fokus auf „faktische Erscheinung im Raum" (Heinemann 2000: 359). Folglich befasst sich der Sprachproduzent beim Beschreiben mit den „factual phenomena in space"

---

23 Der Forschungsgegenstand „Textsorte" ist im aktuellen (text-)linguistischen Diskurs Gegenstand einer höchst kontroversen Auseinandersetzung, auf die hier nicht eingegangen werden kann. Auch außerhalb dieses Diskurses gibt es in der wissenschaftlichen Auseinandersetzung mit dem Beschreiben unterschiedliche Standpunkte, was die Klassifikation der Beschreibung als Text (-sorte, -typ, -form etc.) betrifft.

(Werlich 1975: 39) [24] und setzt dabei in erster Linie den kognitiven Prozess der räumlichen Wahrnehmung sprachlich um (vgl. Schmid 2005: 135f.). Die formelhafte Erläuterung[25] lautet:

$$S(NG) + P(V_{be/non\text{-}change} + Past/Present) + A(ADV_{loc})$$

Damit werden Gegenstände in Beschreibungen auf räumlich strukturierte Sachverhalte eingegrenzt und zwar mit statischer Darstellungsperspektive. Nach dieser Auffassung besteht die primäre Aufgabe des Beschreibens darin, Erscheinungen oder Veränderungen im Raum sprachlich zu repräsentieren. Dies greift in jedem Fall zu kurz, da neben statischen auch dynamische Sachverhalte beschrieben werden. Eine „Beschränkung auf ein räumlich strukturiertes Darstellungsmuster verallgemeinert daher in unzulässiger Weise" (v. Stutterheim & Kohlmann 2001: 1281).

Klotz (2013) sieht für das Beschreiben eine breitere, allgemeinere Formel vor:

$$x + y = E1 + E2 + \ldots En$$

Das Beschreiben von „Welt" wird grundsätzlich von „Wahrnehmung, Interesse, soziokultureller Kompetenz, Adressatenbezug und kommunikativ-pragmatischer Absicht" (Klotz 2013, 207) geprägt. Auf Basis dieser Annahme erhält eine Bezugsgröße (x) eine beschreibende Zuschreibung (y), diese wiederum bilden gemeinsam ein deskriptives Gefüge („deskriptive Entität" = E). Kommt es nun zu einer Anhäufung deskriptiver Entitäten, dann handelt es sich um deskriptive Sätze (S), Textsegmente (TS) oder Beschreibungen (B):

---

24 Was unter dem Begriff zu verstehen ist, wird klar in der Gegenüberstellung mit dem Begriff der „factual and/or conceptual phenomena in time", die sich auf die zeitliche Wahrnehmung bezieht. Damit grenzt Werlich (1975) die Beschreibung (räumliche Wahrnehmung und sprachliche Darstellung) von der Erzählung (zeitliche Wahrnehmung und sprachliche Darstellung) ab. Die Beschreibung ist demnach durch die „Dominanz von Raum über Zeit, damit auch von Statischem über Dynamischem und von Tatsächlichem über Begrifflichem gekennzeichnet" (Schmid 2005: 136).

25 Die formelhaft abgekürzte Schreibweise lässt sich wie folgt aufschlüsseln: Subjekt (Nominalgruppe/Nominalphrase) + Prädikat (Verb *be*/Verb der Nichtveränderung in *Past Tense oder Present Tense*) + Adverbial (Ortsadverb). Als praktisches Beispiel dazu kann die deskriptive Äußerung – *Thousands of glasses were on the table* – angeführt werden, die eine spezifisch raumreferenzielle Funktion erfüllt und somit einen „phänomenregistrierenden Satz" darstellt (vgl. Werlich 1975: 30).

Formelhaft ausgedrückt tritt zu einer *Bezugsgröße (x)* eine *deskriptive Zuschreibung (y)*; sie bilden eine *deskriptive Entität (E)*. Kommt es zu einer Akkumulierung bzw. Reihung solcher Entitäten E1 bis En, handelt es sich um deskriptive Sätze (S), Textsegmente (TS) oder Beschreibungen (B). Solche Akkumulierungen bzw. Reihungen werden pragmatisch auf eine Thematisierung hin in fokussierender Weise organisiert. Diese Organisation erfolgt durch eine mehr oder weniger konventionelle Textstruktur:

x + y = E1 + E2 + ... En werden syntaktisch und textuell strukturiert zu Sätzen (S), Textsegmenten (TS) und/oder zu Beschreibungen (B) als Thematisierung von „Welt" gemäß Wahrnehmung, Interesse, soziokulturelle Kompetenz, Adressatenbezug und kommunikativ-pragmatische Absicht.

(Klotz 2013: 206f.; Hervorhebung im Original)

Folgt man den Ausführungen von Klotz, so wird deutlich, dass sich das Beschreiben vom Benennen dahingehend unterscheidet, dass „das Benannte mit Zuschreibungen, mit Eigenschaften im weitesten Sinn erst noch zu versehen ist" (Klotz 2013: 21). Demnach wird beim Beschreiben der Gegenstand der Beschreibung (Ding, Lebewesen, Vorgang, Prozess etc.) zunächst benannt, erst in weiterer Folge werden darüber Aussagen gemacht[26] (vgl. Klotz 2013: 21f.). Der Versuch die Grenzen des Beschreibens formelhaft zu klären, erweist sich damit in Bezug auf die Abgrenzung zum Benennen als nützlich.

2.7 Stereotype Zuschreibungen an das Beschreiben

Mit der bereits skizzierten Polarität von Objektivität und Subjektivität in Beschreibungen werden stereotype Erwartungen an das Beschreiben sichtbar, die insbesondere im Rahmen des didaktischen Brauchtums im schulischen Unterricht ihre Wirkung entfalten. Um aber diese kommunikativen und im Besonderen textspezifischen Erwartungen beleuchten zu können, muss der

---

[26] Wird diese Formel auf ein konkretes Beispiel angewendet, so wird die grundlegende Bedeutsamkeit der von Feilke (2003) eingeführten Unterscheidung zwischen „Beschreiben I" und „Beschreiben II" greifbar. Der einfache Satz „Ein großer Baum steht vor dem Haus" kann aufgrund der Klotz'schen Formel wie folgt segmentiert werden: Baum (x) + groß [Größenbestimmung] (y) = großer Baum (E1); Baum (x) + vor dem Haus [Standortbestimmung] (y) = Baum vor dem Haus (E2). Dabei stellt sich die Frage, inwiefern diese Formel beschreibende Bedeutungsunterschiede auf Wort- beziehungsweise Begriffsebene hinsichtlich der Wortwahl („Beschreiben I" bei Feilke) berücksichtigt. Denn es macht einen Unterschied, ob „der" – also ein bestimmter – oder „ein" Baum vor dem Haus wächst. Zudem hat auch das Verb eine deskriptive Komponente. Die Begriffe „stehen" oder „wachsen" sind neutral. Ersetzt man sie durch das Verb „wuchern" so enthält die Aussage einen neuen deskriptiven Wert; dies lässt sich beliebig weiter fortführen („Linde", „Ahorn" anstelle von „Baum" etc.).

Fokus von der sprachlichen Handlung des Beschreibens auf das Textprodukt der Beschreibung gerichtet werden[27]. Dies auch unter dem Aspekt, dass „sich mündliche und schriftliche Beschreibungen in ihren strukturellen Grundmustern kaum unterscheiden" (v. Stutterheim & Kohlmann 2011: 1279)[28]. Unter linguistischen Gesichtspunkten kommt der Beschreibung ein besonderer Status zu, da sie sich als heterogene Textart erweist, die nur schwer mit üblichen textlinguistischen Kriterien erfasst und mit anderen Textarten verglichen werden kann (vgl. Becker-Mrotzek & Böttcher 2015: 145). Sie tritt oftmals als textlinguistische „Mischform" (Heinemann 2000: 363) in Erscheinung, was daher rührt, dass sie selten in reiner Form auftritt, sondern häufig in subordinierter Funktion[29] der Erzeugung von Textteilen dient (vgl. Heinemann 2000: 363).

Dazu kommt, dass es in der theoretischen Auseinandersetzung divergierende Bezeichnungsmöglichkeiten bei der Klassifizierung der Beschreibung als Text gibt; die Zuordnungen reichen von Textsorte über Texttyp, Textform und dergleichen mehr, die jedoch nicht Gegenstand der vorliegenden Untersuchung

---

[27] Im Rahmen von textlinguistischen Untersuchungen werden etwa konkrete Merkmalskriterien abgeleitet, die in weiterer Folge präskriptiven Wert haben können, um zum Beispiel Textsortenkriterien zu bestimmen oder Textmuster zu definieren.

[28] Von Stutterheim & Kohlmann (2001) führen diesbezüglich aus: „Wie eine Vielzahl von Studien zur Sprachverwendung belegt, ist es für viele Fragen sinnvoll, ja notwendig, das Medium, Laut oder Schrift, als Differenzierungskriterium heranzuziehen. Wählt man jedoch einen Phänomenbereich wie Beschreibungen, so hat man es mit einem Muster sprachlichen Handelns zu tun, in dem die Rollen der Kommunikationspartner sehr unsymmetrisch verteilt sind. Die allgemeine Zielsetzung von Beschreibungen impliziert, dass Beschreiben als interaktive Gesprächsform weitgehend ausgeschlossen ist. Es gibt nichts Gemeinsames zu erschließen, ebenso wenig sind Wissensbestände zusammenzuführen oder auch wechselseitig zu bewerten wie z.B. beim Argumentieren oder auch beim Erzählen. Eine Beschreibung ist in erster Linie eine sprecherseitig zu lösende Aufgabe, Interaktion kann allenfalls im Nachfragen vonseiten des Hörers bestehen. Damit leistet der Gesprächspartner jedoch keinen beschreibungsspezifischen Beitrag. Die im Kern monologische sprachliche Darstellungsform impliziert, dass der Gesamtaufbau eines Textes durch den Sprecher zu leisten ist." (v. Stutterheim & Kohlmann 2001: 1279)

[29] Feilke präzisiert den Aspekt der „Subordination", als dass diese funktionelle Darstellungsweise weiterer Erläuterung bedürfe: Als Textsegment wie zum Beispiel in Erzählungen sei das Beschreiben wohl in subordinierter Funktion vorzufinden, indem deskriptive Passagen der textuellen Superstruktur untergeordnet sind. „Unter dem Gesichtspunkt des Verhältnisses von Genesis und Geltung" (Feilke 2005: 59) jedoch, müsse dem Beschreiben eine übergeordnete Rolle zugeschrieben werden; denn die Darstellungsfunktion der Sprache ist nach Feilke „allererst eine beschreibende" (Feilke 2005: 59).

sind[30]. Grundsätzlich wichtig hingegen erscheinen im Zusammenhang dieser Studie die unterschiedlichen Attribute, die der schriftlich fixierten Beschreibung zugewiesen werden, also die Kluft zwischen mit wissenschaftlichem Hintergrund definierten Kriterien und stereotypen Erwartungen und Zuschreibungen im Rahmen des didaktischen Brauchtums.

2.7.1 Maximen für Beschreibungen

Beim Beschreiben, wie auch bei anderen sprachlichen Handlungen, steht am Anfang eine bestimmte Quaestio[31], die nicht nur als Stimulus für bestimmte Handlungsintentionen gilt, sondern durch die „zugleich auch eine bestimmte Art und Richtung des Handelns programmiert" (Heinemann 2000: 360) wird. Dies geschieht mit dem Ziel, dass Rezipierende die selektierten Objektkomponenten der Beschreibung im besten Fall mühelos identifizieren und sie von anderen Objekten abgrenzen und unterscheiden können. Der Sprachproduzent kann dies nur unter der Prämisse bestimmter Kommunikations-Maximen bestmöglich erreichen. Diese sind nach Heinemann die Maxime der „Sachlichkeit / Unpersönlichkeit", die Maxime der „Informativität und Relevanz", die Maxime der „Konkretheit und Detailliertheit" sowie die Maxime der „Verständlichkeit". (Vgl. Heinemann 2000: 361f.) Diese Maximen decken folgende Bereiche ab: die (vordergründig erkennbare) Positionierung des / der Sprachproduzierenden, das Ausmaß der Information und deren Auswahl, die sprachlich manifestierte Korrektheit und Detailliertheit im Ausdruck und die Anordnung der Informationen. Sie sind nach Heinemann (2000) ausschlaggebend dafür, dass eine

---

[30] Die vorliegende Arbeit setzt sich nicht mit den unterschiedlichen Positionen der Textklassifikation und dem damit verbundenen wissenschaftlichen Diskurs auseinander. Fokussiert werden hingegen die sprachliche Handlung des Beschreibens und das sprachliche Produkt der Beschreibung sowie Möglichkeiten einer gezielten, didaktisch fundierten Förderung der deskriptiven Kompetenz. Wenn im Folgenden unterschiedliche Begrifflichkeiten in Bezug auf die Textklassifikation erwähnt werden, so beziehen sie sich direkt auf die jeweils zitierte Wissenschaftsposition.

[31] Hinter jedem Text steht ein bestimmter Anlass, der das Sprachhandeln in bestimmter Weise notwendig macht. Damit eng verbunden ist die alltägliche Vorstellung vom Thema eines Textes, also von dem, wovon ein Text handelt und welche spezifischen Ziele damit verfolgt werden. Alternativ dazu lässt sich ein Text auch als kommunikative Antwort auf eine Frage oder Quaestio verstehen, die sich den Kommunizierenden in einer bestimmten Situation stellt. Aus dieser Quaestio resultieren inhaltliche und formale Vorgaben für den Text. (Vgl. DUDEN-Grammatik 2016: 1074)

kohärente Beschreibung entsteht, die von Seiten der Rezipierenden problemlos und umfassend verstanden werden kann.

2.7.1.1 Maxime der Unpersönlichkeit und Sachlichkeit

In einem traditionellen System von Darstellungsarten des klassisch schulischen Aufsatzunterrichts wird das Beschreiben im Bereich einer objektiven Auseinandersetzung mit Gegenständen verortet[32]. Bei dieser Verortung wird die Beschreibung in doppelter Weise durch das Objekt geprägt und durch zwei Dimensionen charakterisiert: Auf der Seite der Schreibenden wird das darzustellende Objekt in objektiv geprägter Darstellungsform gesehen. Im Hinblick auf das Referenz-Objekt einer Beschreibung kommt es ebenfalls zu einer klaren Bezugnahme auf Gegenstände[33] (vgl. Heinemann 2000: 359f.), wie Tabelle 1 verdeutlicht:

Tab. 1: Darstellungsarten des traditionellen Aufsatzunterrichts (nach Heinemann 2000: 359)

	objektiv	subjektiv
Gegenstand	Beschreibung	Schilderung
Vorgang	Bericht	Erzählung
Problem	Erörterung	Erörterung

Dieser Objekt-Bezug spiegelt auch die Maxime der Unpersönlichkeit und der Sachlichkeit wider, bei der „alle subjektiven Eindrücke / Einstellungen dem zu kennzeichnenden Gegenstand und dem Partner gegenüber zurückgehalten werden" (Heinemann 2000: 361) sollen. Auch wenn eine Beschreibung aus den eingangs genannten Gründen streng genommen niemals objektiv sein kann, so „erwartet man jedoch vom Beschreibenden, die Dinge und Sachverhalte so

---

[32] Heinemann (2000) betont, dass der traditionelle Aufsatzunterricht in der Schule auf Basis jener Darstellungsarten nur „sehr bedingt geeignet" sei, die Entwicklung kommunikativer Fähigkeiten (insbesondere des Beschreibens) zu fördern (vgl. Heinemann 2000: 365).

[33] Diesem klassischen Basisverfahren wurden in späteren Arbeiten auch Darstellungen dynamischer Vorgänge als „Vorgangsbeschreibungen" hinzugefügt (vgl. Heinemann 2000: 359). Dennoch scheint die Reduktion des Gegenstands einer Beschreibung auf den rein visuellen Bereich beschränkt. Diesbezüglich sollte ein Perspektivenwechsel – wie ihn auch Feilke (2005) fordert – stattfinden, denn Beschreibungen beziehen sich nicht ausschließlich auf visuell wahrnehmbare Sachverhalte, sondern auf das gesamte sinnliche Wahrnehmungsspektrum. (Vgl. Feilke 2005: 47)

‚objektiv' wie möglich wiederzugeben" (Ossner 2016: 252). Dies zeigt sich unter anderem auch auf sprachlicher Ebene durch das Präferieren von Passivkonstruktionen und unpersönlichen Ausdrücken (vgl. Heinemann 2000: 361). Beschreibungen in einem fachlichen Wissenskontext (zum Beispiel in der Botanik) zeichnen sich dadurch aus, dass sie fast vollständig auf „Erklärungen, Wertungen und Angaben zu Nutzungsmöglichkeiten" (Becker-Mrotzek & Böttcher 2015: 149) verzichten. Der Text macht keinerlei Aussage darüber, warum eine Pflanze in ihrer Form so beschaffen ist und enthält sich aller ästhetischen und funktionalen Urteile mit dem Ziel ausschließlich darzustellen, wie die beschriebene Pflanze beschaffen ist (vgl. Becker-Mrotzek & Böttcher 2015: 149f.). Diese die Objektivität betreffende Erwartungshaltung führt dazu, dass beim Schreiben entweder die vordergründig subjektive Sicht ganz vermieden oder als solche eindeutig markiert wird und als Anmerkung möglicherweise in einen evaluativen Schlusskommentar einfließt (vgl. Ossner 2016: 252). Ebenso verhält es sich bei Erklärungen, Interpretationen oder Deutungsauslegungen, welche die inneren Zusammenhänge des Beschriebenen betreffen – auf diese sollte zugunsten des Äußeren und Sichtbaren möglichst verzichtet werden (vgl. Becker-Mrotzek & Böttcher 2015: 146).

2.7.1.2 Maxime der Informativität und Relevanz

Eine weitere Forderung an die Beschreibung ist die Erfüllung der Maxime der Informativität und Relevanz, die besagt, dass der konstituierende Text „so informativ wie möglich, aber nicht informativer als nötig" (Heinemann 2000: 361) sein solle. Das bedeutet, dass Textproduzierende einschätzen müssen, was als wichtig zu erachten ist und was aus Sicht der Rezipierenden als noch nicht bekannt beziehungsweise gewusst jedoch themenrelevant verstanden werden kann. Dieser Aspekt ist in der Umsetzung in zweierlei Hinsicht komplex, da er sich einerseits auf den beschriebenen Sachverhalt per se bezieht, andererseits auch auf den Adressaten und dessen Verständnisvollzug. (Vgl. Heinemann 2000: 361) In der kognitiven Linguistik wird dieser Aspekt unter dem Begriff der „Selektion" behandelt; Informationen müssen aus einem komplexen Wissensgeflecht in strukturierter Weise herausgefiltert werden (vgl. v. Stutterheim & Kohlmann 2001: 1283). Bei der Entwicklung deskriptiver Kompetenzen kommt es häufig – nachdem Normen und Grundsätze antizipiert wurden – im Sinn einer Übergeneralisierung zu einer extremen Orientierung an der Norm der Genauigkeit und Informativität. So werden zum Beispiel zu viele Informationen gegeben, was die Verständlichkeit einer Beschreibung mindern kann. Dies rührt daher, dass vielfach noch die hoch komplexe Fähigkeit fehlt, einzuschätzen, „wie wichtig die jeweilige Information für den Beschreibungszweck und den Leser ist" (Feilke 2003: 11).

2.7.1.3 Maxime der Konkretheit und Detailliertheit

Die Maxime der Konkretheit und Detailliertheit bezieht sich auf die Darstellung des Objekts selbst und meint, dass Textproduzierende es – ihrem jeweiligen kommunikativen Ziel angemessen – durch Auswahl und Anordnung spezifischer Lexeme kennzeichnen. Dies soll so detailliert – und bei Texten in wissenschaftlichem Kontext so exakt – wie möglich und nötig sein. Der Aspekt der Notwendigkeit zielt hier speziell auf das Verständnis der Rezipierenden ab (vgl. Heinemann 2000: 361). So ist es zum Beispiel wichtig, Angaben über Größen, Formen und Lagebeziehungen möglichst genau und konkret zu formulieren. Beim Beschreiben müssen „präzise Formulierungen, passende Verknüpfungen und angemessene, eventuell fach-sprachliche Wörter" (Fix 2008: 99) gefunden werden. Denn für die Bezeichnung bestimmter Phänomene kann nicht immer auf den Wortschatz des Alltags zurückgegriffen werden, spezifische Fachbegriffe sind unerlässlich (vgl. Becker-Mrotzek & Böttcher 2015: 149) [34].

Genauigkeit in der Beschreibung ist jedoch kein Wert an sich, der sich vom Gegenstand her begründet, sondern ist vielmehr „auf die Interessen und das Vorwissen von Lesern zu beziehen" (Feilke 2003: 8), in ihrem Umfang also auch von der Zielgruppe her zu definieren.

2.7.1.4 Maxime der Verständlichkeit

Die Maxime der Verständlichkeit bedeutet, dass der Textproduzent mit Blick auf Textrezipierende und Kommunikationssituation die Informationen in angemessener Weise auswählt und anordnet. Der Text muss verstanden werden können, weshalb er so gestaltet sein muss, dass er „nicht nur logisch stringent und klar geordnet, sondern vor allem auch für den jeweiligen Rezipienten / die Rezipientengruppe verständlich" ist (Heinemann 2000: 361). Ein wesentliches Prinzip für Beschreibungen ist dabei das Verfahren, vom Ganzen, Allgemeinen oder für besonders wichtig Gehaltenen hin zum Detail zu gehen — allerdings gibt

---

[34] Entsprechend müssen nach Michel (1986) bei Gegenstandsbeschreibungen folgende Aspekte beachtet werden: „genaue Bezeichnung der beschriebenen Gegenstände, ihrer Bestandteile und typischen Merkmale unter Nutzung von Fachlexik und Realienbezeichnungen; exakte Angabe räumlicher Verhältnisse (Lage, Standort, Ausdehnung, Verbreitung, Begrenzung, Abstand, Richtung); Einsatz verschiedenartiger Attribute zu genauer Merkmalszeichnung; Zustandsverben und verbale Zustandsformen" (Michel 1986: 67).

es auch Sonderfälle, bei denen eine Umkehrung dieses Prinzips sinnvoll erscheint.

> Generell gilt, dass ein Text immer dann thematisch gut organisiert ist, wenn der jeweilige Partner dem Dargelegten gut folgen kann. In diesem Sinne kann jedes Beschreiben als eine Form des Erklärens gekennzeichnet werden; und metaphorisch lässt sich Deskriptions-Handeln dann umschreiben als ein „Zeichnen mit sprachlichen Mitteln"
> (Heinemann 200: 362; Hervorhebung im Original)

Ebenso wichtig erscheint, dass die Reihenfolge der Informationsverknüpfung eine angemessene Ordnung aufweist. So kann in Abhängigkeit von Kommunikationspartner/in und Kommunikationssituation eine unterschiedliche und jeweils spezifische Beschreibungsabfolge realisiert werden. Diese kann von summarisch reihendem Nebeneinander über das von einem Punkt ausgehende Beschreiben zum logisch „Auseinander-Abgeleitetsein" (Heinemann 2000: 361) bis hin zu chronologischem Nacheinander reichen. (Vgl. Heinemann 2000: 361) Dabei ist zu beachten, dass eine spezifische Ordnung einen leichteren Nachvollzug durch Rezipierende als „Gang durch den Vorstellungsraum" ermöglicht (vgl. Fix 2008: 99). Bei temporal geprägten Beschreibungen, die sich auf Vorgänge beziehen, wird die Struktur „ikonisch zur Zeitlichkeit des Textproduzenten linearisiert" (Heinemann 2000: 361). Aber auch bei räumlichen Beschreibungsobjekten kann es zu einer zeitlichen Linearisierung kommen, indem man den Raum in der Beschreibung durchwandert (vgl. Heinemann 2000: 361). Hat zum Beispiel das Erzählen eine ‚natürliche' Ordnung, die sich durch den Zeitverlauf des Erzählten ergibt, so gibt es diese ‚natürliche' Ordnung bei Beschreibungen nur bedingt. Bei einer Wegbeschreibung kommt es zu einer quasi natürlichen Orientierung anhand der Kriterien von hier nach dort; bei Vorgangsbeschreibungen verhält es sich ähnlich, die Ordnung geht vom Vorgangsanfang zum Vorgangsende. Wohnungsbeschreibungen adaptieren meist das Anordnungsprinzip von Wegbeschreibungen; Zimmerbeschreibungen haben meist die Tür ins beschriebene Zimmer als ‚natürlichen' Ausgangspunkt und oftmals auch Endpunkt der ‚Zimmerbeschreitung'. Ein solches Verfahren ist aber bei der Beschreibung von Bildern, Tieren, Gegenständen und dergleichen nicht angebracht[35]. (Vgl. Ossner 2016: 258) Hier geben oftmals kategoriale

---

35 Von Stutterheim & Kohlmann (2001) unterscheiden hier zwischen temporal organisierten Beschreibungen (z.B. Vorgangsbeschreibungen) beziehungsweise räumlich organisierten (z.B. Zimmerbeschreibungen) und objektbezogen strukturierten Beschreibungen. Letztere liegen dann vor, wenn in Beschreibungen statischer Sachverhalte „das Objekt mit einer Reihe von

Begriffe die „kognitive Groborientierung ab, darunter wird auf der Grundlage von Primärbegriffen [...] mittels sensorischer Unterbegriffe [...] so genau beschrieben, wie es hinsichtlich Gegenstand und Leser als erforderlich unterstellt wird" (Ossner 2016: 258). Es gibt kein exklusives Anordnungsmuster beim kognitiv begrifflichen Aufbau. Grundlegend ist jedoch, dass überhaupt ein Anordnungsmuster erkennbar und auch rekonstruierbar ist, da dies das Verständnis und die Aufbewahrung im Gedächtnis der Rezipierenden unterstützt[36]. Dazu wird ein markanter Punkt an den Anfang einer Beschreibung gesetzt, von dem aus im Sinn der Erwartbarkeit fortgesetzt wird. So finden sich nach Ossner (2016) „Top-down-Prozesse", im Sinne einer kategorialen Einordnung zur Grundorientierung durch eine Oberbegriffskategorisierung am Anfang. Sensorische Merkmale liefern hingegen „Bottom-up-Prozesse" und geben die erforderliche Konkretheit und Anschaulichkeit (vgl. Ossner 2016: 258). Es lassen sich in Beschreibungen Anordnungsmuster erkennen und rekonstruieren, die folgenden Mustern folgen:

- vom Anfang zum Ende (zeitlich),
- vom Auffälligen zum Unauffälligen,
- vom Hervorstechenden zum Unscheinbaren,
- vom Bedeutsamen / Wichtigen zum Unbedeutenden,
- direktional von links nach rechts,
- vom allgemein Bekannten zum Unbekannten,
- vom gesellschaftlich Anerkannten zum Tabuisierten,
- vom erwartet Unterstellten zum Unbekannten

und jeweils umgekehrt, wobei diese Liste vermutlich ergänzbar ist.

(Ossner 2005: 70)

Die Frage nach einer typischen Makrostruktur von Beschreibungstexten lässt sich nicht einfach beantworten, da Beschreibungen in der Textklassifikation eine Sonderstellung einnehmen und meist eine textlinguistische „Mischform"

Standardeigenschaften als Topikvorgabe fungiert. [...] Die Serialisierung der Eigenschaftsspezifikationen erfolgt dann auf der Grundlage besonderer Objektmerkmale, wie Teil-Ganzes-Relationen, funktionale Verkettung von Elementen, Grade von Wichtigkeit" (v. Stutterheim & Kohlmann 2001: 1285).

36 Grundsätzlich kann festgehalten werden, dass ein bestimmtes Ordnungsschema (Struktur) in Beschreibungen hilft, den Rekonstruktionsprozess entsprechend zu erleichtern. Diese Regel gilt jedoch nicht absolut, denn „besonders in poetischen Beschreibungen stehen diese letztlich verarbeitungsbedingten Prinzipien nicht so sehr im Vordergrund, zum einen weil dem Leser mehr Zeit für die Rekonstruktion des versprachlichten Wissensausschnittes zur Verfügung steht, zum anderen weil vielleicht das kommunikative Ziel gar nicht in der Vermittlung sachlicher Informationen, sondern vielmehr im Evozieren weitläufig assoziierter Wissensnetze besteht" (v. Stutterheim & Kohlmann 2001: 1286f.).

(Heinemann 2000: 363) darstellen. Sie treten daher oftmals nicht in reiner Form auf und variieren stark in ihrer Realisierung im Hinblick auf den zu beschreibenden Sachverhalt, die Adressaten und die Textfunktion (vgl. Feilke 2003: 12f.). Wenn daher auch eine allgemeine Makrostruktur von Beschreibungen zu Recht in Abrede gestellt werden mag, so finden sich nach Ossner (2016) doch immer wieder bestimmte innere Aufbaumuster für den Hauptteil oder Textkern. Für diesen Hauptteil ist es in funktioneller Hinsicht entscheidend, eine Gesamtvorstellung des Sachverhalts zu geben. Diese wiederum ist stark von der Art und Weise der Informationsentfaltung abhängig. In Alltagsbeschreibungen wird nach Ossner häufig „mit einem evaluativen Schlusssatz das Beschriebene affektiv aufgeladen" (Ossner 2016: 259). Diese affektive Ladung habe immer den Zweck, den Rezipienten zu „stimmen" (vgl. Ossner 2016: 259).

Aber nicht nur die Darstellungsweise und die Ordnung von Informationen im Gesamttext sind entscheidend für die Verständlichkeit einer Beschreibung, auch die Stellungseigenschaften innerhalb eines Satzes sind relevant. Unterschiedliche Varianten des Aufbaus einer Äußerung finden sich auf Satzebene in unterschiedlichen Beschreibungstypen wieder. Der Stellung von bestimmten Informationen im Satz kommt dabei die entscheidende Rolle zu, was ein pragmatisches Grundprinzip für die Anordnung von Elementen in Beschreibungen bestätigt:

> Topikelemente stehen vor Fokuselementen, und dort, wo mehrere Topikkomponenten in einer Äußerung enthalten sind, rückt dasjenige an den Anfang, das den ‚Gang durch den Vorstellungsraum' strukturiert. In temporal bzw. räumlich organisierten Beschreibungen platzieren die Sprecher somit im unmarkierten Fall die Angaben, in denen das Linearisierungskriterium zum Ausdruck gebracht wird, an den Anfang der Äußerung, die fokussierten Informationsteile rücken ans Ende des Mittelfeldes.
> (v. Stutterheim & Kohlmann 2001: 1289; Hervorhebung im Original)

Ein Beispiel soll dies verdeutlichen. Bei der folgenden Aussage liegt der Fokus der Linearisierung zuerst auf der räumlichen (Beispiel a), dann auf der zeitlichen (Beispiel b) Anordnung der einzelnen Objekte:

a) ... *rechts* ist eine Schule, *links* befindet sich ein Bankgebäude, *davor* liegt ein Park ...
b) ... *zuerst* kommt rechts eine Schule, *danach* ein Bankgebäude und *dann* kommt man zu einem Park ...

Stehen jedoch die Gegenstände selbst im Fokus (Beispiel c), so treten räumliche und zeitliche Linearisierungen in den Hintergrund, wie dies bei objektbezogen strukturierten Beschreibungen der Fall ist, wodurch die erste Position der

Äußerungen durch Objektreferenzen besetzt ist (vgl. v. Stutterheim & Kohlmann 2001, 1289):

c) ... *die Schule* ist ein altes Gebäude, *das Portal* besteht aus massiven, dunklen Eichenbrettern, *die Fensterrahmen* sind rot gefärbt ...

Die Objektreferenzen in Erstposition (Beispiel c) „signalisieren qua Stellung, dass der Hörer über sie die Verknüpfung der einzelnen Teile zu einem Gesamtbild zu leisten hat" (v. Stutterheim & Kohlmann 2001: 1290). Entsprechend kann dieser Rekonstruktionsprozess in unterschiedlichem Umfang Inferenzen bei den Rezipienten erfordern. Modifikationen jener Muster sind grundsätzlich möglich und können „sowohl global als auch lokal motiviert sein" (v. Stutterheim & Kohlmann 2001: 1290).

2.7.2 Sprachliche Besonderheiten des Beschreibens

Die Maximen des Beschreibens gehen oftmals mit sprachlichen Besonderheiten einher und/oder bedingen sie. So wird zum Beispiel die erste Maxime „Sachlichkeit und Unpersönlichkeit" mittels Verwendung unpersönlicher Passivkonstruktionen realisiert. Zudem hat diese Maxime auch deutlichen Einfluss auf die Form der zeitlichen – beziehungsweise zeitlosen – Präsentation, nämlich durch die Verwendung des Präsens. Diese im Folgenden näher betrachteten Realisierungs- und Formulierungsspezifika sind aber keinesfalls als feste Regeln einer Beschreibung zu verstehen, sondern spiegeln viel eher Präferenzen bei der Realisierung des Beschreibens wider.

2.7.2.1 Referenzbezug

Beim Beschreiben gilt grundsätzlich, dass bei Neueinführung eines Referenzträgers (eines Substantivs bzw. einer substantivischen Wortgruppe) mit dem Merkmal „nicht bekannt" dieser in der Regel indefinit durch einen unbestimmten Artikel eingeführt wird. Bei Wiederaufnahme des Referenzträgers, der anhand der Vorerwähnung als „bekannt" anzunehmen ist, geschieht dies definit. Denn „Substantive werden überhaupt nur dann als sprachliche Wiederaufnahmen identifiziert, wenn sie das Merkmal ‚definit' tragen, d.h. entweder Eigennamen sind oder den bestimmten Artikel bzw. ihm entsprechende Formen wie Demonstrativpronomen (dieser), z.T. auch Possessivpronomen (sein) und

Interrogativpronomen (welcher) bei sich haben" (Brinker 2001: 29)[37]. Als bedeutsam ist an dieser Stelle festzuhalten, dass der definite oder indefinite Artikel weder Bekanntheit noch Unbekanntheit behauptet, sondern ausschließlich ein Signal für den Rezipienten darstellt, dass der Produzent bestimmte Informationen beim Rezipienten als „bekannt" oder „unbekannt" annimmt[38] (vgl. Brinker2001: 29).

Das Beschreiben nimmt hierbei in zweierlei Hinsicht eine Sonderstellung ein. Denn „in Beschreibungen finden sich indefinite Nominalphrasen zur Einführung und zum Teil zur Wiederaufnahme von Referenten, ungeachtet der Tatsache, dass die Objekte als gegebene vorliegen" (v. Stutterheim & Kohlmann 2001: 1289). Andererseits sind in Beschreibungen auch definite Objekteinführungen zu finden, und zwar immer dann, wenn „auf Objekte Bezug genommen wird, die im Rahmen eines globalen Schemas lokalisiert werden können" (v. Stutterheim & Kohlmann 2001: 1289); zu diesem Ergebnis kommen u.a. Linde & Labov (1975) bei der Untersuchung von Wohnungsbeschreibungen (vgl. v. Stutterheim & Kohlmann 2001: 1289).

2.7.2.2 Syntax

Nach Heinemann (2000) zeichnen sich Beschreibungen u.a. dadurch aus, dass darin „Einfachsätze und überschaubare Satzgefüge (vor allem mit Relativsätzen), insbesondere ‚phänomen-registrierende Sätze' oder ‚qualitätsattribuierende bzw. expositorische Sätze' mit Zustandsverben oder verbalen Zustandsformen" (Heinemann 2000: 362) bevorzugt realisiert werden. Ferner treten in Beschreibungen häufig komplexe Attribuierungen in Verbindung mit schlichten Prädikaten, wie zum Beispiel sein-, werden-, haben-, scheinen-Kopula auf. Sollte eine Abkehr von Einfachsätzen erfolgen, so gehorcht diese dem Prinzip: „Je komplexer die einzelnen Satzglieder oder auch Gliedsätze, desto schlichter das Prädikat" (Klotz 2013: 201).

---

[37] Brinker wählt für diesen Aspekt die Begriffe „bekannt" bzw. „nicht bekannt" anstelle von „vorerwähnt" und „nicht vorerwähnt", wie dies Steinitz (1968), Weinrich (1969) oder Baumann (1970) tun, denn Bekanntheit oder Unbekanntheit können innertextlich wie auch außertextlich sein. So kann in einem Text mittels definiten Artikels auf außertextliche Informationen Bezug genommen werden, die Textproduzierende bei Rezipierenden als allgemein bekannt voraussetzen (vgl. Brinker 2001: 30).
[38] Unter diesem Aspekt erschließt sich die besondere Bedeutsamkeit von potenziellem Kontext-Konzept- bzw. Weltwissen (im Sinne von außersprachlichen Wissensbeständen) für die Texterschließung; auch „Präsuppositionen", „frame" (Bateson 1954) und „script" (Schank & Abelson 1977) (vgl. Bußmann 2008: 611). Weitere Ausführungen zu „frame" und „script" finden sich unter 3.4.2.1 und 3.4.2.2 in der vorliegenden Arbeit.

In einfachen Beschreibungen dominieren parataktische, reihende Satzgefüge; beim Beschreiben scheint grundsätzlich die Parataxe bevorzugt zu werden, wie sich im Besonderen beim aspektivischen Objektivierungsstil (siehe 2.4.1) zeigen kann (vgl. Köller 2005: 36). Die „wenigen hypotaktischen, untergeordneten Konstruktionen haben dagegen u.a. die Funktion Abweichungen vom Üblichen und Erwartungsbrüche zu thematisieren" (Becker-Mrotzek & Böttcher 2015: 147). Die Parataxe mag jedoch nicht in dieser Form für literarische Beschreibungen gelten, wie dies zum Beispiel bei Texten von Adalbert Stifter deutlich wird[39].

2.7.2.3 Temporalität

Auffallend an Beschreibungen ist, dass sie im Vergleich zu Erzählungen und Berichten zeitlos wirken. Beschreibungen sind „atemporal" (Ossner 2005: 65) und dies in zweierlei Hinsicht: Einerseits aufgrund der vorherrschenden Verwendung des Tempus Präsens (vgl. Becker-Mrotzek & Böttcher 2015: 147), das die „Allgemeingültigkeit der Aussagen unterstreicht" (Heinemann 2000: 362). Das Präsens ist jenes Tempus, welches die „Betrachtzeit relativ zur Sprechzeit nicht festlegt, selbst nicht Temporales ausdrücken muss bzw. es nur dort tut, wo mit Festlegung der Betrachtzeit als Sprechzeit Gegenwärtiges ausgedrückt wird" (Ossner 2005: 65).

Andererseits bleibt die Beschreibung hinsichtlich der Tempusverwendung aber auch flexibel und lässt sich nicht auf die temporale Realisierungsform des Präsens einschränken; man denke zum Beispiel an literarische Texte, bei denen beschreibende Passagen – dem Duktus der Erzählung angepasst – nicht im Präsens, sondern im Präteritum verfasst sind:

---

[39] Ein Auszug aus Stifters „Bergkristall" soll dies verdeutlichen: „Wenn man auf die Jahresgeschichte des Berges sieht, so sind im Winter die zwei Zacken seines Gipfels, die sie Hörner heißen, schneeweiß und stehen, wenn sie an hellen Tagen sichtbar sind, blendend in der finstern Bläue der Luft; alle Bergfelder, die um diese Gipfel herumlagern, sind dann weiß; alle Abhänge sind so; selbst die steilrechten Wände, die die Bewohner Mauern heißen, sind mit einem angeflogenen weißen Reife bedeckt und mit zartem Eise wie mit einem Firnisse belegt, so daß die ganze Masse wie ein Zauberpalast aus dem bereiften Grau der Wälderlast emporragt, welche schwer um ihre Füße herum ausgebreitet ist. Im Sommer, wo Sonne und warmer Wind den Schnee von den Steilseiten wegnimmt, ragen die Hörner nach dem Ausdrucke der Bewohner schwarz in den Himmel und haben nur schöne weiße Äderchen und Sprenkeln auf ihrem Röcken, in der Tat aber sind sie zart fernblau, und was sie Äderchen und Sprenkeln heißen, das ist nicht weiß, sondern hat das schöne Milchblau des fernen Schnees gegen das dunklere der Felsen." (Stifter 2016: 7)

Nicht also die Beschreibung legt das Tempus fest, vielmehr folgt der Tempusgebrauch übergeordneten Gesichtspunkten. Beschreibungen verhalten sich also temporal wie ein Chamäleon. Sie können sich temporal anpassen, wie es der Kontext oder die Intention des Autors nahelegen oder erfordern.

(Ossner 2005: 66)

2.7.2.4 Unpersönlichkeit

Mit Hilfe von unpersönlichen Passiv- und/oder passivähnlichen Konstruktionen wird der beschriebene Sachverhalt (und nicht der oder die Ausführende) in den Vordergrund gerückt (vgl. Becker-Mrotzek & Böttcher 2015: 147); das Passiv wird deshalb auch als „täter-abgewandt" bezeichnet (vgl. DUDEN-Grammatik 2016: 557). In Beschreibungen finden sich vermehrt Satzteile, wie: „Es ist zu erkennen, dass". Dies lässt sich auch damit erklären, dass durch diese Ausdrucksformen Allgemeingültigkeit suggeriert werden kann (vgl. Heinemann 2000: 362). Ossner (2016) führt diesbezüglich aus:

> Bei Vorgangsbeschreibungen steht der Schreiber vor der Schwierigkeit, einen sprachlichen Ausdruck finden zu müssen, der zeigt, dass das Beschriebene für jedermann gilt. In Vorgangsbeschreibungen finden sich also täterloses Passiv oder unpersönliche *man*-Konstruktionen. Wenn Raumbeschreibungen wie Vorgangsbeschreibungen konstruiert werden, findet sich dieses Phänomen auch dort.
>
> (Ossner 2016: 256; Hervorhebung im Original)

2.7.2.5 Objektpräzisierende und -spezifizierende Mittel

Die Palette der „objektpräzisierenden und objektspezifizierenden Mittel" umfasst nach Heinemann (2000) die Attribuierung, die Verwendung von Fachausdrücken, die Angabe der Lage oder der Maße, (bildhafte) Vergleiche, wie auch Skizzen oder Schemata, auf die im Folgenden kurz eingegangen werden soll, da diese Mittel im schulischen Zusammenhang von besonderer Bedeutung sein können:

Die Attribuierung dient der Präzisierung der Eigenschaften des zu Beschreibenden (vgl. Heinemann 2000: 362). Besonders bei Objektbeschreibungen werden häufig Adjektivattribute verwendet (z.B. *das Kind - das kleine Kind*), aber auch Präpositionalattribute finden sich in beschreibenden Sprachhandlungen (z.B. *das Kind — das Kind mit der Schultasche*). Hingegen sind Genitivattribute (z.B. *das Kind der Frau*) oder Attributsätze (z.B. *das Kind, das aus der Schule kommt*) in alltagssprachlichen Beschreibungen seltener anzutreffen (vgl. Fix 2008: 99). Aus den Attribuierungen resultiert der relativ hohe Anteil an Adjektiven, der in deskriptiven Texten 8 bis 12% des Gesamtwortbestandes ausmachen kann (vgl. Heinemann 2000: 362).

Ein weiteres objektpräzisierendes Mittel ist die Verwendung von Fachausdrücken. In Beschreibungen kann es zu einer großen Anzahl von „Realienbezeichnungen und Fachausdrücken/Termini, die der Detailliertheit und Exaktheit der Darstellung dienen" kommen (Heinemann 2000: 362), denn es gilt in Abhängigkeit vom Beschreibungsobjekt, von der Funktion und den Adressaten einer Beschreibung „angemessene, eventuell auch fachsprachliche Wörter zu finden" (Fix 2008: 99) und sie in die Beschreibung adäquat zu integrieren.

Ferner können Lagebezeichnungen mittels raumdeiktischer Ausdrücke „sowie adverbialer Raumanaphern zur Orientierung im vorgestellten Raum" (Becker-Mrotzek & Böttcher 2015: 147) realisiert werden. Häufig verwendet werden „links, rechts, in der Mitte, dazwischen, oben, unten" (Heinemann 2000: 362). Aber nicht nur die Lage eines Objektes ist entscheidend, Angaben zu Größe und Form spielen ebenso eine entscheidende Rolle. Dies kann durch mathematische Maßangaben der Größe (zum Beispiel „mm, cm, m") oder Masse (zum Beispiel „kg, t"), wie auch der Form (zum Beispiel „gleichseitiges Dreieck", „Quader") erfolgen (vgl. Heinemann 2000: 362).

Um beschriebene Objekte oder Phänomene genau zu charakterisieren, bedient man sich auch des rhetorischen Mittels des Vergleichs. Bildhafte Vergleiche in Beschreibungen stehen im Dienst der Anschaulichkeit. Damit verbunden ist die Erwartung, dass über das Anknüpfen an die aus der Lebenswelt der Rezipierenden stammenden und ihnen daher vertrauten Bildspendebereiche das Verständnis des Beschriebenen erleichtert würde (vgl. Heinemann 2000: 362). Sie sind unter diesem Aspekt von besonderer Relevanz für schulisches Beschreiben (vgl. Fix 2008: 100).

2.8 Die Beschreibung

Die theoretische Auseinandersetzung mit dem Beschreiben als Sprachhandlung macht bereits in Ansätzen deutlich, dass die Abgrenzung zu anderen Sprachhandlungen schwierig erscheint (siehe 2.6). Beschrieben wird im täglichen Sprachhandeln häufig, denn das Beschreiben ist basaler Bestandteil nahezu jeder Sprachhandlung und tritt folglich in subordinierter Funktion (Heinemann 2000: 363) in so gut wie jeder Kommunikationssituation in Erscheinung.

Das Ergebnis des Beschreibens als sprachliche Tätigkeit kann man grundsätzlich als Beschreibung bezeichnen. Dieser weitgefasste, „naive" Gebrauch der Bezeichnung „Beschreibung" ist nach Ossner (2016: 263) dann einzugrenzen, wenn man unter Beschreibung ein „Textmuster mit bestimmten Eigenschaften versteht, das wiederum als Textsorte beschrieben werden kann". Jene Beschreibung kann als „ein gesellschaftlich bewährtes Textmuster innerhalb der kommunikativen Gattung deskriptiver Texte" verstanden werden, bei der Handlungsbeteiligte durch bestimmte und typische Muster in ihrer Realisierung und Rezeption entlastet werden, welche sich aus den Kommunikationsbedingungen (Medialität) und den Anforderungen im Zuge der zugrundeliegenden Quaestio ergeben (vgl. Ossner 2016: 253f.). Die hier erwähnten Muster können als Vertextungsmuster grundsätzlich unter dem Sammelbegriff „Wissensmuster" subsumiert und „als Repräsentationen von Wissenszusammenhängen für alle Bereiche gespeicherter, stereotyp organisierter und abrufbarer kommunikativer Erfahrung der Kommunizierenden" (Heinemann 2000: 356) verstanden werden (siehe 2.7). Schmid (2005) stellt dem gegenüber, dass es fraglich sei, ob „Alltagssprecher wirklich aufgrund ihrer alltäglichen kommunikativen Erfahrung unbewusstes Wissen über die prototypische Gestaltung von deskriptiven Texten, insbesondere im schriftlichen Medium, gespeichert haben, was ja der Fall sein müsste, damit man von einem ‚Muster' im auch von Heinemann vertretenen Sinn sprechen könnte" (Schmid 2005: 135; Hervorhebung im Original).

Ungeachtet dieser Tatsache gibt es in der Alltagskommunikation grundsätzlich eine Vielzahl kommunikativer Aufgaben, in deren Rahmen ein Sachverhalt möglichst „detailliert und mit relativ strikter Sequenzierung zu beschreiben" ist (Heinemann 2000: 363); zum Beispiel Personenbeschreibung, Suchmeldung, Steckbrief, Kontaktanzeige, Verlustmeldung, Verkaufsbeschreibung und dergleichen (vgl. Heinemann 2000: 363f.). Die kommunikative Praxis zeigt nach Heinemann (2000: 363) jedoch auch, dass das Beschreiben „keineswegs immer in ‚reiner' Form" und mit den prototypischen Merkmalen gekennzeichnet ist. Vielmehr dient es nur in Ausnahmefällen zur Konstitution von ganzen Texten und dient in Kombination mit anderen Verfahren der Herstellung von Textteileinheiten[40] (vgl. Heinemann 2000: 363). Zudem können je nach Beschreibungszweck „hinsichtlich des Textaufbaus, der Lexik, der Wortbildung und der Syntax völlig verschiedene Textsorten zugrunde liegen, etwa im Lexikonartikel, im Steckbrief, dem Arbeitszeugnis und der Bedienungsanleitung" (Feilke 2003: 13).

---

40 Heinemann betont in diesem Kontext, dass deskriptive Textstrukturen zwar die Kerninformation komplexer Texte enthalten (zum Beispiel bei Fundanzeigen, Suchmeldungen, Wegbeschreibungen etc.), jedoch meist nicht für sich allein stehen können (vgl. Heinemann 2000: 364).

Unter dem Aspekt des Gegenstandsbereichs von Beschreibungen können zwei Grundtypen deskriptiver Texte unterschieden werden: Beschreibungen von (statischen) Objekten und Beschreibungen von sich wiederholenden (dynamischen) Prozessen. Ersteres bezieht sich auf das Beschreiben von Gegenständen, Tieren, Pflanzen, Bildern und dergleichen; dieser Typ kann als „Gegenstandsbeschreibung" oder „Deskription" im engeren Sinn bezeichnet werden (vgl. Heinemann 2000: 363). Er wird nach Michel (1986) durch die Merkmale „sachbetont, merkmalscharakterisierend, statisch, lokal situiert und gegliedert" (Michel 1986: 65) bestimmt. Den zweiten Grundtyp, der auf (sich wiederholende) Prozesse bezogen ist, findet man in Reparatur-, Spiel-, Arbeitsanleitungen oder Versuchsbeschreibungen. Diese „Vorgangsbeschreibung" bezieht sich – im Unterschied zum „Bericht" – auf wiederkehrende, routinisierte Abläufe (vgl. Heinemann 2000: 363); sie ist vordergründig „sachbetont, prozessual-dynamisch und verallgemeinernd (generalisierend)" (Michel 1986: 65)[41]. Auf den ersten Blick mag diese Zweiteilung (mit Graubereichen) sinnvoll erscheinen, denn dadurch kann zum Beispiel die Beschreibung vom Bericht oder vom Protokoll klar abgegrenzt werden; die Beschreibung hat einen deutlich „allgemeingültigen Gestus" (Fix 2008: 99), während sich der Bericht oder das Protokoll jeweils auf ein singuläres Ereignis beziehen.

Diese Zweiteilung verdeutlicht, dass hier als Referenzobjekt einer Beschreibung rein visuell erfahrbare Gegenstandsbereiche herangezogen werden. Dies lässt die Frage aufkommen, ob andere sinnliche Erfahrungsbereiche aus Beschreibungen grundsätzlich exkludiert sind. Von Symptom- und Schmerzbeschreibungen in der Medizin (z.B. Schmerzskalen VAS, NRS) über die Beschreibung musikalischer Werke in Rezensionen und musiktheoretischen Auseinandersetzungen bis zu wissenschaftlichen Arbeiten zu körperlichen Symptomen, Empfindungen, Gefühlen etc. gibt es eine Vielzahl an Beschreibungsformen, welche sich auch auf außervisuelle Phänomene beziehen (vgl. Feilke 2003: 13).

Unabhängig vom zuvor erwähnten Geltungsbereich von Beschreibungen sowie auch von deren prototypischen Gestaltungsmöglichkeiten kann letztlich mit Feilke (2003: 13) resümierend festgehalten werden, dass es nicht „das Beschreiben oder die Beschreibung schlechthin" gibt. Jede Kategorisierung und Klassifizierung scheint daher problematisch und aus textlinguistischer Perspek-

---

41 Nach Michel (1986) kommen Gegenstandsbeschreibung und Vorgangsbeschreibung auch in kombinierter Form vor, etwa wenn Gestalt und Arbeits- oder Funktionsweisen eines Gerätes in ihrer Wechselbeziehung beschrieben werden (vgl. Michel 1986: 64f.).

tive wenig zielführend – denn „es gibt also keine Textsorte ‚Beschreibung', die in irgendeiner Weise sprachlich material bestimmbar wäre" (Feilke 2003: 13)[42].

2.9 Beschreiben im Unterricht der Primarstufe

Das Beschreiben nimmt als präskriptive Vorgabe im österreichischen Lehrplan der Volksschule in allen Unterrichtsfächern eine zentrale Stelle ein[43]. Untersucht man den aktuellen Lehrplan nach der Häufigkeit der Nennung der sprachlichen Handlungen „beschreiben, erzählen, erklären, begründen" und „argumentieren", so wird die Vorrangstellung des Beschreibens mit 50% deutlich, wie folgende Darstellung zeigt[44]:

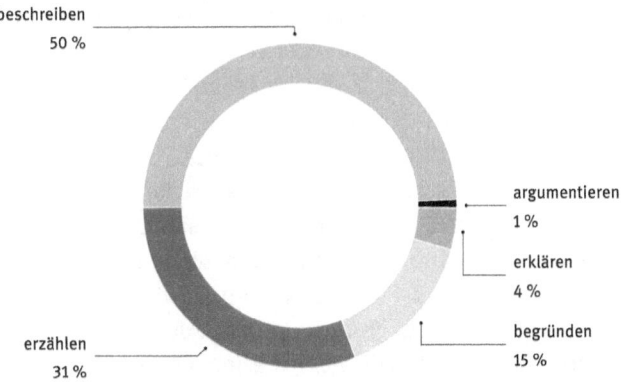

Abb. 2: Untersuchung des österreichischen Grundschullehrplans nach der Häufigkeit darin genannter sprachlicher Handlungen

---

42 Entsprechend ist die Beschreibung nach Becker-Mrotzek & Böttcher (2015) als heterogene Textart unter linguistischen Gesichtspunkten mit üblichen textlinguistischen Kriterien schwer zu erfassen und kann nur bedingt mit anderen Textarten verglichen werden (vgl. Becker-Mrotzek & Böttcher 2015: 145)
43 Diese Arbeit versteht sich als Beitrag zur didaktisch-empirischen Schreibforschung. Sie bezieht sich in den Lehrplananalysen ausschließlich auf den österreichischen Lehrplan; auch die empirische Untersuchung wurde in Volksschulen in Österreich durchgeführt.
44 Es handelt sich hierbei um die Anzahl der Nennungen diverser Sprachhandlungen im Lehrplan, bezogen auf Themenbereiche und Unterrichtsziele. Das Argumentieren wird nur einmal implizit genannt („durch Argumente" einen Sachverhalt klären, BMBWF 2018: 120).

Dies rührt daher, dass das Beschreiben in allen Unterrichtsfächern von Relevanz ist und sich über das gesamte Fächerspektrum erstreckt. So wird das „Beschreiben" unter anderem in folgenden Unterrichtsbereichen gefordert: im Mathematikunterricht „Übungen zum eigenständigen Erklären, Benennen und Beschreiben der Eigenschaften rund [...], eckig" (BMBWF 2018: 59), im Sachunterricht „in der unmittelbaren Umgebung z.B. Wege, Plätze beschreiben und darstellen" (BMBWF 2018: 89), „den Verlauf von Wegen und die Landschaftsformen feststellen und beschreiben" (BMBWF 2018: 96), in der Musikerziehung „Beschreiben von Höreindrücken" (BMBWF 2018: 166), „Wirkungen von Höreindrücken beschreiben" (BMBWF 2018: 167) und im Textilen Werken („Aufbau und Eigenschaften textiler Werkstoffe wie z.B. Gewebe, Maschenware und Filz erkunden, unterscheiden und beschreiben" BMBWF 2018: 189).

Die hohe Bedeutsamkeit, die dem Beschreiben im Lehrplan zugemessen wird, ließe eine eindeutige Begriffsdefinition und ein klares Verständnis von den damit verbundenen Sprachhandlungen in der Praxis, im schulischen Alltag, erwarten. Eine Studie von Dalton-Puffer (2007) belegt jedoch[45], dass zwar sprachliche Handlungen wie das Beschreiben in der Schule selbstverständlich als Leistung eingefordert, jedoch nicht eigens gefördert werden. Es wird offenbar vorausgesetzt, dass die Lernenden wüssten, was unter sprachlichen Handlungen wie dem Beschreiben zu verstehen sei. Ebenso wird auch angenommen, dass die Lehrenden konkret wüssten, was eine bestimmte Sprachhandlung in ihrer Realisierung ausmache (vgl. Schmölzer-Eibinger & Dorner 2012: 60). Daraus erwächst ganz grundsätzlich so lange kein Problem, so lange der Bildungserfolg nicht davon abhängt. Wenn jedoch implizit mehr (beziehungsweise anderes) erwartet und bewertet als explizit verlangt wird, dann wird diese Unschärfe sprachlicher Handlungsaufforderungen in besonderer Weise sichtbar. Wird also in einer Prüfungssituation gefordert „einen Sachverhalt eingehend zu beschreiben", dann sollte offenkundig sein, was darunter konkret zu verstehen ist: Muss man ‚rein' deskriptiv bleiben oder werden hier auch deklarative und/oder explanative Komponenten erwartet? Uneindeutigkeit, die Diskrepanz zwischen dem (von der Lehrperson) Erwarteten und dem (von dem/der Lernenden) Verstandenen, ist ein Grundproblem im schulischen Zusammenhang. Dies kann vor allem in Beurteilungssituationen schulischer und außer-schulischer Art gravierende Auswirkungen für die zu Prüfenden haben; insbesondere, wenn

---

45 Diese Studie bezieht sich allerdings nicht auf die Primarstufe, sondern auf die Mittel- und Oberstufe.

speziell kognitive und sprachliche (Teil-)Handlungen im Zentrum der examinierenden Aufmerksamkeit stehen[46].

2.9.1 Entwicklung des schriftlichen Beschreibens auf der Primarstufe

Das Beschreiben wird als sprachliche Handlung schon früh, bereits im Kleinkindalter, mündlich realisiert. Ab ca. dem 18. Lebensmonat (zweite Hauptphase der lexikalischen Entwicklung) kommt es zu einem schnellen Lernen von „Objektnamen und Bezeichnungen für Objektteile und Objekteigenschaften" (Weinert & Grimm 2008: 515). Objekte der Umgebung, Objekte in Bilderbüchern u. dgl. werden benannt und beschrieben. Die sprachliche Handlung des Beschreibens erfährt mit zunehmender Entwicklung ihre weitere Ausformung und wird schließlich im schulischen Kontext in schriftlicher Form realisiert. Ossner merkt an, dass die Beschreibung – realisiert man die dabei verwendeten Textmuster (siehe 2.7) – eine äußerst komplexe Aufgabe darstellt, die in dieser Form in der Grundschule überfordernd ist. So verlangt die Beschreibung als Textmuster „mit ihrem Erfordernis kategorialen Denkens eine kognitive Entwicklung, die in der Grundschule nicht erreicht ist" (Ossner 2016: 262). Die kategoriale Rahmung einer Beschreibung erfordert abstrahierendes Denken, das bei dieser Altersgruppe in dieser Form noch nicht vorausgesetzt werden kann. Aus diesem Grund ist es wichtig, dass hier schrittweise durch das ‚einfache' Beschreiben selbst eine Annäherung an die Beschreibung erfolgen kann (vgl. Ossner 2016: 262)[47]. Zudem muss grundsätzlich die Frage gestellt werden, welchen Mehrwert der Unterricht auf der Primarstufe durch die von Ossner angesprochenen Textmuster[48] gewinnen könne und in welchem Ausmaß

---

[46] Grundlagenforschung fehlt hier größtenteils. Es wäre sehr wichtig, die diesbezügliche sprachdidaktische Forschungsarbeit zu fördern und voranzutreiben.
[47] Michel (1986) hält fest, dass das Beschreiben (unabhängig von Altersangaben) an den Sprachproduzenten grundsätzlich „hohe Anforderungen an Erkenntnis- und Kommunikationsfähigkeiten stellt". Dies betrifft das Beschreiben „von (einfachen und komplexen) abstrakten Gegenständen sowie von gesetzmäßigen Entwicklungsprozessen in Natur und Gesellschaft (z.B. Fixstern, Planet, Ökologie, Mehrprodukt, Profit, erste gesellschaftliche Arbeitsteilung). Ihre Beschreibung setzt Fähigkeiten wie Vergleichen, Abstrahieren, Verallgemeinern, Erkennen des Wesentlichen, Gesetzmäßigkeiten und Ausschließen des Unwesentlichen, Zufälligen voraus" (Michel 1986: 69).
[48] Ossner bezieht sich bei den „Textmustern" auf die Vertextungsmuster Deskription bei Heinemann (2000).

sie auf dieser Altersstufe schon realisiert werden müssen, um eine kontinuierliche Entwicklung der deskriptiven Schreibkompetenzen zu sichern.

Betrachtet man den Entwicklungsaspekt des Beschreibens, so wird deutlich, dass keine wissenschaftlichen Untersuchungen zur Ontogenese des mündlichen Beschreibens auf dieser Altersstufe vorliegen[49] und nur wenige zu schriftlich realisierten Beschreibungen (Schneuwly & Rosat 1995; Augst et. al 2007; referierend auch Feilke 2005[50]). Die Querschnittstudie von Schneuwly & Rosat (1995) untersucht schriftliche Zimmerbeschreibungen Französisch sprechender Proband/innen im Alter von 8, 10, 12 und 14 Jahren (n=20); die Grundschule wird hierbei nur auf der zweiten und vierten Schulstufe einbezogen.

Bei der Studie von Augst et al. (2007) handelt es sich um eine Longitudinalstudie zur Untersuchung der Entwicklung der Textsortenkompetenz von Grundschülerinnen und Grundschülern (n=39); die folgenden schulischen Textsorten wurden aus ontogenetischer Perspektive untersucht: Beschreibung, Erzählung, Bericht, Instruktion und Argumentation. Augst et al. kommen zum Schluss, dass die jeweils abgeleiteten textsortenspezifischen Charakteristika der Entwicklungsstufen in sprachlicher und struktureller Hinsicht einander ähneln und daher in weiterer Folge als Schreibentwicklungsstadien verallgemeinert werden könnten (vgl. Behrens 2017: 83). Um die Beschreibung als schulische Textsorte zu untersuchen, wurden Zimmerbeschreibungen (Beschreibung des Kinderzimmers oder Klassenraums) von Erstsprachenlernenden in der Grundschule analysiert und unterschiedliche Entwicklungsstufen daraus abgeleitet. Im Hinblick auf Textordnungsmuster der Beschreibung werden nach Disselhoff (2007: 172ff.) folgende vier Entwicklungsstufen definiert:

Entwicklungsstufe 1: Bei Texten der ersten Stufe handelt es sich um Aufzählungen in größtenteils unzusammenhängend erscheinender, assoziativer Organisation[51] (vgl. Disselhoff 2007: 172). Die folgende Beschreibung eines Buben auf der 2. Schulstufe soll als Beispiel dienen:

> Wir haben ein Haus und da haben / wir ein Zimmer und da haben wir / Fenster und Dach. Und da kann es nicht rein regnen und wir / haben auch Lampen und da basteln / wir und

---

[49] Dies mag unterschiedliche Ursachen haben, die einerseits mit dem Forschungsgegenstand (Beschreiben) und andererseits mit einem validen methodischen Vorgehen zu tun haben.
[50] Feilke (2005) zeichnet anhand von Textbeispielen (Zimmerbeschreibungen) auf unterschiedlichen Schulstufen (4., 6., 8. und 10. Klasse) Entwicklungsverläufe in Beschreibungstexten nach.
[51] Dies stellt eine Parallele zum vielfach zitierten Schreibentwicklungsmodell von Bereiter (1980) dar, bei dem das erste Schreibstadium als „associative writing" (assoziatives Schreiben) bezeichnet wird.

malen und pflanzen Blumen / ein. Und haben Füller und einen Killer / und dann haben wir Pause und manchmal / lesen wir, und schreiben und rechnen / und singen wir.

(Korpusbeispiel aus Disselhoff 2007: 172)

Entwicklungsstufe 2: Textproduzierende auf dieser Stufe erwecken den Eindruck, allmählich ein Bewusstsein für die Notwendigkeit der Nachvollziehbarkeit ihrer Beschreibung durch Textrezipierende zu entwickeln. Dafür ist es ihnen wichtig einen Fix- oder Referenzpunkt zu setzen, von dem aus die Beschreibung ihren Lauf nehmen kann. Von einer tatsächlichen Antizipation eines Lesers / einer Leserin kann man auf dieser Stufe noch nicht sprechen, vielmehr handelt es sich um eine „Pseudoperspektivierung" (Disselhoff 2007: 173).

Texte dieser Stufe weisen eine Linearisierung auf, indem das Zimmerinventar nach unterschiedlichen Ordnungsprinzipien angeführt wird. Dies erfolgt gemäß Disselhoff (2007) nach drei Verfahrensweisen:

a) Verfahrensweise „Clusterbildung": Die angeführten und beschriebenen Objekte werden nach Eigenschaften, Funktion, Material etc. bestimmten Clustern zugeordnet, wie folgende Beschreibung eines Buben auf der 4. Schulstufe zeigt, der zuerst alle Elektrogeräte, dann alle Möbelstücke und in weiterer Folge die übrigen Gegenstände mit ihrer jeweiligen Färbung anführt:

> So sieht mein Zimmer aus. / Ich habe einen großen Fernseher, einen / Videorecorder, und einen Laptop, und ein Handy und noch eine Playstation / 2. Ich habe dann noch einen Schreib- / tisch, ein Bett, dann noch einen / Kleiderschrank, und Regale, und / noch ein Fenster, ich habe eine / bunte Tapete und einen hellblauen / Teppich. Dann habe ich noch / ein braunes Parkett, und eine braune / Tür. Und dann habe ich noch ein / BMW M3 Poster, meine Decke ist / weiß. So sieht mein Zimmer / aus.

(Korpusbeispiel aus Disselhoff 2007: 172)

b) Verfahrensweise „Ordnen nach Raumparallelen": Die Linearisierung erfolgt nach raumspezifischen Aspekten, wobei einzelne Gegenstände aufeinander bezogen werden und/oder „die Verortung der Gegenstände im Raum clusterbildend" wirkt (Disselhoff 2007: 173). Folgendes Beispiel eines Buben auf der 3. Schulstufe zeigt eine Beschreibung, in der „rechts" und „links" als Ordnungsparameter gewählt wurden:

> Mein Zimmer // Rechts in meinem Zimmer / ist von meinen Eltern das Bett. / Rechts ist auch die Tür. Links / ist das Bett von mir und die Heizung. / Der Sessel steht auch links. / Und auch mein Schrank. / Der Schrank von meinen / Eltern ist auch links und das / Fenster.

(Korpusbeispiel aus Disselhoff 2007: 173)

c) Verfahrensweise „Sequenzierung": Texte dieser Kategorie weisen hinsichtlich ihrer Struktur eine Sequenzierung in Form einer „Endloskette" (Disselhoff 2007:

173) auf. Eröffnet wird diese Endloskette in den meisten Fällen durch eine „Wenn-Dann-Konstruktion", wobei der „Dann-Teil" oftmals nicht explizit ausgeführt wird; meist bleibt die Linearisierung in diesen Fällen sequenziell ohne Abschluss (man kommt nicht wieder zum Ausgangspunkt zurück), wie folgendes Beispiel eines Buben auf der 3. Schulstufe zeigt:

> Mein Zimmer // Wenn man links geht dann sieht / man ein Schrank. Wenn man / weiter geht dann sieht man meinen / Schreibtisch. Davor steht mein / Fernseher. Danach kommt mein / Fenster und dann kommt mein Bett. / Dann sieht man meinen großen / Tisch und danach kommt noch / die Heizung.
>
> (Korpusbeispiel aus Disselhoff 2007: 173)

Entwicklungsstufe 3: Bei der dritten Stufe handelt es sich um eine Weiterentwicklung der zwei letzten Typen der zweiten Stufe (Verfahrenstypen „Sequenzstruktur" und „Parallelstruktur"); es kommt bereits zu einer Perspektivierung, jedoch ohne Globalorientierung. Die Texte lassen eine tatsächliche Adressatenantizipation erkennen: Die präzisere Verortung der Gegenstände unterstützt den Aufbau eines Vorstellungsbildes bei den Rezipierenden. Als Kriterium für Texte mit der Verfahrensweise „Raumparallelen" gilt zudem, dass ein Referenzpunkt genannt und zwei weitere Orientierungsvorgaben (jeweils entgegengesetzte Orientierungsseiten) angeführt werden. Nach dem Prinzip der Achsenlegung durch den beschriebenen Raum finden sich zum Teil Parallel-Strukturen (zuerst rechts, dann links, dann rechts, dann links usw.). Lokaldeiktische Adverbien und Präpositionen (rechts, links, hinten, vorne etc.) bekommen hier eine bedeutsame Funktion (vgl. Disselhoff 2007: 174). Folgendes Beispiel eines Buben auf der 3. Schulstufe zeigt diese Entwicklungsstufe; seine Raumbeschreibung geht nach der Verfahrensweise „Etablieren von Raumparallelen" vor:

> Mein Zimmer // Wenn man links schaut sehe / ich mein Bett und mein Fernseher auf / meinem Schrank. Wenn ich nach / rechts gucke sehe ich mein Bruder / sein Bett. Wenn ich nach vorne / schaue sehe ich mein Fenster.
>
> (Korpusbeispiel aus Disselhoff 2007: 174)

Texte, die nach dem „Sequenzierungsprinzip" gestaltet sind, lassen ein Ende der Kette erkennen, indem nach dem Gang durch das Zimmer wieder die Tür erwähnt wird oder mit Formulierungen, wie „als Letztes kommt noch", der Abschluss der Zimmerbeschreibung markiert wird (vgl. Disselhoff 2007: 176).

Entwicklungsstufe 4: Die Beschreibungen enthalten nun eine Globalorientierung, die es ermöglicht, den Raum anhand der Beschreibung zu zeichnen. Zudem scheint es, dass es den Schreibenden zunehmend gelingt, ihr kognitives Wissen über Raumstruktur sprachlich angemessen umzusetzen. In

Weiterentwicklung der Verfahrensweise „Sequenzierung" sind sie um Vollständigkeit in Bezug auf die angeführten Gegenstände bemüht. Deutlich wird außerdem, dass anfangs ein Referenzpunkt festgelegt wird sowie eine erste Orientierungsangabe (links oder rechts) erfolgt. In weiterer Folge kommt es zu einem imaginären Rundgang mittels kontinuierlicher Aufzählung der Gegenstände in einer durch „Binnenstrukturierung unterbrochenen Kette" (Disselhoff 2007: 177), wie folgendes Beispiel einer Schülerin auf der 3. Schulstufe zeigt:

> Ich beschreibe mein Zimmer // Wenn ich eintrete sehe ich rechts / meinen Kleiderschrank. Dort neben / sehe ich meinen grauen Sessel. / Wenn man an / der rechten Wand langgeht sehe / ich eine gerade Wand da steht / ein Schränkchen. Dann sehe ich neben / dem kleinen Schrank eine Ecke / neben der Ecke steht mein Bett. Und an / der linken Seite ist mein Schreibtisch / da steht mein Computer drauf. Neben / dem Schreibtisch ist mein Fenster. Und / dort neben steht ein Regal. Und das ist / mein Zimmer. (Korpusbeispiel aus Disselhoff 2007: 177)

Zimmerbeschreibungen, die dem Prinzip der „Parallelstrukturierung" folgen, zeigen auf dieser Entwicklungsstufe, dass „die Achsenlegung, nach dem zu Beginn gesetzten Referenzpunkt, zu einer vollständigen Benennung der drei Hauptwände und ihrer wesentlichen Objekte über lokaldeiktische Adverbien" (Disselhoff 2007: 176) erfolgt.

Bezieht man diese Entwicklungsstufen auf die einzelnen Schulstufen, zeigt sich folgendes Bild: Textproduzierende auf der 2. Schulstufe zählen in ihren Zimmerbeschreibungen Gegenstände vorwiegend in assoziativer Form auf. Auf der 3. Schulstufe wird eine deutliche Progression hin zur tendenziell globalen Raumbeschreibung sichtbar, während auf der 4. Schulstufe diesbezüglich keine markante Weiterentwicklung zu verzeichnen ist (vgl. Disselhoff 2007: 167ff.), wie Tabelle 2 verdeutlicht.

Tab. 2: Entwicklungsstufen deskriptiver Textsortenkompetenz in Bezug auf Schulstufen nach Augst et al. 2007

	2. Schulstufe	3. Schulstufe	4. Schulstufe
Ø Entwicklungsstufe	1.2	2.6	2.7

2.9.2 Beschreiben im Deutschunterricht

Betrachtet man den österreichischen Lehrplan für die Volksschule, so wird deutlich, dass dem Beschreiben im Sprachunterricht eine Schlüsselrolle zukommt. Die Lernenden sollen diese Sprachhandlungskompetenz in der Schriftlichkeit und in der Mündlichkeit allmählich ausdifferenzieren. Die Ausdifferenzierung wird im Lehrplan mehrfach explizit angesprochen, so heißt es etwa im Fach „Deutsch, Lesen, Schreiben" auf der 3. Schulstufe: „*auffallende* Merkmale von Gegenständen, Tieren und Menschen beschreiben" (BMBWF 2018: 117; Hervorhebung d. Verf.), auf der 4. Schulstufe „*wesentliche* Merkmale von Gegenständen, Tieren und Personen *treffend* beschreiben" (BMBWF 2018: 119; Hervorhebung d. Verf.)[52].

Das Beschreiben als Gegenstand des Sprachunterrichts in der Erst- bzw. Unterrichtssprache Deutsch hat in der österreichischen Volksschule eine lange Tradition. Beschreiben – insbesondere die sachbezogene Bildbeschreibung – ist nach wie vor im Unterricht gut verankert und verpflichtet die Schülerinnen und Schüler, sich der „Sachlichkeit" wie auch der „Genauigkeit" zu widmen (Abraham & Sowa 2012: 19).

Auch wenn die Hauptverantwortung des Gegenstands „Deutsch, Lesen, Schreiben" in Bezug auf das Beschreiben unbestritten scheint, darf nicht außer Acht gelassen werden, welch wichtige Rolle dem Beschreiben in allen anderen Unterrichtsfächern zukommt. Demnach sollte es nicht nur Aufgabe des Sprachunterrichts sein, das Beschreiben zu thematisieren. Vielmehr müsste in allen Fächern fachspezifisch das Beschreiben praktiziert werden, damit lerner/innenseitig im Sinne des vernetzten Lernens die Beschreibekompetenz von verschiedenen (Sprach- und Sach-)Perspektiven aus erweitert und vertieft werden kann.

Gibt der Lehrplan für den Deutschunterricht in österreichischen Volksschulen im Fach „Deutsch, Lesen, Schreiben" konkrete Hinweise zum Beschreiben, so sind in den österreichischen Bildungsstandards für das Fach Deutsch auf der 4. Schulstufe jedoch keine expliziten Verweise auf diese Sprachhandlung zu finden. Die Standards sind auf einer Metaebene formuliert, wobei das Beschreiben vielfach implizit zum Tragen kommt, z.B. in Formulierungen, wie: „Beobachtungen und Sachverhalte so darstellen, dass sie für Zuhörerinnen und Zuhörer verständlich werden" (BIFIE 2011: 20). Während das Beschreiben in den Bildungsstandards keine explizite Erwähnung findet, wird das Erzählen beson-

---

[52] Grundsätzlich muss bei der Beschäftigung mit Bildungsstandards und Lehrplänen immer im Auge behalten werden, dass die dort genannten Deskriptoren für kognitive und sprachliche Handlungen nicht stets konsequent im wissenschaftlich fundierten Sinn, sondern immer wieder auch im Sinne eines eher alltäglichen Begriffsverständnisses verwendet werden. Diese Inkongruenz bei der Begrifflichkeit lässt sich auch damit erklären, dass in Österreich Lehrpläne in der Regel in Arbeitsgruppen von reflektierten Praktikern und Praktikerinnen des Unterrichts und nicht von Wissenschafter/innen entworfen und überarbeitet werden.

ders hervorgehoben (vgl. BIFIE 2011: 20). Beschreiben hat jedoch auch einen außerordentlich wichtigen Effekt im Rahmen des Erzählens, hilft es doch Anschaulichkeit, Lebendigkeit, Dramatik etc. zu erzeugen; darüber hinaus gilt: „wer genauer *erzählen* oder *berichten* soll, soll gemeinhin genauer *beschreiben*" (Ossner 2016: 256; Hervorhebung d. Verf.). Auf diese bedeutsame Grundlage für das Erzählen gehen jedoch die Bildungsstandards nicht weiter ein.

2.9.2.1 Bilder beschreiben im Deutschunterricht

Die Auseinandersetzung mit Bildern gilt grundsätzlich als bewährtes Mittel im Rahmen des Unterrichts, um sprachlich kommunikative Prozesse auszulösen und voranzutreiben. Der österreichische Lehrplan für Volksschulen sieht für den Gegenstand „Deutsch, Lesen, Schreiben" die kommunikative Auseinandersetzung mit Bildern vor: „zu Bildern und Bildgeschichten sprechen" (BMBWF 2018: 107), „über Gegenstände, Bilder und Ähnliches sprechen" (BMBWF 2018: 108), „auf Bildern Einzelheiten erkennen und später wiedererkennen" (BMBWF 2018: 109), „passende Überschriften zu einfachen Geschichten, zu Bildern u.a. finden und schreiben" (BMBWF 2018: 113), „inhaltliche Aussagen einer Bildfolge in Sätzen ausdrücken" (BMBWF 2018: 113), „gemeinsames Erarbeiten eines Textes zu einem Bild" (BMBWF 2018: 113). Bis zum Ende der 4. Schulstufe wird als Schwerpunktkompetenz im Bereich „Texte verfassen" angegeben, „Einzelbilder und Bildfolgen schriftlich versprachlichen" (BMBWF 2018: 124) zu können.

Ein Bild jedoch wahrzunehmen, Bildinhalte zu erkennen und in Folge zu beschreiben, wie dies im Rahmen einer Bildbeschreibung der Fall ist, wird explizit[53] nur einmal im Bereich der Wortschatzarbeit genannt: „Gegenstände und Bilder besprechen oder beschreiben" (BMBWF 2018: 118). Dieser Umstand kann m.E. darauf zurückgeführt werden, dass das Beschreiben als basale Sprachhandlung bei der Auseinandersetzung mit Bildern zwar in besonderem Maße implizit erwartet (als vorhandene Teilkompetenz vorausgesetzt), jedoch nicht explizit gefordert wird. Das schließt die Gefahr einer fehlenden Förderung ein.

Waren Bildbeschreibungen — wenn nicht unbedingt im Grundschulbereich — mit Sachlichkeit und Genauigkeit als Maximen der Realisierung in der Aufsatzdidaktik[54] lange Zeit im Deutschunterricht verankert (Abraham & Sowa

---

[53] Es lassen sich viele implizite Nennungen des Beschreibens im Zusammenhang mit Bildern vermuten, die Deskriptoren sind wenig präzise formuliert.
[54] Bei der ‚traditionellen' Bildbeschreibung handelt es sich größtenteils um Beschreibungen von Kunstwerken, in denen „objektiv-sachliche Beschreibungen, subjektive Betrachtungen bis hin zu anspruchsvollen Deutungen bzw. Interpretationen" (Maiwald 2005: 142) ausgeführt werden mussten. Eigenschaften, Aussagen und Wirkabsichten des beschriebenen Bildes sollten

2012: 19) und gehörten zum „aufsatzdidaktischen Repertoire" (Abraham 2005: 157), so scheinen sie aktuell aus dem Interessensfokus der Schreibdidaktik geraten zu sein; hier stehen primär die „Funktionen des Schreibens im realen Handeln" (Fix 2008: 14) sowie der Schreibprozess im Mittelpunkt des Interesses. Von der kommunikativen Didaktik wurde dieser Aufgabentyp ab den 1970er-Jahren als „rein schulische, in realen Verwendungssituationen kaum vorkommende Textsorte" (Ludwig, Spinner 2012: 11) bezeichnet. Es lässt sich allerdings feststellen, dass die Bildbeschreibung in Lehrwerken fest verankert ist, wenn auch „methodisch gänzlich anders implementiert" (Radvan 2012: 193) als zu Zeiten der traditionellen Aufsatzdidaktik. Mit dem Aufgabentyp Bildbeschreibung lassen sich besonders gut „die Chancen, aber auch die Schwierigkeiten im Umgang mit Bildern zeigen, da sie fachdidaktisch betrachtet eine Schnittstelle [...] zwischen dem Rezeptiven und dem Produktiven" ist (Radvan 2012: 193). Demnach ist das „Wahrnehmen und Beschreiben, Beschreiben und Wahrnehmen von Bildern [...] eine Herausforderung auch und besonders für den Deutschunterricht" (Abraham 2005: 158f.).

Werden in der aktuellen schreibdidaktischen Literatur Bilder insgesamt „öfter als Impulse, seltener als Gegenstände des Schreibunterrichts" (Abraham 2005: 158) empfohlen, so wird dadurch weniger das genaue Wahrnehmen von Bildinhalten und das „anschauende Denken als Reflexion des Dargestellten oder überhaupt Darstellbaren" (Abraham 2005: 158) gefördert, als vielmehr das Projizieren persönlicher Wünsche, Gedanken, Erinnerungen etc. auf Bildinhalte.

Das Potenzial, das eine Bildbeschreibung für den Deutschunterricht bereithält, lässt sich auf die unterschiedlichen Teilbereiche dieses Aufgabentyps zurückführen. Unter dem Aspekt der Wahrnehmung gilt es, Bildinhalte zu erfassen und in weiterer Folge zu erkennen und diese Erkenntnis (in angemessener Form) sprachlich umzusetzen. Zudem kann mit Bildbeschreibungen in besonderem Maß medienkritisches Denken angeregt werden (Werbefotos, Pressefotos beschreiben):

> Dabei ist uns klar, dass Wahrnehmung – konstruktivistisch betrachtet – immer schon Einordnung, Kategorisierung und Deutung einschließt und mindestens die letztere nicht rein rational, sondern auch emotional gesteuert ist. Die Wahrnehmung eines Bildes also ist ebensowenig „objektiv" wie das Bild selbst ein Abbild der Wirklichkeit genannt werden kann. Und weil das so ist, gehört der Aufbau der >Äußerungskompetenz< [...] auch und gerade als Fähigkeit, über Bilder sprechen, ihre Wahrnehmung sprachlich organisieren,

---

sprachlich umgesetzt werden, was auch maltechnische, ästhetische und kunsthistorische Kenntnisse voraussetzt (vgl. Maiwald 2005: 142f.).

vermitteln und aushandeln zu können, zu den wichtigsten Aufgaben des Deutschunterrichts.

(Abraham 2005: 159f.; Hervorhebung im Original)

Betrachtet man den wissenschaftlichen Diskurs über das Beschreiben, so erfährt die Bildbeschreibung im Vergleich zur Zimmerbeschreibung geringere Beachtung: Die bereits zitierte Studie (Augst et al. 2007) zur Ontogenese der Textsortenkompetenz im Grundschulalter (siehe 2.9.1) orientiert sich hier an der Zimmerbeschreibung. Die Prinzipien ihrer ‚Funktionsweise' können jedoch nicht eins zu eins auf Personenbeschreibung[55], Objektbeschreibung, Bildbeschreibung etc. übertragen werden. So kann bei einer Zimmerbeschreibung[56] die Tür als ‚natürlicher' Ausgangs- und Endpunkt angesehen werden, der ein gedankliches ‚Durchschreiten' des Raums möglich macht und dementsprechend auch den Text strukturiert (siehe 2.7.1.4). Bei einer Bildbeschreibung ist diese ‚natürliche' Struktur und Abfolge durch den Bildimpuls nicht per se gegeben, weshalb man anhand dieses Aufgabentyps im besonderen Maße lernen kann, „einen Text selber zu strukturieren, sodass er beim Leser die beabsichtigte Vorstellung weckt" (Ludwig & Spinner 1992: 13). Ferner bestimmt das konkret zu beschreibende Bild grundlegend die Art und Weise des Beschreibens sowie die Themenentfaltung: Ein Bild ist nicht einfach ein Bild. Es können unterschiedliche Bildinhalte dargestellt werden, die ihrer Komplexität entsprechend unterschiedlich komplexe kognitive Leistungen erfordern. Bildinhalte können statisch oder dynamisch, real oder surreal etc. sein. In Bildern können Zusammenhänge dargestellt werden, die kausaler (dargestellte Ursache-Wirkung), temporaler (dargestellte Vorzeitigkeit – Gleichzeitigkeit — Nachzeitigkeit), lokaler, emotionaler (dargestelltes soziales Gefüge) Art etc. sein können. Dabei reicht es nicht aus, einfach zu beschreiben; mögliche Zusammenhänge müssen auch ursächlich

---

[55] Im Forschungsprojekt „SimO" (Schreibförderung in der multilingualen Orientierungsstufe) der Universität Bremen in Kooperation mit der Universität Siegen wurden mit Probandinnen und Probanden der 6. Schulstufe Personenbeschreibungen durchgeführt. Die zu beschreibenden Personen (Superhelden), wurden hier methodisch mittels Bildvorlage präsentiert. Der Fokus der Untersuchung liegt auf der Förderung von Schreibfähigkeiten von Schülerinnen und Schülern der Sekundarstufe, wobei konkret untersucht wird, wie sich eine spezifische Schreibförderung im Deutschunterricht auf das Schreiben im Türkischunterricht bei bilingualen Schülerinnen und Schülern (deutsch-türkisch) auswirken kann (siehe dazu Rüßmann et al. 2016(a); Rüßmann et al. 2016(b); Rüßmann 2018).

[56] Die Zimmerbeschreibung findet sich u.a. auch in der Dissertation von Nadine Anskeit (2019) wieder; hier wird der Einfluss der Schreibaufgabe und des Schreibmediums auf argumentative und deskriptive Texte wie auch auf Schreibprozesse (4. Schulstufe) untersucht.

erkannt und erklärt werden. Dies wird in besonderer Form relevant, wenn es um die Verwendung der Bildbeschreibung in unterschiedlichen Testformaten (Sprachtest, Intelligenztest etc.) geht. So war die Aufgabe ein Bild zu beschreiben schon mehrfach Teil von Diagnostik-Verfahren (z.B. IDS, DS, BT 2-3, BUEVA-III, SET 5-10 etc.) in unterschiedlichen wissenschaftlichen Disziplinen.

Auch beim Erzählen nach einer Bildergeschichte ist die Bildbeschreibung in Lernertexten bestimmend; handelt es sich doch im Grunde um einzelne Bildbeschreibungen, die in einen narrativen Kontext gebracht werden sollen. Dieses Bild-für-Bild-Beschreiben findet sich in Performanzen junger — oftmals narrativ unerfahrener — Sprachproduzenten und -produzentinnen wieder (vgl. Boueke 1995; Vollmann 2011).

2.9.2.2 Kompetenzen des Beschreibens entwickeln

Beschreiben findet in allen Unterrichtsfächern statt, dementsprechend sollte die Entwicklung deskriptiver Sprachhandlungskompetenzen nicht ausschließlich dem Deutschunterricht vorbehalten bleiben, sondern – auch im Sinn des fächerübergreifenden Unterrichts – in allen Schulfächern aktiv gefördert werden[57]. Ist dieser Umstand möglicherweise in der Grundschule noch als selbstverständlich zu betrachten (dieselbe Lehrperson unterrichtet zumeist im Rahmen des Gesamtunterrichts Sprach- und Sachfächer), so muss in weiterführenden Schulen oftmals erst das Bewusstsein für die Rolle der Sprache im Sach- und Fachunterricht geschaffen werden (vgl. Schmölzer-Eibinger et al. 2015).

Bei der methodisch-didaktischen Vermittlung des Beschreibens kann es unterschiedliche Schwerpunkte geben, die sowohl die schriftlich-textuelle Seite (Beschreibung als schulische Textsorte) als auch die funktionell-pragmatische Seite (etwa die Frage, was das Beschreiben grundsätzlich ausmacht) betreffen können. Da nach Ossner (2016) auf der Primarstufe die Realisierung einer Beschreibung im Sinne gängiger Textmustererwartungen nicht vorausgesetzt werden und eine kognitive Überforderung für Grundschulkinder darstellen kann, sollte vornehmlich die funktionell-pragmatisch-kommunikative Seite deskriptiven Sprachhandelns in medialer Schriftlichkeit fokussiert werden.

Die im Folgenden vorgestellten Vorgehensweisen (kommunikations-, wortschatz- und wahrnehmungsbezogenes Vorgehen) zur Vermittlung und zum Aus-

---

[57] Diese elementare und basale sprachliche Handlung nimmt einen hohen Stellenwert in Lehrplänen aller Schulstufen und Unterrichtsfächer ein. Entsprechend kann das „Beschreiben/Darstellen" nach Thürmann (2012) zu den acht zentralen kognitiv-sprachlichen „Makrofunktionen" gezählt werden, die fächerübergreifend und über alle Schulstufen hinweg von besonderer Relevanz sind (vgl. Thürmann 2012: 8ff.).

bau deskriptiver Kompetenzen sollen eine Brücke zur empirischen Untersuchung (Kapitel 6) bauen, da sie bei der Konzeption der sprachdidaktischen Intervention eine wichtige Rolle spielen.

2.9.2.2.1 Kommunikationsbezogenes Vorgehen

Für Heinemann (2000) stellt ein realer oder simulierter praktischer kommunikativer Anlass die Grundlage für die methodisch-didaktische Vermittlung des Beschreibens dar. Dies nicht zuletzt, um die Motivation der Lernenden zu steigern und das abstrakte Beschreibungsverfahren in der kommunikativen Situation konkret erfahrbar zu machen:

> [...] der Verlust oder das Finden eines Gegenstands; der geplante Verkauf des Fahrrads; ein ‚Neuer' in der Klasse, der über den Schulweg, die Straße, den Heimatort genau informiert werden soll; [...] das Identifizieren von Personen (Mitschülern/Lehrern ...) mit Hilfe von Merkmalsangaben des Äußeren, später auch von Eigenschaften und Verhaltensspezifika [...] Ein solches Vorgehen fördert nicht nur die Motivation der Lernenden, sondern führt vor allem auch zur Integration des abstrakten Beschreibungs-Verfahrens in konkrete kommunikative Situationen und damit zur textsortenspezifischen Darstellung.
> (Heinemann 2000: 365)

Dieser kommunikative Anlass versteht sich als Gegenpol zur Praxis des traditionellen Aufsatzunterrichts. Denn für Schüler/innen ist „gerade der Aufsatzunterricht ein besonderes Problem und daher mit Insuffizienzvorstellungen verbunden" (Heinemann 2000: 365). Dies lässt sich vor allem darauf zurückführen, dass bis zur ‚kommunikativen Wende' in der Deutschdidaktik „der Unterricht im ‚Beschreiben' in der Regel losgelöst von praktischen kommunikativen Aufgaben" (Heinemann 2000: 365) erfolgte. Dementsprechend wurde vielfach im Deutschunterricht ein abstraktes Beschreibungs-Schema, dessen allgemeine Merkmale als absolute kommunikative Normen (miss-)verstanden wurden, zur obligatio für Schüler/innen gemacht. In einem solchen System gilt jedes Abweichen von der Norm als Fehler, was auch in der Bewertung seinen Niederschlag findet (vgl. Heinemann 2000: 365).

Konträr zu dieser Position und im Sinne der kommunikativen Orientierung von Aufgaben des Beschreibens müssen an die Schreibprodukte andere Bewertungsmaßstäbe angelegt werden, die den unterschiedlichen kommunikativen Situationen des Beschreibens Rechnung tragen:

> Eine Beschreibung mit relativ wenigen Merkmalangaben kann in einer bestimmten Situation kommunikativ durchaus zureichend - und daher auch als Ansatz ‚zufriedenstellend' sein; zu fragen wäre dann nur noch, auf welche Weise Beschreibungen unter

anderen kommunikativen Bedingungen durch Merkmalsanreicherung effektiv gestaltet werden können.

(Heinemann 2000: 366)

Denn so wie „die Wahrnehmung der Sache die Form des Beschreibens bestimmt, prägen auch die Erwartungen des Adressaten und die Wahrnehmung dieser Erwartungen durch den Schüler die Formen des Beschreibens" (Feilke 2003: 7). So sollte der Unterricht in zweierlei Hinsicht als Dialog angelegt werden. Einerseits als Dialog in der Kommunikationssituation des Beschreibens selbst und andererseits, indem „im Gespräch über die Schülertexte, aber durchaus auch über Texte von Profis, die Mittel des Beschreibens gewonnen und zu Werkzeugen ausgearbeitet werden" (Feilke 2003: 12). Gute Beschreibungen funktionieren in diesem Sinne als „Anleitungen zur praktischen oder imaginativen Nachkonstruktion" (Feilke 2003: 7).

2.9.2.2.2 Wortschatzbezogenes Vorgehen

Nach Heinemann liegt die Schwierigkeit von Schüler/innen beim Beschreiben in „der adäquaten und präzisen Benennung von Objekten und ihren Teilen" (Heinemann 2000: 366). Nur durch „ständige Übungen zur Wortschatzerweiterung" (Heinemann 2000: 366) kann diesen Problemen entgegengewirkt werden. Die Wortschatzerweiterung muss unterschiedliche Bereiche abdecken, wie zum Beispiel die Benennung von Objekten und ihrer Detail-Beschaffenheit, unterschiedliche Formen der Attribuierung, lokale Verortungs-Möglichkeiten etc. (vgl. Heinemann 2000: 366). Gezielte Wortschatz-Arbeit kann gezielte Arbeit zum Aufbau von Beschreibe-Kompetenzen leisten.

2.9.2.2.3 Wahrnehmungsbezogenes Vorgehen

Wahrnehmung ist die Voraussetzung fürs Beschreiben (siehe 2.3). Über die Wahrnehmung von Sachverhalten werden diese erkennbar und können in weiterer Folge beschrieben und mitgeteilt werden. Die Voraussetzung dafür, dass Beschreibungen verfasst werden können, ist „das bewusste und gezielte Wahrnehmen von – für den jeweiligen Beschreibungszweck – relevanten Gegenständen und Einzelmerkmalen" (Heinemann 2000: 366). Klotz (2005) merkt diesbezüglich an, dass die Schulung der bewussten Wahrnehmung – trotz ihrer grundlegenden Wichtigkeit nicht nur für das Beschreiben – als didaktisches Ziel gegenwärtig schwer erreichbar scheint. Dies begründet er damit, dass ein bewussteres Wahrnehmen „doch die Bereitschaft zu körperlicher, zu sinnlicher und geistiger Erfahrung jenseits virtueller Formen der Medien" (Klotz 2005: 87) erfordere, was in konventionellen Unterrichtsformen nur bedingt möglich sei. Es solle daher eine Unterrichtsform gefunden werden, die diesen Ansprüchen gerecht werden kann, die also eine sinnliche wie auch körperliche Wahrnehmungserfahrung bietet und so den Beschreibungsprozess fördert, erweitert und unterstützt. Diesem Aspekt – der gezielten Wahrnehmungsförderung über unmittelbare körperliche und sinnliche Erfahrung im Rahmen eines performativen Unterrichtsarrangements gilt in der empirischen Untersuchung (siehe Kapitel 6) primäres Forschungsinteresse.

2.10 Schlussfolgerung mit Bezug auf die empirische Untersuchung

Dem Beschreiben als einer ‚basalen' Sprachhandlung kommt im Bildungskontext zentrale Bedeutung zu (vgl. Klotz 2013: 164), denn in allen Unterrichtsfächern wird – entsprechend dem jeweiligen fachlichen Kontext variierend – beschrieben. Im Lehrplan für österreichische Volksschulen gibt es keine eindeutigen Hinweise darauf, wann ganz konkret das Beschreiben explizit im Unterrichtsfach „Deutsch, Lesen, Schreiben", dem eigentlichen Sprachfach, in dem man sich mit der Unterrichtssprache Deutsch befasst, behandelt werden sollte. Man kann jedoch dem Lehrplan entnehmen, dass deskriptive Kompetenzen ab der dritten Schulstufe zunehmend eine Schlüsselrolle übernehmen und sie von der dritten zur vierten Schulstufe weiter aufgebaut, ausdifferenziert und optimiert werden sollen (siehe 2.9.2). Auf der dritten Schulstufe wird das Beschreiben im Lehrplan erstmals ausdrücklich zum (Lehr-)Thema; entsprechend diesen Vorgaben wird die empirische Untersuchung auf der dritten Schulstufe durchgeführt.

Auch wenn das Beschreiben im Vergleich zu anderen Sprachhandlungen als ‚basal' qualifiziert wird (vgl. Klotz 2013: 27), ist die Schlussfolgerung, dass die (schriftliche) Umsetzung einfach und unproblematisch sei, nicht angebracht. Beschreiben erfordert komplexe kognitive Leistungen, die zum Beispiel bei der Auswahl der Informationen (siehe 2.7.1.2) oder ihrer Anordnung im Text (siehe 2.7.1.4) zum Tragen kommen. Dafür nötige Anforderungen, wie kategoriales und abstrahierendes Denken, können bei Kindern in diesem Alter noch nicht als vollständig ausgebildet vorausgesetzt werden und eine Überforderung auf dieser Altersstufe darstellen (vgl. Ossner 2016: 262). Dies bedeutet aber keineswegs, dass das schriftliche Beschreiben vermieden und erst später, nach der Primarstufe, thematisiert werden sollte. Vielmehr kann in der Grundschule ein altersgemäß solides ‚deskriptives Fundament' gebildet, in weiterer Folge können deskriptive Basiskompetenzen vertieft und erweitert werden.

In diesem Kontext stellt sich die Frage nach der Ontogenese deskriptiver Kompetenz. Untersuchungen zur Entwicklung deskriptiver Kompetenz im mündlichen Bereich existieren bis dato nicht. Dies mag am Forschungsgegenstand selbst liegen, der schwer klassifizier- und kategorisierbar scheint (siehe 2.6). Ferner ist die Interpretation von Kinderäußerungen hinsichtlich ihres deskriptiven Gehalts problematisch, da Kinder im Spracherwerbsverlauf schon sehr früh Gegenstände und Gefühlszustände beschreiben und sprachlich darstellen können – inwiefern dies jedoch bereits als spezifisch deskriptives Sprachhandeln klassifiziert werden kann, ist derzeit noch offen.

Im deutschsprachigen Forschungsraum gibt es – wie im Unterkapitel 2.9.1 ausführlicher dargestellt – eine Studie zur Ontogenese von Textsortenkompetenz (Augst et al. 2007), die sich u.a. mit der Entwicklung der schriftlichen Zimmerbeschreibung in der Grundschule über einen Zeitraum von drei Jahren auseinandersetzt. Beim Beschreiben eines Raumes (Kinderzimmer, Klassenzimmer) handelt es sich um ein Thema, das zwar als Aufgabe aus schreibdidaktischer Perspektive und schreib-motivationalen Gründen interessant erscheint, weil es praxisnahe und nahe an der Lebenswelt der Kinder ist, es bietet jedoch aus forschungsmethodischer Sicht wenig Vergleichswert: Räume (z.B. Kinderzimmer) können höchst unterschiedlich sein, die Einrichtung individuell. Beschreibt ein Schüler etwa sein persönliches Zimmer, kann überdies nicht überprüft werden, wie korrekt und vollständig die Informationen im Text sind. Die inhaltlichen Kriterien Korrektheit und Vollständigkeit mögen bei der Untersuchung der formalen Textsortenkompetenz von geringerem Interesse sein; sie sind jedoch im Hinblick auf das präzise Beschreiben von grundlegender Bedeutung.

Für die empirische Untersuchung im Rahmen der grundlagetheoretisch basierten Untersuchung deskriptiver (Schreib-)Kompetenzen von Beschreibungs-Novizen (Erst- und Zweitsprachenlernende) wird daher keine Zimmerbeschreibung, sondern eine Bildbeschreibung als Grundlage gewählt. Die Beschreibung eines Bildes macht Vergleichbarkeit und Überprüfbarkeit der Texte – alle beschreiben in diesem Fall dasselbe Bild – besser möglich. Ein neutraler und für alle zunächst unbekannter Bildimpuls[58] ermöglicht zudem ein Optimum an Reliabilität und Validität. Eine Überprüfung hinsichtlich Vollständigkeit und vor allem Korrektheit der Beschreibung ist durch die Referenz auf das zu beschreibende Bild gut möglich und auch für Primarstufenkinder einsichtig. Probleme, die ihre Quelle im Bildverständnis und/oder im sprachlichen Ausdrucksvermögen haben, können sichtbar gemacht werden. Eine

---

[58] Als Bildvorlage dient ein eigens entwickeltes und in einer Pilotierungsphase getestetes Bild (zur Pilotierung des Testbildes siehe 6.4.1), welches allen Probanden und Probandinnen bei der Datenerhebung gleichermaßen unbekannt ist.

systematische Auswertung wird dadurch erleichtert. Zudem kann vermieden werden, dass affektive Bindungen, die bei persönlichen Objekten des eigenen Zimmers gegeben sein können, den Objektivierungsgrad der Beschreibung herabsetzen. Auch wird dadurch verhindert, dass sozial erwünschte Gegenstände (z.B. Computer, Fernseher im Kinderzimmer etc.) besonders hervorgehoben oder möglicherweise herbeifantasiert werden.

Ein weiteres Kriterium, das hier nicht außer Acht gelassen werden darf, ist die Tatsache, dass bei Zimmerbeschreibungen aufgrund der Aufgabenstellung bei der Rezipientengruppe ein spezifisches Frame- und/oder Script-Wissen mittels Präsuppositionen vorausgesetzt werden kann. Das kann die Darstellung das Sachverhalts – die Beschreibung per se – entscheidend beeinflussen (siehe 2.7.2.1). Beim Beschreiben eines Bildes, das für Produzierende wie Rezipierende gleichermaßen unbekannt ist, ist kein gemeinsames Wissen in Form von Präsuppositionen, Frame- oder Script-Wissen vorauszusetzen. Die sprachliche Darstellung und Einführung unbekannter Objekte kann so zum Beispiel in höherem Maß Aufschluss über eine mögliche Adressatenorientierung oder literales Bewusstsein geben als dies bei einer Zimmerbeschreibung der Fall ist.

Als weitere Erkenntnis aus dem Studium der theoretischen Grundlagen ergibt sich für die sprachdidaktische Intervention der empirischen Untersuchung: Beschreiben beginnt beim Wahrnehmen (vgl. Klotz 2013: 203). Beschrieben werden kann also nur das, was zuvor über den Prozess der Wahrnehmung erfahren wurde. Die gezielte Schulung der Wahrnehmung wird u.a. als wichtiger Bestandteil einer gezielten Förderung deskriptiver Kompetenzen bezeichnet (vgl. Heinemann 2000; Klotz 2005). Eine performativ angeleitete (Bild-)Wahrnehmung als Grundlage für die (Bild)Beschreibung steht aus diesem Grund im Zentrum des Interesses der empirischen Untersuchung. Es werden zudem die von Heinemann (2000) empfohlenen Vorgehensweisen (kommunikations-, wortschatz- und wahrnehmungsbezogenes Vorgehen) beim didaktisch angeleiteten Ausbau deskriptiver Kompetenzen eingesetzt und ihre Wirkung wird empirisch überprüft (siehe Kapitel 6).

3 Wahrnehmen

Als Gegenstandsbereiche der wissenschaftlichen Psychologie (vgl. Ansorge & Leder 2017) zeigen die Wahrnehmung und das Wahrnehmen große Relevanz und einen fundamentalen Bezug zu allen Disziplinen; denn „gleichviel, wovon wir ausgehen, immer sehen wir uns auf irgendeine Weise zurückverwiesen auf die Wahrnehmung, darin zeigt sich ihr eigentümlicher Vorrang" (Waldenfels 1974: 1670). Als „Urmodus sinnlicher Anschauung" bildet die Wahrnehmung das Fundament aller „höheren theoretischen Akte" (Waldenfels 1974: 1670). Vieles lässt sich auf die Wahrnehmung zurückführen, ist sie doch Mittlerin zur Außenwelt. Dies ist von besonderer Bedeutung für die vorliegende Arbeit, wenn das Beschreiben als basale Sprachhandlung untersucht werden soll (siehe 2.3). Weil das Beschreiben so elementar ist, rückt wie selbstverständlich die ihm zugrundeliegende Wahrnehmung in den Fokus des Interesses. In diesem Kapitel soll daher die Wahrnehmung in ihren Facetten genauer betrachtet werden, ohne jedoch einen detaillierten allgemein-psychologischen und/oder medizinischen Überblick über Wahrnehmungsprozesse geben zu wollen; dies ist nicht Thema der vorliegenden Forschungsarbeit. Da das Wahrnehmen aber in der empirischen Untersuchung (Kapitel 6) eine zentrale Rolle spielt, sollen dafür relevante Aspekte des Wahrnehmens etwas genauer ausgeführt werden. Es wird dabei spezifisch auf die visuelle Wahrnehmung eingegangen, da diese im Rahmen einer Bildbeschreibung grundlegend ist. Ferner erscheint es an dieser Stelle notwendig, Bereiche zu beleuchten, die in Bezug auf das Beschreiben allgemein (siehe Kapitel 2) und im Besonderen für das Beschreiben in sprachlich heterogenen Kontexten – wie in der empirischen Untersuchung[59] (siehe Kapitel 6) – eine wichtige Rolle spielen. Damit soll die Bedeutung der Wahrnehmung für das sprachliche Handeln wie auch umgekehrt, die mögliche Auswirkung von Sprache auf die Wahrnehmung verdeutlicht werden.

3.1 Begriffsbestimmung

Die Begriffsbestimmung soll von zwei Positionen aus erfolgen. Einerseits aus sprachhistorischer Sicht mit Einsichten in die Begriffsgeschichte des Wahrnehmens; andererseits durch eine aktuelle fachspezifische Begriffsbestimmung aus Sicht der Psychologie.

---

[59] Die empirische Untersuchung befasst sich u.a. mit dem schriftlichen Beschreiben von Zweitsprachenlernenden.

Sprachhistorisch findet das Wahrnehmen seinen Ursprung im Verb „wahren", welches sich im Neuhochdeutschen als eigenständiges Lexem etabliert hat. Die Wurzeln dieses Lexems reichen weit in die Sprachgeschichte zurück und sind hinsichtlich seines Bedeutungsspektrums breit gefächert. Dass Wahrnehmen eng mit Aufmerksamkeit verbunden ist, zeigen schon die Wurzeln des Begriffs: Aus dem (Gemein-) Indogermanischen (*war-o-) >achten< leitet sich (Gemein-) Germanisch (*waro f.) >Aufmerksamkeit< ab, aus dem sich ungefähr ab 1600 das >Wahrnehmen< entwickelt hat (vgl. Kluge 2011: 967). Das Deutsche Wörterbuch (DWB) zeigt einen umfangreichen Eintrag zum Wahrnehmen, der die vielfältigen Verwendungsmöglichkeiten dieses Begriffs demonstriert. So reicht das historische Bedeutungsspektrum des Wahrnehmens von betrachten, bemerken, Aufmerksamkeit schenken, Acht geben, (rein) sinnlich anschauen über Rücksichtnahme/Sorge für etwas zeigen bis hin zu sich innerlich bewusstwerden, wie hier ein stark verkürzter Auszug aus dem Wörterbuch dokumentieren soll:

> **wahrnehmen**, verb. sich umschauen, ins auge fassen, betrachten, acht haben, seine aufmerksamkeit schenken, sorge tragen, sich annehmen, sehen, bemerken u. s. w. eine verschmelzung der verbindung wahr nehmen [...] wie wahren mit gr. ο'ρ ά ω übereinstimmt und die grundbedeutung 'acht geben, sehen' hat [...], so musz auch für wahrnehmen das rein sinnliche ausschauen und betrachten als ausgangspunkt genommen werden. der nebensinn des geistigen erwägens des gesehenen hat sich aber schon bei Notker eingestellt, und so zeigt wahrnehmen in der älteren sprache überwiegend die bedeutung 'in acht nehmen, seine aufmerksamkeit auf etwas richten', wobei das object auch durch andere sinne als den des gesichts erfaszt werden kann. daran schlieszen sich eine reihe von abgeleiteten bedeutungen, bei denen der begriff des achtgebens durch hinzutritt anderer bedeutungsmomente nach verschiedenen seiten hin gewendet erscheint: so macht sich das bedeutungsmoment der rücksichtnahme auf etwas, der sorge für etwas, der pflege von etwas, der befolgung von etwas, der benutzung von etwas geltend. diese bedeutungen sind jetzt im absterben und im ganzen auf die poetische sprache beschränkt; doch hat sie auch die prosasprache noch in bestimmten wendungen. die dritte hauptgruppe der bedeutungen, die jetzt entschieden im vordergrund steht, knüpft direkt an 'acht geben' an und entwickelt diese bedeutung, indem das gewicht auf das resultat gelegt wird, zu 'gewahr werden'. ein nachklang der älteren bedeutung zeigt sich darin, dasz wahrnehmen, namentlich in der philosophischen bestimmung, besonders das mit aufmerksamkeit verknüpfte gewahrwerden, also das innerliche bewusztwerden des durch die sinne oder geistig aufgefaszten bezeichnet.
>
> (Deutsches Wörterbuch von Jacob Grimm und Wilhelm Grimm 1922: Sp. 941ff.; siehe auch Universität Trier 2019b)

Unter Wahrnehmung als Gegenstand der wissenschaftlichen Psychologie wird ein „Vorgang der unmittelbaren und aktiven Teilhabe des Geistes an seiner

Umgebung" (Ansorge & Lederer 2017: 1) verstanden. Sie ist eine „Grundleistung von Lebewesen" (Roth 1996, 78), „ein Prozess, mit dem wir die Informationen, die von den Sinnessystemen bereitgestellt werden, organisieren und interpretieren" (Hagendorf et al. 2011: 5).

In der Psychologie wird zwischen der Sinnesempfindung („sensation") als dem elementaren Prozess und der Wahrnehmung („perception") als Prozess der Verarbeitung unterschieden:

> Die **Sinnesempfindung** (sensation) ist elementarer Prozess der Reizaufnahme und -registrierung, zum Beispiel das Sehen der Farbe Orange. Die **Wahrnehmung** (perception) ist demgegenüber der höhere Prozess der Organisation und Interpretation der Reizinformationen, zum Beispiel das Sehen einer Orange als Objekt, vielleicht sogar als eines essbaren oder werfbaren Objekts.
>
> (Wilkening & Krist 2008: 414; Hervorhebung im Original)

3.2 Vorgang des Wahrnehmens

Der Prozess der Wahrnehmung kann – nach Zimmer (2012) – als ein komplexes „Wechselspiel von Meldungen, Verknüpfungen und Rückmeldungen, die sich teilweise gegenseitig überlappen oder ergänzen" gedacht werden (Zimmer 2012: 43). Zur reinen Sinnesempfindung („sensation") kommt deren individuelle Deutung und Einordnung, indem persönliche Erfahrungen und persönliches Wissen in den Wahrnehmungsprozess einbezogen werden. Die Ergebnisse des Wahrnehmens sind „Wahrnehmungsinhalte" (Ansorge & Lederer 2017: 4), die einerseits aus Repräsentationen der Umwelt und andererseits aus subjektiven, privaten Empfindungen bestehen. Diese beiden „Wahrnehmungsresultate, Repräsentation und Empfindung, gehen in der Regel Hand in Hand" (Ansorge & Lederer 2017: 4).

Die auf einen Reiz folgenden Reaktionen (z.B. motorische Handlungen) verursachen weitere Wahrnehmungen. Folglich ist der Prozess der Wahrnehmung „niemals völlig abgeschlossen, sondern muss vielmehr als ein sich immer wieder erneuernder Regelkreis verstanden werden, bei dem das Subjekt selbst im Mittelpunkt steht" (Zimmer 2012: 45). Damit kann der Wahrnehmungsprozess nach Zimmer wie folgt skizziert werden:

1. Aufnahme des Reizes durch das entsprechende Sinnesorgan (über die Rezeptoren); [...]
2. Weiterleitung des Reizes an das Gehirn über aufsteigende Bahnen in die entsprechenden sensorischen Zentren der Großhirnrinde;
3. Speicherung des Wahrgenommenen im Gehirn;
4. Vergleichen des neuen Reizes mit bisher Gespeichertem. Auswahl und Bewertung der Meldungen aus den Sinnesorganen;
5. Koordination der Einzelreize der verschiedenen sensorischen Zentren im Gehirn;
6. Verarbeitung der Reize und Einordnung in die bisherigen Erfahrungen;
7. Reaktion, Reizbeantwortung (motorische Handlungen, Verhaltensänderungen etc.); absteigende Nervenfasern leiten die Impulse und Befehle des Gehirns zum ausführenden Organ (z.B. in Muskel) [...].

(Zimmer 2012: 43f.)

Grafisch lässt sich dieser Vorgang folgendermaßen darstellen:

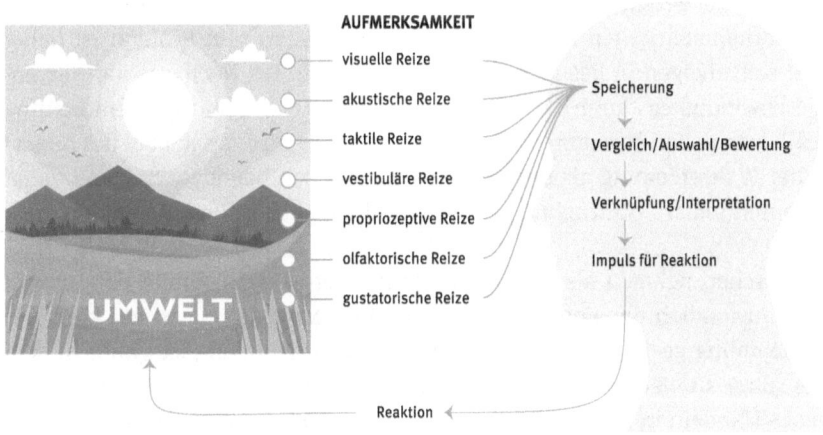

Abb. 3: Wahrnehmungsprozess nach Zimmer (2012)

3.3 Objekt-Welt-Bezug im Wahrnehmen

Wahrnehmen ist ein konstruktiver Vorgang. Beim Wahrnehmen wird kein Abbild, keine idente Rekonstruktion der Umwelt im physikalischen oder sozialen Sinn geschaffen. Aus den dem Individuum verfügbaren Informationen und handlungsrelevanten internen Repräsentationen wird jeweils ein Wahrnehmungsinhalt konstruiert. Die wahrgenommene Welt ist „eine Konstruktion auf der Basis der biologisch vorgegebenen konzeptuellen Grundausstattung unseres Wahrnehmungssystems" (Hagendorf et al. 2011: 17).

Wahrnehmungsinhalte (mentale Repräsentationen) sind selektiv und enthalten nur ausgewählte Merkmale der Umgebung. Was konkret repräsentiert wird, hängt zunächst grundlegend von der Empfindlichkeit der Wahrnehmungsorgane selbst ab[60] (vgl. Ansorge & Leder 2017: 8).

Zusätzlich dient die Komponente der Aufmerksamkeit der Selektivität: „Aufmerksamkeit bezeichnet eine flexible Anpassung des Informationsflusses im kognitiven System in Abhängigkeit von aktuellen Reizen und Aufgaben. Sie verändert die Informationsverarbeitung zugunsten der beachteten Informationen" (Spering & Schmidt 2017: 99) Diese Selektion kann durch das Hervorheben bestimmter aufgabenrelevanter Merkmale („positive Abstraktion") oder durch Ausblenden bzw. Aussonderung irrelevanter Merkmale („negative Abstraktion") realisiert werden. Selektivität kann aber auch durch körperliche Voraussetzungen bestimmt sein oder aktiv durch Körper- und Augenbewegungen gesteuert werden. So kann etwa die visuelle Wahrnehmung durch das Schließen der Augenlider gezielt unterbrochen werden (vgl. Hagendorf et al. 2011: 14ff.).

Wahrnehmen ist ein Prozess von zeitlicher Dauer, sein Resultat ist daher immer zeitverzögert in Bezug auf die Reizauslösung. Der Nachweis der Nervenleitgeschwindigkeit durch Helmholtz erklärt, dass zwischen der Verarbeitung eines Reizes an den Rezeptoren (z.B. Photorezeptoren an der Netzhaut des Auges) und der Wahrnehmung als dessen Registrierung Zeit benötigt wird und daher keine unmittelbare Wahrnehmung der Umwelt möglich ist (vgl. Hagendorf et al. 2011: 18).

Menschen nehmen also nicht ein realitätsgetreues 1:1-Abbild der Umwelt wahr; hinsichtlich der Funktionalität allerdings kann trotzdem von korrekter Wahrnehmung gesprochen werden. Denn die Wahrnehmung ist „wahr in dem Sinne, dass sie verlässlich die Informationen bereitstellt, die für ein zielbezogenes Handeln in der physikalischen und sozialen Umwelt notwendig sind" (Hagendorf et al. 2011: 18). Diese funktionale Korrektheit der Wahrnehmung bedeutet, dass nützliche Informationen und nützliche Interpretationen der Reize für die jeweils spezifische Handlung bereitgestellt werden.

Wahrnehmen ist ein Prozess, der nicht isoliert auftritt, sondern „immer im raumzeitlichen Kontext z.B. zusammen mit anderen Reizen dargeboten" wird (Hagendorf et al. 2011: 18).

---

60 So kann zum Beispiel das menschliche Auge ausschließlich elektromagnetische Wellen mit einer Länge von ca. 370 bis ca. 750 nm wahrnehmen; Wellenlängen außerhalb dieses Spektrums sind zwar existent und objektiv nachweisbar, für das menschliche Auge aber nicht sichtbar (vgl. Ansorge & Leder 2017: 8).

Wahrnehmen ist ein individueller Prozess, der sich infolge von Reifung, Übung und Lernen laufend verändert. So führt die jeweils individuelle Lerngeschichte in spezifischen ökologischen, sozialen[61] und kulturellen Kontexten zu Veränderungen in der Wahrnehmung (vgl. Hagendorf et al. 2011: 20). Zudem beeinflussen persönliche Erfahrungen mit dem Wahrnehmungsgegenstand (positive oder negative Konnotationen) Auswahl und Bewertung von Meldungen der Sinnesorgane. Positive oder negative Erfahrungen bestimmen mitunter, was und wie etwas wahrgenommen wird; persönliche Einstellung und emotionales Empfinden gegenüber dem Gegenstand der Wahrnehmung spielen eine bedeutende Rolle beim Prozess des Wahrnehmens (vgl. Zimmer 2012: 45). Wir nehmen also „unsere Umwelt nicht mit einzelnen Sinnesorganen wahr, sondern mit unserer ganzen Person, zu der auch Gefühle, Erwartungen, Erfahrungen und Erinnertes gehören" (Zimmer 2012: 27).

Wahrnehmen ist zudem ein aktiver Vorgang, der die Suche nach relevanten Informationen für eine spezifische Verhaltenssteuerung zum Zweck hat. Dieser Vorgang ist in direkter Weise von der Aktivität der wahrnehmenden Person abhängig. Ein Beispiel dafür ist das Erkennen eines Objekts über das haptische System: Dieser Vorgang erfordert ein aktives und wirksames Fühlen, Abtasten und Begreifen des Objekts. (Vgl. Hagendorf et al. 2011: 21f.)

Setzt man die ‚Welt-so-wie-sie-ist' in Beziehung mit der ‚wahrgenommenen Welt', so wird deutlich, dass das Wahrnehmen ein individueller, konstruktiver, aktiver, auf die Sinnesorgane bezogen begrenzter, durch die Aufmerksamkeit selektiver, im Prozess selbst zeitlich andauernder, für Handlungsintentionen funktionell korrekter wie auch für das Subjekt nützlicher Vorgang ist, der niemals ein 1:1-Abbild der Umwelt liefern kann; „Wahrnehmung ist stets selektiv, erfasst nie die ‚ganze Wahrheit' im philosophischen Sinn"[62] (Roth 1996: 85).

---

61 So zeigt zum Beispiel eine Untersuchung von Bruner & Goodmann (1947), dass Kinder aus unterschiedlichen sozialen Schichten u.a. Münzen und deren Größe unterschiedlich wahrnehmen (vgl. Hagendorf et al. 2011: 168); „Poor children overestimate coin size more than do rich children, in conformity to the individual value hypothesis" (Bruner & Goodmann 1947: 33).
62 Nach Roth (1996) ist die Wahrnehmung deshalb selektiv, weil dies evolutionsgeschichtlich auch sinnvoll in Überlebensfragen sei. Was für den Menschen gilt, gelte in gleicher Weise für alle Lebewesen und Organismen; so werde die Welt nur in dem Maße erfasst und wahrgenommen, in dem Merkmale und Prozesse der Welt als überlebensrelevant für einen Organismus gelten (vgl. Roth 1996: 85).

3.4 Wahrnehmen visueller Inhalte

In der empirischen Untersuchung der vorliegenden Arbeit werden Bilder beschrieben. Es handelt sich also um visuelle Inhalte, die in einem höchst komplexen Prozess wahrgenommen, erkannt und sprachlich in Form einer Bildbeschreibung enkodiert werden.

Die meisten Informationen über die Umwelt erhalten wir über das visuelle System (vgl. Zimmer 2012, 60). Der visuelle Sinn gilt daher als besonders ‚mächtig', liefert uns die visuelle Wahrnehmung doch wichtige Informationen über den räumlichen Bereich[63] (vgl. Ansorge & Leder 2017: 115). Aus physiologischer Sicht umfasst der Bereich der visuellen Wahrnehmung die Fähigkeit „optische Reize aufzunehmen, zu unterscheiden, zu verarbeiten, einzuordnen und zu interpretieren und entsprechend darauf zu reagieren (z.B. einen Gegenstand sehen, ihn aus einer Fülle anderer Gegenstände heraus unterscheiden, nach ihm greifen)" (Zimmer 2012: 66). Die visuelle Wahrnehmung umfasst unterschiedliche Bereiche wie zum Beispiel die Figur-Grund-Wahrnehmung, räumliche Beziehungen, Formwahrnehmung, Farbwahrnehmung, visuelles Gedächtnis etc.[64] (vgl. Zimmer 2012: 66ff.).

Betrachtet man einen Gegenstand, so wird sein Bild innerhalb des retinalen Netzwerkes „in verschiedene Aspekte wie Helligkeit, Wellenlänge, Kontrast, Bewegung usw. aufgetrennt" (Roth 1997: 254). All diese unterschiedlichen Informationen unterliegen weiterer separater Verarbeitung in unterschiedlichen Are-

---

[63] Lange Zeit galt nach Zimmer (2012) das Auge als das wichtigste Sinnesorgan des Menschen, was sich auch in der wissenschaftlichen Auseinandersetzung mit der Wahrnehmung widerspiegelt, die sich zu einem großen Teil mit der visuellen Wahrnehmung befasst. Sehen und Hören galten lange Zeit als höhere Sinne im Vergleich zum Tasten, Schmecken und Riechen, die als niedere Sinne diskreditiert wurden. Dies entspricht jedoch nicht mehr der Auffassung in aktuellen wissenschaftlichen Auseinandersetzungen; so bezeichnet Montagu (1994) den Tastsinn als „Ursprung aller Empfindungen" und die Haut aufgrund ihrer lebensnotwendigen Funktion als das wichtigste Sinnesorgan. (Vgl. Zimmer 2012: 53)

[64] Unter der „Figur-Grund-Wahrnehmung" wird ein selektiver Prozess verstanden, der durch die Aufmerksamkeit gelenkt wird, um Wichtiges von Unwichtigem zu unterscheiden. Demnach können wichtige Informationen vordergründig und weniger wichtige nur ungenau im Hintergrund wahrgenommen werden. „Räumliche Beziehungen" beziehen sich hingegen nicht nur auf den Gegenstand der Wahrnehmung und die wahrnehmende Person selbst, sondern auch auf die räumliche Relation zwischen zwei oder mehr Gegenständen. Gegenstände können unterschiedlich zueinander positioniert sein (z.B. verdeckt, umschlossen, unterhalb, davor etc.). Die „Formwahrnehmung" ermöglicht es wiederum, unterschiedliche Formen voneinander zu unterscheiden und zuzuordnen. Die „Farbwahrnehmung" ermöglicht es, Farben zu sehen und zu unterscheiden. Das „visuelle Gedächtnis" bietet die Grundlage dafür, Gesehenes zu erinnern, das ist u.a. die Voraussetzung für Kognition. (Vgl. Zimmer 2012: 67ff.)

alen der Hirnrinde in einem höchst komplexen Prozess; Wahrnehmen ist dementsprechend ein konstruktiver Vorgang:

> *Detailwahrnehmung* und *Erfassung von Bedeutung* (z.B. Kategorisierung, Abstrahieren, Generalisieren, Identifizierung und Interpretation) sind gleichermaßen wichtig; keine Hirnregion kann beides gleichzeitig tun. Es gibt kein Neuron und keinen Neuronenverband, die ein Objekt wie einen Stuhl in all seinen Details *und* in seinen verschiedenen Bedeutungen repräsentieren können. Die Wahrnehmung eines konkreten Objektes erfordert die *simultane* Aktivität vieler Zellverbände, die jeweils nur sehr begrenzte Aspekte kodieren, seien es Detailaspekte oder Kategorienaspekte [...], und diese Zellverbände sind weit über das Gehirn verstreut. Nirgendwo gibt es ein einziges Zentrum, in welchem all diese Informationen zusammenlaufen.
> Dies widerspricht nun eklatant unserer subjektiven Empfindung. Wir nehmen *nicht* die Umrisse eines Stuhls getrennt von seiner Farbe wahr, die Farbe getrennt von der Helligkeitsverteilung und - wenn wir ihn bewegen - getrennt von seiner Bewegung. Erst recht nehmen wir nicht die Bedeutung „Stuhl" getrennt von den anderen Aspekten wahr. Diese Komponenten des Wahrnehmungsakts bilden vielmehr eine *Wahrnehmungs- und Bewußtseinseinheit.*
>
> (Roth 1997: 254; Hervorhebung im Original)

3.4.1 Wahrnehmen von Was? Wie? Wo?

In der empirischen Untersuchung der vorliegenden Arbeit wird bei der sprachdidaktischen Vermittlung des Beschreibens und der textlinguistischen Untersuchung von Beschreibungstexten den Fragen nach dem Was (Objekt-Referenz), Wie (Objekt-Attribuierung) und Wo (Objekt-Verortung) nachgegangen. Dabei ist es aus physiologischer Sicht erwähnenswert, dass die Verarbeitung von „Was" und „Wie" gesondert von „Wo" stattfindet; verschiedene Gehirnareale sind also auf verschiedene Funktionen der visuellen Informationsverarbeitung spezialisiert, deren genaue funktionale Charakterisierung „zum gegenwärtigen Stand der Forschung [...] noch in Diskussion" steht (Hagendorf et al. 2011: 64f.).

Die Verarbeitung visueller Reize erfolgt nach Mishkin et al. (1983) durch den primären visuellen Kortex vermutlich entlang zweier unterschiedlicher Bahnen[65]: Die eine ist für die Objekterkennung zuständig, die andere für die Objektlokalisation und insbesondere die Steuerung der Aufmerksamkeit (vgl. Hagendorf et al. 2011: 64f.). Milner & Goodale (1995) schlagen daher vor, die zwei Bahnen hinsichtlich ihrer jeweiligen Funktion als „Was-Bahn" (Informationsver-

---

[65] Mishkin et al. (1983) konnten in einem Experiment mit Affen diese Zweiteilung der Informationsverarbeitung erstmals demonstrieren.

arbeitung) und als „Wo-Bahn" (Verarbeitung räumlicher Informationen) zu bezeichnen (vgl. Hagendorf et al. 2011: 64f.). Die „Was-Bahn" ist für das Erkennen von Objekten im Bereich der Farb-, Muster und Formwahrnehmung von besonderer Bedeutung, also für das „Was" und „Wie". Die „Wo-Bahn" ist hingegen für Bewegungs- und Positionswahrnehmungen – für das „Wo" – grundlegend wichtig (vgl. Gegenfurtner et a. 2018: 1)[66].

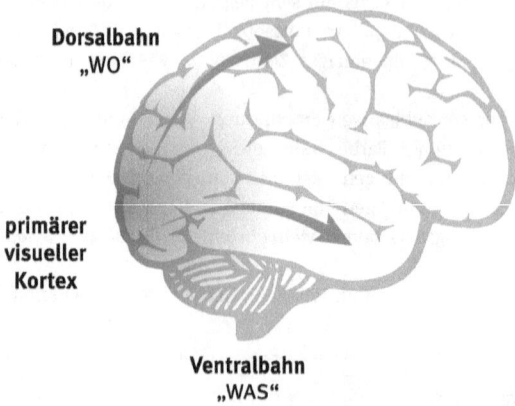

Abb. 4: Was-Bahn und Wo-Bahn nach Hagendorf et al. (2011)

3.4.2 Wahrnehmen und Erkennen von Objekten und Handlungen

In der empirischen Untersuchung (siehe Kapitel 6) wird den Probanden und Probandinnen ein Bild vorgelegt, das ein Arrangement unterschiedlicher Objekte (Hund, Haus, Auto, Tisch etc.) zeigt. Im Rahmen einer Bildbeschreibung ist das Wahrnehmen, Erkennen und Benennen dieser Objekte grundlegende Voraussetzung für die Bearbeitung der Aufgabenstellung[67].

Wahrnehmungsleistungen im Bereich der Objekt- und Szenenerkennung hängen in besonderem Maße vom Lernen, vom begrifflichen Wissen und vom

---

66 Was in Experimenten von Milner & Goodale (1995) an Affen untersucht und festgestellt wurde, konnte in vielfacher Weise an menschlichen Patienten mit partiellen Ausfällen anhand von Läsionen in den betreffenden kortikalen Bereichen bestätigt werden (vgl. Hagendorf, et al. 2011: 64f.). Ausführlichere Diskussionen über Fallberichte zu kortikalen Läsionen und deren Auswirkungen auf das visuelle Wahrnehmen siehe z.B. bei Roth (1997) oder Damasio (2007).
67 Dies wird in der empirischen Untersuchung über das Konstrukt „Objekt-Referenz" untersucht.

Erfahrungswissen ab. Über Erfahrung in der Welt wird begriffliches Wissen aufgebaut, das wieder in die Objektwahrnehmung einfließt (vgl. Hagendorf et al. 2011: 114). Aufmerksamkeit, emotionales Empfinden, Sozialisation, (Vor-)Erfahrung, Intention und (Vor)Wissen prägen in entscheidender Weise unsere Wahrnehmung. In diesem Sinne ist „Wahrnehmen immer auch ein Wiedererkennen, eine Zuordnung dessen, was wir sehen, zu Kategorien uns bereits vertrauter Erscheinungen" (Hoffmann & Engelkamp 2017: 79).

Es ist die Bildung von Kategorien, die unter anderem das (Wieder-)Erkennen von wahrgenommenen Gegenständen ermöglicht. Unter Kategorisierung versteht man „den Prozess, über den Begriffe (Objekte, Personen, Ereignisse), die gemeinsame Merkmale aufweisen, gruppiert und mit einem gemeinsamen ‚Etikett' versehen werden" (Spering & Schmidt 2017: 148; Hervorhebung im Original). In Kategorien werden Begriffe nach bestimmten Ordnungsprinzipien zusammengefasst (z.B. Ähnlichkeit, Verwendungszweck etc.) und diese Begriffe von anderen abgegrenzt, die nicht dieser Kategorie angehören. Kategorisierung dient „dem Verständnis von Situationen, dem Lernen neuer Ereignisse und Zusammenhänge, dem Ableiten von kausalen Schlüssen, der Kommunikation, der Problemlösung, Planung und Handlungssteuerung" (Spering & Schmidt 2017: 148). Kategorien sind elementare Bestandteile des Wissens über die Welt. Sie werden nicht isoliert erlernt, sondern stets im Wechselspiel und Bezug zu bereits vorhandenen Wissensstrukturen. So kann bereits Gelerntes die Bildung solcher Kategorien beeinflussen wie auch umgekehrt. (Vgl. Spering & Schmidt: 148)

Zum Erwerb und zur Nutzung von Kategorien gibt es unterschiedliche Theorien, die auf unterschiedlichen Sichtweisen beruhen[68]. Auf zwei Konzepte soll im vorliegenden Kontext näher eingegangen werden: auf „Frame" als Repräsentation von typisch räumlichen Voraussetzungen und „Script" als Repräsentationsform von Handlungen. Beide – Frame und Script – beeinflussen nachhaltig die menschliche Wahrnehmung der Welt.

---

[68] Die allgemein übliche Bedeutung von „Kategorie" geht davon aus, dass Kategorien begriffliche Abstraktionen sind, welche durch Begriffe und Merkmale eindeutig definiert werden. Anders wird das in neueren Theorien gesehen, die Repräsentationen von Begriffen in Kategorisierungen im Besonderen auf Basis ihrer Ähnlichkeit betrachten. Demnach gibt es typische und weniger typische Kategorien (vgl. Spering & Schmidt 2017: 149f.). Weitere Ansätze, wie zum Beispiel der Prototypenansatz, welcher auf Arbeiten von Eleanor Rosch (1971) zurückgeht, können im Rahmen der vorliegenden Forschungsarbeit nicht weiter erläutert werden.

3.4.2.1 Frame

Über die Erfahrung im Umgang mit Objekten sammeln Menschen Wissen, das grundlegend für die Bildung von Kategorien und Konzepten ist. Diese wiederum werden bevorzugt durch eine „globale Gestalt repräsentiert [...], die die typische räumliche Anordnung ihrer konstituierenden Teile repräsentiert" (Hoffmann & Engelkamp 2017: 103). Aufgrund von Wissen sammeln wir (proto-)typische Informationen über bestimmte Referenzobjekte (z.B. Gegenstände, Orte etc.):

> Auf einem Bahnhof sind die Zuganzeigen am Rand der Bahnsteige, und die Fahrpläne befinden sich auf Plakatwänden in der Mitte. In einem Theater liegen die Kassen zumeist im Eingangsbereich und die Garderoben seitlich hinter Eingangstüren, an denen die Eintrittskarten kontrolliert werden usw. Und so wie in diesen Beispielen ist es in Supermärkten, auf Rummelplätzen, beim Zahnarzt [...]. Bei aller Unterschiedlichkeit der jeweils konkreten Szenerie sind viele der räumlichen Anordnungen zwischen wenigstens einigen der beteiligten Objekte so weitgehend invariant, dass sie die Voraussetzung für eine Repräsentation als (**proto)typische Anordnung** erfüllen.
>
> (Hoffman & Engelkamp 2017: 103; Hervorhebung im Original).

Dieses objektbezogene Wissen mit typischen (räumlichen) Kriterien hat Einfluss auf die Wahrnehmung und unterstützt die Identifikation von Referenz-Objekten. So bieten globale Merkmale eine Art von Rahmen für den visuellen Gesamteindruck[69]. Untersuchungen haben ergeben, dass Objekte schneller in „Bildern kongruenter Szenen gefunden werden als in einer für sie untypischen Umgebung" *(*Hoffmann & Engelkamp 2017: 103):

---

[69] Der Begriff *frame* hat unterschiedliche Wurzeln und bezieht sich – je nach fachlicher Disziplin – auf verschiedene fachspezifische Grundüberlegungen, die hier in reduzierter Form skizziert werden: Nach Bußmann ist der Begriff durch den amerikanischen Sozialwissenschaftler, Anthropologen und Philosophen Gregory Bateson (1954) geprägt (Bußmann 2008: 200f.). In den Kognitionswissenschaften finden sich Verweise auf Arbeiten von Marvin Minsky (1975), während in der Sprachwissenschaft dessen Zeitgenosse, der Linguist Charles J. Fillmore mit seiner syntaxtheoretischen Annahme über „Satzrahmen" oftmals als Referenz herangezogen wird (vgl. Busse 2009: 81). Ebenfalls sind im sprachwissenschaftlichen Zusammenhang Arbeiten von de Beaugrande & Dressler (1981: 61) zentral. Sie grenzen *frame* als globales Muster für allgemeines Konzeptwissen („global patterns that contain commonsense knowledge about some central concept") klar von *schemas* als globale Muster von zeitlichen, kausalen etc. Ereignissen ab; „schemas are global patterns of events and states in ordered sequences linked by time proximity and causality" (de Beaugrande & Dressler 1981: 61). In der Sprachwissenschaft finden sich zudem Verweise auf das Frame-Modell des Kognitionswissenschaftlers Lawrence Barsalou (1992), welches sich an Modelle der formalen Logik anschließen lässt (vgl. Busse 2009: 81).

Visuelle Reize sind nicht zufällig im Raum verteilt. Im Gegenteil, die meisten der uns umgebenden Objekte haben ihren festen Platz: Nasen treten in der Mitte von Gesichtern auf, Türklinken befinden sich im Kontext der Tür in mittlerer Höhe, und in einem Badezimmer kann man eine Zahnbürste eher auf der Waschbeckenablage als auf dem Toilettensitz erwarten.
Es gibt eine Reihe von Hinweisen darauf, daß das visuelle System sensibel für diese allgegenwärtige Redundanz in der räumlichen Verteilung von Reizwirkungen ist. So ist die Wahrnehmung eines Objektes erleichtert, wenn es an einem typischen Ort im Kontext einer Szene präsentiert wird [...]. Dieser Erleichterungseffekt verschwindet aber, wenn das Zielobjekt in derselben Szene an einem objektuntypischen Ort erscheint [...].

(Kunde & Hoffmann 1998: 121)

So dient ein szenisches Frame „nicht nur der schnellen Identifikation des Ganzen, sondern auch dem schnellen Auffinden der konstituierenden Teile an ihren typischen Orten" (Hoffmann & Engelkamp 2017: 103).

Auch die Erinnerung wird von Frames geprägt. Untersuchungen haben ergeben, dass Objekte in kongruenter szenischer Umgebung besser behalten werden, als wenn sie in zufälliger Anordnung präsentiert werden. Paradoxerweise können aber auch umgekehrt völlig unerwartete, inkongruente Informationen besonders gut behalten werden[70].

Das Behalten szenenkongruenter Informationen birgt aber nach Brewer & Treyens (1981) die Gefahr von Gedächtnisergänzungen – also dem nachträglichen Ergänzen bestimmter Objekte, die zwar szenenkongruenter Natur sind, jedoch nicht dem wahrgenommenen Realitätsgegenstand entsprechen (vgl. Hoffmann & Engelkamp 2017: 104).

3.4.2.2 Script
So wie Objekte an bestimmten Orten und in bestimmten Arrangements zu erwarten sind, so verhält es sich auch mit Ereignissen und Handlungen. Scripts sind Repräsentationsformen von Handlungen, die sich nicht selten natürlich oder zwangsläufig ergeben. Es handelt sich also um zwingende und/oder (proto-) typische Ereignisfolgen, die verallgemeinerte Schemata – sogenannte Scripts (Schank & Abelson 1977) – interindividuell repräsentieren. So beeinflussen Scripts „wie Handlungsschemata und Frames die Aufnahme und das Behalten von skriptbezogenen Informationen" (Hoffmann & Engelkamp 2017: 104)[71].

---

70 Nach Friedmann (1979) hält außerdem die visuelle Fixierung eines unerwarteten Objekts doppelt so lang wie das eines erwarteten: „First fixations to the unexpected objects were approximately twice as long as first fixations to the expected objects" (Friedmann 1979: 316).
71 Bower et al. (1979) untersuchten u.a. „people's knowledge of routine activities (e.g., eating in a restaurant, visiting a dentist) and how that knowledge is organized and used to understand

Skripttypisches Wissen kann allerdings auch dazu führen, dass fehlende Informationen ergänzt werden[72]. Ohne diese Fähigkeit, nicht mitgeteilte Informationen aufgrund skripttypischen Wissens zu rekonstruieren oder auch ungeordnete Mitteilungen dem Script entsprechend zu organisieren und zu ordnen, wäre die übliche Kommunikation unter alltäglichen Umständen nicht möglich. Dies nicht zuletzt aufgrund impliziter Voraussetzungen in kommunikativen Situationen, sogenannten „Präsuppositionen"[73]. Ein Script „stellt also die logische Verknüpfung mehrerer Begriffe und ihrer Merkmale dar und stellt diese in einen raum-zeitlichen Kontext" (Spering & Schmidt 2017: 151)[74].

3.5 Sprache und Wahrnehmen

Im Hinblick auf die empirische Untersuchung der vorliegenden Arbeit, die in sprachlich heterogenen Volksschulklassen durchgeführt wurde, kommt der Verbindung zwischen (Erst-) Sprache und (visueller) Wahrnehmung beziehungsweise dem möglichen Einfluss der Sprache auf die Wahrnehmung besondere Bedeutung zu, denn Wahrnehmung ist Voraussetzung und damit auch Grundlage des Beschreibens.

Die Frage, ob die Sprache Wahrnehmung und Denken beeinflusst, hat sich in den letzten Jahren zu einer Kernfrage der Kognitionswissenschaften entwickelt. In dieser Debatte haben sich zwei Positionen herausgebildet, die den

---

and remember narrative texts" (Bower et al. 1979: 177). Sie konnten u.a. nachweisen, dass Versuchspersonen beim Lesen von Ereignisfolgen eines Berichts mehr Zeit für jene Passagen benötigen, die nicht in typischer Weise dem vorangegangenen Satz folgen. Aufgrund von skripttypischem Wissen werden vermutlich Erwartungen über einen möglichen Fortgang einer Handlung generiert, die – wenn sie verletzt werden – zu einer Verzögerung bei der Verarbeitung des Ereignisses führen. (Vgl. Hoffmann & Engelkamp 2017: 104)

72 Hannigan & Reinitz (2001) beschreiben diesbezüglich: „[...] participants had a tendency to remember pictures that were never presented, but that were stereotypical of the action sequences they viewed. Because those pictures had not been presented, this tendency must have resulted from inferences based in knowledge about the structure of event sequences" (Hannigan & Reinitz 2001: 933).

73 Unter Präsupposition versteht man „selbstverständliche (implizite) Voraussetzungen sprachlicher Ausdrücke bzw. Äußerungen" (Bußmann 2008: 545).

74 Aber auch hier – so wie bei „Frames" – ergeben Untersuchungen, dass bei einem unerwarteten Bruch einer Handlungsabfolge dieses irritierende Ereignis in besonderer Weise im Gedächtnis behalten werden kann. Informationen, die den typischen Erwartungen widersprechen „ziehen vermutlich wegen ihrer offensichtlichen Inkonsistenz die Aufmerksamkeit auf sich und erfahren so eine besondere, intensive Verarbeitung" (Hoffmann & Engelkamp 2017: 105).

Stellenwert der Sprache in Bezug auf Wahrnehmung und Kognition unterschiedlich gewichten. So finden sich Vertreter der Annahme, dass Sprache die Art und Weise, wie Menschen die Welt wahrnehmen und kategorisieren, maßgeblich beeinflusst (z.B. Boroditsky et al. 2011; Lucy & Gaskin 2003; Levinson et al. 2002; Pederson et al. 1998) – eine Position, die sich zumeist auf die des amerikanischen Linguisten Benjamin Lee Whorf bezieht[75] (vgl. Goller et al. 2017: 268). Whorfs „linguistisches Relativitätsprinzip" postuliert, dass Sprecher/innen unterschiedlicher Sprachen und Grammatiken zu ebenfalls unterschiedlichen Wahrnehmungen und Weltansichten gelangen (vgl. Spering & Schmidt 2017: 246f.). Es geht davon aus, dass „kein Individuum die Freiheit hat, die Natur mit völliger Unparteilichkeit zu beschreiben, sondern eben, während es sich am freiesten glaubt, auf bestimmte Interpretationsweisen beschränkt ist" (Whorf 1994: 12).

Whorf vergleicht die Wirkung sprachlicher Strukturen der Muttersprache auf die Wahrnehmung der Welt mit der Schwerkraft der Erde, die auf alle Körper wirkt und folgert, dass unterschiedliche Sprachen mit unterschiedlichen grammatischen Systemen auch zu unterschiedlichen Weltwahrnehmungen führen würden; denn „Menschen, die Sprachen mit sehr verschiedenen Grammatiken benützen, werden durch diese Grammatiken zu typisch verschiedenen Beobachtungen und verschiedenen Bewertungen äußerlich ähnlicher Beobachtungen geführt" und gelangen dadurch zu „irgendwie verschiedenen Ansichten von der Welt" (Whorf 1994: 12). Sprache wird nicht als reproduktives Instrument zum Ausdrücken vorgefertigter Gedanken verstanden, sie forme vielmehr selbst die Gedanken. Sprache ist für Whorf ebenso Schema und Anleitung für geistige Aktivitäten wie für die Analyse von Eindrücken und für die Synthese dessen, was an Vorstellungen zur Verfügung steht. Die Formulierung von Gedanken sei daher kein rational unabhängiger Vorgang, sondern immer im Zusammenhang mit Sprache zu sehen (vgl. Whorf 1994: 12).

Beim Denken oder Beschreiben der Welt – auch im wissenschaftlichen Kontext – sei man sich nicht stets bewusst, welche zentrale Rolle die Sprache dabei spielt; es handelt sich um größtenteils unbewusste Prozesse:

> In Wirklichkeit ist das Denken eine höchst rätselhafte Sache, über die wir durch nichts soviel erfahren wie durch das vergleichende Sprachstudium. Dieses Studium zeigt, daß die Formen des persönlichen Denkens durch unerbittliche Strukturgesetze beherrscht werden, die dem Denkenden nicht bewußt sind. [..] Das Denken selbst geschieht in einer Sprache -

---

[75] Dieser Gedanke des Zusammenhangs von Sprache und Wahrnehmung wurde nicht erst durch Whorf entwickelt, sondern bereits etwa von Wilhelm von Humboldt thematisiert. In der Sapir-Whorf-Hypothese, die sich auch auf Erkenntnisse des amerikanischen Linguisten Edward Sapir bezieht, wird dieser Zusammenhang verdeutlicht (vgl. Thiering 2018: 26ff.).

> in Englisch, in Deutsch, in Sanskrit, in Chinesisch... Und jede Sprache ist ein eigenes riesiges Struktursystem, in dem die Formen und Kategorien kulturell vorbestimmt sind, aufgrund deren der einzelne sich nicht nur mitteilt, sondern auch die Natur aufgliedert, Phänomene und Zusammenhänge bemerkt oder übersieht, sein Nachdenken kanalisiert und das Gehäuse seines Bewußtseins baut.
>
> (Whorf 1994: 52f.)

Dem Whorf'schen Ansatz steht in der „Neo-Whorf'schen" Debatte (Thiering 2018: 44) die Position der „modular theory" entgegen (vgl. Goller et al. 2017: 268). Diese postuliert, dass Wahrnehmung universal und unabhängig von Sprache sei und daher von sprachspezifischen Systemen und Lexik nicht beeinflusst werde (z.B. bei Gleitman & Papapfragou 2013; Li & Gleitmann 2002; Munich et al. 2001). (Vgl. Goller et al. 2017: 268)

Festzuhalten ist, wie besonders jüngere Studien zu Sprache und Kognition deutlich machen, dass die Interaktion zwischen Sprache und Kognition äußerst komplex ist. Sie bedarf daher jedenfalls einer differenzierten Betrachtung, eine ‚Entweder-oder-Rhetorik' erscheint obsolet; viel eher scheinen in diesem Zusammenhang ‚Sowohl-als-auch-Annahmen' angebracht (vgl. Goller et al. 2017: 269).

Wie die Erstsprache unsere visuelle Wahrnehmung beeinflussen kann, zeigt die bereits in Kapitel 2 vorgestellte sprachvergleichende Untersuchung von Flecken & Francken (2016) (siehe 2.5). In dieser Arbeit wird mittels neurowissenschaftlicher Methoden veranschaulicht, „dass bei der Wahrnehmung von sowohl einfachen als auch komplexen Sachverhalten (Objekte oder Bewegungsereignisse) stets automatisch unser Sprachsystem involviert ist" (Flecken & Francken 2016: 1). In weiterer Folge nimmt es auch Einfluss auf die sprachliche Darstellung von Wahrnehmungsinhalten, wie dies bei Beschreibungen der Fall ist.

Studien mit sprachvergleichendem Design können in besonderem Maß Aufschluss über mögliche Auswirkungen von Sprache auf die Wahrnehmung liefern. Hier werden Unterschiede in der Wahrnehmung, die auf den sprachkulturellen Kontext zurückzuführen sind, in besonderer Weise plastisch[76]. Lucy & Gaskin (2003) untersuchen die Interaktion von Sprache und nonverbaler

---

76 Die im Folgenden zitierten Arbeiten stellen nur eine stark verkürzte exemplarische Auswahl kognitionswissenschaftlicher Arbeiten auf dem Gebiet der räumlichen Wahrnehmung dar. Zu empfehlen ist in diesem Kontext Thiering (2018), der einen Überblick über Forschungsarbeiten zu räumlichen Repräsentationsformen in unterschiedlichen Sprachen bietet. Hier ist im Besonderen die Forschungsarbeit zu „räumlichen Referenzrahmen" der Max-Planck-Gruppe in Nijmegen (Levinson 2003) hervorzuheben, auf die jedoch in der vorliegenden Arbeit nicht eingegangen werden kann. Auf Forschungsarbeiten zu weiteren bzw. anderen Wahrnehmungsbereichen, wie zur akustischen Wahrnehmung (z.B. Phonemdiskrimination bei Eimas & Corbitt 1973; Werker & Tees 2002) oder zur Farbwahrnehmung etc. sei an dieser Stelle nur hingewiesen.

Wahrnehmung (räumliche Wahrnehmung). Dabei gehen sie von Unterschieden zwischen den Sprachen aus und untersuchen, wie durch das „Fenster der Sprache" (*window of language*) mögliche Differenzen als Auswirkung auf die Wahrnehmung entstehen.

Eine Studie von Goller et al. (2017) beschäftigt sich mit der Frage, inwiefern alltägliche, ‚räumliche' Sprache die räumliche Wahrnehmung beeinflusst – wie also eine sprachspezifische semantische Kategorisierung räumlicher Beziehungen die nonverbale Kategorisierung und visuelle Aufmerksamkeit für Objekte bestimmt. Die Ergebnisse zeigen, dass die räumliche Kategorisierung, die im täglichen Sprachgebrauch verwendet wird, signifikanten Einfluss auf nonverbale Verhaltensweisen hat, wie u.a. die Augenbewegungen beim Betrachten der Referenz-Objekte[77].

Auch Holmes et al. (2017) zeigen in ihrer Untersuchung zu Unterschieden in der räumlichen Wahrnehmung Koreanisch und Englisch sprechender Probanden und Probandinnen, dass die räumliche Wahrnehmung anfällig für den Einfluss der eigenen Erstsprache sein kann. Choi & Hattrup (2012) kommen in ihrer Studie zur Auswirkung von Sprache auf das nonverbale Wahrnehmen im Sprachvergleich von Koreanisch und Englisch zu ähnlichen Ergebnissen[78].

Nicht nur Untersuchungen mit sprachvergleichendem Design liefern Hinweise zu möglichen Auswirkungen von Sprache auf die Wahrnehmung, auch innerhalb ein und derselben Sprache kann es je nach spezifischer Sprachverwendung zu unterschiedlichen Wahrnehmungsinhalten und damit verbundenen Vorstellungsbildungen kommen. Wie Sprache die Wahrnehmung und damit auch die Entwicklung spezifischer Vorstellungsbilder beeinflussen kann, zeigen zum Beispiel Untersuchungen zum generischen Maskulinum (z.B. Heise 2000).

---

77 „We have examined possible influences of language-specific semantic categorizations of spatial relations on three types of nonverbal behavior: similarity ratings, visual attention to Figure and Ground, and amount of looking time to contact areas between Figure and Ground objects. The results confirmed our overall hypothesis that language-specific semantic categorization has a significant impact on these behaviors." (Goller et al. 2017 : 278)

78 „Does language influence cognition? Or is cognition independent of language? [...] Our answer to *both* questions is 'yes, but partially' in the case of spatial categorization. Universal perception/cognition and language-specific semantics both contribute to nonverbal spatial classification task in important and unique ways. While we use nonlinguistic perceptual/cognitive cues in categorizing spatial relations, we use our language in resolving problems that perception/cognition alone cannot. Language provides guidance for classification when cognitive/perceptual information is insufficient or ambiguous for categorizing spatial relations. In this way, language is an integral part of our cognitive domain of space." (Choi & Hattrup 2012: 119)

Auch das grammatische Geschlecht hat Auswirkungen auf die Begriffswahrnehmung; so zum Beispiel die Studie von Irmen & Kurovskaja (2010), die den Einfluss der Verwendung von Maskulina und Feminina auf die Wahrnehmung von Geschlechterrollen untersucht[79]. Die unterschiedliche Wahrnehmungsweise des grammatischen Geschlechts ist u.a. ein bekanntes Phänomen in den Translationswissenschaften und stellt in unterschiedlich sprachlich-kulturell geprägten Bereichen eine besondere Herausforderung für Übersetzungen dar. Auch der Psychologe Lev S. Vygotskij thematisiert diesen Aspekt in „Denken und Sprechen". Er beschäftigt sich in einer Passage mit dem grammatischen Geschlecht und der damit verbundenen semantischen Konnotation beziehungsweise den damit ausgelösten Assoziationen, die das natürliche Geschlecht betreffen. ‚Problematisch' wird diese Konnotation etwa dann, wenn ein Referenz-Objekt durch die Übersetzung in eine andere Sprache sein grammatisches Geschlecht ändert und dadurch auch Auswirkungen auf die Semantik sichtbar werden[80]:

> KRYLOV, der zahlreiche Fabeln LA FONTAINES, so auch die Fabel „La cigale et la fourmi" [Die Grille und die Ameise] ins Russische übersetzt hat, musste „la cigale" [die Grille oder Heuschrecke oder Zikade] durch „Libelle" ersetzen [russ. = strekoza ist weiblich, Grille = kuznečik dagegen männlich, am ehesten mit „der Heuschreck" zu übersetzen] und ihr das nicht entsprechende Beiwort „Springerin" geben. Im Französischen [wie im Deutschen] ist „la cigale" weiblich und deshalb durchaus geeignet, in ihrem Bild weiblichen Leichtsinn und Sorglosigkeit zu verkörpern. In der russischen Übersetzung geht dieser Sinn einer gewissen Unbekümmertheit unweigerlich verloren. Bei KRYLOV gewann deshalb das grammatische Geschlecht die Oberhand über die reale Bedeutung - der „Heuschreck" wurde zur Libelle, behielt aber alle Merkmale des „Heuschrecks" (springt und singt) bei,

---

[79] „Grammatical gender has been shown to provide natural gender information about human referents. However, due to formal and conceptual differences between masculine and feminine forms, it remains an open question whether these gender categories influence the processing of person information to the same degree" (Irmen & Kurovskaja 2010: 367). Irmen & Kurovskaja (2010) kommen zum Ergebnis, dass Sätze mit einem Subjekt mit femininem grammatischem Geschlecht (z.B. Lehrerin) und einer geschlechts-inkongruenten Referenzperson (z.B. Mann) häufiger als falsch beurteilt werden (z.B. „Diese Lehrerin ist mein Mann") als umgekehrt, also Sätze mit Subjekten in grammatisch maskuliner Form und inkongruenter Referenz (z.B. „Dieser Lehrer ist meine Frau"). Zudem werden solch inkongruente Sätze mit grammatisch maskulinem Geschlecht und maskuliner Referenz mit einer stereotyp weiblichen Rolle (z.B. „Mein Bruder ist Florist") häufiger als ungebräuchlich wahrgenommen als dieselben Äußerungen mit stereotyp männlicher Rolle (z.B. „Mein Bruder ist Dachdecker"). (Vgl. Spering & Schmidt 2017: 247f.)

[80] Die stereotyp geschlechtsspezifisch weiblich fixierte Zuschreibung von „Leichtsinn" und „Sorglosigkeit" kann u.a. als Hinweis darauf gelesen werden, dass sowohl Jean de La Fontaine (1621-1695) als auch Vygotskij (1896-1934) historisch-kulturell in einer jeweils maskulin dominierten Gesellschaftsordnung zu verorten sind.

obwohl die Libelle weder springt noch singt. Die adäquate Wiedergabe des vollen Sinns erforderte unbedingt, auch die grammatische Kategorie des femininen Genus für die Heldin zu erhalten.

(Vygotskij 2002: 405f.; Hervorhebungen im Original)

Erkenntnisse aus dem Bereich der feministischen Linguistik weisen darauf hin, wie sehr Sprache die Wahrnehmung von Geschlechterrollen beeinflussen und Vorurteile bestärken kann (vgl. Samel 2000: 55ff.).

Zusammenfassend kann festgehalten werden, dass Sprache jedenfalls in gewissem Maße die Wahrnehmung beeinflusst. Sie kann Wahrnehmung unterschiedlich prägen, spezifische Vorstellungsbilder bei Sprachhandelnden erzeugen und die sprachliche Darstellung des Wahrnehmungsgegenstandes – etwa das Beschreiben von Wahrnehmungseindrücken – beeinflussen. Welchen Stellenwert die (Erst-)Sprache im Wahrnehmungsprozess tatsächlich hat und wie stark ihr faktischer Einfluss ist, ist im wissenschaftlichen Zusammenhang bisher nicht eindeutig bestimmt.

3.6 Wahrnehmen im Unterricht der Primarstufe

Die empirische Untersuchung wurde in österreichischen Volksschulen (dritte Schulstufe) durchgeführt, wobei bei der sprachdidaktischen Intervention die ganzheitliche (Bild-) Wahrnehmung – das Wahrnehmen über alle Sinne, über den ganzen Körper – mittels performativen Arbeitens im Zentrum steht. Das Wahrnehmen wird hier bewusst in den schulischen Lernkontext – das Verfassen einer Bildbeschreibung – integriert; denn Beschreiben beginnt mit dem Wahrnehmen (vgl. Klotz 2013: 203)[81]. Es stellt sich in diesem Zusammenhang die Frage, welchen Stellenwert die Wahrnehmung im Unterricht österreichischer Volks-

---

[81] Beim eben angeführten Beweggrund (Wahrnehmung als Grundlage des Beschreibens) sind speziell die sich verändernden Lebensbedingungen von Schüler/innen ausschlaggebend für den Wahrnehmungsfokus in der vorliegenden Studie: Nach Zimmer (2012) wachsen Kinder in einer zunehmend mediatisierten Welt auf, in der Erfahrungen (z.B. Ursache-Wirkungs-Zusammenhänge) oftmals nur aus zweiter Hand (medial vermittelt), durch passives Konsumieren anstatt durch aktives Tun gewonnen werden. Demnach seien durch die Zunahme des Medienkonsums viele Kinder einer Welt voll einseitiger Sinneserfahrungen ausgesetzt, in der es eine „Überflutung" mit optischen und akustischen Reizen gibt; hingegen sei ein Unterangebot in elementaren, körpernahen Sinnbereichen festzustellen (vgl. Zimmer 2012: 22f.). Auch unter diesem Gesichtspunkt kommt dem ganzheitlichen Wahrnehmen im Unterricht besondere Bedeutung zu.

schulen grundsätzlich hat, worauf im Folgenden anhand von Lehrplan-Analysen[82] eingegangen wird.

Der elementaren Bedeutsamkeit der Wahrnehmung für das Lernen und die kindliche Entwicklung wird nur in Teilbereichen des österreichischen Lehrplans für die Volksschule ausdrücklich Rechnung getragen, nämlich in den Fächern „Bildnerisches Gestalten", „Textiles Werken", „Musikerziehung", „Bewegung und Sport" und der verbindlichen Übung „Verkehrserziehung".

Die allgemeinen didaktischen Grundsätze der Volksschule, die fächerübergreifend gelten, legen allerdings nahe, dass „auf die Förderung der Wahrnehmungs- und Handlungsfähigkeit [...] besonderer Wert zu legen" sei (BMBWF 2018: 43). Zudem sehen sie einen erfahrungsbezogenen Unterricht vor, der auf Ebene der Sinneswahrnehmungen oder der Vorstellungsbildung realisiert werden soll (vgl. BMBWF 2018: 26). Diese Wahlmöglichkeit zwischen Sinneswahrnehmung einerseits und Vorstellung andererseits hält die Möglichkeit offen, Veranschaulichung ausschließlich durch den Lehrer/innen-Vortrag – ohne ganzheitlich sinnliche Wahrnehmung – zu realisieren.

Der österreichische Lehrplan für die Primarstufe sieht für das Fach „Deutsch, Lesen, Schreiben" nur in zwei Bereichen – Hörverstehen und Lesen – explizit Wahrnehmungsschulung vor. Bei der Schulung des Hörens und Verstehens soll „vom Wahrnehmen über das bewusste Hinhören und Zuhören zum Aufeinander-Hören" (BMBWF 2018: 107) hingeführt werden. Beim Lesen soll die visuelle Gliederungs- und Merkfähigkeit durch das Wahrnehmen der „Gliederung von gedruckten und geschriebenen Texten in Wörtern" (BMBWF 2018: 109) thematisiert werden, im Bereich Lesen das bewusste „Wahrnehmen von Schrift und Schriftzeichen in der engeren Umwelt" (BMBWF 2018: 123).

Die verbindliche Übung „Lebende Fremdsprache"[83] (1. bis 4. Schulstufe) sieht Übungen zur Wahrnehmung von Lauten und zu deren Differenzierung vor, mit denen Hören und Hörverstehen geschult werden sollen (vgl. BMBWF 2018: 244).

So bescheiden die Rolle der Wahrnehmung im Fach „Deutsch, Lesen, Schreiben" und im Fremdsprachenunterricht ausfällt, so gewichtig und bedeutungsvoll scheint sie für „Sachunterricht"[84], „Musikerziehung", „Bildnerische

---

82 Bei den Analysen wird hier explizit nur auf den Volksschullehrplan und nicht auf den Vorschullehrplan eingegangen.

83 Darunter wird Sprachunterricht in folgenden Sprachen verstanden: Englisch, Französisch, Italienisch, Kroatisch, Slowakisch, Slowenisch, Tschechisch und Ungarisch.

84 Da die sprachdidaktischen Interventionen der empirischen Untersuchung ihre inhaltliche Rahmung beziehungsweise Kontextualisierung im Sachunterricht finden, soll an dieser Stelle das Wahrnehmen in diesem Unterrichtsfach kurz skizziert werden: Der österreichische Lehrplan

Erziehung", „Textiles Werken" sowie „Bewegung und Sport"[85] zu sein. Dieser Stellenwert kann freilich auf die ‚Natur' der Unterrichtsmaterie selbst zurückgeführt werden; sind doch körperliche Wahrnehmung im Sport, akustische Wahrnehmung in der Musik oder visuelle Wahrnehmung in der Bildenden Kunst basal für eine Beschäftigung mit dem jeweiligen Gegenstand.

Die Untersuchung des österreichischen Lehrplans der Volksschule bezogen auf die Rolle des Wahrnehmens im Unterricht zeigt, dass nicht immer bewusstes Wahrnehmen in den Lehrplanvorgaben angeführt wird, sondern vielmehr Synonyme, wie Registrieren, Sichten oder Bemerken. Untersucht man den Lehrplan nach Vorkommen und Häufigkeit der Nennung ausgewählter kognitiver Handlungen, die aus dem Wahrnehmen resultieren („untersuchen, erkunden, reflektieren, erkennen, verstehen"), zeigt sich, dass das „Erkennen" dem basalen

---

sieht für den „Sachunterricht" vor, dass die sprachliche und kulturelle Vielfalt wie auch unterschiedliche Lebensweisen und Traditionen wahrgenommen werden sollen. Dieser Wahrnehmungsprozess bezieht sich auf die eigene Lebenswelt, den eigenen Körper mit seinen Bedürfnissen, auf eigene und die Gefühle anderer, auf das Anderssein der Mitmenschen, auf die Vielfalt des menschlichen Lebens und der Kulturen. Ebenso sollen unterschiedliche olfaktorische Eindrücke wie auch haptische Wahrnehmungen ausdrücklich in den Sachunterricht integriert werden. (Vgl. BMBWF 2018: 83ff.)

85 In den sprachdidaktischen Interventionen der empirischen Untersuchung steht das performativ angeleitete Wahrnehmen (von Bildinhalten) über den ganzen Körper im Zentrum; der Bewegung kommt hier ein besonderer Stellenwert zu. In diesem Zusammenhang stellt sich die Frage, wie die Vorgaben des österreichischen Lehrplans die Wahrnehmung im Fach „Bewegung und Sport" positionieren: Dem Unterrichtsfach „Bewegung und Sport" wird zentrale Bedeutung bei der Förderung körperbezogener Wahrnehmung zugesprochen, gilt es doch „das Verbessern der Wahrnehmungsfähigkeit, das Erweitern der Körper- und Bewegungserfahrung [...] sowie den Aufbau eines umfangreichen Bewegungsschatzes" (BMBWF 2018: 197) in den Mittelpunkt der Unterrichtsarbeit zu stellen. Denn „Wahrnehmen und Bewegen spielen eine entscheidende Rolle für sensomotorische, körperliche, kognitive, emotionale und soziale Entwicklungsprozesse und sind wichtig für die soziale Anerkennung und Identitätsfindung" (BMBWF 2018: 199), weshalb dem Wahrnehmen ein eigener Lernbereich in diesem Fach gewidmet ist. So sollen die Schülerinnen und Schüler „ihre Wahrnehmungsfähigkeit verbessern und ihre Körper- und Bewegungserfahrungen erweitern. Sie sollen befähigt werden, sich mit dem eigenen Körper auseinanderzusetzen und ihn als Mittel der Darstellung, Gestaltung und Verständigung einzusetzen [...] und den eigenen Körper, Personen, Gegenstände, (Bewegungs-)Räume wahrnehmen und Wahrnehmungsunterschiede erkennen" zu können (BMBWF 2018: 199). Spezifische Spiele im Fach „Bewegung und Sport" sollen auf unterschiedliche Art und Weise die ganzheitliche Wahrnehmung fördern. Darüber hinaus wird betont, dass das „Zusammenspiel von unterschiedlichen Wahrnehmungsleistungen und sensomotorischen Fähigkeiten [...] eine wichtige Voraussetzung für alle menschlichen Entwicklungsbereiche und für das schulische Lernen (z.B. Erwerb von Kulturtechniken)" (BMBWF 2018: 211) darstellt.

„Wahrnehmen" in der Volksschule den Rang abläuft, wie Abbildung 5 verdeutlicht.

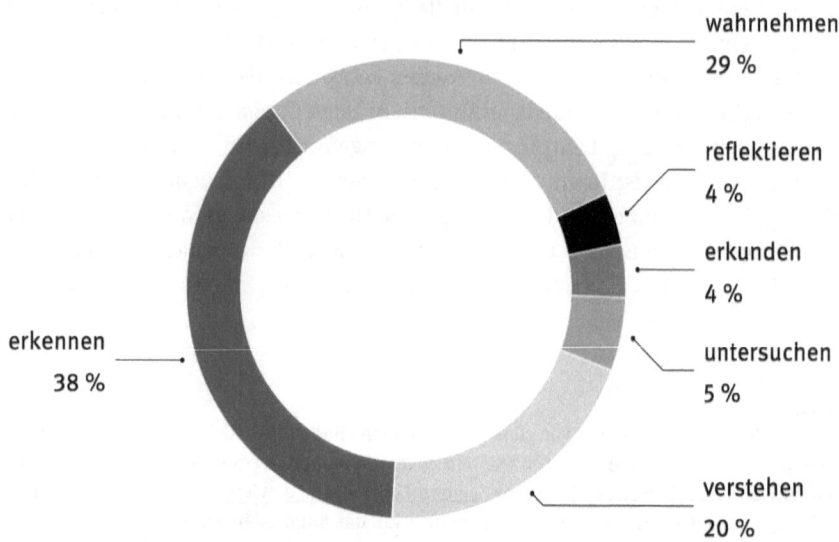

Abb. 5: Analyse des österreichischen Lehrplans für Volksschulen nach ausgewählten kognitiven Handlungen in allen Unterrichtsfächern

Welche untergeordnete Rolle das Wahrnehmen im Fach „Deutsch, Lesen und Schreiben" im Vergleich zu anderen Fächern der Volksschule spielt, wurde bereits erwähnt. Untersucht man den Lehrplan für den Deutschunterricht nach kognitiven Handlungen wie dem „Wahrnehmen, Erkennen, Verstehen, Untersuchen, Zuordnen", so wird deutlich, dass in der Häufigkeit der Nennung das Erkennen vor dem Zuordnen, dieses wiederum vor dem Verstehen rangiert, erst dann folgt das Wahrnehmen[86]. Abbildung 6 macht die unterschiedliche Gewichtung der im Lehrplan angesprochenen kognitiven Handlungen in diesem Fach deutlich:

---

[86] Kognitive Handlungen wie das „Reflektieren" und „Erkunden", die im Lehrplan (Abb. 6) an anderer Stelle verwendet werden, finden im Fach „Deutsch, Lesen und Schreiben" keine Erwähnung.

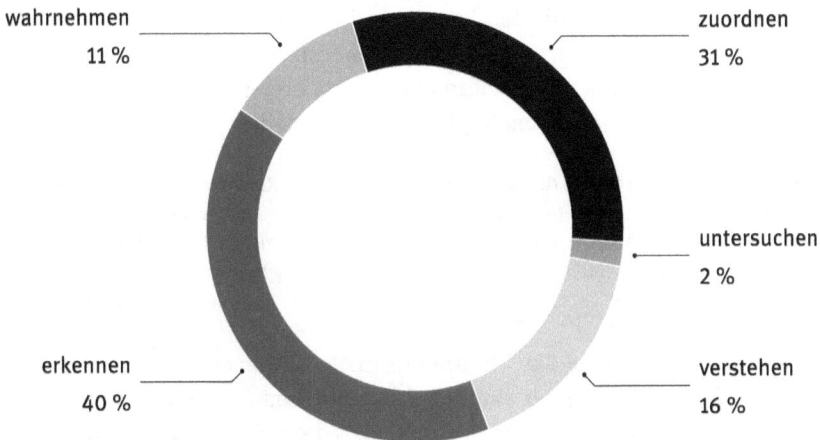

Abb. 6: Analyse des österreichischen Lehrplans für Volksschulen nach ausgewählten kognitiven Handlungen im Unterrichtsfach „Deutsch, Lesen und Schreiben" (1.-4. Schulstufe)

Hält man sich vor Augen, welche Rolle das Wahrnehmen für das sprachliche Handeln und die Kommunikation insgesamt spielt, scheint der geringe Stellenwert des Wahrnehmens im Fach „Deutsch, Lesen und Schreiben" überraschend, kommt doch gerade diesem Fach beim Aufbau sprachlicher und kommunikativer Handlungskompetenz eine Schlüsselfunktion zu. Die förderliche Beschäftigung mit Wahrnehmungsprozessen aller Art wird zwar aus entwicklungspsychologischer Sicht auf der Primarstufe als grundlegend erachtet, jedoch zeigt sich insbesondere in den Sprachfächern („Deutsch, Lesen und Schreiben", „Lebende Fremdsprache") eine Diskrepanz zwischen den Erkenntnissen der Entwicklungspsychologie und den Vorgaben im Lehrplan.

3.7 Wahrnehmungsförderung auf der Primarstufe

Wahrnehmen ist die Grundlage allen Lernens; über sinnliche Wahrnehmung kann die Umwelt zugänglich gemacht werden. Dies wird auch im österreichischen Lehrplan der Volksschule stellenweise berücksichtigt, indem die Förderung diverser Wahrnehmungsbereiche als didaktischer Grundsatz und zum Erreichen bestimmter Lernziele explizit Erwähnung findet. Wie und durch welche pädagogischen und/oder didaktischen Maßnahmen dies aber konkret geschehen soll, wird der Lehrperson selbst überlassen. Voraussetzung für die Möglichkeit, ganzheitliche Wahrnehmungserfahrungen im Rahmen des schulischen Unterrichts zu ermöglichen, ist, dass die Lehrperson der sinnlich-ganzheitlichen Wahrnehmung für das Lernen und die persönliche Entfaltung der Schüler/innen einen hohen Rang beimisst. Sie muss dem ‚Lernen mit allen Sinnen' besondere Aufmerksamkeit in der Unterrichtsgestaltung schenken und den Unterricht buchstäblich vom Kopf auf die Füße stellen:

> Es muß versucht werden, in den Schulen unter alltäglichen Rahmenbedingungen etwas zu realisieren, was es in vergangenen Jahrhunderten so gut wie nie gegeben hat, was heute aber wichtiger als je zuvor geworden ist: eine sinnlich-ganzheitliche Methodenkultur, in der Kopf- und Handarbeit in ein ausgewogenes Verhältnis gebracht worden sind.
> (Meyer 2017: 394).

Nach Meyer zeige jedoch die Unterrichtspraxis häufig eine „einseitige Formierung" (Meyer 2017: 66) der sinnlich-ganzheitlichen Denk- und Handlungsweisen der Schüler/innen: Es wird verlangt, dass die Schüler/innen ruhig sitzen und Kopfarbeit[87] leisten. (Lern-) Erfahrungen, die über den ganzen Körper und alle Sinne gesammelt werden, würden vielfach zugunsten auditiver und visueller Wahrnehmungserfahrungen in den Hintergrund gedrängt (vgl. Meyer 2017: 66).

Es gibt eine Vielzahl pädagogischer Ansätze, die ganzheitliches Erfahren und Lernen fokussieren, die hier jedoch nicht näher erläutert werden können[88]. Es sollen drei unterrichtspraktische Verfahren vorgestellt werden, die in besonderer Weise für die empirische Untersuchung und die sprachdidaktischen Interventionen relevant sind.

Eine Möglichkeit ganzheitlich-sinnliche Wahrnehmungserfahrungen in den Unterricht zu integrieren sind fächerübergreifende Projekte, die die Wahrnehmung und das sinnliche Erfahren in den Mittelpunkt stellen. Während der Projektarbeit werden zumeist viele Kanäle der Wahrnehmung angesprochen. Je mehr Wahrnehmungsfelder im Gehirn an Lernprozessen beteiligt sind und je

---

[87] Meyer führt in diesem Kontext den Begriff der „Verkopfung" (Meyer 2017: 65) ein. Darunter kann verstanden werden, dass die Schüler/innen lernen „eine geistige und sachbezogene statt einer emotionalen und tätlichen Auseinandersetzung mit den gestellten Themen und Aufgaben zu suchen" (Meyer 2017: 393).
[88] Einige sollen exemplarisch zumindest erwähnt werden: Die „Montessori-Pädagogik" der ganzheitlichen Sinneserfahrung und Sinneserziehung, benannt nach der italienischen Ärztin und Pädagogin Maria Montessori, oder der „Reggio-Ansatz", der neben vielen anderen Teilbereichen auch die sinnliche Wahrnehmung und das explorativ-experimentelle Handeln im Unterricht etabliert. Dieser Ansatz bezieht sich auf den italienischen Pädagogen Loris Malaguzzi und trägt den Namen der Entstehungsregion Reggio-Emilia. In diesem Zusammenhang ebenfalls zu erwähnen ist die „Waldorfpädagogik", die sich auf den Anthroposophen Rudolf Steiner bezieht und im Kind ein Sinnes- und Erfahrungswesen sieht, welchem dementsprechend begegnet werden muss. (Vgl. Zimmer 2012: 167ff.)

mehr Assoziationsfelder für ein tiefgründigeres Verständnis entstehen, umso größer werden auch Aufmerksamkeit und Lernmotivation (vgl. Zimmer 2012: 29).

Eine weitere unterrichtspraktische Möglichkeit besteht darin, im Rahmen eines handlungs-orientierten Unterrichts Kopf- und Handarbeit in ein ausgewogenes Verhältnis zu bringen (vgl. Meyer 2017: 402). In einem handlungsorientierten Unterricht sollte es so oft wie möglich zu Ergebnissen kommen, die man anfassen, begreifen oder vorführen, mit denen man spielen oder arbeiten kann und die für die Schüler/innen unmittelbar und auch noch später Gebrauchswert besitzen. Der Fokus liegt auf dem aktiven Tun, der aktiven und produktiven Auseinandersetzung mit Inhalten – denn „man kann durch Handeln und während des Handelns sehr viel lernen" (Meyer 2017: 402). Es wird versucht möglichst viele Sinne in den handlungsorientierten Unterricht zu integrieren, um abstrakte Lerninhalte ‚begreifbar' und ‚fassbar' und damit auch nachvollziehbar zu machen (vgl. Zimmer 2012: 28). Es wird also gemeinsam praktiziert, gearbeitet, gehandelt etc., indem neben Kopf und Gefühl auch Hände, Füße, Augen, Ohren, Nase, Mund und Zunge – also möglichst viele Sinne – an einem Lernprozess beteiligt werden[89].

Eine weitere Möglichkeit die sinnlich-ganzheitliche Wahrnehmung gezielt in den Unterricht zu integrieren, ist die Umsetzung performativer Unterrichtsformen, die sich von den darstellenden Künsten und den mit ihnen verbundenen kulturspezifischen pädagogischen Praktiken ableiten lassen. In diesen Begriff werden auch Bereiche eingeschlossen, die „über Drama im alltäglichen Unterricht hinausreichen, und z.B. mit Formen von Tanz, Gesang, Bewegung, Puppenspiel und auch größeren Theateraufführungen verbunden sind" (Fleming 2016: 28). Mit einer performativen Unterrichtsgestaltung ist intendiert, dass möglichst viele Wahrnehmungssinne in Lernprozesse integriert werden, um zum Teil abstrakte Lerninhalte nachhaltig begreifbar zu machen. Performatives Lehren und Lernen versteht sich als handlungsorientierter, ganzheitlicher, multisensorischer, interaktiver und imaginativer Ansatz, der sich der Mittel des

---

89 „Statt der üblichen Formen wie Lesen, Schreiben, gelenktes Gespräch usw. werden Gegenstände hergestellt, szenische Darstellungen entwickelt, Kochbücher, Vokabelhilfen, Dokumentationen erstellt, Videos und Filme gedreht, Menschen, Probleme, Meinungen erkundet, öffentliche Aktionen wie Ausstellung, Fest, Versammlung inszeniert, eine Aktion gegen die Milchtüten als Verpackungsmüll gestartet u.v.a. – geistige und körperliche Arbeit wird ‚wiedervereinigt', weil die Suche nach Sachinformationen sich aus den Handlungszielen und -notwendigkeiten ergibt. Lernen und Arbeiten, Produktion und Konsumation, Verstand und Sinnlichkeit, Theorie und Praxis rücken wieder zusammen. Die Wirklichkeit wird nicht nur ‚beredet' (Schulkrankheit: ‚Darüberitis'), sondern handelnd unter Einbeziehung möglichst vieler Sinne erfahren und gestaltet." (Gudjons 2014; 84f.; Hervorhebung im Original)

Theaters bedient, um Lernprozesse zu unterstützen und voranzutreiben (vgl. Sambanis 2016: 60f.). Eine Realisierungsmöglichkeit ist der Einsatz von „Dramapädagogik" im Unterricht, die eine von mehreren Formen performativen Unterrichtens darstellt; sie spielt im empirischen Design der vorliegenden Studie eine zentrale Rolle. Weitere Informationen zur Dramapädagogik finden sich im Kapitel 4 dieser Arbeit.

3.8 Schlussfolgerung mit Bezug auf die empirische Untersuchung

Wahrnehmung ist eine Grundleistung des Menschen – die Vorbedingung für das Erfahren, Lernen und Wachsen. Die ganzheitlich-sinnliche Wahrnehmung zeigt sich aus entwicklungspsychologischer Perspektive verantwortlich für das Heranreifen jedes Menschen. Dieser Prozess beginnt nicht erst bei der Geburt, sondern bereits bei der embryonalen Entwicklung im Mutterleib. Als Neugeborene lernen Kinder von der ersten Stunde an über den ganzen Körper ihre Umwelt kennen (vgl. Rauh 2008: 149ff.). Ab dem Schuleintritt kann dieses ganzheitliche und körperbezogene Wahrnehmen und Erfahren jedoch zu Gunsten einer einseitigen Formierung der Wahrnehmung im visuellen und auditiven Bereich zunehmend in den Hintergrund gedrängt werden (vgl. Meyer 2017: 66). Bereits im Kleinkindalter gibt es aufgrund veränderter und vermehrt technologisierter Lebensumstände andere – verstärkt visuelle und auditive – Angebote der Wahrnehmungserfahrung[90] wie Zimmer (2012) bezüglich einer drastischen Verringerung ganzheitlicher Wahrnehmung kritisch anmerkt (vgl. Zimmer 2012: 22f.). Gezielte Wahrnehmungsförderung in der Schule kann zwar mangelnde natürliche Sinneserfahrungen in der frühen Phase nicht ersetzen, wohl aber kann in entsprechenden didaktisch-methodischen Arrangements auf der Primarstufe und darüber hinaus die ganzheitliche Wahrnehmungsfähigkeit angeregt und weiterentwickelt werden. Deshalb steht u.a. das Wahrnehmen von visuellen Impulsen (Bildern) über den ganzen Körper und in der Bewegung (performativer Ansatz) im Zentrum der empirischen Untersuchung.

Die Fähigkeit etwas zu beschreiben hängt eng mit der Wahrnehmungsfähigkeit des beschreibenden Individuums zusammen. Beschrieben werden kann nur das, was zuvor wahrgenommen, erfahren und erkannt wurde.

---

90 So sind bereits Babys und Kleinkinder Zielpublikum von Lernsoftwares für Smartphones und Tablets. Eine einfache Stichwortsuche im Internet reicht, um die Aktualität von Lern-Apps für Babys und Kleinkinder zu verdeutlichen.

Heinemann (2000) und Klotz (2005) führen die gezielte Schulung der Wahrnehmung als wichtigen Bestandteil einer Förderung deskriptiver Kompetenzen an. Gleichzeitig wird angemerkt, dass diese Wahrnehmungsschulung in konventionellen Unterrichtsformen schwer erreichbar sei. Jenseits virtueller Formen der Medien – angesichts einer weiteren Digitalisierung der Schule – müsse man sich nach Klotz auf körperliche, sinnliche und geistige Wahrnehmungserfahrungen einlassen, die aber oft mit (alt)gewohnten Praktiken des Unterrichts nicht vereinbar scheinen (vgl. Klotz 2005: 87). Dies ist der Beweggrund dafür, in der vorliegenden empirischen Untersuchung performative Unterrichtsarrangements zum Ausbau deskriptiver Kompetenzen in sprachlich heterogenen Klassen einzusetzen. Denn performatives Lernen bedeutet u.a. die „Wahrnehmungsfähigkeit zu steigern und intensivere Erfahrungen zu ermöglichen" (Fleming 2016: 41), wie auch „die Förderung differenzierter Wahrnehmung" (Bibermann 2009: 77). Über performatives Anleiten durch dramapädagogische Verfahren in der sprachdidaktischen Intervention dieser Studie setzen sich Schüler/innen über den ganzen Körper und in Bewegung mit zunächst visuellen Bildinhalten auseinander, erleben sie also körperlich, um sie in weiterer Folge schriftlich zu beschreiben.

Die empirische Untersuchung wurde in sprachlich heterogenen Klassen durchgeführt. Im Kontext der Mehrsprachigkeit ist der Konnex von Sprache (und der sprachlichen Sozialisierung) und Wahrnehmung von besonderer Bedeutung. Diesbezüglich liegen Untersuchungen insbesondere aus den Kognitions- und Neurowissenschaften vor, die eben diese Verbindung behandeln. Dabei muss jedoch betont werden, dass sich diese Studien nicht auf Zweitsprachenkontexte beziehen, sondern sprachvergleichende Untersuchungen von Wahrnehmungsprozessen und deren sprachlichen Umsetzungsmöglichkeiten in der jeweiligen Erstsprache der Probanden und Probandinnen anstellen. Ob diese Ergebnisse auch auf die Situation von Zweitsprachenlernenden umzulegen sind, muss grundsätzlich hinterfragt werden. In der kontrovers geführten Fachdiskussion über den Einfluss der Sprache auf die Wahrnehmung finden sich Forschungsergebnisse, die je nach methodischem Zugang – wie in Kapitel 3.4 erwähnt – unterschiedlich ausfallen. Dass sprachliche Sozialisierung und Sprachkultur Einfluss auf die Wahrnehmung haben können, wird mehrfach bestätigt (z.B. bei Goller et al. 2017; Flecken & Francken 2016; Boroditsky et al. 2011; Boroditsky 2011; Lucy & Gaskin 2003; Levinson et al. 2002; Pederson et al. 1998). Dieser Annahme wird aber im Rahmen der *modular theory* (z.B. bei Gleitman & Papapfragou 2013; Li & Gleitmann 2002; Munich et al. 2001) widersprochen (vgl. Goller et al. 2017: 268). Dass die sprachliche Darstellung des Wahrnehmungsinhaltes in hohem Maß von der jeweils konkret verwendeten Sprache und deren (lexikalischen, syntaktischen etc.) Realisierungsmöglichkeiten beeinflusst wird, steht jedoch außer Frage[91].

Als Konsequenz wurde für die empirische Untersuchung dieser Studie (Kapitel 6) die Annahme getroffen, dass einer u.U. unterschiedlich gewichteten visuellen Wahrnehmung[92] aufgrund verschiedener sprachlicher und kultureller Sozialisierung mit einer intensiven Schulung der Wahrnehmung über den ganzen Körper und in Bewegung, nonverbal – über Sprachgrenzen hinweg – didaktisch gezielt begegnet werden könne. Neben den bereits erwähnten sprachdidaktischen Empfehlungen (Heinemann 2000; Klotz 2003), ist dies ein weiterer Beweggrund für die Umsetzung eines verstärkt wahrnehmungsbezogenen Unterrichts zur Förderung deskriptiver Kompetenzen in sprachlich heterogenen Klassen, der über die rein visuelle Wahrnehmung von grundsätzlich visuell erfahrbaren Wahrnehmungsgegenständen hinausreicht[93].

---

[91] Ferner gilt: Werden deskriptive Performanzen von Zweitsprachenlernenden untersucht, müsste man jedenfalls bei der Interpretation der Daten neben vielleicht noch unzureichenden Sprachkenntnissen in der Zweitsprache auch sprach- und wahrnehmungsbezogene Besonderheiten des Individuums berücksichtigen. Eine eingehende Untersuchung von sprachdivergierenden Phänomenen ist im Rahmen dieser Forschungsarbeit grundsätzlich nicht intendiert; diese könnten aber weitere Auseinandersetzungen mit diesem Thema – besonders im Zusammenhang mit dem Beschreiben – anstoßen.

[92] Flecken & Francken (2016) beziehen den Einfluss sprachlicher Strukturen (sprachliche Sozialisierung) auf kognitive Prozesse wie zum Beispiel die visuelle Wahrnehmung (Flecken & Francken 2016: 4).

[93] Besonders beim Unterrichten in sprachlich heterogenen Klassen könnte der mögliche Einfluss der Erstsprache auf die Wahrnehmung (als Grundlage allen Lernens) bedeutsam sein. Das heißt jedoch nicht, dass Lehrpersonen Kenntnisse der kognitiven Linguistik oder komparativen Linguistik besitzen müssen, sondern nur, dass sie diesen Aspekt bedenken und im Rahmen ihrer Unterrichtsführung auch ein spezifisches Verständnis (im Sinne von *language awareness*) dafür aufbringen sollten.

4 Performatives Lehren und Lernen

In der empirischen Untersuchung (Kapitel 6) steht die Wahrnehmungsschulung über performatives Anleiten als Basis für das (schriftliche) Beschreiben im Zentrum des Interesses. Dabei wird eine mögliche Form der Realisierung performativen Arbeitens – die Dramapädagogik – in der sprachdidaktischen Intervention eingesetzt. Über ein performativ (dramapädagogisch) geführtes Unterrichtsarrangement sollen die Schüler/innen die Möglichkeit erhalten, körperbezogene, ganzheitliche Wahrnehmungserfahrungen zu sammeln, die als Grundlage für das schriftliche Beschreiben dienen sollen; Dramapädagogik dient hier also als Werkzeug, um körperbezogen ganzheitliche Wahrnehmungserfahrungen anzuregen.

Im Folgenden werden das performative Lehren und Lernen und die Dramapädagogik in Grundzügen vorgestellt[94]. Ferner sollen grundlegende Prinzipien, Arbeitsformen und Techniken eines dramapädagogischen Unterrichts angeführt werden, die einem besseren Verständnis des dramapädagogisch geführten Unterrichtsarrangements in der empirischen Untersuchung dienen. Weiters wird darauf eingegangen, welchen Mehrwert die Dramapädagogik für das Lernen aus kognitionswissenschaftlicher Perspektive bringen kann. Zudem wird die zentrale Rolle von Wahrnehmung und Beschreiben in dramapädagogischen Prozessen angesprochen; zuletzt werden Schlussfolgerungen daraus in Bezug auf die empirische Untersuchung gezogen.

4.1 Begriffsbestimmung

Performatives Lehren – in Zusammenhang mit performativem Lernen – hat eine recht junge Begriffsgeschichte. Das Wort „performativ" ist keinesfalls neu, das performative Lernen und Lehren („performative teaching and learning culture" bei Schewe 2013) wurde erstmals im Jahr 2013 in den akademischen Diskurs über theaterbasierte Lernkonzepte eingeführt (vgl. Fleming 2016: 27f.). Schewe (2013) sieht „performatives Lehren und Lernen" als Oberbegriff, der alle Formen modernen (Fremdsprachen-)Unterrichts subsumiert, die sich aus performativen, darstellenden Künsten und den damit verbundenen kultur-spezifischen Praktiken ableiten lassen (vgl. Fleming 2016: 27f.):

---

[94] Für eine ausführliche Darstellung von Dramapädagogik empfiehlt sich Literatur von Schewe (1993, 2015), Tselikas (1993), Even (2003), Müller (2008), Kessler (2008), Hallet & Surkamp (2015) oder Betz et al. (2016).

> It is therefore proposed that ‚performative' be used as an umbrella term to describe (the various culturally-specific) forms of foreign language teaching that derive from the performing arts.
>
> (Schewe 2013: 22)

Performatives Lehren und Lernen „impliziert eine enge Orientierung an den performativen Künsten, insbesondere an der Theaterkunst" (Even & Schewe 2016: 19), um „das Formpotenzial der Künste pädagogisch zu nutzen [...] und sucht bewusst den Dialog mit den Künsten [...] und den mit den künstlerischen Fächern verbundenen Didaktiken" (Schewe 2015: 31). Dies in dem Bewusstsein, dass Wissenschaft und Kunst, Theorie und Praxis fließend ineinander übergehen.

Mit dem *umbrella term* des Performativen ergibt sich die Möglichkeit, unterschiedliche darstellungsbasierte, künstlerisch orientierte Ansätze, wie zum Beispiel „Dramapädagogik", „Theaterpädagogik", „Szenisches Spiel", zusammenzuführen, die aus einem gemeinsamen Reservoir an körperbetonten und/oder darstellerischen Arbeitstechniken (siehe 4.2.1) schöpfen. Auch, um das eigentliche Bemühen all dieser Ansätze – das Integrieren performativer Praktiken in den Unterricht – hervorzuheben und das im Grunde eigentlich Gemeinsame, Verbindende, zu betonen.

Performativ kann zum einen im Sinne von Handlungsorientierung verstanden werden, „anstatt passive Rezipienten von Wissen zu sein [...], werden Lernende aktiv und gelangen zu einem tieferen Verstehen durch das handelnde Tun" (Even & Schewe 2016: 12). Neben der Förderung kognitiver Fähigkeiten werden Wahrnehmung, Körper und Gefühle in besonderem Maße integriert; der Unterricht kann damit ganzheitlicher werden (vgl. Fleming 2016: 42). Zum anderen versteht sich das performative Lehren und Lernen als lernerorientiert; durch eine stärkere persönliche Eingebundenheit der Lernenden in den Unterricht kann es zu gesteigerter Aufmerksamkeit und Konzentration kommen.

Performatives Lehren und Lernen bedeutet, dass Elemente des Performativen, wie zum Beispiel Stimme, Raum, (Körper-)Präsenz, Körperwahrnehmung, bewusst und regelmäßig in den Unterricht einbezogen werden und es somit zu einer Stärkung des wahrnehmungs- und körperbezogenen Lehrens und Lernens kommt. Der Körper wird als zentrales menschliches Kommunikationsmedium verstanden und als grundlegendes Erkenntnisinstrument eingesetzt. Performatives Lehren und Lernen bedeutet ferner „gezielte Arbeit an der Stimme, [...] eine bewusstere Nutzung der performativen Möglichkeiten von Raum [...] sowie die Entwicklung eines Gespürs für die eigene Präsenz im jeweiligen Raum" (Even & Schewe 2016: 18); dies betrifft die Lehrenden (denn auch Lehrpersonen müssen sich ihres Auftretens und ihrer Wirkung prinzipiell und besonders in performativen Kontexten bewusst sein) und die Lernenden (vgl. Flemming 2016: 44).

4.2 Dramapädagogik als eine Form performativen Lehrens und Lernens

Formen und Ansätze, die dem Oberbegriff performativen Lehrens und Lernens zugeordnet werden können, sind mannigfaltig; es fehlt bisher jedoch die konkrete Darstellung, Systematisierung und Klassifizierung aller Realisierungsmöglichkeiten ebenso wie eine repräsentative Zusammenschau von Möglichkeiten performativen Arbeitens in Lehr- und Lernkontexten. Namentlich zu erwähnen wären in diesen Zusammenhang das „Szenische Lernen"[95] und die „Theaterpädagogik"[96], die in der deutschsprachigen Bildungslandschaft einen gewissen Bekanntheitsgrad aufweisen und durchaus Anwendung in Lehr- und Lernkontexten finden[97].

Dramapädagogik als eine mögliche Realisierungsform performativen Lehrens und Lernens stellt die deutsche Entsprechung des britischen Begriffs „Drama in Education" dar und wurde von Manfred Schewe im Jahr 1993 für den deutschsprachigen Raum adaptiert und im Besonderen auf den Fremdsprachenunterricht bezogen (vgl. Even 2003: 52). Die Anfänge der britischen Dramapädagogik reichen zurück zur *New Education*-Bewegung der Jahrhundertwende, die mit der reformpädagogischen Bewegung in Deutschland vergleichbar ist.[98]

---

[95] Zum „Szenischen Lernen" empfiehlt sich Literatur z.B. von Scheller (2016 & 2018) und Eigenbauer (2009).
[96] Zur „Theaterpädagogik" empfiehlt sich z.B. Literatur von Bidlo (2006) und Nix et al. (2012).
[97] So können „Szenisches Lernen" und „Theaterpädagogik" zwar im gemeinsamen Kontext des performativen Lernens angeführt werden, es ist aber zu beachten, dass jeder Ansatz seine spezifischen Wurzeln wie auch seine eigenständige Entstehungsgeschichte aufweist und sich zum Teil auch auf unterschiedliche theoretische Ansätze bezieht.
[98] Diese Bewegung richtete das Interesse auf die Lernenden mit ihrer Persönlichkeit und ihren Interessen und fokussierte ein lernerkonzentriertes Konzept von Erziehung. Schlagworte dieser Zeit lauteten: „self-expression", „learning by doing", „activity method", „the child's whole nature". Ferner war weniger vom Lerner die Rede, als vom „doer" und „creator" (Schewe 1993: 81). Es kam zu ersten Ansätzen eines Unterrichts, der sich am Drama beziehungsweise an den performativen Techniken des Theaters orientieren sollte. Als innovative Vorreiterin kann die Pädagogin Harriet Finlay-Johnson (1871–1956) – Leiterin einer Dorfschule – genannt werden, die ein integriertes, drama-orientiertes Curriculum für alle Unterrichtsfächer entwickelte und sich dabei auf den ‚natürlichen dramatischen Instinkt' von Kindern berief (Schewe 1993, 81f.). In dem

Der dramapädagogische Ansatz beruht auf einer kommunikativ orientierten Didaktik, in der das aktive Sprachhandeln zentralen Stellenwert hat; dieses Sprachhandeln wird durch die Möglichkeiten performativer Arbeitstechniken erweitert und intensiviert. Dies bedeutet jedoch nicht, dass dramapädagogischer Unterricht ausschließlich für den Sprachunterricht geeignet wäre; er lässt sich ebenso auf Sachfächer anwenden[99].

Drama kommt aus dem Griechischen (δράμα) und bedeutet „Handlung", daher ist Dramapädagogik auch eine Pädagogik, die vor allem handlungsbezogenes und ganzheitliches Lernen ermöglichen soll (vgl. Tselikas 1993: 21). Dramapädagogik bedient sich, wie andere Ansätze performativen Lehrens und Lernens auch, der Mittel des Theaters und setzt diese zu pädagogischen Zwecken ein. Primär wichtig ist hier jedoch nicht das Produkt, etwa die Aufführung eines Theaterstückes, sondern der Lernprozess auf physischer, ästhetischer, emotionaler und kognitiver Ebene. Dramapädagogik versteht sich daher als ein Ansatz, der im Vergleich zur Theaterpädagogik stärker prozessbezogen arbeitet[100]. Dies bedeutet aber nicht, dass die Aufführung eines Theaterstücks in

---

Kontext kann auch der Pädagoge Henry Caldwell Cook (1886–1939) genannt werden, der dramatische Arbeitsformen – die theatrale Einstudierung von Texten – im Unterricht zur Informationsvermittlung nutzte (vgl. Kessler 2008: 41). So weit die Ursprünge des „Drama in Education" zurückliegen (auch zuvor wurden dramatische Formen im Unterricht prominent genutzt, man denke nur an das Jesuitendrama im Barock), so vielseitig und zum Teil heterogen verlief auch die weitere Entwicklung dieses Ansatzes. Letztlich hat „Drama in Education" im britischen Bildungswesen einen hohen Stellenwert und ist aus dem pädagogisch-fachwissenschaftlichen Diskurs in Großbritannien nicht mehr wegzudenken. Drama konnte sich „als Schulfach, als Lehrmethode in verschiedenen Schulfächern und an vielen Hochschulen auch als erziehungswissenschaftliche Teildisziplin nach und nach etablieren" (Schewe 2015: 23).

99 Darüber hinaus kann diese Methode im Sinne des „sozialen Lernens" etwa im Konflikttraining oder bei der Problembearbeitung in allen Fächern zielführend sein. Performatives Arbeiten ist auch Lernen von und über sich selbst: Es stößt eine Reflexion an über die Art und Weise, wie man sich gegenüber anderen verhält, sich präsentiert, sich einbringt. Man lernt Situationen zu beobachten und (angemessen) auf sie zu reagieren, sich zu konzentrieren sowie „sich in eine Sache zu vertiefen und die erworbenen Kenntnisse und Fähigkeiten in anderen Kontexten erneut anzuwenden" (Eigenbauer 2009: 67).

100 In der Dramapädagogik stehen die Lernenden und ihre Wahrnehmungs- und Erfahrungsprozesse im Fokus des Interesses (Aufführungen als Produkte der Arbeits- und Lernprozesse sind möglich). Die Theaterpädagogik hingegen fokussiert das Produkt mit Ausrichtung auf ein Publikum; Aufführungen sind somit vorgesehen. Das Ziel der Dramapädagogik ist „dynamisches, mehrkanaliges Lernen mit Imagination, Interpretationen, Dramatisierungs-versuchen, Probehandeln, Feedback und Reflexion" (Sambanis 2013: 117), während die Theaterpädagogik Aufführungen mit entsprechender Vor- und Nachbereitung zum Ziel hat. Dementsprechend unterscheidet sich auch das Vorgehen beider Ansätze. (Vgl. Sambanis 2013: 117)

der dramapädagogischen Arbeit völlig ausgeschlossen ist. Persönliche Wahrnehmung und Lernerfahrung stehen aber über der Perfektionierung und Präsentation darstellerischer Fertigkeiten; das künstlerische Produkt mit Ausrichtung auf ein bestimmtes Publikum rückt in den Hintergrund zu Gunsten der individuellen künstlerischen (Wahrnehmungs-) Erfahrung der Lernenden[101].

In der Dramapädagogik hat körperliches Handeln einen hohen und deutlich anderen Stellenwert als im ‚herkömmlichen' Unterricht[102]. Der klassischen Formel Pestalozzis: „Lernen mit Kopf, Herz und Hand", fügt Schewe deswegen „den Fuß hinzu, da dieser Unterricht zur körperlichen Bewegung im Raum ermutigen [...] soll" (Dorner 2012: 54). Mit dem aktiven Handeln ist auch aktives Erfahren und vertiefendes Wahrnehmen verbunden, da Lernen maßgeblich von Erfahrungen geprägt wird, die in konkreten Situationen und Handlungszusammenhängen gewonnen werden. In der Dramapädagogik werden solche Handlungskontexte – „Als-ob-Situationen" (Tselikas 1999) – künstlich hergestellt[103], um Lernende körperlich wie auch sprachlich zum aktiven Handeln

---

101 In der Entwicklungsgeschichte der britischen Dramapädagogik ist zeitweise – besonders in den 1970er und 1980er-Jahren – eine scharfe Trennung zwischen Prozess und Produkt im Diskurs erkennbar, was sich auch in der Verwendung dramapädagogischer Begrifflichkeiten zeigt. Dementsprechend wurden Ausdrücke gemieden, die mit dem Theaterspiel beziehungsweise einer Aufführung – als dem Endprodukt langer Probenprozesse – in Verbindung gebracht werden könnten; *acting* (schauspielern), *rehearsal* (Probe) und besonders *performance* (Aufführung) wurden aus dem ‚Lexikon' verbannt und durch *living through* (durchleben), *engagement* (Einbeziehung) und *experiential* (erfahrungsbezogen) ersetzt. „Aufführungen mit drama-bezogenem Unterricht in Verbindung zu bringen wurde von vielen gleichgesetzt mit einem ‚Verrat' an einem Verständnis von Drama als Medium der (Selbst-) Erkundung" (Fleming 2016, 31). Gegenwärtig ist diese dogmatisch scharfe Trennung nicht mehr gegeben; vielmehr zeigt sich, dass die Aufführung und die Improvisation kleinformatiger freier oder auf Skripts basierender Übungen nicht Widersprüche darstellen, sondern einander positiv ergänzen können. (Vgl. Felming 2016: 30f.)

102 Wenn in pädagogischer und fachdidaktischer Literatur, insbesondere ab den 1970er-Jahren, pauschal der Begriff ‚herkömmlicher' Unterricht verwendet wird, wird darunter in den meisten Fällen lehrerzentrierter Frontalunterricht verstanden, dem generalisierend unterstellt wird, dass darin lernerseitige Komponenten stark vernachlässigt würden. Eine differenzierte Auseinandersetzung mit „gutem Unterricht" (z.B. bei Meyer 2004) zeigt die Qualitäten auch dieses Unterrichts im Rahmen schulischen Lernens auf.

103 Die Lernenden begeben sich im Spiel in fiktive Kontexte – Als-ob-Situationen – durch die sie eine theatralische Distanzierung von der Realität schaffen; die spielerische Atmosphäre hilft zudem Ängste zu überwinden, die u.a. mit Sprachnotsituationen verbunden sein können (vgl. Tselikas 1993: 22). Der bekannte ‚Theatermensch' und Regisseur Peter Brook verdeutlicht die Möglichkeiten, die mit dem Handeln in der Fiktion einhergehen, in „The Empty Space": „In everyday life, 'if' is a fiction, in the theatre 'if' is an experiment. In everyday life, 'if' is an evasion,

anzuregen. Die Lehrperson ist dabei Konstrukteurin dieser Handlungssituation und stellt sie mit Hilfe von „Inszenierungstechniken" (siehe 4.2.1) her (vgl. Müller 2008: 68).

Die Ganzheitlichkeit dramapädagogischen Arbeitens entwickelt nach Sambanis (2013) „Hör-Seh-Verstehenskompetenz, Sprech-, Lese-, Schreib- und Sprachmittlungskompetenz, phonologische, lexikalische, grammatische und pragmatische Kompetenz, Textkompetenz, literarische und interkulturelle Kompetenz, Methoden- und Medienkompetenz" (Sambanis 2013: 115) unter Einbezug der intellektuellen, körperlichen, sinnlichen und emotionalen Lerndimension. Ziel ist es den Lernprozess auf unterschiedlichen Ebenen – physisch, wahrnehmungsbezogen sinnlich, emotional und kognitiv – anzuregen und zu intensivieren (vgl. Sambanis 2013: 115).

4.2.1 Arbeitsformen und Techniken

Die hier im Folgenden grob skizzierten Arbeitsformen und Techniken sind ausgewählte Exempel, die dazu dienen, die Arbeitsweise in der dramapädagogisch geführten sprachdidaktischen Intervention der empirischen Untersuchung theoretisch zu fundieren.

Eine Besonderheit dramapädagogischer Verfahren ist nach Müller (2008) das Kriterium, dass die Lehrperson selbst eine gewichtige performative Rolle übernimmt: sie ist zugleich Schauspielerin[104], Regisseurin[105], Dramaturgin[106]. Was

---

in the theatre 'if' is the truth. When we are persuaded to believe in this truth, then the theatre and life are one" (Brook 1968: 157; Hervorhebung im Original).

[104] Die Lehrperson als Schauspielerin sollte Mut zum Selbstausdruck und zur Spielfreude besitzen, um auch andere für das Spiel begeistern zu können. Sie braucht (Selbst-)Erfahrung als Akteurin und muss sich des eigenen verbalen und nonverbalen Ausdruckspotenzials (Atmung, Stimme, Intonation, Körpersprache, Proxemik etc.) bewusst sein. Sie sollte bestimmte physische und psychische Zustände – wie Spannung und Verspannung (Lampenfieber) – kennen und kontrollieren können. Sie muss sich in Rollen einfühlen können, ihr sinnliches Erinnerungsvermögen aktivieren, welches durch Offenheit, Wachsamkeit, Weltzugewandtheit und Freude am Erzählen in Schwung gehalten werden kann. (Vgl. Müller 2008: 71ff.)

[105] Die Lehrperson als Regisseurin sollte sich mit theoretischen Schriften performativen Lehrens und Lernens auseinandergesetzt haben und wesentliche Inszenierungskonzepte und Verfahren kennen. Sie inszeniert Erlebnisse für Lernzwecke. Sie sollte daher in der Lage sein, klare und verständliche Regieanweisungen (Aufgabenstellungen) zu geben und in besonderer Weise auf ein angenehmes Arbeits- und Gruppenklima zu achten. (Vgl. Müller 2008: 71ff.)

[106] Die Lehrperson als Dramaturgin muss sich rezeptiv mit der literarischen Kunstform des Dramas auf unterschiedliche Art auseinandersetzen und dadurch ein Gefühl für das drama-

hier mit „Rolle" gemeint ist, hat auch mit einer spezifischen Auffassung von der Lehrtätigkeit selbst zu tun. Die Lehrperson sollte in dramapädagogischen Lehr- und Lernkontexten neben der eigenen lehrpraktischen Erfahrung ein grundlegendes Verständnis für performatives Arbeiten wie auch eine gewisse Sensibilität für Dramatisches aufweisen; zumindest sollte sie selbst aktiv performative Techniken in der Rolle der/des Lernenden ausprobiert und erlernt haben. Zudem wird hohe Selbstreflexion erwartet, was die Aufgabe als Lehrperson und das Unterrichten auf Augenhöhe betrifft; Lernende werden als Partner und Partnerinnen der Lehrenden verstanden und umgekehrt – es gibt keine Hierarchie (vgl. Müller 2008: 71ff.).

Schüler/innen können in diesem Zusammenhang als (kritisches) Publikum gedacht werden, das überzeugt, begeistert und fasziniert werden möchte. Ein Publikum allerdings, das zur Interaktion eingeladen wird und letztlich – und dies ist ein entscheidendes Kriterium dramapädagogischen Arbeitens – aus der eher ‚passiven' Zuschauerrolle in die Rolle des und der aktiv Handelnden wechselt. Lehrinhalte stellen in diesem Kontext Stückinhalte dar, die durch kompetente Schauspieler/innen, Dramaturgen/Dramaturginnen und Regisseure/Regisseurinnen gekonnt in Szene gesetzt und dadurch lebendig werden.

Dramapädagogische Aktivitäten – auch Inszenierungsformen oder Inszenierungstechniken genannt – umfassen ein breites Spektrum an Tätigkeitsformen und Übungen aus dem performativen Bereich. Diese können von kurzen dramapädagogischen Einschüben in den konventionellen Unterricht bis zu gänzlich dramapädagogisch geführten Unterrichtseinheiten reichen. Entscheidend ist, dass sie den Lernenden ein Optimum an Freiraum geben und deren Lernwege nicht vollständig vorab bestimmen.

Die Arbeitsformen beziehen sich gleichermaßen auf Lehrende wie Lernende. Während es für die Lernenden eine Vielzahl an Inszenierungstechniken gibt, wird die Arbeit der Lehrperson unter dem Begriff „Lehrer in der Rolle" zusammengefasst (bei Heathcote *teacher in role*). Die Lehrperson wird zum Akteur in dramatischen Lehrhandlungen und kann darstellerische und inhaltliche Elemente je nach dramatischem Kontext und Rolle nutzen (vgl. Müller 2008: 52ff.).[107]

---

turgische Potenzial von Texten entwickeln. Sie soll Menschen in ihren beruflichen und privaten Rollen wie auch in Handlungs- und Interaktionssituationen beobachten, wodurch die eigene szenische Fantasie trainiert werden kann. Sie soll ein Gefühl für die Gestaltungsmittel dramatischer Kunstformen (z.B. Kontrast, Spannung, Überraschung, Verlangsamung) entwickeln. (Vgl. Müller 2008: 71ff.)

107 Schewe sieht in der performativen Technik von *Teacher in Role* eine wichtige Chance, sich aus der üblichen Rolle der Lehrperson zu befreien. Übliche Unterrichtshierarchien können gezielt durchbrochen werden, indem Lehrende zum Beispiel in einer Rolle einen weniger hohen

Die Arbeitsformen oder Inszenierungstechniken für Lernende sind äußerst vielfältig und bedienen sich verschiedener technischer Möglichkeiten des Theaters. Sie ermöglichen es, das soziale Gefüge innerhalb einer Gruppe zu beeinflussen, sich aufzuwärmen, Wahrnehmungsbereiche gezielt in den Blick zu nehmen, Vorstellungsbildung anzuregen, den eigenen Körper und seine Ausdrucksformen intensiv zu erleben, (Selbst-)Reflexion voranzutreiben, spontan zu (re-)agieren, Geschichten und Menschen in verschiedenen Situationen zu interpretieren, sie zu verstehen, darzustellen und sie zu hinterfragen etc.; Techniken sind Werkzeuge für Lernende. Den theoretischen Hintergrund bilden methodische Zugänge zur Erarbeitung von Szenen, Rollen oder Themen, wie sie im Schauspiel genutzt werden. Es handelt sich jedoch nicht um ein bestimmtes und beschränktes Repertoire an Techniken; es kann vielmehr aus einem uneingeschränkt großen Reservoir an performativen Arbeitsformen geschöpft werden, wobei die Techniken auch beliebig verändert und erweitert werden können (vgl. Müller 2008: 63). Im Folgenden sollen einige oft praktizierte Techniken skizziert werden, die u.a. im Zusammenhang mit dem Wahrnehmen und Beschreiben von Bildern gut anwendbar sind[108]:

Bildinhalte können mittels Pantomime dargestellt und auf körperlicher Ebene nonverbal ‚beschrieben' werden. Handlungen, Personen, Gegenstände, emotionale Zustände, soziale Interaktionen etc. werden auf rein körperlicher Ebene dargestellt, ohne das Hilfsmittel der verbalen Sprache einzusetzen. Die Anwendung von Pantomime im Unterricht ist wenig aufwendig und einfach in

---

Status einnehmen als Lernende. Als wesentliche Herausforderung und Schwierigkeit der Teacher-in-Role-Technik kann gesehen werden, dass „der Lehrer zweigleisig denken muss: zum einen als Figur innerhalb der Rolle und zum anderen außerhalb der Rolle auf einer Meta-Ebene" (Müller 2008: 54), damit er in seiner Rolle als Lehrperson den Überblick über das dramatische Gesamtgeschehen im Unterricht behält. Mit der Technik der „Lehrperson in der Rolle" gehen aber auch weitere Anforderungen einher: Man muss einen Balanceakt zwischen Spielleiter/in, Animateur/in, Mitspieler/in, Gesprächspartner/in vollziehen und je nach Situation immer wieder stärker oder weniger stark ins Unterrichtsgeschehen eingreifen (vgl. Tselikas 1999: 47).

108 Die hier angeführten Techniken werden nur ausschnitthaft dargestellt. Ausführliche Beschreibungen der Praktiken und Vorschläge für die Umsetzung im Unterricht finden sich in der Fachliteratur zu Dramapädagogik, Theaterpädagogik, zum szenischen Spiel, im Besonderen zum Improvisationstheater. Gerade das Improvisationstheater bietet eine reichhaltige Sammlung diverser Techniken, die neben grundlegenden Kompetenzen vor allem die Freude am Spiel und am körperlichen Ausdruck sowie die Spontaneität forcieren. Gesellschaftliche Konventionen können dadurch bewusst gemacht, durchbrochen, hinterfragt oder auch ad absurdum geführt werden. In diesem Zusammenhang sind Arbeiten des britischen Dramaturgen, Schauspiellehrers und Begründers des modernen Improvisationstheaters („Theatersport") Keith Johnstone zu erwähnen.

der Ausführung; sie kann auch als Auflockerungsübung eingesetzt werden. Die besondere Herausforderung ist die Umsetzung eines bestimmten Inhaltes (Person, Emotion, Thema, Sachverhalt etc.) auf rein körperlicher Ebene. Davon können jene Lernenden profitieren, denen verbale Äußerungen (noch) schwerfallen. Inhalte werden ganzheitlich wahrgenommen und mit dem ganzen Körper dargestellt. Die Inszenierungstechnik der Pantomime kann auf verschiedene Art praktiziert werden und zum Beispiel der individuellen Verinnerlichung bestimmter Inhalte oder in einem Rate-Spiel-Setting der gegenseitigen Verständigung und/oder dem Ausdruckstraining dienen. (Vgl. Müller 2008: 56)

Eine weitere Möglichkeit bietet das „Standbild" als ein stummes Arrangement einer oder mehrerer Personen (ggf. in Zusammenhang mit Gegenständen/Requisiten), welches sich auf einen bestimmten Impuls (Bild, Thema, Text, Gefühl etc.) bezieht. Standbilder sind nach Scheller (2018) prinzipiell laut- und geräuschlos wie auch im Augenblick der Betrachtung bewegungslos, können aber auch zum Leben oder zum Sprechen ‚erweckt' werden. Sie nutzen primär die körpersprachlichen Bereiche Körperhaltung, Proxemik und Mimik. Standbilder sind – wie die Bezeichnung nahelegt – eine Momentaufnahme diverser Bezugsobjekte:

> Standbilder sind bildliche Darstellungen von sozialen Situationen, Personen, Konstellationen, Beziehungsstrukturen oder Begriffen. Mit Standbildern können erlebte oder vorgestellte Situationen und Personen fixiert, ausgestellt und gedeutet, Handlungsverläufe unterbrochen und verfremdet, Haltungen sichtbar gemacht, Beziehungen und Ereignisse auf den (sinnlichen) Begriff gebracht werden. Interpretiert werden dabei Situationen, Haltungen und Beziehungen nicht nur durch den Ausschnitt, das bildliche Arrangement und die Perspektive, sondern vor allem auch durch die Bedeutungen, die dem Bild und den Haltungen, Gesten und der Mimik der Personen zugeschrieben werden.
>
> (Scheller 2018: 59)

Wurde das Prinzip des Standbildes einmal mit Schülern und Schülerinnen erarbeitet und kann damit ein Grundverständnis für die Ausführung dieser Technik bei den Lernenden vorausgesetzt werden, so kann sie – wie auch die Pantomime – bei der Behandlung neuer Themen rasch und umstandslos im Unterricht eingesetzt werden. Auch wenn oder gerade weil Standbild und Pantomime ohne Sprache beziehungsweise Rollentext auskommen können, drängt die konzentrierte Stille bei der Ausführung geradezu danach, sich anschließend über offene Fragen, Problembereiche etc. verbal auszutauschen. Die Technik des Standbildes kann künstlerische Überforderung verhindern; dies kommt besonders introvertierten und performativ gehemmten und unerfahrenen Lernenden zu Gute. (Vgl. Müller 2008: 55ff.)

Ein weiteres Arbeitsverfahren bei der Beschäftigung mit Bildbeschreibungen stellt die „Rücken-an-Rücken-Technik" dar. Bei dieser Technik sitzen zwei Personen oder Gruppen Rücken an Rücken. Während die eine Seite einen bestimmten Impuls (z.B. Bild, Gegenstand etc.) sehen kann, muss die andere den beschreibenden Ausführungen folgend konkrete Vorstellungen zu diesem Impuls bilden; diese können auf Papier skizziert werden. Der Impuls, zum Beispiel ein Bild, muss möglichst genau beschrieben werden, damit der Partner, welcher das Bild nicht sieht, das Bild nachzeichnen kann. Anschließend wird die Zeichnung mit der Bildvorlage verglichen, wodurch auch eine Rückmeldung auf die sprachliche Beschreibung möglich wird. Optimal ist ein weiterer Durchgang mit vertauschten Rollen, damit die Lernenden beide Perspektiven des Beschreibungsprozesses, das Produzieren und das Rezipieren, kennen lernen. (Vgl. Sambanis 2013: 127)

4.2.2 Rahmen und Regeln

Um dramapädagogischen unterrichten zu können, muss man vorab klare Rahmenbedingungen schaffen und Regeln festlegen, die für das gemeinsame Arbeiten verpflichtend gelten. Wie in einem Arbeitsvertrag werden Regeln der Zusammenarbeit zwischen der Lehrperson und den Lernenden in einem Vertrag festgehalten, der verbindlich – wie dies auch in der sprachdidaktischen Intervention der empirischen Untersuchung der Fall ist – einzuhalten ist.

Wurde dieser Vertrag geschlossen, kann das dramapädagogische Arbeiten beginnen. Es orientiert sich an bestimmten Phasen, die je nach Ansatz (z.B. Schewe 1993; Tselikas 1999 oder Müller 2008) in ihrer Modellierung unterschiedlich gewichtet sein können. Elektra Tselikas (1999)[109] orientiert sich bei der Konzeption der Unterrichtsphasen an zwischenmenschlichen Kontakten in den Kommunikationssituationen Ankunft, Kontakt und Abschied. Dementsprechend kommt es auch zu einer Dreiteilung, die als Ritual in allen Unterrichtseinheiten sichtbar wird und als solches auch Orientierung für die Lernenden bieten soll. Die drei elementaren Phasen sind Einstieg, Hauptteil und Ausstieg[110].

---

109 Die Unterrichtsmodellierung nach Tselikas (1999) wird auch im dramapädagogischen Unterricht im Rahmen des empirischen Settings der vorliegenden Arbeit angewendet.
110 Der Einstieg umfasst neben dem Abschluss des eingangs erwähnten Kontrakts auch Aufwärmübungen. Dem Aufwärmen kommt eine besonders wichtige Rolle zu, da es in „den Lernenden die Spiellust und Spontaneität weckt, Sprachhemmungen und Ängste abbaut" (Tselikas 1999: 60) und gegenseitiges Vertrauen aufbaut. Je besser die Gruppe in möglichst vielen Bereichen – körperlich, stimmlich, geistig, emotional etc. – ‚aufgewärmt' ist, desto

Auch wenn der Ablauf des Unterrichts bis ins kleinste Detail minutiös geplant werden kann, ist es doch ein Spezifikum dieser Unterrichtsform, dass durch Improvisation und offene Übungen alles auch völlig anders kommen kann als vorhergesehen und geplant. Diese Umstände und unerwarteten Wendungen sind es gerade, die dramapädagogischen Unterricht so herausfordernd lebendig und speziell machen und das Lernen in diesem Unterrichts-arrangement immer wieder zu einer besonderen ganzheitlichen und persönlichen Erfahrung werden lassen (vgl. Tselikas 1999: 60f.).

4.2.3 Mehrwert dramapädagogischen Arbeitens

Die Wirkung dramapädagogischen Unterrichts und performativer Ansätze findet von Seiten der Neurowissenschaften zunehmend Interesse (Sambanis 2016: 47ff.). Manfred Spitzer etwa schließt aus Erkenntnissen der Hirnforschung, „dass man kaum etwas Besseres mit jungen Menschen tun kann als mit ihnen Theater zu spielen" (Spitzer 2009: 102)[111]. Möchte man dieser Aussage auf den Grund gehen, muss man die einzelnen Bereiche der Dramapädagogik mit Erkenntnissen der aktuellen Lernforschung abgleichen, was hier in aller gebotenen Kürze versucht werden soll.

Susanne Even, Begründerin der Dramagrammatik[112], macht deutlich, dass sich der dramapädagogische Ansatz lerntheoretisch auf das neuropsycholo-

---

„lustvoller und kreativer wird sie sich an die Lösung der danach gestellten Aufgaben begeben" (Tselikas 1999: 60). Das Aufwärmen sollte nicht mehr als 10-15% der Gesamtzeit in Anspruch nehmen. Der Hauptteil besteht aus unterschiedlichen Inszenierungstechniken, die ein spezielles Thema bearbeiten. Dabei profitiert man von den bereits durchgeführten Aufwärmübungen der vorangegangenen Phase, dem aufgebauten Vertrauen, der entfachten Spiellust und einer unbefangenen Grundstimmung. Der Ausstieg sollte ein bewusstes Heraustreten aus dem performativen Spiel ermöglichen und mit einer persönlichen Reflexion des Lernprozesses wie auch der gerade erlebten Erfahrungen verbunden werden (Tselikas 1999: 57ff.).

111 Was Spitzer (2009) hier darlegt, muss erst differenziert wissenschaftlich bestätigt werden. Hier gilt es einen komplexen Forschungsgegenstand, das performative Lernen, empirisch-quantitativ zu untersuchen und dessen spezifische Wirkung auf das Lernen zu belegen, etwa in Form von Interventionsstudien mit Kontroll- und/oder Vergleichsgruppendesign, welche vermutete Effekte performativen Arbeitens in bestimmten Bereichen inferentiell-statistisch sichtbar machen können. (Vgl. Spitzer 2009: 98ff.) In der aktuellen Literatur zur Dramapädagogik wird deutlich, dass eine „systematische Wirkungsforschung zur Erfassung der Lernerträge" (Sambanis 2013: 116) größtenteils noch ausständig ist.

112 Susan Even konzipierte in den 1990er Jahren einen dramapädagogischen Ansatz für Grammatikunterricht, die Dramagrammatik. Dabei setzen sich Lernende auf performativem

gische Konzept der multiplen Vernetzung bezieht. Dieses besagt u.a., dass umso effektiver gelernt wird, je mehr Sinnesleistungen und Wege der Wahrnehmung in den Lernprozess mit einbezogen werden (vgl. Even 2003: 53).

Dramapädagogik ist ein ganzheitlicher Ansatz; diese Ganzheitlichkeit steht im Einklang mit der Netzwerkstruktur des menschlichen Gehirns und wirkt sich günstig auf den Lernertrag aus (vgl. Sambanis 2013: 130). Auch die Wahrnehmung als Grundlage allen Lernens erfolgt größtenteils mehrdimensional, über unterschiedliche Sinneskanäle. Eine Reduktion auf primär visuelle und auditive Wahrnehmungsbereiche steht dem ganzheitlich sinnlichen Wahrnehmen entgegen. Bei dramapädagogischen Aktivitäten sind Intellekt, Emotion und der gesamte Körper mit allen Sinnen am Lernprozess beteiligt (vgl. Tselikas 1999: 137).

Emotionen spielen im Lernprozess eine entscheidende Rolle (vgl. Spitzer 2003). Dramatechniken enthalten großes „emotionales, kreatives und kognitives Potenzial" (Sambanis 2013: 130). So zeigt sich unter dem Aspekt der Emotionen[113] auch eine enge Beziehung zur Bewegung, die in performativen Ansätzen großen Stellenwert hat. Emotion steht in engem Zusammenhang mit Motivation und ist daher ein wichtiger Faktor im Lernprozess (vgl. Spitzer 2016: 157ff.).

Das Lernen in der Bewegung und über den Körper spielt im dramapädagogischen Ansatz eine zentrale Rolle. Dies führt zur „Anlage sogenannter motorischer Gedankenspuren, die sich auf die Schnelligkeit des Lernens und auf das langzeitliche Behalten günstig auswirken können" (Sambanis 2013: 131). Über „den ‚Bewegungssinn' (kinästhetischer Analysator), dessen Rezeptoren über den gesamten Körper verteilt in den Muskeln, Sehnen, Bändern und Gelenken liegen" (Müller & Schminder 2009: 8; Hervorhebung im Original), können Lernende über Lerngegenstände zusätzliche Informationen erhalten. In „herkömmlichen" schulischen Lernsituationen wird Wissen nämlich hauptsächlich über akustische und/oder optische Lernkanäle zugänglich gemacht (vgl. Müller & Schminder 2009: 8). Zudem können physische Erfahrungen diverse

---

Wege intensiv, individuell, ganzheitlich und erfahrungsbezogen mit den Strukturen einer Fremdsprache auseinander; darüber hinaus wird eine aktive, ‚dramatische' Anwendung dieser Sprache ermöglicht (vgl. Even 2010: 104ff.).

113 Auf dem Gebiet der Emotionen können auch die Interaktion und die Kooperation in der Gruppe positive Auswirkungen auf das Lernen haben. Das kooperative spielerische Interagieren in Gruppen, das dem dramapädagogischen Ansatz inhärent ist, kann ein Sicherheitsgefühl erzeugen, von dem insbesondere Heranwachsende profitieren. Der positive Effekt kooperativen Arbeitens in Bezug auf angstfreies und damit stressvermindertes Lernen lässt sich auch mit Ergebnissen der Lernforschung belegen, kooperative Lernformen sind auf diesem Gebiet „anderen überlegen" (Sambanis 2013: 130).

sensorische Eindrücke ermöglichen, die zu einer vernetzten Speicherung von Inhalten führen. Ferner kann gerade im dramapädagogischen (Fremd-)Sprachenunterricht die Verbindung von Sprache und Bewegung beziehungsweise körperlichem Ausdruck genutzt werden; sind doch zwei Drittel der menschlichen Kommunikation nonverbal, bestehend aus Mimik, Gestik, Blickverhalten und Körperhaltung der kommunizierenden Personen (vgl. Sambanis 2013: 131).

Ein weiterer Aspekt ist das Spiel in fiktiven Kontexten (*Als-ob-Situationen*), in denen eine angstfreie und positive Lernatmosphäre entstehen kann, in der blockadefreie Lernprozesse auflaufen. Der offene dramapädagogische Lernzugang bezieht sich in direkter Weise auf die Mittel des Spiels und die „natürliche Anlage des Menschen zum Spielen" (Tselikas 1999: 22). Das Spiel legt entwicklungspsychologisch betrachtet die Grundlage – den „neuronalen Boden" – für alles weitere Lernen (vgl. Spitzer 2008: 461).

Im Zusammenhang mit dem Spiel muss auch das *Flow-Erlebnis* – als ein „Zustand optimaler Erfahrung" (Sambanis 2013: 134) – erwähnt werden. „Flow-Erlebnisse sind dadurch gekennzeichnet, dass man in einer Tätigkeit ganz aufgeht" (Sambanis 2013: 134). Dies wird in besonderer Weise deutlich, wenn man Kinder beim Spielen beobachtet:

> Sie [spielende Kinder, Anm. d. Verf.] blenden alles andere aus und gehen mit größter Energie, Freude und zugleich Ernsthaftigkeit in ihrer Spieltätigkeit auf. Flow-Erlebnisse bilden einen idealen Zustand völliger Fokussierung, in dem intensiv gelernt werden kann. [...] *Flow*-Erlebnisse sind mit positiven Emotionen verbunden, wobei sie am besten als freudvolle Erfahrungen [...] beschrieben werden.
>
> (Sambanis 2013: 134; Hervorhebung im Original)

Die positiven Erfahrungen bei Flow-Erlebnissen wirken sich gerade auf Lernprozesse günstig aus. In diesem Rahmen ist der Neurotransmitter Dopamin zu erwähnen, der „sowohl mit der Klarheit des Denkens und der Aufmerksamkeitssteuerung als auch mit Motivation, Belohnungserleben usw. in Verbindung steht" (Sambanis 2013: 134) und im Rahmen von Flow-Erlebnissen verstärkt ausgeschüttet wird.

4.2.4 Wahrnehmen und Beschreiben in der Dramapädagogik

In der vorliegenden empirischen Untersuchung wird die Dramapädagogik als Mittel zur Wahrnehmungsschulung eingesetzt, um Bildinhalte möglichst ganzheitlich wahrzunehmen und auf dieser Basis aufbauend Bildbeschreibungen durchzuführen.

Die sinnliche Wahrnehmung, das Erfahren und Lernen über den Körper und in der Bewegung – als Grundlage kindlichen Lernens und Handelns (vgl. Zimmer 2012: 15ff.) – ist die Basis der Dramapädagogik. Der Körper und die körperbezogene sinnliche Wahrnehmung dienen nach Schewe (1993) als Darstellungs- und Lerninstrument und ermöglichen eine ‚dynamische' Auseinandersetzung mit Lerninhalten auf körperlich-sinnlicher Ebene. So kann man sich im Sprachunterricht einer Sprache ganzheitlich nähern, wenn „man versucht, die Wörter sinnlich zu erleben, sie mit dem Körper und/oder lautmalerisch nachzuvollziehen" (Schewe 1993: 67). Sinnliches Erleben und körperbezogenes (bewegtes) Lernen sind daher zentrale Komponenten. Dementsprechend soll es in einem dramapädagogischen Unterrichtsarrangement zu einem „produktiven Wechselspiel zwischen äußeren und inneren ‚Lernbewegungen', d.h. zwischen (äußerem) In-Bewegung-Sein und (innerem) Bewegt-Sein" (Schewe 1993: 7) kommen.

Die körperlich-sinnliche Wahrnehmung in der Dramapädagogik ist zweifach: Einerseits bezieht sie sich auf das lernende Individuum selbst, also auf die Selbstwahrnehmung; darauf aufbauend werden Selbstreflexion ermöglicht und neue Erkenntnisse gewonnen. Andererseits verändert sich die Wahrnehmung der Umwelt durch das Spiel im Sinne einer beobachtenden Wahrnehmung; auch in Bezug auf die Fremdwahrnehmung sind persönliche Erkenntnisse zu gewinnen (vgl. Even 2003: 151f.).

Die Bedeutung der Wahrnehmung kann in der dramapädagogischen Arbeit je nach Lernkontext unterschiedlich gewichtet sein, sie kann in den Lernprozess integriert bleiben oder ausdrücklich ein Lehr- und Lernziel darstellen. Übungen zur Wahrnehmungsförderung sind im dramapädagogischen Kontext jedenfalls grundlegend. Der Fokus auf Ganzheitlichkeit und Handlungsorientierung in der Dramapädagogik setzt diese intensive Wahrnehmungsarbeit voraus; ästhetische (sinnliche) wie auch psychosoziale Erfahrungen werden dadurch erleichtert oder sogar erst ermöglicht. Dabei geht es – wie bereits erwähnt – um „die Stärkung von sprachlich-kommunikativen Fähigkeiten und um die Förderung differenzierter Wahrnehmung" (Bibermann 2009: 77). Kunst hat das Potenzial komplexe Phänomene zu vereinfachen. Die bei der Auseinandersetzung mit Kunst gewonnenen sinnlichen Erfahrungen „sollten nicht Kunst vom Leben trennen, sondern vielmehr darauf abzielen, unsere Wahrnehmungsfähigkeit zu steigern und intensivere Erfahrungen zu ermöglichen" (Fleming 2016: 41).

Auch das Beschreiben ist in der Dramapädagogik zentral und in zweierlei Hinsicht vertreten: Einerseits im sprachlichen Ausdruck (als basale Sprachhandlung), andererseits im körperlichen Ausdruck. Letzterer wird mittels Darstellungen in zeitlich-räumlicher Dimension realisiert. Wenn man darstellt, so beschreibt man nonverbal mit seinem Körper. Diese Komponente zeigt sich schon in der Begriffsbestimmung des Beschreibens (siehe 2.1), wobei dort primär der Bezug zum sprachlichen (mündlichen und schriftlichen) Beschreiben hergestellt wird. Jedoch auch das körperliche Moment findet Erwähnung, dort aber nicht in einem performativ-theatralen oder spielerischen Kontext (z.B. mit dem Körper bestimmte Formen wie Kreis oder Ellipse beschreiben).

Es lässt sich aber noch eine weitere Parallele zum Beschreiben finden: Beim Beschreiben muss man der Frage nach dem Was und dem Wie nachgehen; also wie X beschaffen ist (vgl. v. Stutterheim & Kohlmann 2001: 1280). Studiert man ein Stück, eine Rolle, eine Haltung etc. ein, muss man sich im Besonderen ebenfalls mit diesen Fragestellungen auseinandersetzen. Wen oder was stellt man dar? Wie ist das, was man darstellt, beschaffen[114]?

So finden sich also das Wahrnehmen und das Beschreiben in dramapädagogischen Prozessen gemeinsam wieder, wodurch dieser Ansatz zur schulischen Erkundung des Beschreibens in besonderer Weise geeignet scheint; dementsprechend wird das schriftliche Beschreiben (Bildbeschreibung) um das körperliche Beschreiben ergänzt, wie auch die zugrundeliegende visuelle Wahrnehmung eines Bildimpulses über das Wahrnehmungsspektrum möglichst vieler Rezeptoren (z.B. vestibuläres System, Propriorezeptoren, Berührungsrezeptoren etc.) sowie durch Einbezug der Emotionen und der Reflexion angereichert wird.

4.3 Schlussfolgerung mit Bezug auf die empirische Untersuchung

Das Wahrnehmen und das Beschreiben sind in performativen Arbeitsprozessen eng miteinander verbunden. Wahrnehmung stellt die Basis für das Beschreiben dar. Dramapädagogisches Arbeiten eignet sich daher in besonderer Weise für die Wahrnehmungsschulung (vgl. Fleming 2016: 41). Aus diesem Grund wird die Dramapädagogik als Mittel zu einer intensiven (körperlichen) Auseinandersetzung mit visuellen Bildimpulsen herangezogen. Dramapädagogik scheint

---

114 Stellt man zum Beispiel eine Person dar, sollte man sich fragen, wie diese fühlt, wie sie sich verhält, wie sie sich bewegt, wie sie denken könnte und dergleichen. Beim Darstellen von Gegenständen kann das optische Erscheinungsbild vordergründig sein, also wie der Gegenstand aussieht, wie groß er ist, wie die Farbgebung ist, wie das Material etc..

daher als eine Form performativen Lehrens und Lernens gerade beim Beschreiben im Zusammenhang mit sinnlicher Wahrnehmung einsetzbar zu sein.

Dramapädagogik findet sich ursprünglich in Kontexten des Fremdsprachenunterrichts (vgl. Schewe 1993). Dramapädagogische Arrangements werden dazu eingesetzt, um eine unbekannte Sprache in allen Bereichen strukturell, lexikalisch und pragmatisch performativ zu erkunden. Dieses Erkunden einer Sprache wird in der empirischen Untersuchung der vorliegenden Arbeit auf die Zweitsprache Deutsch bezogen und in sprachlich heterogenen Klassen umgesetzt. Durch den Einbezug der Körpersprache werden die natürlichen und individuellen körpersprachlichen Ressourcen der Kinder in einer geschützten Spielsituation aktiviert. Dieser Rückgriff auf (körper-)sprachliche Ressourcen kann ansatzweise der Umsetzung von Mehrsprachigkeit im Unterricht dienen. Jedoch stehen bei diesem *impliziten* Mehrsprachigkeitsangebot nicht die Herkunftssprachen der Schüler/innen (im Sinne verbal sprachlicher Ressourcen) explizit im Fokus, sondern die persönlichen körpersprachlichen Ausdrucksmöglichkeiten der Lernenden. Um sich in der performativen Spielsituation adäquat (körpersprachlich) auszudrücken, spielt die Zweit- und Unterrichtssprache Deutsch sowie Entwicklungsstand und sprachliche Kompetenzen der Lernenden eine weniger gewichtige Rolle. Vielmehr ist intendiert, die Lernenden zu ermutigen körpersprachlich aktiv zu sein, ohne dabei Angst vor (Ausdrucks-)Fehlern zu haben, ferner aufmerksam zu sein, genau hinzusehen, bewusst wahrzunehmen und Dinge zu entdecken, die die Grundlage für das deskriptive Sprachhandeln bilden.

Performatives Unterrichten ist aber nicht nur für den (Fremd-)Sprachunterricht, sondern auch für den Sachunterricht in besonderer Weise geeignet, wie Erfahrungsberichte zum Beispiel zur „Szenischen Interpretation" im Fachunterricht in den Fächern Kunst und Musik, Religion, Politik und Geschichte zeigen (vgl. Scheller 2016: 18). Die sprachdidaktische Intervention der empirischen Untersuchung, die auf deskriptive Kompetenzen anzielt, erfährt ihre inhaltliche Rahmung, indem sie im Sachunterricht umgesetzt wird. Im Kontext dieser inhaltlichen Rahmung wird das schriftliche Beschreiben daher mit Sachthemen verbunden; insofern findet die Dramapädagogik somit auch im Sachunterricht auf der Primarstufe Anwendung.

Dramapädagogik erlaubt einen angstfreien, lerneffizienten und ganzheitlichen Zugang zu neuen Unterrichtsmaterien und macht sie im besten Fall den Lernenden ganzheitlich, d.h. neurologisch auf unterschiedlichen Ebenen vernetzt zugänglich (vgl. Sambanis 2013: 129ff.). So formuliert Spitzer – wie zuvor erwähnt – dass man wohl nichts Besseres mit jungen Leuten tun könne, als mit ihnen Theater zu spielen (vgl. Spitzer 2009: 102). Diese gerade in performativem

Kontext häufig zitierte Äußerung ist provokativ, sie kann aber Lehrpersonen Mut machen, sich auf das ungewisse Terrain performativen Arbeitens zu begeben. In diesem Zusammenhang wird aber auch als Desiderat deutlich, dass mehr Forschung auf anderen methodischen Wegen als bisher betrieben werden müsste, wenn performatives Lernen im didaktischen Diskurs und in der Schulpraxis implementiert werden soll. Dies als Ergänzung zu den größtenteils qualitativen Untersuchungen zur Dramapädagogik, die auf Erfahrungsberichten, Fallbeispielen und Selbstreflexionen beruhen (Sambanis 2013: 116).

In der vorliegenden empirischen Untersuchung wird die Dramapädagogik in der sprachdidaktischen Intervention angewendet, um eine möglichst intensive Bildwahrnehmung als Basis für eine Bildbeschreibung zu ermöglichen. Es werden die Effekte dieses dramapädagogischen Vorgehens auf das schriftliche Beschreiben untersucht; eine grundsätzliche Legitimierung der Dramapädagogik für das schulische Lernen steht hier aber nicht zur Debatte.

Im Hinblick auf eine valide systematische, empirisch-quantitative Untersuchung der Wirkung performativen Lernens und Lehrens auf das Beschreiben von Bildern muss zunächst Folgendes festgehalten werden: Performatives Arbeiten wie die Dramapädagogik umfasst mehrere Teilaspekte wie Lernerzentriertheit, Ganzheitlichkeit, Handlungsbezogenheit, Rollenbezogenheit etc. (siehe 4.2). Diese Teilaspekte bilden die Multifaktorialität der Dramapädagogik ab, welche eine systematische Wirkungsuntersuchung (mit Vergleichsgruppendesign) im Rahmen standardisierten empirischen Arbeitens nur bedingt möglich macht. Ferner muss man sich stets vor Augen halten, dass es sich bei der Untersuchung von performativem Unterricht nicht um eine konkrete Aufgabenstellung oder ein spezifisches Aufgabensetting handelt, sondern um komplexe Lehr- und Lernprozesse in einem komplexen sozialen Gefüge. Will man die von Sambanis (2013) geforderte „systematische Wirkungsforschung zur Erfassung der Lernerträge" (Sambanis 2013: 116) in Bezug auf dramapädagogische Interventionen realisieren, so sind zwei Aspekte zu beachten: (1) Die Wirkung von Dramapädagogik ist aufgrund der Vielfalt ihrer Interventionsmöglichkeiten nicht generalisierbar; wenn ihre Wirkung im Unterricht festgestellt wird, darf sich der/die Forschende nur auf die jeweils in der schulpraktischen Intervention angewendeten dramapädagogischen Übungen oder Inszenierungstechniken (siehe 4.2.1) beziehen. (2) Die dramapädagogische Intervention muss in ihrem Bezug zur Lehrperson, zu den Lernenden wie zum Lernstoff genau beschrieben werden, da diese drei Faktoren über Wirkung und Wirkungslosigkeit entscheiden.

Manfred Schewe (1993) versteht unter dem Drama-Ansatz eine methodische Konkretisierung des kommunikativen Ansatzes. Es gibt daher „keinen universellen, für jede unterrichtliche Situation verbindlichen methodischen Ablauf [...]. Aktivitäten und Übungen sollen gemäß den jeweiligen pädagogischen und pragmatischen Zielen der jeweiligen Lernergruppe maßgeschneidert werden" (Ortner 1998: 138). Allerdings kann auch eine nach Plan vorgenommene Modellierung eines Ablaufs nach Unterrichtsphasen je nach Referenzbezug – Schewe (1993), Tselikas (1999), Even (2003), Müller (2008) etc. – verschieden sein und daher unterschiedliche Auswirkungen auf Lernergebnisse zeigen. Jedenfalls steht und fällt dramapädagogischer Unterricht mit der Präsenz und Performanz der Lehrenden in der Rolle (*teacher in role*). Dabei sind im Besonderen die Präsenz der Lehrperson – vergleichbar mit der Bühnenpräsenz eines darstellenden Künstlers – und ihr körperliches Repertoire grundlegend wichtig. Die Tatsache, dass die Lehrperson je nach Kontext in bestimmte Rollen schlüpft, ist ein weiterer Faktor, der die Umsetzung dramapädagogischen Arbeitens so individuell und von den jeweils agierenden (darstellenden) Personen deutlich abhängig macht; weshalb eine Generalisierbarkeit von möglicherweise positiven Effekten auf Lernprozesse grundsätzlich nur bedingt möglich ist.

Auch wenn angenommen werden darf, dass performatives Arbeiten ein hohes Potenzial in Bezug auf das Gelingen von Lehr- und Lernprozessen haben kann, so muss diese Annahme im Hinblick auf die konkrete Realisierungsform performativen Arbeitens jedenfalls relativiert werden: Die Tatsache, dass dramapädagogisch unterrichtet wird, dass performative Techniken eingesetzt werden, kann allein noch keine positiven Effekterwartungen mit sich bringen. Vielmehr ist es die jeweilige Umsetzungsform performativen Unterrichts, die die von Sambanis (2013) erwähnten positiven Effekte auf das sprachliche Lernen ermöglichen. Entsprechend stellt sich nicht so sehr die Frage, ob im Unterricht dramapädagogisch gearbeitet wird, sondern *wie* dies konkret passiert[115]. Weiters scheint es notwendig dahingehend zu differenzieren, inwiefern sprachliches Wissen durch performatives Arbeiten gefördert wird, ob also eine implizite oder explizite Sprachförderung[116] über performative Verfahren realisiert wird. Diesbe-

---

115 Dies zeigt z.B. Parallelen zu Ergebnissen der empirischen Schreibforschung im Kontext der Frage, ob das Schreiben im Fachunterricht positive Effekte auf das fachliche Lernen hat. Diesbezüglich kann das grundsätzlich hohe Potenzial des Schreibens für das Gelingen von Lernprozessen herangezogen werden (Steinhoff 2016); ob dies jedoch auch tatsächlich in Lehr- und Lernsituationen des Fachunterrichts zum Tragen kommt, hängt jedoch von der Art und Weise der Integration des Schreibens in den Fachunterricht ab. Nach Peterson (2013) stellt sich hiermit nicht so sehr die Frage, ob im Fachunterricht geschrieben wird (um fachliches Lernen zu unterstützen und voranzutreiben), sondern wie dies konkret mittels spezifischer Schreibaufträge realisiert wird.
116 Zur expliziten Sprachförderung in der Grundschule siehe auch Lütke (2011).

züglich legen Untersuchungsergebnisse, wie sie z.B. im Rahmen einer Studie von Stanat, Baumert & Müller (2005) gewonnen wurden, nahe, dass sich eine explizite Vermittlung sprachlichen Wissens im Rahmen performativer Settings als effektiver erweist als gänzlich implizites Vorgehen[117] (vgl. Bryant 2012).

Diese Umstände zeigen u.a., dass es sich bei der Dramapädagogik um einen höchst komplexen, „lebendigen", auf soziale Interaktionen bezogenen multifaktoriellen Forschungsgegenstand handelt und dass daher eine Standardisierung und eine eindeutige quasi-experimentelle (Vergleichs-)Situation nur bedingt herzustellen ist, anders als etwa bei der Erforschung von Aufgabenstellungen, Aufgabentypen oder Aufgabenarrangements, deren Bedingungs- und Einflussfaktoren leichter kontrolliert werden können. Es ist daher auch nicht Absicht der empirischen Untersuchung, die Dramapädagogik als solche mittels systematischer Wirkungsforschung zu belegen. Ziel ist ausschließlich die Untersuchung der Wirksamkeit performativen Unterrichts in Bezug auf das Beschreiben in sprachlich heterogenen Klassen, insbesondere hinsichtlich der hier konkret angewandten performativen Techniken.

---

[117] In Bezug auf die Studie von Stanat, Baumert & Müller (2005) muss jedoch angemerkt werden, dass bei der Untersuchung performativer Techniken – hier im Rahmen der Jacob-Sommerschule (Interventionsstudie) – zwar die wissenschaftliche Versuchsanordnung und die damit verbundene Randomisierung in besonderer Weise standardisiert ist, bei den konkreten Interventionen jedoch die Frage nach einer möglichst standardisierten Umsetzung der Interventionen von Experimental- und Kontrollgruppe offen bleibt.

5 (Be)Schreiben in der Zweitsprache Deutsch

Die empirische Untersuchung setzt sich mit der Entwicklung deskriptiver Schreibkompetenzen von Beschreibungs-Novizen mit Deutsch als Erst- und Zweitsprache und deren Förderung auseinander. Im vorliegenden Kontext ist es bedeutsam, insbesondere die Gruppe der Zweitsprachenlernenden differenziert zu betrachten, um der dieser Lernergruppe inhärenten Heterogenität gerecht zu werden. Ergebnisse aus der empirischen Schreibforschung zu grundlegenden Aspekten des Schreibens in der Zweitsprache Deutsch auf der Primarstufe werden einbezogen und diskutiert. Hinweise auf das Erlernen der Zweitsprache Deutsch in der Praxis österreichischer Volksschulen und auf aktuelle bildungspolitische Entscheidungen in diesem Zusammenhang sollen das Bild ergänzen. Lehrplananalysen geben Aufschluss über den Stellenwert, den das schriftliche Beschreiben und das Wahrnehmen im Sprachunterricht von Zweitsprachenlernenden an österreichischen Volksschulen derzeit haben. Das Kapitel schließt mit Folgerungen, die die empirische Untersuchung betreffen.

5.1 Begriffsbestimmung

Die Begriffe *Erstsprache* (L1), *Zweitsprache* (L2) und *Tertiärsprache* (L3) finden in Bezug auf die Chronologie der im Sprachenerwerb erlernten Sprachen (Kriterium der Erwerbsreihenfolge[118]) Verwendung[119]. Dabei werden als Zweitsprachen „all

---

[118] Die Termini samt Abkürzungen (L1 für *first language*, L2 für *second language*) orientieren sich an der englischsprachigen Fachliteratur (vgl. Lütke 2011: 25).
[119] Neben dem Begriff „Erstsprache" werden häufig auch weitere Begriffe, wie „Muttersprache", „Herkunftssprache" oder „Familiensprache" verwendet. Unter dem Begriff „Muttersprache" wird weithin jene Sprache verstanden, die ein Kind in der Regel als erste erwirbt (meist die Sprache der Mutter bzw. der Erziehungsberechtigten), die am besten beherrscht und mit der spezifische emotionale Affinität verbunden wird (vgl. Jeuk 2018a: 14). In vielen Spracherwerbskontexten scheint dieser Begriff problematisch, zum Beispiel, wenn es im Rahmen von Migration zu einem Verlust der Muttersprache kommt; die emotionale Gebundenheit kann ebenfalls in Frage gestellt werden (vgl. Jeuk 2018a: 14). Weiters wird unter dem Begriff vielfach verstanden, dass die Muttersprache das Pendant zu Vaterland sei und jeder Mensch genau eine Muttersprache und ein Vaterland besitze (vgl. Oomen-Welke 2003: 145). Damit ist eine bestimmte gesellschaftliche Normvorstellung verbunden; ein bilingualer oder doppelter Erstspracherwerb wird demnach als abweichend gerahmt (vgl. König 2016: 6). Auch ist unklar, ob eine bestimmte Sprachbeherrschung erwartet werden kann, wenn von muttersprachlichen Kompetenzen gesprochen wird. Gleichmaßen wird auch die Verwendung des Begriffs „Herkunftssprache" kritisch betrachtet, denn wenn von Herkunftssprache die Rede ist, wird auf

jene Sprachen verstanden, die zeitlich versetzt nach der Erstsprache erworben werden" (Lütke 2011: 25). Deutsch als Zweitsprache (DaZ) bezieht sich also einerseits auf das Kriterium der Erwerbsreihenfolge, andererseits wird darunter häufig auch eine spezifische Erwerbssituation unter differenzierten Erwerbsbedingungen verstanden, bei der die Zweitsprache größtenteils oder gänzlich ungesteuert erworben wird[120] (vgl. Lütke 2011: 25). Welcher Art diese Erwerbsbedingungen im individuellen, konkreten Fall sind, darüber kann der Begriff Zweitsprache nichts aussagen. Ebenso wenig kommt mit der Verwendung dieses Begriffs eine Wertigkeit „im Hinblick auf die mehr oder weniger gute Beherrschung einer Sprache" (Jeuk 2018a: 15) zum Ausdruck, wie auch keine Aussage darüber gemacht wird, in welchem Zusammenhang Erst- und Zweitsprache im Prozess der Sprachaneignung stehen. Über die Rolle, welche die Erstsprache beim Erwerb einer Zweitsprache spielt, gibt es unterschiedliche Annahmen, die von einer gänzlich getrennten Entwicklung bis hin zu Abhängigkeitsannahmen zwischen L1 und L2 reichen. Sie zeigen sich in den zum Teil konkurrierenden Positionen kognitivistischer, mentalistisch-nativistischer und interaktionistischer Erklärungsmodelle des Aneignungsprozesses einer Zweitsprache (vgl. Lütke 2011: 87)[121].

---

eine „durch Herkunft und/oder Tradition begründete Verbindung mit einer Sprache Bezug genommen." (Kniffka & Siebert-Ott 2012: 177) Dies kann dazu führen, dass autochthone Sprachminderheiten nicht ausreichend berücksichtigt werden. Der Begriff „Familiensprache" bezieht sich hingegen auf die übliche Sprachverwendung innerhalb einer Familie (vgl. Marx 2017: 143), ohne dabei die Mutter samt (möglicherweise positiver) Konnotationen ins begriffliche Zentrum zu stellen.
120 Unter „Zweitsprache" wird eine Sprache verstanden, die „Personen mit anderer Erstsprache als der mehrheitlich gesprochenen Sprache notwendigerweise im alltäglichen Leben verwenden *müssen*" (Lütke 2011: 26; Hervorhebung durch M.D.). Der mit diesem Zwang oftmals einhergehende ungesteuerte Spracherwerb erfolgt größtenteils ohne (unterrichtliche) Unterstützung, wodurch Zweitsprachenlernende über äußerst heterogene zweitsprachliche Kompetenzen verfügen. Damit erfolgt die Abgrenzung zum Begriff Deutsch als Fremdsprache (DaF), bei dem eine Sprache gesteuert in einem eigens dafür vorgesehenen Unterricht (oftmals mit zweisprachigen Lehrkräften und -werken) erworben wird. Jeuk verdeutlicht: „Eine Fremdsprache muss man *lernen*, eine Zweitsprache wird hingegen eher in ungesteuerten Kontexten *erworben*" (Jeuk 2018b: 17; Hervorhebung im Original)
121 In diesem Zusammenhang sollen drei zentrale Hypothesen namentlich angeführt werden, auf die in fachwissenschaftlichen Diskursen zumeist referiert wird: Die Kontrastiv-Hypothese von Lado (1969) besagt, dass Eigenschaften und sprachliche Strukturen von der Erstsprache auf die Zweitsprache übertragen werden können. Handelt sich bei den beiden Sprachen zum Beispiel um strukturell ähnliche, dann kann von einem positiven Transfer ausgegangen werden. Sind jedoch große Interferenzen zu verzeichnen, kann dies den Lernprozess erschweren. Die im Rahmen dieser Hypothese angesprochenen Transferleistungen von einer Sprache zur anderen

5.2 Individuelle Voraussetzungen für das Lernen und Schreiben in der L2

Innerhalb der Gruppe der Zweitsprachenlernenden haben alle Lernenden gemein, dass sie eine Sprache erlernen, die nicht ihre Erstsprache darstellt. Alle weiteren Bedingungen, die maßgeblich den Zweitsprachenerwerb beeinflussen können (z.B. soziale und lebensweltliche Umstände, Struktur der Erstsprache), sind jedoch individuell höchst unterschiedlich. Zu dieser Heterogenität merkt Jeuk (2018b) an:

> Im öffentlichen Diskurs werden mehrsprachige Kinder häufig als Gruppe den einsprachigen deutschen Kindern gegenübergestellt. Dieser Gegenüberstellung liegt ein eindimensionales Konzept von Ein- und Mehrsprachigkeit zu Grunde, denn auch die scheinbar einsprachigen Kinder verwenden im Alltag verschiedene Varietäten und Register […]. Die Gruppe der mehrsprachigen Kinder ist noch einmal wesentlich heterogener: Neben sozialen und lebensweltlichen Unterschieden, die sich z.B. auf die literale Sozialisation auswirken, sprechen sie verschiedene Sprachen im Sinne verschiedener Systeme und verfügen in der L2 Deutsch über äußerst unterschiedliche Erfahrungen, Kompetenzen und Lernchancen.
>
> (Jeuk 2018b: 50)

Die hier angesprochenen sozialen und lebensweltlichen Umstände – ob etwa Kinder in einem bildungsnahen Haushalt leben, beim Erlernen einer neuen Sprache privat Unterstützung finden, ob Schriftkultur in der Familie bedeutsam ist etc. – können entscheidende Gelingensbedingungen für den Zweitsprachenerwerb darstellen. Schmölzer-Eibinger (2018a) betont in diesem Kontext, dass

---

können zwar angenommen werden, sie reichen jedoch niemals aus, um den äußerst komplexen Zweitsprachenerwerbprozess zu erklären (vgl. Kalkavan-Aydin 2016: 13). Als Kritik an der Kontrastivhypothese entstand in den 1970ern die Identitätshypothese (Dulay & Burt 1974). Dieser Hypothese zufolge spielt es keine Rolle, ob eine Sprache als erste oder zweite Sprache erlernt wird; der Zweitsprachenerwerb erfolge relativ identisch dem Erstsprachenerwerb und nach gleichen Regelhaftigkeiten (vgl. Kalkavan-Aydin 2016: 13f.). Diese Annahme beruht im Sinne Chomskys darauf, dass alle Sprachen auf Grundlage von den Menschen angeborenen Strukturen und Prozessen gelernt werden. Weiters kann in diesem Kontext die Interlanguagehypothese nach Selinker (1972) angeführt werden, die besagt, dass Lerner beim Erwerb einer Zweitsprache eine individuelle Lernersprache (*Interlanguage*) entwickeln, die sich im Zusammenhang mit dem Spracherwerbsfortschritt wandelt (vgl. Kalkavan-Aydin 2016: 13f.). Durch die Betrachtung von Lernersprachen steht aktuell der individuelle Lerner, die individuelle Lernerin im Zentrum; der Fokus wird „auf die sprachliche Entwicklung eines Individuums gelegt" (vgl. Lütke 2011: 89), welche durch verschiedene externe und interne Faktoren bestimmt wird (vgl. Lütke 2011: 89).

einer anregenden literalen[122] Umgebung (z.B. hoher Stellenwert von Büchern innerhalb der Familie, Vorlesepraxis, Erzählen und das Gespräch über Texte) große Bedeutung für die frühe vorschulisch-literale Entwicklung eines Kindes zukommt. In Bezug auf den schulischen Erwerb von Literalität zeigt sich, dass sich dieser für Zweitsprachenlernende nicht immer unproblematisch gestaltet. Als Gründe dafür werden „meist ‚Bildungsferne' und ein literal wenig anregungsreiches familiäres Umfeld" gesehen (Schmölzer-Eibinger 2018a: 9; Hervorhebung im Original)[123].

---

122 Unter „Literalität" wird das „Wissen um den Gebrauch von Sprache verstanden, das die Teilhabe an einer literalen Kultur ermöglicht" (Schmölzer-Eibinger 2018a: 3). Dieses Wissen bewirkt, dass Schrift und Schriftlichkeit als kulturelles Werkzeug nutzbar werden. Literalität bedeutet in diesem Kontext nicht nur, dass man lesen und schreiben kann, sondern darüber hinaus auch die Fähigkeit, literale Praktiken einer Gesellschaft bewusst im jeweiligen Kontext einsetzen zu können (vgl. Schmölzer-Eibinger 2018a: 3).

123 Diese Bildungsbenachteiligung von Schülern und Schülerinnen mit nichtdeutscher Erstsprache beziehungsweise von Kindern mit Migrationshintergrund wird u.a. auch von Studien international belegt. So zeigen Schulleistungsuntersuchungen in der Bundesrepublik Deutschland durch Erhebungen im Rahmen von z.B. DESI, PISA oder IGLU, dass „die Schülerinnen und Schüler mit nichtdeutscher Erstsprache im Vergleich zu denen mit der Erstsprache Deutsch Leistungsdefizite aufweisen, die besonders das Fach Deutsch betreffen" (Lütke 2011: 16f.). Dabei ist anzumerken, dass als Ursache für diese Diskrepanzen weniger kognitive Voraussetzungen angenommen werden als vielmehr mangelnde Sprachkompetenz, schulischer Bildungszugang, Zusammensetzung der Klasse wie auch der sozio-ökonomische Status des Elternhauses. Ferner spielen der Bildungsstand der Eltern und die persönliche Lernunterstützung durch das Elternhaus eine wichtige Rolle und haben maßgeblichen Einfluss auf die schulischen Leistungen der Kinder (vgl. Lütke 2011: 17).
Der österreichische Bundesergebnisbericht der Standardüberprüfung im Fach Deutsch auf der 4. Schulstufe (2015) legt nahe, dass sprachliche Kompetenzen von Kindern ohne Migrationshintergrund im Fach Deutsch im Schnitt höher ausgeprägt sind als die von Kindern mit Migrationshintergrund (das BIFIE verwendet *Kinder mit Migrationshintergrund* synonym für *Zweitsprachenlernende*). Die Differenzen betreffen nicht so sehr den Bereich Rechtschreibung, sondern viel eher den der Textproduktion. Werden jedoch soziale Komponenten (Ausbildung und beruflicher Status der Eltern, Anzahl der Bücher zu Hause) miteinberechnet, reduziert sich die Leistungsdifferenz zwischen L1- und L2-Lernenden eindeutig. Untersuchungen zu sozialen Disparitäten zeigen, dass ein maßgeblicher Zusammenhang zwischen dem Bildungsabschluss der Eltern und den Leistungen der Kinder auf der vierten Schulstufe österreichischer Volksschulen existiert. So zeigt sich zum Beispiel, dass „mehr als jedes dritte Kind, dessen Eltern maximal Pflichtschulabschluss haben, die Standards in Lesen nicht erreicht" während es unter Akademikerkindern nur jedes zwanzigste Kind ist (BIFIE 2015: 110). Die oben erwähnten Differenzen zwischen Erst- und Zweitsprachenlernenden im Bereich Textproduktion zeigen sich verschärft im Bereich Lesen; „Unterschiede zwischen Kindern aus bildungsfernen und aus akademisch gebildeten Haushalten im Untersuchungsbereich Leseverstehen belaufen sich auf bis zu drei Lernjahre" (BIFIE 2015: 110). So erreichen im Untersuchungsbereich Lesen rund ein

Weitere Faktoren, wie die Umstände der Migration, der „Grad der Assimilation (Anpassung) oder der Subordination (Unterordnung unter gesellschaftliche Anforderungen), emotionale Faktoren wie die Lernmotivation, kognitive und begabungsbedingte Faktoren sowie Inputfaktoren und die Lernbedingungen" (Jeuk 2018a: 37), üben ebenso Einfluss auf das Erlernen einer Zweitsprache und deren mündliche wie auch schriftliche Realisierung aus. Fasst man all jene Einflussfaktoren zusammen, so lassen sie sich nach Jeuk (2018a) drei Großbereichen – Motivation, Fähigkeit und Anlass[124] – zuordnen: Zum Bereich der Motivation oder des persönlichen Antriebes (*motivation*) werden „die Interessen und die Leistungsbereitschaft, die persönlichen Wünsche, die unmittelbare Lernmotivation, emotionale Beziehung zu den Sprechern der Zielsprache, individuelle positive und negative Lernerfahrungen usw." (Jeuk 2018a: 37) gezählt. Zum zweiten Einflussbereich, dem der Fähigkeiten (*ability*), zählen individuelle Merkmale, wie Intelligenz, Sprachvermögen, Sprachwissen, Lernerfahrungen, vorhandene Lernstrategien, die Fähigkeit zur Reflexivität, persönliche Impulsivität und das Alter der/des Lernenden. Der dritte Bereich, Anlass oder Zugang (*opportunity*), umfasst die konkret „zur Verfügung stehende Zeit und Energie, die Kommunikations- und Kontaktmöglichkeiten, die Qualität der Kommunikationsbedingungen, die Konzeption und die Qualität des Unterrichts" (Jeuk 2018a: 38). Einige dieser Einflussfaktoren verstärken die Heterogenität der in dieser Studie untersuchten L2-Lernenden-Gruppe.

Viertel der Kinder mit Migrationshintergrund die Bildungsstandards nicht; jeder „dritte Bub mit Migrationshintergrund verfügt am Ende der Grundschule nicht über elementare Lesefähigkeiten auf Wort- und Satzebene" (BIFIE 2015: 110). Im Bereich Hörverstehen wird die größte Mittelwertdifferenz zwischen Erst- und Zweitsprachenlernenden festgestellt (vgl. BIFIE 2015: 109). 26 % der Kinder mit Migrationshintergrund haben auffallend große Schwierigkeiten im Bereich Hörverstehen (Rezeption der gesprochenen deutschen Sprache) und erreichen die Standards nicht, weitere 36 % erreichen die Lernziele nur teilweise. 62 % der Kinder mit Migrationshintergrund haben „Schwierigkeiten, monologische und dialogische Hörtexte semiauthentischen Charakters zu verstehen, wichtige Detailinformationen zu entnehmen und textnahe Schlüsse zu ziehen" (BIFIE 2015: 110). Ferner bereitet es Zweitsprachenlernenden Schwierigkeiten „Informationen zu vergleichen und zu beurteilen sowie die Angemessenheit von Sprechhandlungen zu erkennen und einzuschätzen". Dieses Ergebnis bedeutet für die Gruppe von Zweitsprachenlernenden eine grundsätzliche, systematische Benachteiligung im Unterricht, der primär sprachlich und in oftmals mündlichen Kommunikationssituationen realisiert wird.

[124] Jeuk (2018a) bezieht sich hier auf Ausführungen von Klein (1992) und erweitert in Anlehnung an die Kognitionspsychologie dessen Dreiteilung (Antrieb, Sprachvermögen und Zugang).

5.3 Schreiben in der Zweitsprache

Als zentrale Aufgabe der Primarstufe gilt, Schülerinnen und Schülern Lesen und Schreiben und in diesem Kontext die „Sprache der Schrift" zu vermitteln (vgl. Becker 2018: 80). Schreibenlernen bedeutet jedoch nicht, lediglich gesprochene Sprache in das Medium Schrift zu übertragen. Beim Schreiben werden vielmehr Neukonzeptualisierungen verlangt, die Abstraktionsleistungen erfordern, welche das Schreiben zu einer komplexen und komplizierten Tätigkeit werden lassen (vgl. Becker 2018: 80); Schreiben ist ein äußerst komplexer mentaler und sprachlicher Prozess (Molitor-Lübbert 1996), bei dem auch graphomotorische Aspekte eine wichtige Rolle spielen[125]. Die Komplexität in Bezug auf das Schreiben gilt nicht nur für das Schreiben in der Erstsprache, sondern in gleicher Weise auch für das Schreiben in der Zweitsprache (vgl. Marx 2017: 140)[126].

Wie bei Kindern mit Deutsch als Zweitsprache die allgemeine Schreibentwicklung abläuft, dazu liegen gegenwärtig kaum gesonderte Studien vor[127]. Es scheint jedoch diesbezüglich legitim, „die wesentlichen Erkenntnisse aus der Schreibentwicklungsforschung der letzten Jahrzehnte – zumindest in den Grundzügen – auch auf deren Situation zu übertragen" (Becker 2018: 82)[128]. Bei

---

125 Dieses Kapitel widmet sich dem spezifischen Aspekt des Schreibens in der Zweitsprache Deutsch, ohne dabei auf Grundlagen des Schreibens näher eingehen zu können. Einen ersten Überblick über den vielseitigen Bereich der Schreibforschung bietet etwa Fix (2006).
126 Marx (2017) spricht hier konkret die Komplexität des Schreiberwerbs, des Schreibprozesses und des Schreibprodukts an.
127 Im Hinblick auf die L2-Forschung stellt Marx (2017) kritisch fest, dass diese „nach wie vor vor allem defizitorientiert " (Marx 2017: 142) sei, indem primär Fehler und Probleme (z.B. Schwierigkeiten bei der Textplanung, beim Formulieren und Revidieren von Texten, beim Reflektieren über Texte etc.) hervorgehoben würden. Zudem würden in diesem Kontext „untersuchte L2-Schreibende oft nicht mit entsprechenden L1-Kohorten verglichen, was die Erforschung von L2-Spezifika erschwert" (Marx 2017: 142). So zeigt sich nach Stanat (2006), dass „mehrsprachige Jugendliche im deutschen Schulsystem nicht schlechter als einsprachige deutsche Jugendliche abschneiden, wenn man sie mit den Jugendlichen vergleicht, die aus derselben sozialen Schicht kommen" (Jeuk 2018b: 50). Die Bedeutung sozialer Komponenten für Sprachkompetenzen in der Zweitsprache Deutsch verdeutlichen u.a. die zuvor erwähnten Ergebnisse der österreichischen Standardüberprüfung im Fach Deutsch auf der 4. Schulstufe (vgl. BIFIE 2015).
128 Die derzeit gültige Annahme, dass die Schreibentwicklung sprachenunabhängig erfolge, würde bedeuten, dass Schreibende mit nichtdeutscher Erstsprache die gleichen Entwicklungsstadien durchlaufen wie Schreibende mit deutscher Erstsprache, dies jedoch in unterschiedlicher Geschwindigkeit und/oder mit unterschiedlichem Erfolg. Hierzu ist jedoch nach Marx aufgrund von ausstehenden Longitudinalstudien noch wenig bekannt (vgl. Marx 2017: 144).

der Entwicklung bestimmter Aspekte des Schreibens (z.B. Verwendung spezifischer sprachlicher Mittel, Textlänge[129]) zeigt sich außerdem, dass Schreiberfahrung und Schreibalter entscheidende Faktoren darstellen. Bei Schülern und Schülerinnen mit Deutsch als Zweitsprache mag das biologische Lebensalter dem der Klassenkollegen und -kolleginnen mit deutscher Erstsprache ähnlich sein, sie verfügen jedoch möglicherweise umfeldbedingt über eine weniger stark ausgeprägte Schreiberfahrung; dies insbesondere, wenn man die frühe (vorschulische) literale Sozialisation und Erfahrung miteinbezieht (vgl. Becker 2018: 83). Im Hinblick auf die Schreiberfahrung ist es nach Grießhaber (2016) entscheidend, ob Schüler/innen im Zielsprachenland aufgewachsen oder als sogenannte Seiteneinsteiger/innen erst später in das Zielsprachenland immigriert und bereits schulisch sozialisiert sind. Letztere können oftmals auf ihre schriftsprachlichen Erfahrungen in der Erstsprache zurückgreifen[130]. Probleme zeigen sich dennoch häufig im Bereich des Wortschatzes und bei morphosyntaktischen Strukturen, wobei die Seiteneinsteiger/innen „in der Grundschule bei normalen Familienverhältnissen und bei intensiver L2-Förderung durchaus in kurzer Zeit Deutschkenntnisse erwerben, die dem Leistungsstand des Mittelfeldes entsprechen" (Grießhaber 2016: 248)[131].

---

129 In der Regel hängt die Textlänge von der Schreibflüssigkeit ab, weitere Faktoren sind eine reduzierte Fehlerhäufigkeit und die ausgeprägte Fähigkeit komplexe Textstrukturen zu realisieren. Auf der Primarstufe steht die Textlänge auch in direkter Verbindung mit der Textqualität. Die Differenzen hinsichtlich der Textlänge zwischen Erst- und Zweitsprachenlernenden betreffen in besonderem Maße noch recht junge Schreiber/innen. Ab der Mitte der Sekundarstufe 1 hin zur Sekundarstufe 2 sind jedoch hinsichtlich der Textlänge keine deutlichen Unterschiede mehr zwischen Schülern und Schülerinnen mit deutscher und jenen mit nichtdeutscher Erstsprache zu verzeichnen (vgl. Marx 2017: 145).
130 Innerhalb der Gruppe der Zweitsprachenlernenden zeigt sich ein breites Spektrum an Sprach(lern)biografien. Es finden sich zum Beispiel darunter Schüler/innen, die im Zielsprachenland aufgewachsen sind und jene, die ihre Schullaufbahn bereits in einem anderen Land begonnen haben und als Seiteneinsteiger/innen ins Bildungssystem des Zielsprachenlandes aufgenommen werden. Letztere verfügen meist über (gute) mediale und konzeptionell schriftsprachliche Erfahrungen in der Erstsprache, wohingegen Erstere u.U. nur auf konzeptionell mündliche Kommunikationsfähigkeiten zurückgreifen können (vgl. Schindler & Sieber-Ott 2016: 196). So zeigt Knapp (1997) anhand von Erzähltexten auf der 5.-7. Schulstufe, dass Seiteneinsteiger/innen zwar schlechtere grammatische und lexikalische Kenntnisse aufweisen als Schüler/innen, die bereits in Deutschland eingeschult wurden, jedoch deutlich bessere Ergebnisse bei Schreibkompetenzen wie etwa dem Herstellen von Textkohärenz erzielen (vgl. Marx 2017: 144).
131 Welchen Einfluss Familienverhältnisse wie z.B. bildungsrelevante Ressourcen der Familie auf den Zweitsprachenerwerb haben können, verdeutlichen auch Zöller et al. (2006) in einer Studie mit Grundschulkindern (n=777). Danach „hat ein mehrsprachiges Kind aus einer gut mit

Im Hinblick auf das Schreiben und die dabei ablaufenden Prozesse hält Schäfer (2018) fest, dass nach aktuellem Kenntnisstand Schreibprozesse bei der Textproduktion in der Zweitsprache ähnlich verlaufen wie in der Erstsprache (vgl. Schäfer 2018, 303). Marx (2017) stellt diesbezüglich, den wenigen gesicherten Erkenntnissen zu Schreibprozessen in der Erst- und Zweitsprache zufolge, im weiteren Sinn sowohl Gemeinsamkeiten als auch Differenzen fest (vgl. Marx 2917: 144). Außerdem zeigen sich keine Hinweise, dass mehrsprachige Kinder eine geringere Schreibmotivation besäßen als so genannte einsprachige (vgl. Schäfer 2018: 303). Vielmehr sind es die individuellen Lernvoraussetzungen, die das Schreiben in der Zweitsprache und damit den Bildungserfolg entscheidend prägen (vgl. Schäfer 2018: 301f.) Dabei zeigt sich, dass Probleme, die beim Schreiben von Texten erkennbar werden, weitgehend auf die soziale Lage von Familien zurückzuführen sind und nicht ursächlich auf die Umstände der Migration und Zweisprachigkeit (vgl. Becker 2018: 89)[132]. Denn „inwiefern es den Kindern gelingt, sich die ‚Sprache der Schrift' anzueignen, scheint nach der gegenwärtigen Erkenntnislage weniger damit zusammenzuhängen, welche und wie viele Sprachen das Kind spricht, und auch nicht, welchen Unterricht es genießt, sondern vielmehr welchem sozialen Umfeld es entstammt" (Becker 2018: 90; Hervorhebung im Original)[133].

Die Besonderheiten und Herausforderungen, die mit dem Schreiben in der Zweitsprache einhergehen, lassen sich nach Grießhaber (2016) in zwei Großbereiche unterteilen: Einerseits in die mitunter problematischen Herausforderungen und Probleme, die sich aus dem Verhältnis von Erst- und Zweitsprache (L1

---

bildungsrelevanten Ressourcen ausgestatteten Familie bessere Aussichten auf gute oder sehr gute Leistungen in den durchgeführten Tests als ein einsprachig aufwachsendes Kind aus einem bildungsfernen Milieu" (vgl. Schindler & Siebert-Ott 2016: 206). Durch familiäre bildungsrelevante Ressourcen können (noch) nicht altersgemäß entwickelte Sprachkompetenzen in der Zweitsprache zu einem gewissen Grad kompensiert werden (vgl. Schindler & Siebert-Ott 2016: 206).
132 Jambor-Fahlen (2018) merkt diesbezüglich an: „Ein Migrationshintergrund sowie ein niedriger sozioökonomischer Status haben sich in den großen Bildungsstudien jeweils als ungünstige Lernvoraussetzungen herausgestellt. Dabei beeinflusst der sozioökonomische Status die Lernerfolge im Lesen und Schreiben deutlich stärker als der Migrationshintergrund. Wenn man nur Kinder mit gleichem sozioökonomischem Hintergrund vergleicht, reduziert sich der Leistungsrückstand von Kindern mit Migrationshintergrund zu jenen ohne Migrationshintergrund, aber er bleibt dennoch bedeutsam" (Jambor-Fahlen 2018: 11).
133 Dieser Aspekt des sozialen Umfeldes stellt für die Schreibdidaktik zweifellos eine große Herausforderung dar. Er bedeutet aber auch, dass grundsätzlich vor vereinfachenden kausalen Rückschlüssen (mehrsprachiges Kind bedeutet Probleme in der Schreibentwicklung) gewarnt werden muss (vgl. Becker 2018: 90).

→ L2) ergeben und andererseits in jene, die aus den Sprachkenntnissen der Zweitsprache resultieren (vgl. Grießhaber 2016: 221)[134]. So zeigt sich, dass Texte von Zweitsprachenlernenden auf der Primarstufe einen weitaus geringeren und weniger ausdifferenzierten Wortschatz aufweisen als Texte von L1-Lernenden, was sich auf Textumfang und inhaltliche Gestaltung der Texte auswirkt. Zudem zeigen sich in den Texten von Zweitsprachenlernenden aufgrund eines gering entwickelten Wortschatzes auch eine geringere Textverwobenheit und eine geringere syntaktische Integration (vgl. Grießhaber 2016: 223)[135]. In diesem Zusammenhang zeigen auch Schindler & Sieber-Ott (2014), dass mehrsprachige Kinder in ihren Textprodukten häufig einfache und sicher beherrschte Satzstrukturen realisieren (vgl. Schäfer 2018: 305). Ferner zeigt sich, dass in schriftlichen Performanzen von Zweitsprachenlernenden typisch konzeptuell mündliche Phänomene anzutreffen sind und Zweitsprachenlernende auf der Primarstufe bevorzugt deiktische Referenzen anwenden, während bei Erstsprachenlernenden anaphorische Referenzen festgestellt werden (vgl. Marx 2017: 147). Schreibprobleme resultieren jedoch nicht nur aus Wortschatzproblemen oder aus spezifischen Wortschatzlücken in Bezug auf Sachverhalte, für die es in der Erstsprache keine adäquate oder äquivalente Entsprechung gibt[136], sie kön-

---

[134] Unter Ersterem versteht Grießhaber (2016) das L1-L2-Verhältnis, welches differentes Erfahrungs- und Hintergrundwissen ebenso wie differente Erklärungsmuster und Begründungen in den beiden Sprachen mit sich bringen kann. Außerdem kann es durch die Erstsprache zu induzierten argumentativen und syntaktischen Brüchen in der Zweitsprache kommen. Der zweite Bereich beruht auf (mangelnden) Kenntnissen der Zweitsprache: Hier kann z.B. geringer Wortschatz zu einer geringeren Textlänge oder zu einer geringeren inhaltlichen Differenzierung führen; ebenso kann dies mit einer geringeren Textverwobenheit und einer geringeren syntaktischen Integration einhergehen (vgl. Grießhaber 2016: 221). Es wird jedoch angenommen, dass Probleme beim Verfassen von Texten, die aus dem ersten Bereich (L1-L2-Verhältnis) resultieren, geringer ausfallen als jene, die auf den zweiten (Sprachkompetenz in L2) zurückzuführen sind (vgl. Jeuk 2018a; Grießhaber 2016).

[135] In nur wenigen Studien wird nach Marx (2017) die Verwendung von kohärenz- und kohäsionsstiftenden Mitteln untersucht. Untersuchungen von Becker-Mrotzek und Bachmann (2010) für die Primarstufe (instruierende Texte) und Haberzettl (2014) für die Sekundarstufe I (argumentative Texte) zeigen, dass diesbezüglich keine Unterschiede zwischen schriftlichen Performanzen von Schülerinnen und Schülern mit deutscher und nichtdeutscher Erstsprache zu verzeichnen sind, während Peltzer-Karpf (2006) für die Primarstufe (erzählende Texte) deutliche Schwächen bei Kohärenz und Kohäsion in Texten von Kindern mit nichtdeutscher Erstsprache feststellt. (Vgl. Marx 2017: 147)

[136] So zeigt eine Untersuchung von Peltzer-Karpf (2006), dass Schüler/innen der Primarstufe mit türkischer Erstsprache Bewegungsvorgänge sprachlich weniger differenziert realisieren als ihre Mitschüler/innen mit deutscher Erstsprache. Texte türkischer Schüler/innen weisen einen eher statischen Charakter auf, und es sind vermehrt Wiederholungen des Verbs *gehen*

nen sich auch auf zielsprachliche grammatische Konstruktionen beziehen. Dies dann, wenn „der Schreiber eine aus der L1 vertraute grammatische Konstruktion in der L2 sucht, ohne dass die L2 eine parallele Konstruktion hat" (Grießhaber 2016: 227).

Darüber hinaus können Schreibprobleme in der Zweitsprache auch im Rahmen der „Identifizierung mit Sachverhalten und deren Einordnung in einen Schreibplan" (Grießhaber 2016: 223) entstehen. Ebenfalls können Besonderheiten im Schreibprozess bei Zweitsprachen-Lernenden auch aus abweichenden Wissensbeständen u.a. bei der Wahrnehmung einer Aufgabenstellung resultieren, wobei diese Differenzen auf unterschiedliche literarische Erfahrungen wie auch erworbene Textmuster zurückgeführt werden können (vgl. Grießhaber 2016: 220f.). Entsprechend können bestimmte Schreibaufträge und Schreibaufgaben spezifische kulturell bedingte Besonderheiten evozieren und/oder Wissensbestände erfordern, die Einfluss auf „Textstruktur, Schreibmotivation oder Emotion der Schreibenden nehmen; dies gilt insbesondere für Seiteneinsteiger, die bereits kulturspezifische Schreibmuster und -themen entwickelt haben" (Marx 2017: 145). Weiters spielen das Wissen über Sprache und die Sprachbewusstheit im Textproduktionsprozess eine zentrale Rolle, sodass aufgrund von mangelndem Sprachwissen zum Beispiel bei der Textrevision oftmals Problemstellen im Text nicht erkannt oder dysfunktional überarbeitet werden (vgl. Grießhaber 2016: 221ff.).

Die hier angeführten Besonderheiten und Probleme des Schreibens in der Zweitsprache, die sich in der Textproduktion als problematisch erweisen können, sind jedoch immer im Kontext des jeweiligen sozialen Umfeldes zu betrachten. So wie Grießhaber (2016) das familiäre Umfeld als grundlegend erachtet, sieht auch Becker (2018) dieses u.a. als Ursache für qualitative Unterschiede bei der sprachlichen Gestaltung von Textprodukten von Zweitsprachenlernenden an. Familiärer Hintergrund und sozioökonomischer Status sind nach aktuellem Forschungsstand von großer Bedeutung für die Qualität von Schreibprodukten. So zeigt sich nach Heppt et al. (2015) eine statistisch signifikante Korrelation zwischen familiärer Herkunft und sprachlichen Fähigkeiten in der Grundschulzeit. Steinig et al. (2009) belegen, dass Wortschatz wie morphosyntaktische Fähigkeiten beim Verfassen von Texten am Ende der Grundschulzeit in hohem

---

vorzufinden; bewegungsspezifizierende Verben, wie zum Bespiel *schleichen, stampfen, hüpfen, springen* kommen nur selten vor. Dies kann, abgesehen von Wortschatzproblemen in der Zweitsprache, u.a. auch an sprachlichen Divergenzen zwischen den Sprachen Deutsch und Türkisch liegen; so gibt es im Türkischen weniger Begriffe für differenzierte Bewegungsdarstellungen als im Deutschen. (Vgl. Griessler 2003: 111ff.)

Maße von der sozialen Schicht der Schüler/innen abhängig ist[137]. (Vgl. Becker 2018: 81)

Ein wichtiger Aspekt, der in diesem Rahmen bisher nur indirekt – und zwar im Kontext von Spracherfahrung – erwähnt wurde, ist der des Zusammenhangs von Schreibkompetenzen in der Erst- und Zweitsprache. Dieser Zusammenhang ist vielleicht am Anfang der Primarstufe noch nicht so gewichtig, da hier zunächst die Alphabetisierung wie auch die graphomotorische Aneignung erfolgt und dadurch das Schreiben in seinen Grundzügen auf medialer Ebene realisiert wird, das Schreiben sich also erst im Anfangsstadium befindet[138].

---

[137] Außerdem spielen – wie auch Schmölzer-Eibinger (2018) betont – der private Zugang zu Büchern in der frühen Kindheit und Lesegewohnheiten in der Familie eine große Rolle beim späteren Umgang mit Texten. Denn Voraussetzungen für die Entwicklung der Schreibfähigkeiten werden bereits in der frühen familiären Sozialisation geschaffen und zum Beispiel durch den Umgang mit Büchern beziehungsweise mit der Schriftkultur sehr früh entscheidend geprägt. Im Hinblick auf einen uneingeschränkten Zugang zu einer Auswahl an Büchern und Vorlese-Interaktionen gibt es signifikante Unterschiede zwischen Kindern mit deutscher und nicht-deutscher Erstsprache. So haben nach Kuyumcu (2006) Zweitsprachenlernende – in Abhängigkeit von Erstsprache und sozialer Situation – einen oft nur sehr eingeschränkten Zugang zu Büchern. Es zeigt sich außerdem, dass Zweitsprachenlernenden signifikant weniger vorgelesen wird als Erstsprachenlernenden. (Vgl. Becker 2018: 81)

[138] Auch wenn der Schriftspracherwerb im Anfangsunterricht zunächst die Entwicklung motorischer Fähigkeiten und die Beschäftigung mit Schrift, Schriftarten und Schriftsystemen bedeutet, so wird in Bezug auf den frühen Zweitschrifterwerb deutlich, dass „zweisprachig aufwachsende Schülerinnen und Schüler hier besondere Probleme haben können: So kann es bereits im Hinblick auf Merkmale von Schriftzeichen zu Interferenzen kommen" (Schindler & Siebert-Ott 2016: 201f.). Hinzu kommt, dass Schreibanfänger, die in ihrer Erstsprache alphabetisiert werden, auf ein „umfangreiches phonologisches, lexikalisches, grammatisches und textsortenbezogenes Wissen zurückgreifen, das damit zur wichtigen Vorerfahrung eines erfolgreichen Schriftsprachenerwerbs wird" (Schindler & Siebert-Ott 2016: 202). Für Zweitsprachenlernende können jene Vorerfahrungen nicht ohne weiteres vorausgesetzt werden. Dies gilt im Besonderen für die Quantität und Qualität des Wortschatzes (z.B. Ott 2002), das Wissen über und die adäquate Verwendung von grammatischen Strukturen, den Umgang mit mündlichen Textmustern und die dabei gesammelte Erfahrung (z.B. Ohlhus 2005 für die Textsorte Erzählung), wie auch für die phonologische Bewusstheit (z.B. Pracht 2007), wobei nicht nur Zweitsprachenlernende, sondern auch Erstsprachenlernende in den angeführten Bereichen unterschiedliche Voraussetzungen und Vorerfahrungen mitbringen können. Der Bereich der phonologischen Bewusstheit kann u.a. als Ursache für Rechtschreibprobleme besonders im Zusammenhang mit phonographischen Schreibungen angenommen werden. (Vgl. Schindler & Siebert-Ott 2016: 203f.) Wie bereits in Kapitel 3 angesprochen, kann Sprache diverse Wahrnehmungsbereiche beeinflussen, so auch die akustische Wahrnehmung. Untersuchungen zur Phonemdiskrimination (z.B. Eimas, Corbitt 1973 oder Werker, Tees 2002) zeigen, dass der Sprachkontext die Entwicklung dieser Fähigkeit beeinflussen kann. Sprachen unterscheiden sich voneinander unter anderem durch die Definition von Phonemen als kleinste bedeutungs-

Die gegenseitig positive Interaktion zwischen zwei (oder mehr) Sprachen für den Lernprozess ist durch Studien belegt, wobei nach Marx (2017) nicht selbstverständlich auch auf einen positiven Zusammenhang zwischen Schreibkompetenzen in unterschiedlichen Sprachen geschlossen werden darf. Die Erkenntnislage zu Transferleistungen zwischen einer Erst- und Zweitsprache in Bezug auf das Schreiben stützt sich beinahe ausschließlich auf Untersuchungen an Studierenden einer Fremdsprache, bei denen eine höhere Schreibkompetenz in der Erstsprache mit besseren L2-Schreibkompetenzen einherzugehen scheint. Wenk et al. (2016) untersuchten im Rahmen einer longitudinalen Interventionsstudie Schreibkompetenzen biliteraler Schüler/innen auf der 6. Schulstufe ($n=59$). Hier zeigen sich signifikante mittlere und hohe Zusammenhänge zwischen deutschen und türkischen Texten (Personenbeschreibungen), die sich auf Textqualität und Textlänge beziehen. Böhmer (2015) belegt zudem mittels Untersuchungen von narrativen Texten deutsch-russisch bilingualer Schreibender auf der 6. Schulstufe ($n=19$), dass mittlere Korrelationen bezüglich Textlänge und Textbewältigung (z.B. textmustertypische Merkmale, Ausführlichkeit der Handlungsbeschreibung) festzustellen sind. (Vgl. Marx 2017: 148) Diese interlingualen Zusammenhänge bestehen jedoch nur, wenn das notwendige Mindestsprachniveau für die entsprechenden Textthemen, Textsorten und -muster in beiden Sprachen ausgebildet ist. Um die komplexen Interaktionen beziehungsweise Transferleistungen zwischen Erst- und Zweitsprache im Hinblick auf das Schreiben zu untersuchen, bedarf es aber noch weiterer Studien, hier insbesondere auf der Primarstufe[139] (vgl. Marx 2017: 148).

---

unterscheidende Einheiten (vgl. Hagendorf et al. 2011: 168); so ist etwa die Unterscheidung der Phoneme /l/ und /r/ in der englischen Sprache im Japanischen nicht systemrelevant. Für Personen mit Japanisch als Erstsprache ist es daher schwierig, den Kontrast zwischen diesen Phonemen wahrnehmen und erkennen zu können (vgl. Spitzer 2006: 69).
139 Ferner werden weitere Forschungsdesiderate sichtbar, die sich auf das Schreiben und seine Prozesse in Bezug auf Seiteneinsteiger/innen beziehen. Außerdem gilt es noch eingehend zu untersuchen, inwiefern unterschiedliche Herkunftsgruppen unterschiedliche Schreibkompetenzen erwarten lassen. Ferner, ob Schreibkompetenzen interlingual zusammenhängen und ob Erkenntnisse zum Schreiben auf Basis älterer Analysen gegenwärtig in dieser Form noch gültig sind. Weitere Forschungsdesiderate betreffen die Sprachdidaktik: Hier sollte untersucht werden, inwiefern unterschiedliche Schreibarrangements unterschiedliche Auswirkungen auf das Schreiben von Schülern und Schülerinnen mit deutscher und nichtdeutscher Erstsprache haben (vgl. Marx 2017: 149).

5.4 DaZ-Situation in österreichischen Volksschulen

Historisch betrachtet war die Einführung des Unterrichtsprinzips *Interkulturelles Lernen* Anfang der 1990er-Jahre in Österreich die erste Reaktion auf die zunehmende sprachliche Heterogenität innerhalb der Schule; ergänzend dazu wurden Lehrpläne für den spezifischen Förderunterricht in Deutsch im Schuljahr 1992/93 erlassen (vgl. Boeckmann 2019: 159). Erst im Schuljahr 2000/01 wurden „besondere didaktische Grundsätze, wenn Deutsch Zweitsprache ist" formuliert, die auch für die Unterstufe weiterführender Schulen gelten (vgl. Boeckmann 2019: 159). Derzeit gilt der Lehrplanzusatz *Deutsch für Schülerinnen und Schüler mit nichtdeutscher Muttersprache* in der Volksschule (1. - 4. Schulstufe) in Verbindung mit den allgemeinen Bestimmungen des Lehrplans für das Fach Deutsch[140]. Seit dem Schuljahr 2018/19 werden für außerordentliche Schüler/-innen *Deutschförderklassen* und *Deutschförderkurse* im Ausmaß von 15 bis 20 Wochenstunden geführt (im Umfang von maximal zwei Schuljahren), die parallel zum regulären Unterricht besucht werden müssen und ab dem Schuljahr 2019/20 an allen Schulstandorten in Österreich verbindlich wirken sollen. Mit dieser bildungspolitischen Maßnahme wird ein segregatives Sprachförderkonzept umgesetzt, indem Schüler/innen mit Deutsch als Zweitsprache aus dem regulären Klassenverband herausgenommen werden, um separat die Unterrichtssprache Deutsch zu erlernen. Dieser Umstand bringt mit sich, dass sich betroffene Schüler/innen „nicht wie bisher von Beginn an in die Regelklassen integrieren und über soziale Kontakte mit Deutschsprachigen auch sprachlich profitieren" können (Schmölzer-Ebinger 2018b: 8)[141].

---

140 Der Lehrplanzusatz „versteht sich als mehrjähriges Lernkonzept, das von [...] Beginn an durchlaufen wird (unabhängig von der Schulstufe [...]), das [...] aber auch in Teilbereichen übersprungen werden kann [...]. Außerordentlichen Schülerinnen und Schülern (die dem Unterricht noch nicht folgen können) werden bis zu zwölf, ordentlichen Schülerinnen und Schülern bis zu fünf Wochenstunden besonderer Förderunterricht zum ‚Erwerb der Unterrichtssprache' angeboten" (Boeckmann 2019: 156; Hervorhebung im Original).

141 Diese Maßnahme beruht auf einer bildungspolitischen Entscheidung der österreichischen Bundesregierung 2017-2019; ob diese Maßnahme von anderen politischen Regierungskonstellationen in Zukunft weitergetragen wird und/oder künftig auch wissenschaftliche (Bildungs-)Experten in sprachpolitische Entscheidungen miteinbezogen werden, bleibt offen, wäre jedoch wünschenswert. Denn gerade integrative Lerngelegenheiten, die einem segregativen Verfahren kontrastiv gegenüberstehen, können positiven Einfluss auf das Erlernen einer Zweitsprache haben. Die von Schmölzer-Eibinger (2018b) erwähnten für den Spracherwerb so wichtigen Peer-Kommunikationssituationen werden durch solche Maßnahmen stark begrenzt, obwohl belastbare Studiendaten dazu vorliegen, dass häufiger Kontakt von Zweitsprachen-

5.5 Beschreiben und Wahrnehmen im österreichischen Lehrplan (DaZ)

Beschreiben und dessen Grundlage, das Wahrnehmen, spielen in der empirischen Untersuchung der vorliegenden Arbeit eine zentrale Rolle. Welchen Stellenwert das Beschreiben im österreichischen Lehrplan für Volksschulen (siehe 2.9) und im Speziellen im Fach „Deutsch, Lesen, Schreiben" hat, (siehe 2.9.2) wurde bereits in Kapitel 2 erläutert. Ebenfalls wurde der Stellenwert des Wahrnehmens im Rahmen von Lehrplananalysen ermittelt (siehe 3.6). Im Kontext von sprachlich heterogenen Klassen scheint es jedoch relevant, auch spezifische Lehrplanvorgaben für den Unterricht von Schülern und Schülerinnen mit nichtdeutscher Erstsprache zu untersuchen. Im Folgenden werden daher der Lehrplanzusatz *Deutsch für Schüler mit nichtdeutscher Muttersprache* (Fassung 2003), wie auch der Lehrplan der *Deutschförderklassen* (Fassung 2018) auf den Stellenwert des Beschreibens und des Wahrnehmens hin untersucht[142].

Der Lehrplanzusatz *Deutsch für Schüler mit nichtdeutscher Muttersprache* enthält keinen expliziten Verweis auf das Beschreiben; es gelten im Hinblick auf das Beschreiben dieselben Bestimmungen wie für Schüler/innen deutscher Erstsprache (siehe 2.9). Das Wahrnehmen spielt nur in zwei Bereichen eine Rolle, nämlich im Kontext des phonologischen Bewusstseins („Laute und Lautgruppen in ihren Eigenschaften wahrnehmen", BWBMF 2003: 6) und des interkulturellen Lernens („das Anderssein des jeweiligen anderen wahrnehmen", BWBMF 2003: 1). Auffallend ist jedoch, dass im Lehrplanzusatz *Deutsch für Schüler mit nichtdeutscher Muttersprache* performative Elemente hohen Stellenwert haben. Diese finden an vielen Stellen explizit Erwähnung, zum Beispiel als „Rollenspiele" für Wortschatzübungen (BWBMF 2003: 5), „Rollentexte" (BWBMF 2003: 8), „Nachspielen" von Texten beziehungsweise Textinhalten (BWBMF 2003: 8), „Rollensprechen im szenischen Darstellen" (BWBMF 2003: 4) oder „Rollenhandeln in Spielszenen erproben" (BWBMF 2003: 4), um aktives Sprachhandeln zu evozieren.

Betrachtet man den Lehrplan für *Deutschförderklassen* so zeigt sich ein gänzlich anderes Bild im Hinblick auf das Beschreiben: Dem Beschreiben wird hier eine Schlüsselfunktion im sprachlichen Lernen zugewiesen. Es steht quanti-

---

lernenden zu einsprachigen deutschen Kindern hoch signifikant mit guten Leistungen in der deutschen Sprache korreliert (vgl. Jeuk 2018a: 41).
142 Diese Untersuchungen beziehen sich auf die Häufigkeit der expliziten Nennungen von Beschreiben und Wahrnehmen in unterschiedlichen Lernkontexten.

tativ über dem Erzählen und dem Berichten wie auch dem Benennen[143]. Ebenso wird explizit gefordert, die Beschreibung im Medium Schrift zu realisieren. Aufgrund der expliziten Nennung der sprachlichen Handlungen *beschreiben*, *benennen*, *berichten* und *erzählen* ergibt sich folgende Rangordnung, welche den Stellenwert des Beschreibens in besonderer Weise verdeutlicht:

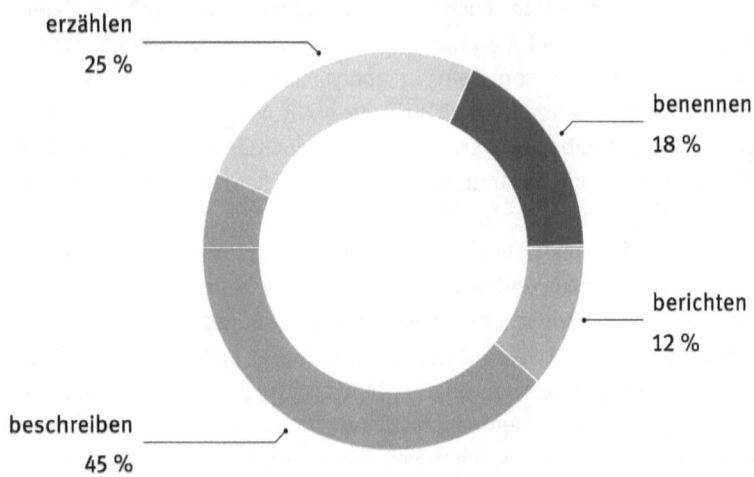

Abb. 7: Häufigkeit der expliziten Nennung ausgewählter sprachlicher Handlungen im Lehrplan für „Deutschförderklassen"

Die Wahrnehmung ist in diesem Lehrplan insofern von Bedeutung, als sie stets in Verbindung mit performativen Arbeitsformen (hier: „theaterpädagogische Elemente") angeführt wird: „Musik und theaterpädagogische Elemente ermöglichen einen abwechslungsreichen Zugang zur deutschen Sprache und fördern neben dem Ausdruck die Aufmerksamkeit, die Wahrnehmung, die Kooperation und den Selbstwert" (BMBWF 2018b: 4).

Es wird deutlich, dass gerade im Lehrplan für *Deutschförderklassen* im Vergleich zum Lehrplanzusatz (DaZ) und zum regulären Lehrplan im Fach *Deutsch, Lesen, Schreiben* dem Beschreiben als Grundlage für weiteres sprachliches Handeln in besonderer Weise Rechnung getragen wird. Das Beschreiben (oftmals in Beziehung mit dem Benennen) wird dabei in medial mündlichen wie auch schriftlichen Kontexten explizit genannt, mit dem Ziel, die elementaren

---

143 *Beschreiben*, *benennen*, *berichten* und *erzählen* sind die zentralen (am häufigsten genannten) sprachlichen Handlungen in diesem Lehrplan.

Grundlagen der mündlichen und schriftlichen Kommunikation aufzubauen und zu festigen[144].

5.6 Schlussfolgerung mit Bezug auf die empirische Untersuchung

Schreiben ist ein diffiziler und komplexer Vorgang; das betrifft das Schreiben in der Erstsprache ebenso wie das Schreiben in der Zweitsprache. Besonders das Schreiben in der Zweitsprache ist jedoch mit Herausforderungen verknüpft, welche aus sprachgebundenen (Verhältnis Erst- und Zweitsprache) und personengebundenen (z.B. Sprachkompetenz in der Erst- und Zweitsprache, vorschulische literale Erfahrung, Bildungshintergrund) Umständen erwachsen und entscheidend die Qualität von Texten prägen können (vgl. Grießhaber 2016: 221). Ebenfalls können sich sprachkulturelle Besonderheiten ergeben, die im Hinblick auf das Wahrnehmen einer Schreibaufgabe beziehungsweise eines Schreibauftrages entstehen, wobei auch hier vorhandene sprachgebundene Wissensbestände zentral sind (vgl. Marx 2017: 145).

Im Rahmen der empirischen Untersuchung (Kapitel 6) wird von Schülern und Schülerinnen mit deutscher und nichtdeutscher Erstsprache auf der dritten Schulstufe gefordert eine Bildbeschreibung zu generieren. Grundlegend ist, dass alle Probanden und Probandinnen im Rahmen des schulischen Sprachunterrichts bisher noch nicht mit der Beschreibung als Lernziel konfrontiert wurden, hier also individuelles und intuitives Beschreibungswissen abgerufen werden kann. Daher kann die folgende Untersuchung als Bestandsaufnahme von deskriptiven Grundkompetenzen im schriftlichen Bereich in sprachlich heterogenen Klassen (3. Schulstufe) dienen, die u.a. als Basis für die Entwicklung von sprachdidaktischen Konzepten nützlich sein könnte.

Das Beschreiben spielt – wie Lehrplananalysen zeigen – gerade im Sprachunterricht für außerordentliche Schüler/innen mit Deutsch als Zweitsprache in österreichischen Volksschulen (ab dem Schuljahr 2019/20) eine maßgebliche Rolle im Lehrplan. Dabei wird dem Beschreiben ein zentraler und vor allem aus sprachdidaktischer Perspektive entscheidend hoher Stellenwert[145] im Sprach-

---

[144] Dieser Umstand steht jedoch stets im Schatten einer segregativ angelegten Sprachförderung im Rahmen von separaten Sprachförderklassen.
[145] Beschreiben ist aus sprachdidaktischer Sicht als basale sprachliche Handlung für viele weitere sprachliche Handlungen grundlegend (siehe Kapitel 2). Der Fokus auf das Beschreiben im Lehrplan kann dafür sorgen, dass ein (solides) deskriptives Fundament in der Zweitsprache

unterricht beigemessen, indem im Lehrplan auf allen Schulstufen der österreichischen Primarstufe (Vorschule, Unter- und Oberstufe der Volksschule) explizit gefordert wird, dass das Beschreiben als sprachliche Handlung zunächst im mündlichen Bereich aufgebaut, ausdifferenziert und in weiterer Folge (sowie in Abhängigkeit von der Schulstufe) schriftlich realisiert werden soll[146]. Die im Rahmen der empirischen Untersuchung erhobenen Beschreibungen sollen Aufschluss über deskriptive (Schreib-)Kompetenzen von Erst- und Zweitsprachenlernenden geben, indem nicht fehler- und/oder defizitorientierte Textanalysen (z.B. in Bezug auf Orthographie und Syntax) durchgeführt werden, sondern deskriptionsspezifische Kompetenzen, wie Referieren, Attribuieren und Verorten von Gegenständen fokussiert werden. Dazu dient ein eigens für die empirische Untersuchung konzipiertes Auswertungsverfahren für Bildbeschreibungen, bei dem nicht die Sprachrichtigkeit, sondern die Untersuchung der erwähnten deskriptionsspezifischen Kompetenzen und in diesem Zusammenhang auch der deskriptionsrelevanten Informationen in den Beschreibungstexten im Zentrum steht[147]. Der m.E. berechtigte Einwand von Marx (2017), dass die L2-Forschung in starkem Maße fehler- und defizitorientiert sei (vgl. Marx 2017: 142), kann jedoch auch durch dieses Auswertungsverfahren im Rahmen der vorliegenden Studie nicht vollends entkräftet werden; dies betrifft im Besonderen die Ergebnispräsentation: Stellt man Textanalyseergebnisse von Erst- und Zweitsprachenlernenden einander gegenüber, kann diese Kontrastierung auch bei aller Vorsicht in der Datenbeschreibung (insbesondere bei großen Leistungsdifferenzen) bewertend erscheinen. In der vorliegenden Studie werden daher im Rahmen einer Bestandsaufnahme von deskriptiven Grundkompetenzen im schriftlichen Bereich neben separaten Auswertungen (L1-Lernende, L2-Lernende) und Gegenüberstellungen von Textprodukten von L1-Lernenden und L2-Lernenden auch alle Daten zusammengefasst beschrieben, um einen Blick auf reale Verhältnisse in sprachlich heterogenen Klassen zu ermöglichen. Ferner werden zu allen Probanden und Probandinnen neben personenbezogenen Daten wie biolo-

---

Deutsch gebaut wird, welches u.a. als Basis für weiteres Sprachhandeln (z.B. Erzählen, Erklären, Berichten etc.) nützlich ist.

146 Die empirische Untersuchung fand vor der Einführung dieser bildungspolitischen Maßnahme „Sprachförderklasse" statt, weshalb alle an der Untersuchung teilnehmenden Schüler/-innen ähnliche schulbezogene Voraussetzungen im Hinblick auf das Beschreiben hatten (keine schulische Vorbildung).

147 Es wird hier untersucht, ob und in welcher Weise auf Objekte eines Bildes referiert wird (Objekt-Referenz), ob und in welcher Form diese Objekte Attribuierungen erhalten (Objekt-Attribuierung) und ob die genannten Objekte lokal verortet werden (Objekt-Verortung). Detaillierte Ausführungen finden sich dazu in Kapitel 7.3.1.1.

gisches Alter, Geschlecht und Erst- beziehungsweise Familiensprache(n), auch die persönliche Einstellung und Motivation bezüglich Lesen und Schreiben außerhalb der Schule erhoben. Denn Schreiben „als problemlösendes Handeln kann man nur durch Schreiben lernen, und das nicht nur durch eigenes Schreiben, sondern auch durch Teilhabe an sozialen Praktiken der Textproduktion" (Feilke 2017: 160). Das Schreiben ist eng mit dem Lesen verbunden, indem durch die Textrezeption sprachbezogenes (Erfahrungs-) Wissen gesammelt wird: „Der für den Erwerb notwendige rezeptive Spracherfahrungshintergrund und der entsprechende Spracherwerbsinput bez. das, was der Lernende davon verstanden hat, kann nur durch Lesen respektive die Rezeption konzeptionell schriftlicher Sprache im Gebrauchszusammenhang aufgebaut werden" (Feilke 2017: 160). Neben diesen Erhebungsaspekten wird auch die Frage berücksichtigt, ob die Probanden und Probandinnen bereits in Österreich eingeschult wurden.

In der empirischen Untersuchung wird zudem die Wirkung eines sprachdidaktisch motivierten dramapädagogischen Vorgehens untersucht, von welchem angenommen werden kann, dass es sich für den Unterricht in sprachlich heterogenen Klassen eignen soll (siehe dazu Kapitel 4). Eine Besonderheit dieses Vorgehens soll neben dem performativ köperbetonten Arbeiten die Tatsache sein, dass damit nicht vordergründig an sprachgebundenes Schreib- und Textmusterwissen angeschlossen wird, sondern die individuelle Wahrnehmung als Basis des (Be)Schreibens sowie die Körpersprache im Fokus stehen. In diesem Kontext wird untersucht, welche Effekte dieses Vorgehen auf das schriftliche Beschreiben von Bildern zeigt und ob Zweitsprachenlernende von diesem sprachdidaktischen Arrangement in besonderer Weise profitieren oder nicht. Damit soll auf ein von Marx (2017) geäußertes Forschungsdesiderat eingegangen werden, das eine Untersuchung anregt, „inwiefern didaktische Schreibarrangements unterschiedliche Auswirkungen auf das Schreiben von Schülerinnen und Schülern mit deutscher Familiensprache vs. nichtdeutscher Familiensprache haben" (Marx 2017: 149).

6 Empirische Untersuchung

Die vorliegende Forschungsarbeit verortet sich in der didaktisch-empirischen Schreibforschung, bei der grundlagentheoretische und/oder anwendungsbezogene Fragestellungen in Bezug auf das Schreiben untersucht werden: Zu den grundlagentheoretischen Fragestellungen kann man hier jene zählen, die sich auf die Lernenden und deren individuelle Merkmale (z.B. Mehrsprachigkeit, Spracherwerb, Textmusterwissen etc.) sowie den Lerngegenstand (z.B. Schreibprodukte und -prozesse) beziehen. Die anwendungsorientierten oder auch „nutzeninspirierten" Fragestellungen (Steinhoff, Grabowski & Becker-Mrotzek 2017: 16) beziehen sich hingegen auf die Perspektive der Lehrenden und die durchaus komplexe interdependente Dynamik, die bei der Interaktion mit den Lernenden und aus dem Lerngegenstand im Prozess des Schreibenlehrens und -lernens entsteht (vgl. Steinhoff, Grabowski & Becker-Mrotzek 2017: 11ff.).

Diese Zweiteilung zwischen grundlagentheoretischen und anwendungsbezogenen Fragestellungen – also zwischen einer linguistischen Perspektive auf den Text als Lerngegenstand und den Schreiberwerb der Lernenden als Textproduzierende einerseits und einem didaktischen Fokus auf die Interaktion von Lehrenden, Lernenden und Lerngegenstand andererseits – bestimmt auch die Zielsetzungen dieser Arbeit; beide Bereiche sind Teil der empirischen Untersuchung.

Grundlagentheoretische Fragestellungen beziehen sich dabei auf die Untersuchung deskriptiver Grundkenntnisse von Beschreibungs-Novizen (Erst- und Zweitsprachenlernende) im medial schriftlichen Bereich und deren Entwicklungsspektrum. Damit soll eine Forschungslücke geschlossen werden, da es im deutschsprachigen Raum noch keine Untersuchung zu deskriptiven Kompetenzen und deren Entwicklung bei Beschreibungsnovizen mit Deutsch als Zweitsprache auf der Primarstufe im Bereich Schriftlichkeit gibt. Für Erstsprachenlernende liegen diesbezüglich am Beispiel von Zimmerbeschreibungen Ergebnisse vor (siehe 2.9.1). Linguistisch fundierte Grundlagen zu entwickeln, die für den Entwurf von förderlichen Unterrichtsarrangements zum Aufbau deskriptiver Kompetenzen von Zweitsprachenlernenden dienlich sind, erscheint aktuell als Forschungsdesiderat. Die vorliegende Erhebung in österreichischen Volksschulen kann somit zugleich als Beitrag für einen kompetenzfördernden Schreibunterricht gesehen werden, der sich an den tatsächlich vorhandenen Schreibfähigkeiten der jeweiligen Schüler/innen (mit Deutsch als Erst- und Zweitsprache) im Bereich des Beschreibens orientiert, um darin zu unterstützen, ihre deskriptiven Schreibkompetenzen zu erweitern und zu vertiefen (vgl. Baurmann & Pohl 2009: 75ff.). Unter deskriptiven Kompetenzen[148] werden in der vorliegenden Arbeit spezifisch ausgewählte Fähigkeiten und Fertigkeiten verstanden, die beim schriftlichen Verfassen einer Bildbeschreibung aktiviert werden. Dazu zählen: das Referieren auf Objekte (*Objekt-Referenz*), das Attribuieren der Objekte (*Objekt-Attribuierung*) und das Verorten derselben (*Objekt-Verortung*)[149]. Es wird der Frage nachgegangen, in welchem Ausmaß die jeweiligen Kompetenzen entwickelt sind und sich entsprechend in den Beschreibungstexten manifestieren (Perspektive auf den Text). Darüber hinaus wird untersucht, wie der Entwicklungsstand jener Kompetenzen bei Erstsprachenlernenden und Zweitsprachenlernenden ist (Perspektive auf die Entwicklung deskriptiver Schreibkompetenz). Um diese grundlagentheoretische Untersuchung – die Objekt-Referenz, Objekt-Attribuierung und Objekt-Verortung betreffend – in Bezug auf weitere schreib- und textrelevante Kriterien zu ergänzen, werden zudem im Rahmen von Zusatzuntersuchungen qualitative und quantitative Textanalysen (z.B. Formulierungsstrategien, deiktische Bildverweise, Textlänge etc.) durchgeführt, die den Blick auf den Status quo entsprechend komplementieren sollen.

Anwendungsorientierte Fragestellungen beschäftigen sich in der vorliegenden Arbeit mit der didaktisch relevanten schulpraktischen Frage, welche Unterrichtsarrangements der Weiterentwicklung jener deskriptiven Schreibkompetenzen (referieren, attribuieren und verorten von Objekten) förderlich sein könnten; dies im Besonderen mit Blick auf sprachlich heterogene Schulklassen der Primarstufe.

Deskriptive Kompetenzen werden in der vorliegenden Untersuchung anhand einer Bildbeschreibung untersucht; Grundlage des Beschreibens ist daher ein Bild als ein grundsätzlich visuell wahrnehmbarer Gegenstand. Im Zentrum der vorliegenden Untersuchung steht eine didaktische Intervention als praktische Umsetzung eines performativen Unterrichts (Dramapädagogik), der eine intensive Auseinandersetzung mit dem Beschreibungsgegenstand (Bild) erfordert und über die rein visuelle (Bild-)Wahrnehmung hinausgeht. Lernende werden dabei mit ihren jeweils persönlichen (Sprach-)Kenntnissen und (Wahrnehmungs-)Erfahrungen, insbesondere aber mit ihren individuellen Wahrnehmungs-

---

[148] Der Kompetenzbegriff wird hier nach Weinert (2001) verstanden als „die bei Individuen verfügbaren oder durch sie erlernbaren kognitiven Fähigkeiten und Fertigkeiten, um bestimmte Probleme zu lösen, sowie die damit verbundenen motivationalen, volitionalen und sozialen Bereitschaften und Fähigkeiten, um die Problemlösungen in variablen Situationen erfolgreich und verantwortungsvoll nutzen zu können" (Weinert 2001: 27).
[149] Die detaillierte Darstellung der Objekt-Referenz, Objekt-Attribuierung und Objekt-Verortung folgt in Kapitel 7.

möglichkeiten miteinbezogen, um die Wahrnehmung als Grundlage des Beschreibens (siehe Kapitel 2) gezielt anzuregen: Ein Bild wird körperlich dargestellt, wodurch man selbst Teil des Bildes wird (Standbild). Mehrkanalig kann ein Bild als Beschreibungsgegenstand anders wahrgenommen werden als bei ausschließlich visueller Konfrontation. Welche Auswirkungen diese erweiterte Bildwahrnehmung über performative Erfahrung in weiterer Folge auf das schriftliche Beschreiben haben kann, wird hier u.a. untersucht. Um diesbezüglich eine „systematische Wirkungsforschung zur Erfassung der Lernerträge" (Sambanis 2013: 116) zu realisieren, wurde eine Interventionsstudie mit Experimental- und Vergleichsgruppe in einem quasi-experimentellen Forschungsdesign[150] mit Prä- und Posttest geplant und durchgeführt. In der Experimentalgruppe wird die zuvor erwähnte dramapädagogisch gestaltete

---

150 Bei einem quasi-experimentellen Forschungsdesign werden natürliche Gruppen (z.B. Schulklassen) ohne randomisierte Zuordnung der Probanden und Probandinnen miteinander verglichen (vgl. Rossmann 2005: 152ff.). Es gilt dabei in besonderem Maße die Störvariablen zu kontrollieren, die als Probandenmerkmale (z.B. Alter, Geschlecht, Intelligenz, Ausbildung), Situationsmerkmale (z.B. Untersuchungszeit, Untersuchungsmaterial) und Versuchsleitermerkmale klassifiziert werden können (vgl. Hussy, Schreier & Echterhoff 2013: 121). In der vorliegenden Untersuchung erfolgt die Kontrolle der Situationsmerkmale durch Konstanthaltung von Testzeit, Testmaterial, Interventionszeit; bei den Interventionen in der Experimental- und Vergleichsgruppe werden dieselben Materialien (Bilder und Texte) verwendet, der Ablauf der Interventionen in beiden Untersuchungsgruppen folgt demselben Schema (jede Aufgabenstellung in der einen Untersuchungsgruppe hat eine adäquate Entsprechung in der anderen). Die Versuchsleitermerkmale werden insofern konstant gehalten, da dieselbe Person die Interventionen in beiden Untersuchungsgruppen durchführt. Probandenmerkmale werden anhand des Alters, Geschlechts und der Erstsprache(n) erhoben; alle Probanden und Probandinnen besuchten zum Zeitpunkt der Untersuchung die dritte Schulstufe. Die Zuordnung der Schulklassen zu einer Untersuchungsgruppe (Experimental- oder Vergleichsgruppe) erfolgt per Zufallsprinzip. Es muss jedoch grundsätzlich festgehalten werden, dass es sich bei jedem Unterricht um einen komplexen sozialen, interaktiven Prozess zwischen Schülern und Schülerinnen und Lehrperson(en) handelt. Wenn man diesen sozialen Prozess mit seinen spezifischen didaktischen Angeboten untersucht, um daraus allgemeine Konsequenzen ableiten zu können, muss es den Forschenden bewusst sein, dass pädagogisches Handeln immer ein komplexer und an Personen gebundener Prozess ist; er bleibt daher auch nicht über die Zeit hinweg stabil. Daher ist eine „Standardisierung zwischen PädagogInnen und KlientInnen ist im Verlauf einer Intervention nur in Randbedingungen erreichbar" (Hackl 2005: 171). So mag zwar die Lehrperson oder Versuchsleitung immer dieselbe sein, der Umgang mit den Schülern und Schülerinnen ist jedoch personen- und situationsgebunden und gestaltet sich dementsprechend unterschiedlich. Außerdem lassen sich auch persönliche Einstellungen oder Überzeugungen der Versuchsleitung und deren Auswirkung(en) auf die Probanden und Probandinnen bei der Umsetzung unterschiedlicher didaktischer Treatments nicht ausschließen (vgl. Bortz & Döring 2006: 101).

Intervention gesetzt, bei der eine körperliche Auseinandersetzung und die nonverbale Darstellung von Bildinhalten im Zentrum steht; danach folgt das schriftliche Beschreiben der Bildinhalte. Dem performativen Vorgehen in der Experimentalgruppe wird in der Vergleichsgruppe ein Verfahren gegenübergestellt, bei dem anstelle der körperlich-performativen Auseinandersetzung mit Bildinhalten eine mündlich-deskriptive Kommunikationssituation im Mittelpunkt steht: Visuell wahrgenommene Bildinhalte werden in Worte gefasst und mündlich beschrieben; diese verbalsprachliche Darstellung von Bildinhalten auf Basis der visuellen Wahrnehmung führt schließlich zum schriftlichen Beschreiben[151]. Die empirischen Zielsetzungen lassen sich wie folgt darstellen:

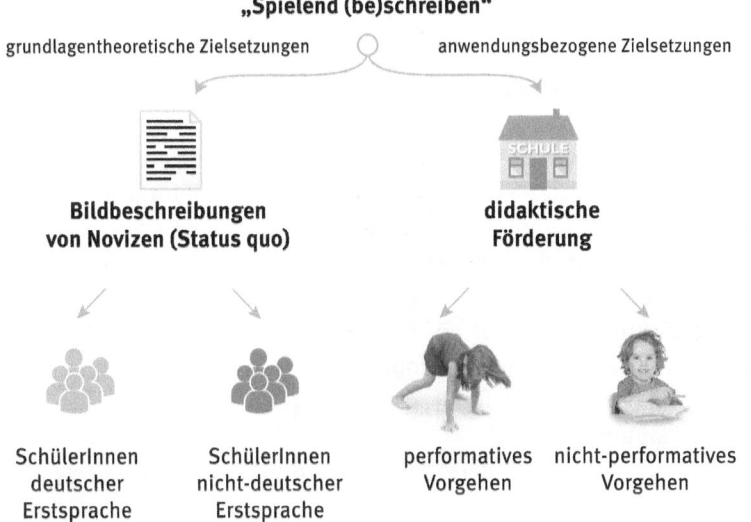

Abb. 8: Zielsetzungen der empirischen Untersuchung

Die Intervention wurde im Sachunterricht[152] (3. Schulstufe) umgesetzt, um sprachliches Lernen mit fachlichen Inhalten zu verknüpfen. Das primäre Forschungsinteresse dieser Arbeit gilt jedoch dem sprachlichen Lernen – der Untersuchung deskriptiver Schreibkompetenzen und deren Förderung. Der

---

151 Eine detaillierte Beschreibung und Gegenüberstellung beider Untersuchungsgruppen folgt in den Unterkapiteln 6.3.1, 6.3.2 und 6.3.3.
152 Der hier angesprochene Sachunterricht setzt sich mit der steirischen Landeshauptstadt Graz auseinander sowie mit geographischen und historischen Fakten.

Sachunterricht stellt lediglich die inhaltliche Rahmung dar, ohne das damit verbundene fachliche Lernen in den Vordergrund zu rücken. Die Frage nach den Effekten auf das fachliche Lernen ist zwar in diesem Zusammenhang relevant und wird eigens untersucht, ist jedoch nicht von primärem Forschungsinteresse.

6.1 Forschungsfragen und -hypothesen

Die Forschungsfragen gliedern sich in grundlagentheoretische und anwendungsbezogene Fragestellungen. Letztere werden wiederum nach dem jeweiligen didaktischen Kontext (Experimentalgruppe und Vergleichsgruppe) gesondert behandelt.

6.1.1 Grundlagentheoretische Forschungsfragen

Die im Folgenden angeführten Forschungsfragen beziehen sich ausschließlich auf die Textprodukte des ersten Messzeitpunktes (vor der didaktischen Intervention) und betreffen deskriptive Grundkenntnisse und Kompetenzen von Beschreibungs-Novizen (Erst- und Zweitsprachenlernende) im medial schriftlichen Bereich. Dies mit dem Ziel, einen Einblick in den Entwicklungsstand deskriptiver (Schreib-Kompetenzen auf der dritten Schulstufe in Bezug auf die Variablen Objekt-Referenz, Objekt-Attribuierung sowie Objekt-Verortung[153] zu erhalten (Blick auf den Text aus der Perspektive der Schreiberwerbsforschung). Die Fragen dazu lauten:
1. Welche Muster der Objekt-Referenz zeigen die Beschreibungstexte der Schüler/innen?
2. Welche Muster der Objekt-Attribuierung zeigen die Beschreibungstexte der Schüler/innen?
3. Welche Muster der lokalen Objekt-Verortung zeigen die Beschreibungstexte der Schüler/innen?

---

[153] Zusatzuntersuchungen (siehe 7.3.1.3), die sich auf weitere schreib- und textspezifische Aspekte beziehen (z.B. Formulierungsstrategien, deiktische Verortungen, Textlänge etc.), stehen nicht im Fokus des primären Untersuchungsinteresses und dienen ausschließlich dazu, die grundlagentheoretische Untersuchung bezüglich der Variablen Objekt-Referenz, Objekt-Attribuierung und Objekt-Verortung qualitativ zu ergänzen. Im Sinne dieses lediglich ergänzenden Zusatzes werden auch keine spezifischen Forschungsfragen formuliert.

4. Gibt es Zusammenhänge zwischen dem Muster der Objekt-Referenz, der Objekt-Attribuierung und der lokalen Objekt-Verortung?

Unterschiede zwischen Erst- und Zweitsprachenlernenden
5. Welche Unterschiede hinsichtlich der Objekt-Referenz zeigen Beschreibungstexte von Schüler/innen mit deutscher Erstsprache und Schüler/innen mit nicht-deutscher Erstsprache?
6. Welche Unterschiede hinsichtlich der Objekt-Attribuierung zeigen Beschreibungstexte von Schüler/innen mit deutscher Erstsprache und Schüler/innen mit nicht-deutscher Erstsprache?
7. Welche Unterschiede hinsichtlich der lokalen Objekt-Verortung zeigen Beschreibungstexte von Schüler/innen mit deutscher Erstsprache und Schüler/innen mit nicht-deutscher Erstsprache?

6.1.2 Anwendungsbezogene Forschungsfragen

Alle im Folgenden angeführten Forschungsfragen beziehen sich auf die Textprodukte (Bildbeschreibungen) des ersten und des zweiten Messzeitpunktes und untersuchen den Unterschied zwischen Status quo und Status post, also vor und nach der didaktischen Intervention.

Performative sprachdidaktische Intervention in der Experimentalgruppe
8. Kommt es nach der Intervention zu signifikanten Veränderungen bei der Objekt-Referenz in Beschreibungstexten der Experimentalgruppe (Erst- und Zweitsprachenlernende)?
9. Kommt es nach der Intervention zu signifikanten Veränderungen bei der Objekt-Attribuierung in Beschreibungstexten der Experimentalgruppe (Erst- und Zweitsprachenlernende)?
10. Kommt es nach der Intervention zu signifikanten Veränderungen bei der lokalen Objekt-Verortung in Beschreibungstexten der Experimentalgruppe (Erst- und Zweitsprachenlernende)?
11. Wie evaluieren die Schüler/innen den Unterricht in der Experimentalgruppe?
12. Wie evaluieren die Lehrpersonen den Unterricht in der Experimentalgruppe?

Nicht-performative sprachdidaktische Intervention in der Vergleichsgruppe

13. Kommt es nach der Intervention zu signifikanten Veränderungen bei der Objekt-Referenz in Beschreibungstexten der Vergleichsgruppe (Erst- und Zweitsprachenlernende)?
14. Kommt es nach der Intervention zu signifikanten Veränderungen bei der Objekt-Attribuierung in Beschreibungstexten der Vergleichsgruppe (Erst- und Zweitsprachenlernende)?
15. Kommt es nach der Intervention zu signifikanten Veränderungen bei der lokalen Objekt-Verortung in Beschreibungstexten der Vergleichsgruppe (Erst- und Zweitsprachenlernende)?
16. Wie evaluieren die Schüler/innen den Unterricht in der Vergleichsgruppe?
17. Wie evaluieren die Lehrpersonen den Unterricht in der Vergleichsgruppe?

Rahmung der sprachdidaktischen Interventionen

Die sprachdidaktischen Interventionen beider Untersuchungsgruppen werden im Sachunterricht durchgeführt, woraus sich folgende – hier untergeordnete – Forschungsfragen ergeben:

18. Sind signifikante Effekte auf den fachlichen Wissenszuwachs nach der performativen Intervention der Experimentalgruppe (Erst- und Zweitsprachenlernende) zu verzeichnen?
19. Sind signifikante Effekte auf den fachlichen Wissenszuwachs nach der nicht-performativen Intervention der Vergleichsgruppe (Erst- und Zweitsprachenlernende) zu verzeichnen?

6.1.3 Hypothesen

Die Hypothese, die dieser Untersuchung zugrunde liegt, bezieht sich auf mögliche Effekte dramapädagogischen Arbeitens auf den Ausbau deskriptiver Schreibkompetenzen. Hier liegt der Fokus auf einer über körperliche Darstellung und Bewegung gewonnenen Wahrnehmungserfahrung von grundsätzlich rein visuellen Impulsen (Bild als Beschreibungsgegenstand) als Basis für das Beschreiben. Die Hypothese dazu lautet:

> Dramapädagogisch geführter Sprachunterricht zum Ausbau deskriptiver Schreibkompetenzen, der mittels performativer Techniken (Pantomime, Standbildverfahren, Theaterbrille) die Schulung der Wahrnehmung als Grundlage des Beschreibens fokussiert, zeigt eine positive Wirkung auf das Verfassen von Bildbeschreibungen in Bezug auf

Genauigkeit (Objekt-Referenz, Objekt-Attribuierung) und Zusammenhang (Objekt-Verortung) in der Beschreibung.

Durch die Rahmung der sprachdidaktischen Interventionen ergibt sich die Subhypothese, die sich auf einen dramapädagogisch geführten Unterricht und mögliche Effekte auf das fachliche Lernen bezieht, diese lautet:

> Dramapädagogisch geführter Sprach- und Sachunterricht, der performatives Lernen und performative Themenerarbeitung einsetzt, zeigt eine positive Wirkung auf das Erlernen von Sachinformationen.

6.2 Darstellung des Ablaufs der Interventionsstudie

Im Folgenden wird in berichtender Form die Interventionsstudie dargestellt. Sie besteht aus drei Phasen: Prätest, sprachdidaktische Intervention und Posttest.

In der Prätestphase mussten alle Schüler/innen ein Bild beschreiben. Die Bildbeschreibung wurde anhand folgender Aufgabenstellung samt Überschrift evoziert: „Bildbeschreibung. Beschreibe das Bild ganz genau". Der zugrundeliegende Bildimpuls für die Beschreibung war folgender:

Abb. 9: Bildimpuls Prätest

Um möglichen Wortschatzproblemen zu begegnen, erhielten die Lehrpersonen zuvor sogenannte Lernwörter (alle Objekte, Farben, Größenangaben, lokale Verortungen etc. des Bildes). Diese sollten den Schüler/innen bei Bedarf im Unterricht vor Durchführung der Untersuchung vertraut gemacht werden. Bei der Durchführung des Tests wurde den Probandinnen und Probanden mitgeteilt, dass sie sich bei Fragen – auch den Wortschatz betreffend – jederzeit an die Versuchsleitung wenden könnten[154]. Aufgrund der inhaltlichen Rahmung der sprachdidaktischen Intervention im Sachunterricht wurde im Anschluss an die Bildbeschreibung der aktuelle Wissensstand der Probanden und Probandinnen betreffend die steirische Landeshauptstadt Graz mittels Multiple-Choice-Test überprüft.

Die Phase der didaktischen Interventionen[155] umfasste insgesamt sechs Unterrichtsstunden, die zu drei Blöcken zusammengefasst wurden. Die Klassen lernten dabei in einem – ihnen per Zufallsprinzip zugeordneten – jeweils unterschiedlich gestalteten Unterrichtsarrangement: Für die Experimentalgruppe wurde ein performatives (dramapädagogisches) Arrangement und für die Vergleichsgruppe ein nicht-performatives Arrangement entwickelt. In beiden Fällen wurden die Schüler/innen schrittweise mit dem Verfassen einer Bildbeschreibung vertraut gemacht.

In der Posttest-Phase mussten alle Probanden und Probandinnen neuerlich ein Bild beschreiben. Die Bildbeschreibung wurde – wie in der Prätestphase – anhand folgender Aufgabenstellung samt Überschrift evoziert: „Bildbeschreibung. Beschreibe das Bild ganz genau". Der zugrundeliegende Bildimpuls für die Beschreibung war folgender:

---

[154] Von diesem Angebot machte allerdings niemand Gebrauch. Ferner wurde auch den Schülern und Schülerinnen mitgeteilt, dass bei der Durchsicht der Texte nicht auf die (korrekte) Rechtschreibung geachtet wird, sondern inhaltliche Komponenten im Zentrum stehen.

[155] Die detaillierte Darstellung beider Untersuchungsgruppen, das konkrete sprachdidaktische Vorgehen zum Ausbau deskriptiver Kompetenzen sowie deren inhaltliche Rahmung folgt in den Unterkapiteln 6.3 ff.

Abb. 10: Bildimpuls Posttest

Im Anschluss an die Bildbeschreibung erfolgte – wie in der Prätestphase auch – ein Multiple-Choice-Test, um das fachliche Wissen nach der Intervention zu überprüfen. Zusätzlich machten alle Probanden und Probandinnen mittels Fragebogen Angaben zu persönlichen Schreib- und Lesepräferenzen[156] und bewerteten in einem weiteren Fragebogen das didaktische Setting der Intervention. Auch von den Lehrpersonen, die während der Intervention anwesend waren, wurden Rückmeldungen zum Setting mittels Fragebogen eingeholt. Abbildung 11 visualisiert den Ablauf der Untersuchung:

---

156 Die erläuternde Darstellung des Fragebogens zu persönlichen Lese- und Schreibpräferenzen folgt in Kapitel 7.

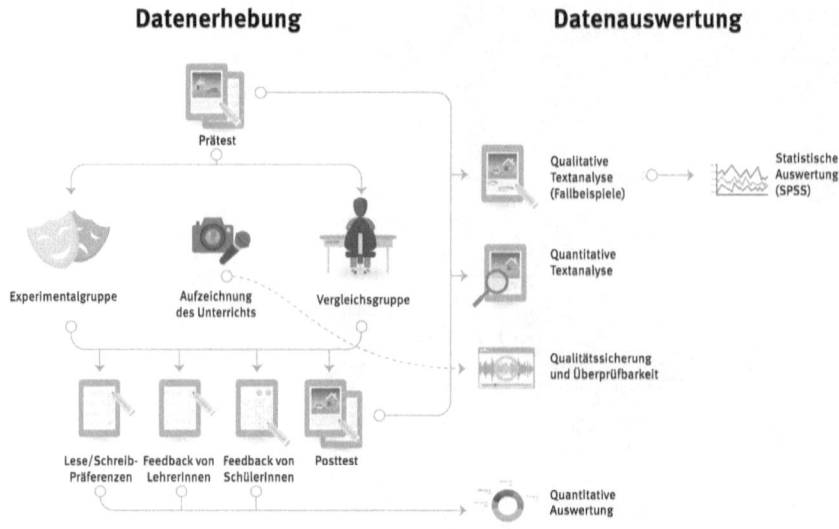

Abb. 11: Darstellung des Untersuchungsablaufs (Datenerhebung und -auswertung)

6.3 Sprachdidaktische Intervention und deren Rahmung

Die Unterrichtsarrangements *beider* Untersuchungsgruppen (Experimental- und Vergleichsgruppe) behandelten gleichermaßen[157] drei zentrale Kriterien des Beschreibens: Objekt-Referenz, Objekt-Attribuierung und lokale Objekt-Verortung. Damit verbunden setzten sich die Schüler/innen mit unterschiedlichen Fragestellungen auseinander, die sich u.a. auf einen visuellen Impuls – ein manipuliertes Foto[158] (siehe Abb. 12, 13 & 14) – bezogen: *Was* sehe ich auf dem Bild? *Wie* sieht das, was ich sehe, konkret aus? *Wo* lassen sich die einzelnen Bildinhalte im Bild verorten? Bei den manipulierten Fotos handelt es sich um ‚Reisefotos', welche zugleich zur inhaltlichen Rahmung der sprachdidaktischen Intervention führten. Dabei wurden die Schüler/innen (fiktiv) auf eine fantastische Reise

---

[157] Experimentalgruppe und Vergleichsgruppe arbeiteten mit grundsätzlich identen Unterrichtsinhalten, was das sprachliche Lernen und die sachliche Rahmung betrifft; auch die Chronologie der Vermittlung der Unterrichtsinhalte verlief ident.

[158] Durch die Manipulation von Fotos konnten bestimmte auffallende Objekte (Objekt-Referenz) ungewöhnlich positioniert (Objekt-Verortung) und mit speziellen Attributen (Objekt-Attribuierung) versehen werden; dies mit der Intention, die Aufmerksamkeit bei der Beschreibung des Bildes gezielt zu lenken.

durch die steirische Landeshauptstadt Graz erzählerisch mitgenommen[159], je nach Untersuchungsgruppe didaktisch-methodisch unterschiedlich angeleitet (performativ vs. nicht-performativ). Im Zusammenhang mit dieser Reise durch Graz wurden Reiseeindrücke anhand der manipulierten Fotos durch die Schüler/-innen beschrieben und Sachinformationen zum jeweiligen Reiseziel vermittelt.

Der im Folgenden grob skizzierte Ablauf betrifft das Vorgehen, das in *beiden* Untersuchungsgruppen ident durchgeführt wurde: Die erste Unterrichtseinheit befasste sich mit dem *Benennen* von Gegenständen beim Beschreiben. Die Probanden und Probandinnen beschäftigten sich also mit der Frage: „*Was* sehe ich?" Dabei sollten sie erfahren können, dass es unterschiedliche Bezeichnungen für dieselbe Sache gibt und das Benennen je nach Kontext und Sprachproduzent/in unterschiedlich realisiert werden kann. Das Bild, das im Zusammenhang mit dieser Fragestellung behandelt und beschrieben wurde, ist ein manipuliertes Foto des barocken Schlosses Eggenberg im Westen von Graz (Abb. 12), welches mit seinem Park zu den wichtigsten barocken Anlagen der Steiermark zählt.

Abb. 12: Beschreibungsbild Schloss Eggenberg – „Verrückte Reise durch Graz" (1. Einheit)

---

159 Die Reise per se war nicht fantastisch, die dabei geschilderten ungewöhnlichen Erlebnisse (z.B. Feuerwehreinsatz in einem Schlossgarten, Elefant in einem Park etc.) jedoch schon. Die Gründe für diese unerwarteten, auch unrealistischen Brüche waren: Das Moment des Ungewöhnlichen (auch als dramaturgisches Mittel) soll Aufmerksamkeit (siehe 3.4.2.1 zu „Frame" und 3.4.2.2 zu „Script") und Spannung erzeugen. Der Umstand der Ungewöhnlichkeit soll die Relevanz und damit die Motivation, es zu beschreiben, erhöhen und die Reflexion anregen.

In der zweiten Unterrichtseinheit wurde die Frage gestellt: „*Wo* befindet sich etwas?". Anhand der Lektüre eines Beschreibungstextes (Bildbeschreibung eines Reisebildes), der als Modelltext diente, wurde die konkrete Lokalisierung von Gegenständen thematisiert. Der Modelltext wurde – je nach Untersuchungsgruppe unterschiedlich methodisch angeleitet (performativ vs. nicht-performativ) – in ein Bild umgesetzt. Die Bildvorlage des Beschreibungstextes wurde von den Schülern und Schülerinnen rekonstruiert[160] und dabei der Modelltext kritisch reflektiert.[161] Die inhaltliche Rahmung bezog sich auf den Grazer Stadtpark als historisch bedeutungsvolles Naherholungsgebiet der Stadt Graz. Der Modelltext war folgender:

> Im Hintergrund befinden sich die hohen Bäume des Grazer Stadtparks. Davor in der Mitte ist der runde Stadtparkbrunnen mit seinen vielen Bronzefiguren. Von den Figuren spritzt Wasser in das Brunnenbecken. Rechts dahinter – schräg in der Erde – befindet sich das Kunstwerk „der rostige Nagel". Vor dem Brunnen auf der rechten Seite steht ein rotes Fahrrad. Vor dem Fahrrad ist ein lila Campingzelt aufgebaut; sein Eingang steht offen. Links neben dem Zelt befindet sich ein roter Wecker. Er zeigt acht Uhr an. Vor dem Brunnen auf der linken Seite steht ein großer, grauer Elefant mit mächtigen Stoßzähnen. Ein blau, gelb, rot und orange karierter Heißluftballon schwebt rechts oben in der Luft. Der Himmel ist blau, ein paar Wolken sind zu sehen und die Sonne scheint.

Das dem Beschreibungstext zugrundeliegende manipulierte Reisefoto folgt in Abb. 13:

---

160 Die Schüler/innen der Experimentalgruppe mussten den Text (abwechselnd) laut lesen und den Textinhalt nachspielen, indem sie entsprechende Rollen (z.B. Elefant, Wecker, Baum etc.) und damit auch die konkreten lokalen Positionen des Beschreibungstextes einnehmen. Die Vergleichsgruppe musste ebenfalls den Text laut lesen, danach aber den Textinhalt mit Bildversatzstücken rekonstruieren. Bei diesen Bildversatzstücken handelte es sich um gedruckte Elemente des Bildes, welche die Schüler/innen ausschneiden und an den entsprechenden Positionen auf ihren Arbeitsunterlagen fixieren mussten. Nach Ausführung der entsprechenden Aufgaben wurde den Schülern und Schülerinnen beider Untersuchungsgruppen das dem Text zugrundeliegende manipulierte Bild ausgehändigt, um eine Reflexion und Diskussion über die Qualität des Beschreibungstextes anzuregen.

161 Neben einer textkritischen Reflexion über den Modelltext kam es in allen Unterrichtseinheiten beider Untersuchungsgruppen bei der Auseinandersetzung mit den manipulierten Bildern zu einer intensiven Diskussion und Reflexion über Realität und Fiktion, Wahrheit und Fälschung. Die Manipulation von Bildern im Alltag (z.B. Werbung) wurde in diesem Zusammenhang in beiden Untersuchungsgruppen thematisiert.

Abb. 13: Beschreibungsbild Grazer Stadtpark – „Verrückte Reise durch Graz" (2. Einheit)

In der dritten Einheit setzten sich die Schüler/innen mit der Frage nach der Beschaffenheit von Gegenständen, der Frage, *wie* etwas aussieht, auseinander; dabei sollten sie erfahren, dass Gegenstände nach unterschiedlichen Kriterien (z.B. Farbe, Größe, Oberflächenbeschaffenheit etc.) Attribuierungen erhalten können. Als Grundlage für diese Auseinandersetzung diente wiederum ein manipuliertes Reisefoto (Abb. 14), welches im Zusammenhang mit dieser Fragestellung beschrieben wurde. Es stellt den Grazer Schlossberg dar, der mit dem Grazer Uhrturm als Wahrzeichen von Graz gilt.

Abb. 14: Beschreibungsbild Grazer Schlossberg – „Verrückte Reise durch Graz" (3. Einheit)

6.3.1 Experimentalgruppe

In der Experimentalgruppe wurde eine dramapädagogisch fundierte sprachdidaktische Intervention durchgeführt. Im Unterrichtsarrangement wurden relevante Merkmale dramapädagogischen Arbeitens (siehe 4.2) beachtet sowie dramapädagogische Arbeitsformen (siehe 4.2.1) eingesetzt: Im Fokus dieses Treatments stand die ganzheitliche Wahrnehmungserfahrung[162] (als Grundlage des Beschreibens), die durch performative Arbeitstechniken angeregt werden sollte. Das bewusste und gezielte Wahrnehmen stellt nach Heinemann (2000) ein wichtiges Kriterium für das Behandeln und Erlernen des Beschreibens im Unterricht dar (siehe 2.9.2.2.3); das betonen u.a. auch Klotz (2013) und Abraham (2005 & 2012).

Die Versuchsleitung übernahm dabei die Rolle einer Person (*teacher in role*), die eine ‚verrückte' und ‚fantastische' Reise durch Graz (mit unglaublichen Erlebnissen) unternommen hatte und den Schülern und Schülerinnen davon erzählte.

Jede Unterrichtseinheit begann mit einer kurzen körperlichen Aufwärmphase (Kreistanz)[163]. Danach beschäftigten sich die Schüler/innen mit jeweils einer der zentralen Fragen des Beschreibens: *Was* sehe ich? (1. Einheit), *Wo* befindet es sich? (2. Einheit) und *Wie* sieht es aus? (3. Einheit). Zu diesem Zweck wurde mit der Technik der „Theaterbrille" gearbeitet[164]. Den Schüler/innen wurde erklärt, dass die Arbeit am Theater zur Grundlage habe, dass Dinge, Menschen und Situationen ganz genau beobachtet werden. Schauspieler/innen müssten eine besondere Beobachtungsgabe besitzen, die man trainieren könne – und zwar u.a. mit Hilfe einer Theaterbrille. Da grundsätzlich jeder Mensch im Besitz so einer Theaterbrille sei (man formt mit den Fingern einen Brillenrahmen

---

[162] Diese ganzheitliche Wahrnehmung – man sieht den Gegenstand der Beschreibung nicht nur, man hört ihn, fühlt ihn und ist schließlich dieser Gegenstand selbst – versteht sich als Erweiterung der oftmals schulbedingten, schwerpunktmäßig visuell/auditiv einschränkenden „Formierung der Sinnlichkeit der Schüler" (Meyer 2017, 66).

[163] Grundlegend für die Untersuchung war, dass beide Gruppen mit identen Unterrichtsinhalten arbeiteten, alle Aufgaben in der Experimentalgruppe eine adäquate Entsprechung in der Vergleichsgruppe hatten und der Ablauf der Interventionen in beiden Untersuchungsgruppen demselben Schema folgte. Das körperliche Aufwärmen (hier ein Kreistanz) als Einstiegsphase einer dramapädagogischen Unterrichtsmodellierung nach Tselikas (1999) (siehe 4.2.2) ist jedoch eine spezifisch performative Tätigkeit, für die sich keine Entsprechung in der Vergleichsgruppe fand.

[164] Die Technik der „Theaterbrille" wurde eigens für die vorliegende Untersuchung konzipiert.

und setzt sich diesen auf), könne eigentlich auch jeder ganz genau sehen[165], denn hat man die Brille aufgesetzt, sieht man die Welt nicht nur anders, sondern auch viel konkreter und fokussierter.

Zu jeder zentralen Frage – W*as?* (1. Einheit) *Wo?* (2. Einheit) *Wie?* (3. Einheit) – wurde die performative Arbeitstechnik der Pantomime (siehe 4.2.1) eingesetzt und zunächst aktive Wortschatzarbeit betrieben. Unter dem Motto: *Wenn einer eine Reise tut, so kann er was erzählen,* wurden folgende Aufgaben schrittweise erledigt: Die Schüler/innen mussten zuerst diverse Objekte körperlich benennen und darstellen (Was? 1. Einheit), dann körperlich verorten (Wo? 2. Einheit) und letztlich Gegenstandsmerkmale darstellen (Wie? 3. Einheit). Die pantomimische Darstellung bezog sich dabei immer auf Bildkarten[166].

Im Sitzkreis wurde dann ein persönliches Reisetagebuch (performative Spiel-Requisite) gezeigt und daraus vorgelesen. Es enthielt neben Sachinformationen zu den Reisezielen auch persönliche Zeichnungen, Skizzen und Fotos. Im Zusammenhang mit dem Reisetagebuch wurde das Beschreiben als eine Form der Reisedokumentation vorgestellt. Zu jedem Reiseziel[167] schilderte die Versuchsleitung ein ganz außergewöhnliches Erlebnis, das im Reisetagebuch einerseits beschrieben und schriftlich fixiert und andererseits auch fotografiert worden war; hier wurden die manipulierten Bilder ins Spiel gebracht und gezeigt (siehe Abb.12, 13 & 14). Die Schüler/innen wurden danach selbst Teil dieser Reise, indem sie mittels Standbildverfahren (siehe 4.2.1) in dieses außergewöhnliche Bild „springen" und es mit allen wahrgenommenen Einzelheiten darstellen und nacherleben sollten[168]. Beim Nachstellen eines Bildes mittels Standbild-Technik war hier eine besondere Herausforderung das lokale Positionieren im Spielfeld; man musste von einem zweidimensionalen, flächigen Bild ausgehend ein dreidimensionales Standbild schaffen. In diesem Fall konnte man die Bildvorlage im Hinblick auf das lokale Verorten nicht 1:1 übernehmen und musste sie erst „übersetzen". Eine Aufgabe, die sich besonders für Primarstufen-schüler/innen als durchaus komplex herausstellte.

Das nachgespielte Bild wurde fotografiert und für eine anschließende Reflexionsphase ausgedruckt. Damit wurde der Vergleich des Originalbildes mit

---

[165] Den Schüler/innen wurde auch eine Kartonbrille zum Ausschneiden und Ausmalen ausgehändigt, damit sie sich mit dem Prinzip der Theaterbrille eingehend beschäftigen konnten.
[166] Das gleiche Bildmaterial zu den gleichen Fragestellungen in Bezug auf die Wortschatzarbeit erhielt auch die Vergleichsgruppe in ihrem nicht-performativen Arrangement.
[167] 1. Einheit: Schloss Eggenberg, 2. Einheit: Grazer Stadtpark, 3. Einheit: Grazer Schlossberg
[168] In der zweiten Einheit wurde – wie bereits erwähnt – mit einem Beschreibungstext als Vorlage gearbeitet. Hier stellten die Schüler/innen das Bild anhand des Modelltextes (Bildbeschreibung) nach.

dem „nachgespielten" Bild möglich und mündete in ein Reflexionsgespräch im Plenum (Selbst- und Fremdreflexion[169]). Danach erfolgte der bewusste Ausstieg aus der zuvor eingenommenen Rolle[170]. Die Schüler/innen erhielten ein Heft als ihr persönliches Reisetagebuch[171], in welches sie landeskundliche Sachinformationen (Sachtexte mit Worterklärungen, Bildmaterial[172]) und das Originalfoto sowie das nachgestellte Foto einkleben konnten.

Im Anschluss daran mussten sie in ihrem persönlichen Reisetagebuch eine schriftliche Bildbeschreibung des Originalfotos unter Mithilfe der Theaterbrille verfassen. Das bedeutet, dass das schriftliche Beschreiben im Anschluss an das persönliche – körperliche und sinnliche – Wahrnehmen und Erleben erfolgte. Dafür saßen die Kinder wieder an ihrem Arbeitsplatz, setzten sich die Brille auf und beschrieben nach ihrer performativen Erfahrung das Foto; dies mit folgender Aufgabenstellung: „Beschreibe das Bild so genau, dass man es sich gut vorstellen, es nachspielen oder nachzeichnen kann".

Beim sprachdidaktischen Setting der Experimentalgruppe handelt es sich um ein vorwiegend prozess-, handlungs- und erfahrungsbezogenes Arbeiten, welches das erfahrende Individuum in den Mittelpunkt didaktischer Bemühungen stellt. Dementsprechend ist auch kein kritisches Publikum vorgesehen (keine konkrete Adressatenorientierung), das korrigierendes Feedback zu den Darstellungen geben könnte – es ist ein Spiel, bei dem sich alles um die Agierenden und ihr persönliches Erleben dreht. Die Schüler/innen erhalten also keine Anleitung, wie eine Beschreibung „funktioniert", sie erhalten auch kein korrigierendes Feedback zu ihrer Darstellung – ihrem „nonverbalen Beschreiben". Ihr schriftliches Beschreiben kann als unmittelbare Verbalisierung ihres persönlichen Erlebens und der Auseinandersetzung mit dem Bild verstanden werden.

---

169 Diese Reflexion bezog sich einerseits auf die eigene Rolle im Standbild und die persönliche Erfahrung innerhalb dieser Rolle, andererseits auch auf das Bild und dessen Inhalt und führte stets zur Diskussion über Wahrheit und Fiktion, Realität und Manipulation.
170 Der Ausstieg aus einer Rolle ist eine spezifisch performative Tätigkeit, die in der Vergleichsgruppe in dieser Form keine Entsprechung fand. Dieser Ausstieg erfolgte z.B. über das *Entrollen* aus der eingenommenen Rolle (man streift die Rolle durch Streich- und Klopfbewegungen wie ein Kostüm ab). Dies stellt einen bewussten Ausstieg aus dem performativen Spiel dar.
171 Die Tatsache, dass die Schüler/innen ebenfalls ein Reisetagebuch (performative Requisite) führten, war Teil des performativen Arrangements; das Reisetagebuch stellte das Pendant zu Unterrichtsmaterialien wie Arbeitsblätter dar, die bei der Vergleichsgruppe Verwendung fanden.
172 Dasselbe Bild- und Textmaterial verwendete auch die Vergleichsgruppe; diese führte jedoch kein Reisetagebuch, sondern verwendete Arbeitsblätter.

Diese Arbeitsweise ermöglicht den Schüler/innen eine performative Erfahrung, die sich in weiterer Folge – so die Arbeitshypothese – über die Anreicherung der rein visuellen Wahrnehmung durch weitere Wahrnehmungskanäle und Bewegung auf das Beschreiben förderlich auswirken kann. Der Fokus dieses Unterrichtsarrangements liegt somit auf der sinnlichen Bildwahrnehmung, initiiert durch performatives Anleiten des *teacher in role*. Schüler/innen lernen ein Bild bewusst körperlich wahrzunehmen und die Bildinhalte zu inszenieren, das Wahrgenommene also aktiv darzustellen, ehe es schriftlich beschrieben wird. Man betrachtet etwa einen Elefanten nicht nur, man stellt ihn dar. Man merkt, wie sich der Gang auf allen Vieren anfühlt, spürt die Bewegung eines gemächlich schreitenden Elefanten nach, nimmt seine Körperhaltung ein. So gelangen Lernende vom individuellen Wahrnehmen über das kollektive Darstellen in einem performativen Setting hin zum schriftlichen Beschreiben.

Abb. 15: Sprachliches Lernen: Visueller Input – performative Erfahrung – schriftliches Beschreiben

Die inhaltliche Rahmung der didaktischen Intervention gestaltete sich im performativen Unterrichtsarrangement der Experimentalgruppe folgendermaßen: Die Versuchsleiterin übernahm die Rolle einer ehemaligen Reisenden. Sie hatte ihren Rucksack bei sich, der die notwendigen Spielrequisiten enthielt: einen Stadtplan, eine Fotokamera, Stifte und ein Reisetagebuch. Sie erzählte von ihrer außergewöhnlichen und „verrückten" Reise durch Graz und lud die Kinder zur Mitreise in einem performativen Spiel ein. In der Rolle einer Reiseführerin vermittelte sie Sachinformationen und machte den Schüler/innen zudem ein besonderes Identifikationsangebot: eine bei ihnen persönlich anwesende Person hat etwas ganz Außergewöhnliches erlebt und stellt dies performativ dar. Das fachliche Lernen war also als Teil des performativen Spiels konzipiert und fand in Verbindung mit dem sprachlichen Lernen (dem Beschreiben von Bildern von der Reise) statt. Es bildete die informative Grundlage und war sozusagen das Bühnenbild für die Reiseziele im Spiel.

Alle fachlichen Inhalte wurden in der darauffolgenden Einheit in der Klasse wiederholt, wobei auch hier – wie beim performativen Lehren und Lernen – die Bewegung eine wichtige Rolle spielte: Klatschend und klopfend begleiteten Freiwillige rhythmisch jene, die die Inhalte der letzten Einheit wiederholten.

6.3.2 Vergleichsgruppe

Die Vergleichsgruppe arbeitete in einem stark materialgestützten, nicht-performativen Unterrichtsarrangement. Zentrales Kriterium dieses Treatments ist die visuelle und auditive Wahrnehmungserfahrung eines Beschreibungsgegenstandes als Grundlage des Beschreibens[173]. Dies geschah in einer realen kommunikativen Situation: Man beschreibt also mündlich einer anderen Person ein ihr tatsächlich unbekanntes Objekt und erhält Rückmeldung[174]. Diese reale kommunikative Situation ist nach Heinemann (2000) ein wichtiges Kriterium für das Erlernen von Beschreiben im Unterricht (siehe 2.9.2.2.1).

Die Versuchsleiterin[175] im nicht-performativen Unterrichtsarrangement erklärte die Aufgabenstellungen der Unterrichtsmaterialien und leitete die Unterrichtsgespräche. Anhand der Unterrichtsmaterialien wurde eine „verrückte Reise" durch Graz vorgestellt, die zwei Kinder – Max und Lilli (siehe Abb. 16), ebenfalls Volksschulkinder auf der dritten Schulstufe – gemeinsam erlebten[176].

Die Schüler/innen wurden im Unterricht – so wie die Experimentalgruppe auch – mit den drei für das Beschreiben zentralen Fragen konfrontiert: *„Was* sehe ich?" (1. Einheit), *„Wo* befindet es sich?" (2. Einheit) und *„Wie* sieht es aus?" (3. Einheit). Zu diesem Zweck wurde u.a. mit einem Lesezeichen[177] gearbeitet. Es enthielt diese drei Fragestellungen, die mit den beiden Figuren Max und Lilli kindgerecht grafisch aufbereitet wurden.

---

[173] Im Vergleich dazu erfährt die Experimentalgruppe eine Ergänzung der visuellen und auditiven Bildwahrnehmung über das körperliche Darstellen und die Bewegung.

[174] Inwieweit didaktisch evozierte Situationen *reale* Kommunikationssituationen sind, kann man grundsätzlich in Frage stellen.

[175] Im Sinne einer Konstanthaltung der Versuchsleitermerkmale (die versuchsleiterbedingte Stör-variable betreffend) war die Versuchsleiterin in der Experimental- wie auch Vergleichsgruppe dieselbe Person.

[176] Die Figuren Max und Lilli verstehen sich als nicht-performatives Pendant zur Reiseleiterin (*teacher in role*) der Experimentalgruppe.

[177] Es handelte sich bei dem Lesezeichen um das nicht-performative Pendant zur Theaterbrille der Experimentalgruppe.

Abb. 16: Max und Lilli

Dieses Lesezeichen sollte Unterstützung beim späteren Verfassen einer schriftlichen Beschreibung bieten und an die zentralen Fragen erinnern. Zu jeder Frage wurden den Schüler/innen in den Arbeitsunterlagen Paper-Pencil-Aufgaben vorgelegt, um zunächst Wortschatzarbeit zu realisieren. Unter dem Motto: *Wenn einer eine Reise tut, so kann er was erzählen*, wurden die einzelnen Fragen beantwortet. Die Schüler/innen mussten in den Arbeitsunterlagen diverse Objekte auf Bildern[178] der Arbeitsunterlagen zuerst schriftlich benennen (Was? 1. Einheit), dann schriftlich verorten (Wo? 2. Einheit) und letztlich schriftlich Qualitätskriterien ausfindig machen (Wie? 3. Einheit)[179].

Nach der Beschäftigung mit einer der zentralen Fragestellungen des Beschreibens erhielten die Kinder die Aufgabe ein Bild mündlich zu beschreiben: Im Rahmen der außergewöhnlichen Reise wurden Fotos vorgestellt, die Max und Lilli als Beweis für unglaubliche Situationen mitgebracht haben; es handelte sich um dieselben manipulierten Bilder wie in der Experimentalgruppe (siehe Abb. 12, 13 & 14). Im Rahmen einer Beschreibungsaufgabe erhielt die gesamte Klasse bis auf zwei Schüler/innen ein manipuliertes Bild. Die zwei Schüler/innen mussten das Bild, das sie nicht kannten, anhand der mündlichen Beschreibung ihrer Mitschüler/innen an die Tafel zeichnen. Bei dieser Aufgabe handelte es sich um eine 1:1-Umsetzung eines zweidimensionalen Bildes in ein weiteres zweidimensionales Bild. Während des Zeichnens durften sie keine Rückfragen stellen, sondern nur nonverbal bei Unklarheiten agieren[180]. Nach Abschluss dieser

---

178 Es handelte sich hier um die gleichen Bilder wie in der Experimentalgruppe, die dort auf Bildkarten bei der Pantomime gezeigt wurden.
179 Bei allen Schreibaufgaben wurden die Ergebnisse im Plenum präsentiert und diskutiert.
180 Diesem Vorgehen lag folgende Überlegung zugrunde: Werden nur nonverbale Rückmeldungen gegeben (z.B. mit den Achseln zucken), bleibt die Kritik noch unspezifisch. Es braucht einen intensiven Perspektivenwechsel; Beschreibende müssen sich in die Zeichnenden versetzen und erahnen, welche Ungenauigkeiten in ihrer mündlichen Beschreibung liegen.

Beschreibungsaufgabe erhielt die Klasse von den Zeichnenden schließlich Feedback zu ihrem mündlichen Beschreiben. Das Tafelbild wurde mit dem Originalbild verglichen und im Klassengespräch wurden Optimierungsvorschläge hinsichtlich Qualität und Genauigkeit der mündlichen Beschreibung diskutiert.

Das mündliche Beschreiben samt Rückmeldung im Klassengespräch mündete schließlich in das schriftliche Beschreiben; dies anhand folgender Aufgabenstellung: „Beschreibe das Bild ganz genau. So genau, dass ein anderes Kind anhand deiner Beschreibung das Bild nachzeichnen kann".

Beim sprachdidaktischen Setting der Vergleichsgruppe handelt es sich um ein vorwiegend kommunikationsbezogenes Arrangement, welches die Produzierenden/Rezipierenden-Dyade[181] in den Mittelpunkt stellt. Dementsprechend ist auch eine kritische Zuhörerschaft vertreten, die korrigierendes Feedback zu den mündlichen deskriptiven Äußerungen gibt. Die Lernenden gelangen von der visuellen Wahrnehmung eines Bildes über das mündliche Beschreiben (auditive Wahrnehmung) in einer Kommunikationssituation mit einem realen Adressaten/einer realen Adressatin mit Feedbackschleife hin zum schriftlichen Beschreiben. Es handelt sich um ein prozess-, produkt- und adressatenbezogenes Unterrichtsarrangement – im Gegensatz zum stärker prozessbezogenen und eben nicht adressatenbezogenen Unterrichtsarrangement (es gibt kein Publikum) der Experimentalgruppe.

Abb. 17: Sprachliches Lernen: Visueller Input – kommunikative Erfahrung – schriftliches Beschreiben

Die inhaltliche Rahmung der sprachdidaktischen Intervention gestaltete sich im nicht-performativen Setting der Vergleichsgruppe folgendermaßen: Die Figuren Max und Lilli – wie bereits erwähnt hatten beide eine Reise durch Graz unternommen und Außergewöhnliches erlebt – führten auf den Arbeitsblättern durch

---

181 „Dyade" versteht sich hier als wechselseitige Beziehung zweier Einheiten bzw. Seiten.

den Ablauf des Sachunterrichts. Damit erhielten die Schüler/innen ein Identifikations-Angebot von gleichaltrigen Personen (auch Max und Lilli besuchten die dritte Klasse Volksschule). Die Arbeitsunterlagen enthielten Sachtexte[182], die Sachinformationen zum jeweiligen Reiseziel beinhalteten und an Schulbüchern und Zeitschriften für die Primarstufe orientiert waren (siehe 6.4.4). Die Texte wurden abwechselnd laut gelesen, schwierige Begriffe wurden durch die Versuchsleitung erklärt, auch schriftliche Worterklärungen auf den Arbeitsblättern gegeben und wichtige Informationen hervorgehoben[183].

Die fachlichen Inhalte wurden in der darauffolgenden Einheit in der Klasse im Dialog mit den Schülern und Schülerinnen wiederholt; jedoch nicht in Bewegung wie bei der Experimentalgruppe. Es handelte sich dabei um ein freiwilliges Wiederholen mit dem Ziel der nachhaltigen Verankerung der Unterrichtsinhalte im Gedächtnis der Lernenden.

6.3.3 Gegenüberstellung der Untersuchungsgruppen

Das sprachliche Lernen mit dem Schwerpunkt auf dem Beschreiben wurde je nach Untersuchungsgruppe unterschiedlich realisiert. Die Experimentalgruppe erlebte einen stark wahrnehmungsbezogenen Ansatz, der von der visuellen Wahrnehmung ausgeht und die ganzheitliche Bildwahrnehmung u.a. über das körperliche Darstellen (körperliches Beschreiben) und die daraus resultierende performative Erfahrung als Ausgangspunkt für das schriftliche Beschreiben sieht. Die Vergleichsgruppe wiederum ging ebenfalls von der visuellen Bildwahrnehmung aus, die u.a. in einer realen Kommunikationssituation sprachlich dargestellt wurde (mündliches Beschreiben); diese kommunikative Erfahrung war der Ausgangspunkt für das schriftliche Beschreiben.

---

[182] Es handelt sich bei den Sachtexten um die gleichen Sachtexte, die sich im Reisetagebuch der Versuchsleitung (performatives Unterrichtsarrangement der Experimentalgruppe) befanden. Dort wurden aber die Sachtexte im performativen Spiel vorgelesen und mit den Kindern besprochen.
[183] Die Aufgabe, die wichtigsten Informationen im Text in Partnerarbeit durch Unterstreichen hervorzuheben, stellte sich als zu komplex für Grundschüler/innen auf der dritten Schulstufe heraus: Es wurde entweder alles oder nichts unterstrichen. Auch die gemeinsame Diskussion im Anschluss an diese Partnerarbeit zeigte, dass den Lernenden die nötigen Strategien für diese Aufgabe noch fehlten. Aus diesem Grund wurde diese Aufgabe in modifizierter Form erledigt, indem die Versuchsleitung gemeinsam mit den Schülern und Schülerinnen die wichtigsten Informationen im Plenum zusammenfasste.

Um die Merkmale beider Untersuchungsgruppen zu verdeutlichen, werden die didaktischen Unterrichtsarrangements von Experimental- und Vergleichsgruppe im Folgenden gegenübergestellt[184]:

Tab. 3: Sprachliches Lernen – Gegenüberstellung der Untersuchungsgruppen

Experimentalgruppe	Vergleichsgruppe
Fokus der Aufmerksamkeit wird durch performatives Anleiten auf erweiterte sinnliche Bildwahrnehmung gelenkt	Fokus der Aufmerksamkeit wird durch sprachliches Anleiten auf visuelle Bildwahrnehmung gelenkt
Bildwahrnehmung/-erkenntnis primär nonverbal (Körpersprache), Darstellen mittels körperlichen Ausdrucks (Inszenierung)	Bildwahrnehmung/-erkenntnis primär verbal, Darstellen mittels sprachlichen Ausdrucks (Kommunikationsanlass)
Fokus liegt auf körperlichem Darstellen / Inszenieren von Bildern zum spielerischen Selbstzweck ohne Adressaten (Prozessorientierung als dramapädagogisches Prinzip)	Fokus liegt auf sprachlichem Beschreiben von Bildern mit Blick auf die Rezeption durch Adressaten
Bilder beschreiben über bewusstes Wahrnehmen sowie körperliches und persönliches Erfahren und Inszenieren der Bildinhalte	Bilder beschreiben über bewusstes Wahrnehmen sowie mündliches Beschreiben der Bildinhalte in einer didaktisch evozierten Kommunikationssituation mit geplanter Rückmeldung durch die Adressaten und Adressatinnen
Fokus auf primär körperliches (nonverbales) Benennen, Attribuieren und Verorten von Objekten (durch Pantomime)	Fokus auf sprachliches (mündliches und schriftliches) Benennen, Attribuieren und Verorten von Objekten
Prozess-, handlungs- und erfahrungsbezogener Ansatz	Prozess-, produkt- und adressatenbezogener Ansatz
Erfahrendes Individuum steht im Mittelpunkt	Produzierenden/Rezipierenden-Dyade steht im Mittelpunkt

---

[184] Bei dieser Gegenüberstellung mag u.U. fälschlicherweise der Eindruck entstehen, dass das sprachdidaktische Setting der Experimentalgruppe ohne jegliche verbal-sprachliche Komponente auskomme; dies ist keineswegs der Fall. Auch wenn der Fokus des Settings grundsätzlich auf einer körpersprachlichen Auseinandersetzung mit deskriptionsrelevanten Inhalten liegt, ist die verbalsprachliche Kommunikation unter den Schülern und Schüler/innen sowie mit der Versuchsleitung in keiner Weise ausgeschlossen.

Experimentalgruppe	Vergleichsgruppe
Von der visuellen Wahrnehmung über körperliches Darstellen im performativen Spielmodus (körperliches Beschreiben) hin zum schriftlichen Beschreiben	Von der visuellen Wahrnehmung über sprachliches Darstellen in einer realen, didaktisch evozierten Kommunikationssituation (mündliches Beschreiben) hin zum schriftlichen Beschreiben
Primär non-verbale Kommunikation ohne Adressat/in (kein Publikum)	Verbale Kommunikation mit Adressat/in
Performative Erfahrung	Kommunikationsbezogene Erfahrung
Ganzheitliche Bildwahrnehmung (Standbild: körperliches Beschreiben)	Visuelle, auditive Bildwahrnehmung (Beschreibungsaufgabe: mündliches Beschreiben)
Darstellung eines 2-dimensionalen Bildes in einem 3-dimensionalen Raum	Darstellung eines 2-dimensionalen Bildes in einem 2-dimensionalen Feld (Tafel)
Kein (korrigierendes) Feedback beim körperlichen Darstellen/Beschreiben	(Korrigierendes) Feedback beim sprachlichen (mündlichen) Darstellen/Beschreiben durch Adressaten und Adressatinnen
Theaterbrille als Hilfsmittel für das schriftliche Beschreiben ohne konkrete Orientierungskriterien	Lesezeichen als Hilfsmittel für das schriftliche Beschreiben mit konkreten Orientierungskriterien

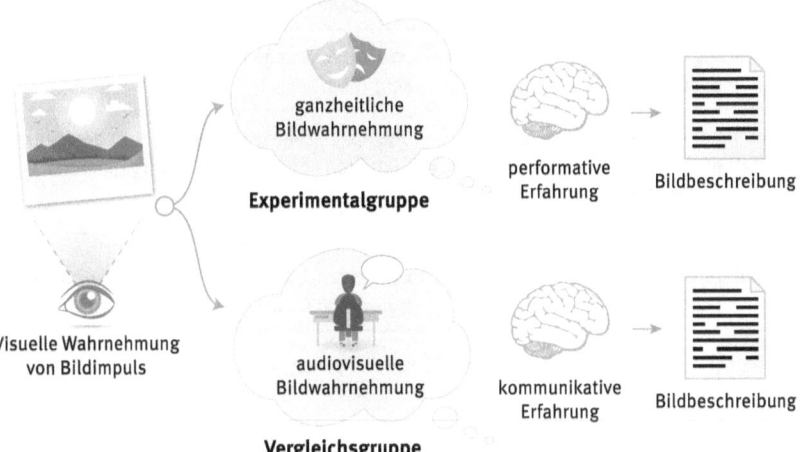

Abb. 18: Sprachliches Lernen: Gegenüberstellung der beiden Untersuchungsgruppen

Die Rahmung der sprachdidaktischen Interventionen in beiden Untersuchungsgruppen umfasste – wie bereits erwähnt – die fachliche Auseinandersetzung mit geschichtlichen und geografischen Daten zu bestimmten Sehenswürdigkeiten der steirischen Landeshauptstadt Graz. Dies wurde je nach Untersuchungsgruppe unterschiedlich realisiert, wie folgende tabellarische Gegenüberstellung zeigt:

Tab. 4: Fachliche Rahmung – Gegenüberstellung der Untersuchungsgruppen

Experimentalgruppe	Vergleichsgruppe
Sachinformationen werden performativ (teacher in role) vermittelt	Sachinformationen werden über einen Sachtext vermittelt (Leseaufgabe)
Versuchsleitung schlüpft in eine Rolle (teacher in role)	Versuchsleitung als Lehrperson
Sachlernen ist alltagsbezogen, performativ kontextualisiert (die Grazreise wird im Spiel selbst unternommen)	Sachlernen ist unterrichtsbezogen kontextualisiert (die Grazreise von Max und Lilli ist Teil der Arbeitsunterlagen)
Identifikationsangebot für Schüler/innen: teacher in role als ‚Reiseleiterin'	Identifikationsangebot für Schüler/innen sind gleichaltrige Kinder (Max und Lilli)
Reisetagebuch stellt u.a. außerschulischen (persönlichen) Bezug her	Arbeitsunterlagen stellen primär Bezug zu schulischem Kontext dar
Sachinformationen werden gehört und besprochen	Sachinformationen werden gelesen und besprochen
(Wort-)Erklärungen erfolgen mündlich, schriftlich und/oder darstellerisch	(Wort-)Erklärungen erfolgen mündlich oder schriftlich
Alle Materialien (rostiger Nagel, Feder, Ginkgo-Blatt etc.) können visuell und haptisch wahrgenommen werden	alle Materialien (rostiger Nagel, Feder, Ginkgo-Blatt etc.) können visuell wahrgenommen werden
Lernstoffwiederholung erfolgt rhythmisch im Plenum (auf freiwilliger Basis)	Lernstoffwiederholung erfolgt im Lehrenden/Lernenden-Dialog im Plenum (auf freiwilliger Basis)

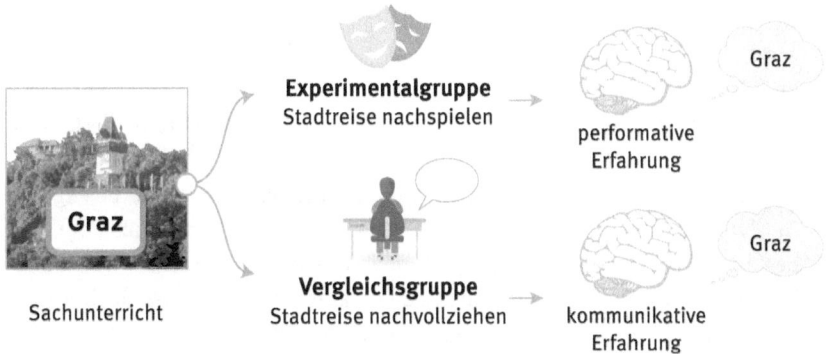

Abb. 19: Fachliche Rahmung: Gegenüberstellung der beiden Untersuchungsgruppen

6.4 Exkurs: Konzeption der Materialien und Pilotierung

Bei Prä- und Posttest wie auch den didaktischen Interventionen beider Untersuchungsgruppen wurden Aufgabenstellungen und Materialien (z.B. Bilder, Texte) verwendet, die durch Pilotierung überprüft wurden; auf diese wird im Folgenden in berichtender Form eingegangen.

6.4.1 Testbild

In der empirischen Untersuchung werden deskriptive (Schreib-)Kompetenzen anhand von Bildbeschreibungen untersucht. Um Bildbeschreibungen zu evozieren, muss den Probanden und Probandinnen beim Prä- und Posttest ein bestimmter Bildimpuls vorgelegt werden.

Bei der Konzeption der Testbilder stellte sich die Frage, was auf den Bildern dargestellt werden sollte und was bei Schülern und Schülerinnen auf der dritten Schulstufe auch als bekannt vorausgesetzt werden könne. Zudem wurde der Frage nachgegangen, ob die Bezeichnung der Objekte des Bildes im Wortschatz von Volksschüler/innen mit deutscher und nicht-deutscher Erstsprache vorausgesetzt werden können. Ferner, wie diese Gegenstände im Bild angeordnet werden sollten. Folgende Anforderungen wurden schließlich betreffend die Bildkonzeption definiert:
– Alle Objekte sollen den Kindern bekannt sein und ihre Bezeichnung muss im aktiven Wortschatz von L1- und L2-Lernenden als bekannt vorausgesetzt

werden können, um Wortschatzproblemen beim Beschreiben vorzubeugen[185].
- Im Bild sollen keine Zusammenhänge kausaler, temporaler, sozialer etc. Art dargestellt werden, weil dies u.U. mehr als „nur" ein Beschreiben erfordern würde.
- Im Bild soll kein dynamischer Bildinhalt dargestellt sein (keine Bewegung, Aktion oder soziale Interaktion), weil dies u.U. ebenfalls mehr als „nur" ein Beschreiben evozieren würde. Zudem lädt eine dargestellte Aktion oder Interaktion dazu ein, eine Handlung zu erzählen (wie zum Beispiel bei einer Bildergeschichte), anstatt zu beschreiben.
- Im Bild sollen eindeutige lokale Lagebeziehungen zwischen den Objekten vorherrschen, um das Verorten der Gegenstände zu erleichtern.
- Bei allen im Bild dargestellten Objekten soll eine detaillierte Beschreibung möglich sein, über die grundlegende Objekt-Referenz hinaus sollen Details benannt werden können.
- Das Bild soll einen möglichst neutralen Schauplatz bieten, damit die Hauptaufmerksamkeit auf die Objekte gelenkt wird („aufgeräumtes" Bild).

Auf Basis dieser Überlegungen wurden unterschiedliche Bildentwürfe konzipiert. Diese wurden danach von fünf Lehrpersonen der Primarstufe mit Blick auf diese Kriterien bewertet, mögliche Problembereiche wurden diskutiert. Diese Bewertungen führten zur Auswahl zweier Bilder, die erneut optimiert wurden. Zuletzt wurden die Testbilder von Probanden und Probandinnen (n=5) im Alter von 2 bis 10 Jahren beschrieben. Dabei zeigte sich, dass die zwei Kinder im Alter von 2 und 4 Jahren bereits alle Gegenstände problemlos identifizieren, attribuieren und auch zum Teil lokal verorten konnten. Als Ergebnis dieses mehrstufigen Prozesses entstanden zwei Testbilder, die sich nur in geringem Maß voneinander unterscheiden und als Bildimpulse für den Prä- und Posttest fungieren sollten[186].

---

[185] Alle Lehrpersonen erhielten vor Durchführung der Untersuchung zudem „Lernwörter", die sich auf die Testbilder und deren Objekte (Hund, Auto, Haus, Wiese etc.) samt Lokalisierungs- (rechts, links, oben etc.) und Attribuierungsmöglichkeiten (Farbe, Größe, Material etc.) bezogen. Diese sollten sie entsprechend ihrer Einschätzung der Schüler/innen im Unterricht thematisieren.

[186] In Zusammenhang mit den Testbildern wurden auch die Bilder der ‚verrückten' Reise, die nicht in den Testphasen, sondern im Unterricht beider Untersuchungsgruppen Verwendung finden sollten, eingehend mit Lehrpersonen der Primarstufe (n=5) diskutiert, von den Kindern (n=5) beschrieben und entsprechend optimiert.

Prätest　　　　　　　　　　**Posttest**

Abb. 20: Testbilder für Prä- und Posttest

6.4.2 Aufgabenstellung

Beim Prä- und Posttest wurden den Probanden und Probandinnen ein Bildimpuls vorgelegt und mittels Aufgabenstellung samt Überschrift: „Bildbeschreibung. Beschreibe das Bild ganz genau", eine schriftliche Bildbeschreibung gefordert. Es handelt sich hier um eine unprofilierte[187] und im Hinblick auf die sprachdidaktischen Settings der Interventionen gänzlich neutrale Aufgabenstellung.

---

[187] Die Profilierung von Aufgaben geht auf eine explorative Studie von Bachmann et al. (2007) zurück (2. Schulstufe, *n*= 56); es handelt sich dabei nach Bachmann & Becker-Mrotzek (2010) um spezifische Erweiterungen ‚konventioneller' Aufgaben in folgenden Bereichen: Die Schüler/-innen sollen in der Schreibaufgabe mit der Funktion des zu schreibenden Textes vertraut gemacht werden; sie sollen verstehen, welches kommunikative Problem gelöst werden muss. Ferner sollen sie die Möglichkeit haben, sich erforderliches Weltwissen und sprachliches Wissen anzueignen, denn schließlich sollen sie ja ‚wissen' worüber sie schreiben. Zudem sollten sie die Gelegenheit bekommen – wie in mündlichen Kommunikationssituationen auch – die Wirkung des Textes auf Textrezipierende zu überprüfen. Außerdem sollten die Schüler/innen die Möglichkeit erhalten ihren Text im Rahmen sozialer Interaktion(en) zu verfassen. Von der sozialen Interaktion sollen speziell junge Lerner profitieren, die dadurch die „Zerdehnung" der Sprechsituation im Schreiben leichter überwinden können. (Vgl. Bachmann & Becker-Mrotzek 2010: 195) Denn „beim Schreiben liegt der pragmatische Sonderfall vor, dass es zwar eine soziale, interaktive, kommunikative Handlung ist, aber Produzent und Rezipient zeitlich versetzt agieren" (Fix 2008: 46); weshalb Schreiben nach Ehlich (1984) als „zerdehnte Kommunikation" bezeichnet werden kann. Aufgrund dieser zeitlichen, aber auch räumlichen Trennung fehlen in einem schriftlichen Kontext gemeinsame Referenzen, die in mündlicher Kommunikation vermehrt gegeben sein können (vgl. Fix 2008: 46).

Im Rahmen der Pilotierungsphase stellte sich grundsätzlich die Frage, ob eine Adressatenorientierung (z.B. beschreiben für ein anderes Kind) und ein Handlungsziel beziehungsweise eine Funktion (z.B. das andere Kind muss das Bild anhand der Beschreibung nachzeichnen können) in der Aufgabenstellung enthalten sein sollten. Außerdem war noch nicht klar, welchen konkreten Einfluss eine teil-profilierte Aufgabenstellung auf die Schüler/innen-Performanzen im Hinblick auf das hier verwendete Bild haben könnte[188]. Aus diesem Grund wurden folgende zwei Aufgabenstellungen samt Überschrift im Hinblick auf die Testbilder untersucht:
1. Bildbeschreibung. Beschreibe das Bild ganz genau.
2. Bildbeschreibung. Beschreibe das Bild ganz genau. So genau, dass ein anderes Kind anhand deiner Beschreibung das Bild nachzeichnen kann.

Zwei Schüler (8 und 9 Jahre alt) verfassten zu jeder Aufgabenstellung eine Bildbeschreibung. Es zeigte sich, dass die Textprodukte Qualitätsunterschiede im Hinblick auf die lokale Verortung der Gegenstände im Bild aufwiesen: Die Bildbeschreibungen, die durch die teil-profilierte Aufgabenstellung (zweite Aufgabenstellung) evoziert wurden, führten zu mehr und exakteren Verortungen der Objekte im Bild (z.B. *rechts ist ein Haus, in der Mitte ist...*)[189].

6.4.3 Didaktische Settings

Die didaktischen Settings beider Untersuchungsgruppen orientierten sich einerseits an den Vorgaben des österreichischen Lehrplans für Volksschulen und

---

[188] Untersuchungen von Bachmann et al. (2007) zeigen, dass „gut strukturierte und tief in soziale Interaktion eingebettete Aufgabenstellungen insbesondere die Ausdifferenzierung anspruchsvoller pragmatischer Schreibfähigkeiten positiv beeinflussen" (Bachmann & Becker-Mrotzek 2010: 197) können. Zudem zeigt sich, dass dadurch auch „ungünstige Startbedingungen" wie zum Beispiel Bildungsferne oder Deutsch als Zweitsprache teilweise kompensiert werden (vgl. Bachmann & Becker-Mrotzek 2010: 197).
[189] Trotz der gewonnenen Erkenntnisse in Bezug auf das Testbild und die Aufgabenstellungen fiel letztlich die Entscheidung zu Gunsten einer nicht-profilierten Aufgabenstellung. Dies aus folgenden Gründen: Es handelt sich um eine Testaufgabe, die möglichst außerhalb jeder didaktischen Orientierung stehen und hinsichtlich der sprachdidaktischen Treatments beider Untersuchungsgruppen neutral sein sollte. Dabei ist zu bedenken, dass die Vergleichsgruppe der Untersuchung (siehe 6.3.2) in der Intervention intensiv mit diesem Aufgabentyp in Form der mündlichen Beschreibungsaufgabe arbeiten würde, die Experimentalgruppe jedoch nicht und es zu einem Trainingseffekt kommen könnte. Eine teilprofilierte Aufgabenstellung könnte somit an die Intervention der Vergleichsgruppe in direkter Form vorteilhaft anknüpfen.

andererseits an Empfehlungen und Überlegungen zum Ausbau deskriptiver (Schreib-)Kompetenzen aus theoretischer Forschungsliteratur (Heinemann 2000; Klotz 2013; Abraham 2005). Auf dieser Basis wurden didaktische Settings für zwei Untersuchungsgruppen konzipiert, die sich auf die gleichen Materialien (Bilder, Texte etc.) stützten. Ferner hatten auch alle Aufgabenstellungen ihre grundsätzlich äquivalenten Entsprechungen in der Experimental- und Vergleichsgruppe[190]. Die beiden Settings wurden eingehend von externen Personen überprüft: Alle Aufgabenstellungen beider Unterrichtsarrangements wurden mit Lehrpersonen der Primarstufe ($n=5$) kritisch besprochen. Aufgrund der langjährigen Berufserfahrung und dem besonderen Engagement dieser Lehrpersonen im Bereich *Deutsch als Zweitsprache* kam es zu wichtigen Hinweisen die praktische Umsetzung betreffend. Für die Konzeption des performativen Unterrichts der Experimentalgruppe wurden zudem Meinungen von Fachleuten aus dem Theaterbereich (Theaterpädagogen und Theaterpädagoginnen, Schauspielerinnen) eingeholt ($n=7$).

Nach eingehendem Feedback von Personen aus der schulischen und künstlerischen Praxis sowie der anschließenden Überarbeitung der Settings wurden die Aufgabenstellungen mit Probanden und Probandinnen ($n=5$) auf diversen Altersstufen (2, 4, 6, 8, 10 Jahre) ausprobiert, Rückmeldungen der Kinder wurden eingeholt und in die abschließende Optimierung vorgenommen.

6.4.4 Inhaltliche Rahmung und Sachtexte

Die didaktischen Interventionen beider Untersuchungsgruppen erfuhren ihre inhaltliche Rahmung im Sachunterricht, um (neben dem eigentlichen Fokus auf das sprachliche Lernen) auch Sachinformationen (geographische und historische Daten zur steirischen Landeshauptstadt Graz) zu vermitteln. Zu diesem Zweck wurden die Vorgaben des österreichischen Lehrplans der Volksschulen betrachtet. Im Lernbereich „Erfahrungs- und Lernbereich Raum[191]" soll u.a. an die Orientierung der Schüler/innen in ihrer unmittelbaren Umgebung angeschlossen werden, damit erste „Erfahrungen [...] am Beispiel des Heimatortes,

---

[190] Die Experimentalgruppe mit dramapädagogischem Unterricht hatte jedoch drei ‚Phasen', die spezifisch für performatives Arbeiten sind und daher grundsätzlich keine Entsprechung im Unterricht der Vergleichsgruppe fanden. Es handelte sich um das Abschließen eines Klassenvertrages, der die Spielregeln dramapädagogischen Arbeitens festsetzt, das (körperliche) Aufwärmen (hier ein Kreistanz) und den bewussten Ausstieg aus der ‚Rolle'.
[191] Der Unterrichtsgegenstand Sachunterricht ist in folgende Erfahrungs- und Lernbereiche gegliedert: Raum, Gemeinschaft, Natur, Zeit, Wirtschaft, Technik (vgl. BMBWF 2018: 85).

des politischen Bezirkes, des Bundeslandes sowie größerer Regionen gewonnen werden" können (BMBWF 2018, 85); auf der dritten/vierten Schulstufe sollen u.a. „Kenntnisse über wichtige Bauwerke, Sehenswürdigkeiten, regionale Besonderheiten etc. des Wohnortes/des Wohnbezirkes" (BMBWF 2018: 97) erworben werden. Neben den Vorgaben des Lehrplans wurden Schulbücher für den Sachunterricht auf der dritten und vierten Schulstufe im Hinblick auf den „Erfahrungs- und Lernbereich Raum" untersucht. Zu den inhaltlichen Kriterien[192] stellte sich auch die Frage nach der sprachlichen Aufbereitung von Sachthemen (Syntax, Wortschatz, Worterklärung(en) und Bild-Textverhältnis). Zu diesem Zweck wurden neben den Schulbüchern auch Schul-Zeitschriften, die in Österreich meist im Klassenverband von Schüler/innen abonniert werden (und oftmals Unterrichtsthemen mitbestimmen) diesbezüglich untersucht[193]. Auf Basis dieser qualitativen Analysen wurden Sachtexte[194] zu drei ausgewählten Sehenswürdigkeiten in Graz konzipiert, die die Schüler/innen sprachlich weder über- noch unterfordern sollten. Die erstellten Sachtexte wurden abschließend von Primarstufenlehrpersonen ($n=5$) überprüft. Ferner gaben zwei Schüler im Alter von 8 und 10 Jahren Feedback hinsichtlich der Textverständlichkeit und der grafischen Aufbereitung; diese Rückmeldungen flossen ebenfalls in den Überarbeitungsprozess ein.

---

192 Es zeigte sich, dass die Themenerarbeitung zuweilen sehr auf das Lernen von Zahlen und Fakten (Einwohnerzahl, Namen wichtiger Gewässer, geographische Höhenangaben, Namen von Orten etc.) zentriert ist; oftmals ist ein erfahrungsbezogener Zugang zum Sachthema nicht erkennbar.
193 Die untersuchten Schulbücher waren: Darthé (2013), Bertsch et al. (2016).
Zu den Zeitschriften zählten Ausgaben der *Minispatzenpost* (erste Schulstufe), *Spatzenpost* (zweite Schulstufe) und *Lux* (dritte und vierte Schulstufe) sowie der Zeitschrift *Yep* (siehe Literaturverzeichnis).
194 Die Sachtexte finden sich in den Reisetagebüchern der Experimentalgruppe und in den Arbeitsblättern der Vergleichsgruppe.

7 Material und Methode

Im Folgenden wird zuerst die Stichprobe eingehend beschrieben, danach werden die einzelnen Daten- und Materialbestände sowie die unterschiedlichen Untersuchungsverfahren vorgestellt.

7.1 Stichprobe

Die Untersuchung wurde in steirischen Volksschulklassen auf der dritten Schulstufe durchgeführt. Gesamtklassen wurden im Sinne eines quasi-experimentellen Forschungsdesigns per Zufallsprinzip einer bestimmten Untersuchungsgruppe (Experimental- oder Vergleichsgruppe) zugeordnet. Damit wurden natürliche Gruppen (Schulklassen) ohne randomisierte Zuordnung der Proband/innen miteinander verglichen. An der Untersuchung nahmen anfangs 130 Schüler/innen teil, ihre Anzahl reduzierte sich jedoch krankheits- und/oder organisationsbedingt schließlich auf 108 Probanden und Probandinnen. Bei der Stichprobe handelt es sich um 48 Mädchen und 60 Buben im Alter von 8 Jahren und 4 Monaten (8;4)[195] bis zum Alter von 11 Jahren und 4 Monaten (11;4). Von den insgesamt 108 Probanden und Probandinnen haben von den 48 weiblichen Probandinnen 17 Deutsch als Erstsprache (16%) und 31 nicht-deutsche Erstsprachen (29%). Von den insgesamt 60 männlichen Probanden haben 22 Deutsch als Erstsprache (20%) und 38 nicht-deutsche Erstsprachen (35%).

---

[195] Die Monate werden aus Gründen besserer Lesbarkeit und Verständlichkeit nach einem Semikolon angegeben (8 Jahre + 3 Monate = 8;3 Jahre).

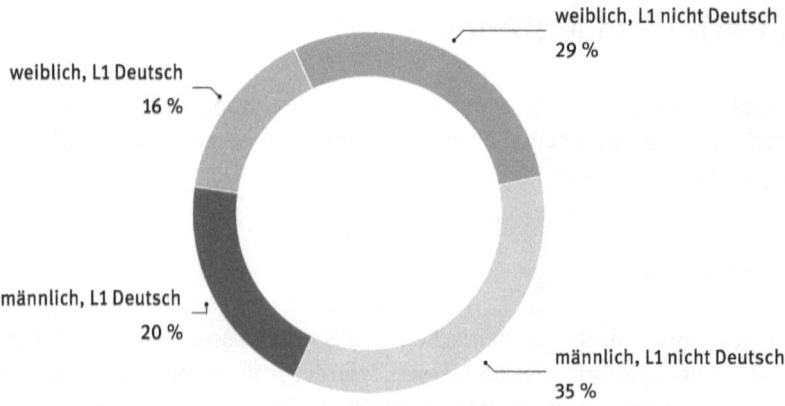

Abb. 21: Anteil der Erst- und Zweitsprachenlernenden der Gesamtstichprobe nach Geschlechterzugehörigkeit

Das durchschnittliche Alter aller Probanden und Probandinnen war bei Durchführung der Untersuchung 9 Jahre und 1 Monat (9;1). Getrennt in Erst- und Zweitsprachenlernende sieht die Altersverteilung wie folgt aus: Das Durchschnittsalter der Schüler und Schülerinnen mit deutscher Erstsprache beträgt 8;10 Jahre (Mindestalter 8;4 Jahre, Höchstalter 10;2 Jahre), das Durchschnittsalter der Kinder mit nicht-deutscher Erstsprache beträgt 9;3 Jahre (Mindestalter 8;4 Jahre, Höchstalter 11;4 Jahre); es zeigt sich ein durchschnittlicher Altersunterschied von beinahe einem halben Jahr zwischen Erst- und Zweitsprachenlernenden.

Von den insgesamt 108 Probanden und Probandinnen sind 39 Schüler Erstsprachenlernende (mindestens ein Elternteil spricht Deutsch als Erstsprache, Deutsch ist Familiensprache) und 69 Zweitsprachenlernende (beide Elternteile sprechen nicht Deutsch als Erstsprache, Deutsch ist nicht Familiensprache), was zu folgender Verteilung führt: 36% L1-Lernende und 64% L2-Lernende[196].

Alle Probanden und Probandinnen hatten bis zur Durchführung der Untersuchung keine schulische Erfahrung mit dem schriftlichen Verfassen einer Beschreibung gesammelt. Dies bedeutet freilich nicht, dass sie nicht schon zuvor

---

[196] Zu den Erstsprachen der zweiten Gruppe – nach Anzahl der Schüler/innen absteigend sortiert – zählen: Türkisch ($n=14$), Albanisch ($n=12$), Bosnisch ($n=6$), Farsi ($n=5$), Arabisch ($n=4$), Rumänisch ($n=4$), Englisch ($n=3$), Kroatisch ($n=3$), Kurdisch ($n=3$), Ungarisch ($n=3$), Französisch ($n=2$), Tschetschenisch ($n=2$), Chinesisch ($n=1$), Polnisch ($n=1$), Russisch ($n=1$), Serbisch ($n=1$), Slowakisch ($n=1$), Slowenisch ($n=1$), Somali ($n=1$) und Spanisch ($n=1$).

im schulischen Kontext etwas beschrieben hätten – ist doch das deskriptive Sprachhandeln in allen Unterrichtsfächern vertreten (siehe Kapitel 2). Das Beschreiben als zentrales Lehr- und Lernziel im Sprachunterricht, zum Beispiel als Personen- oder Gegenstandsbeschreibung, wurde jedoch bis zum Zeitpunkt der Untersuchungsdurchführung im Unterricht noch nicht thematisiert.

7.2 Datenmaterial

Das Datenmaterial der vorliegenden Untersuchung umfasst schriftliche Performanzen (Bildbeschreibungen) des Prä- und Posttests, die das zentrale Korpus dieser Arbeit darstellen. Weiters Daten zum Sachwissen der Schüler/innen im Rahmen von Sachkundetests. Diese Daten werden ergänzt durch Angaben zu persönlichen Lese- und Schreibpräferenzen aller Schüler/innen mittels Fragebogenerhebung. Ferner wurden mittels Fragebogen Rückmeldungen von Schülern und Schülerinnen wie auch Lehrpersonen zum Unterricht nach stattgefundener Intervention eingeholt. All jene Daten wurden qualitativ und quantitativ ausgewertet[197] und sollen im Folgenden detailliert beschrieben werden.

Das Korpus der schriftlichen Bildbeschreibungen setzt sich aus den Performanzen von insgesamt 108 Schülern und Schülerinnen (Erst- und Zweitsprachenlernenden) der dritten Volksschulklasse zusammen. Pro Schüler bzw. Schülerin liegen zwei Bildbeschreibungen vor, die zu zwei unterschiedlichen Messzeitpunkten verfasst wurden ($n=216$): als Prätest vor und als Posttest nach der didaktischen Intervention. Die Texte sind transkribiert (diplomatische Transkription) und anonymisiert. Jeder Text ist mit einem Code versehen, der den Entstehungskontext (Messzeitpunkt, Untersuchungsgruppe) und Informationen zum Textproduzenten (Schüler/innen-Nummer, Geschlecht, Altersangabe, Erstsprache) enthält[198].

---

[197] Zusätzlich erhobenes Datenmaterial in Form von ausgefüllten Arbeitsblättern und Reisetagebüchern sowie Audioaufnahmen des Unterrichts waren grundsätzlich nicht zur analytischen Untersuchung vorgesehen: Die ausgefüllten Arbeitsblätter der Vergleichsgruppe (3 x $n=54$) und die ausgefüllten Reisetagebücher der Experimentalgruppe ($n=54$) wurden in Kopie archiviert. Die Tonaufzeichnung aller Unterrichtsstunden dient der externen Überprüfbarkeit der Unterrichtsaktivitäten. Insgesamt handelt es sich um 630 Minuten Tonmaterial, welches systematisch nach Untersuchungsgruppen und Klassen geordnet archiviert ist. Es wird, den rechtlichen Bestimmungen folgend, nach einem Jahr gelöscht.
[198] So bedeutet zum Beispiel der Code V20m9;1türkisch1, dass der Schüler Nr. 20 der Vergleichsgruppe (V20) männlich (m), 9 Jahre und 1 Monat alt (9;1), seine Erstsprache Türkisch ist (türkisch) und der vorliegende Text zum ersten Messzeitpunkt (1) entstand.

Aufgrund der Rahmung im Sachunterricht wird auch sachkundliches Wissen der Schüler/innen vor und nach der Intervention mittels Multiple-Choice-Test quantitativ überprüft (n=216). Alle Testfragen sind nach den Kriterien richtig oder falsch auswertbar und beziehen sich auf die drei – hier im Unterricht beider Untersuchungsgruppen behandelten – Grazer Sehenswürdigkeiten.

Um die didaktischen Settings von allen Schülern und Schülerinnen evaluieren zu lassen, erhielten sie zum zweiten Messzeitpunkt einen Feedbackbogen (n=108), mit drei Möglichkeiten (Emojis mit unterschiedlichen Emotionen: ☺, 😐, ☹) für die Bewertung der Aufgaben und der unterschiedlichen Phasen des Unterrichts. Ebenso evaluierten die Lehrpersonen mittels Fragebogen (n=6), den Unterricht auf einer 5-stufigen Skala und hatten zudem die Möglichkeit persönliche Kommentare zu verfassen.

Um personenbezogene Daten bezüglich spezifischer Aspekte des Spracherfahrungshintergrundes zu erheben, erhielten alle Probanden und Probandinnen in der Posttestphase einen Fragebogen (in Form einer Liste an Fragen) zu ihren persönlichen Lese- und Schreibpräferenzen (n=108). Denn „im Stoffwechsel einer literalen Gesellschaft wie auch in Schreib- und Leseprozessen selbst sind Lesen und Schreiben eng aufeinander bezogen" (Feilke 2017: 160). Nach Graham & Herbert (2011) und Philipp (2012) profitiert das Schreibenlernen vom Lesen (vgl. Feilke 2017: 160). Im Fragebogen werden daher Fragen zum Lesen und Schreiben außerhalb der Schule gestellt, (1) ob gerne, (2) wieviel und (3) was gelesen und geschrieben wird. Diese Fragen, deren Beantwortung anhand offener Antwortmöglichkeiten oder mittels Angaben auf Ratingskalen erfolgte, beziehen sich auf die persönliche Lese- und Schreibmotivation („Ich lese gerne außerhalb der Schule"), das Ausmaß des außerschulischen Lesens und Schreibens (Anzahl der Bücher, die seit Schulbeginn gelesen wurden) und die Art der Texte (z.B. Märchen, Sachtexte etc.), die in der Freizeit gelesen und geschrieben werden. Dies sollte es ermöglichen, im Rahmen einer Zusatzuntersuchung Korrelationen zwischen privatem, individuellem Lese- und Schreibverhalten und (u.U. besonders positiven) Auffälligkeiten bei der Textproduktion (Bildbeschreibung) zu dokumentieren und zu untersuchen.

7.3 Auswertungsmethoden

Im Folgenden werden die Auswertungsmethoden vorgestellt, die in dieser Studie verwendet wurden, wobei konkrete statistische Testverfahren aus Gründen der Übersichtlichkeit erst bei der Präsentation der Ergebnisse (siehe Kapitel 8 und 9) und im Zusammenhang mit der Beantwortung der Forschungsfragen angeführt werden.

7.3.1 Auswertung der Bildbeschreibungen

Das Korpus mit insgesamt 216 Beschreibungstexten wurde sowohl quantitativ als auch qualitativ untersucht. Zuerst wurden qualitative Textanalysen aller Beschreibungstexte ($n=216$) durchgeführt, um den Aufbau, Entwicklungsmuster (bezogen auf Objekt-Referenz, Objekt-Attribuierung, Objekt-Verortung), Auffälligkeiten (deskriptive Atypien), Referenzformen und -Benennungen, Attribuierungsmöglichkeiten, Verortungsrealisierungen etc. in den Bildbeschreibungen herauszuarbeiten. Die Ergebnisse dieser qualitativen Untersuchung bildeten die Basis für die Konzeption von quantitativ erfassbaren Messkriterien[199], die für inferentiell-statistische (z.B. *ANOVA*, *t-Test* für unabhängige Stichproben und *t-Test* für abhängige Stichproben mittels SPSS) und/oder deskriptiv-statistische Untersuchungen der Beschreibungstexte (neben weiteren qualitativen Analysen) herangezogen wurden.

7.3.1.1 Untersuchung nach Analyse-Kriterien (OR, OA, OV)

Die beiden zentralen Erkenntnisinteressen – Erhebung des aktuellen Ist-Zustandes der schriftlichen Beschreibungskompetenzen von Schülern und Schülerinnen mit deutscher und nicht-deutscher Erstsprache auf der dritten Schulstufe sowie die Frage, welche methodischen Ansätze zur Weiterentwicklung von deskriptiven (Schreib-)Kompetenzen förderlich seien – wurden u.a. anhand von drei zentralen Analyse-Kriterien untersucht: Objekt[200]-Referenz (OR), Objekt-Attribuierung (OA) und Objekt-Verortung (OV).

Damit kann auf die drei deskriptionsrelevanten inhaltlichen Fragestellungen – Was sehe ich? Wie sieht es aus? Wo befindet es sich? – eingegangen werden, die auch in den didaktischen Interventionen beider Untersuchungsgruppen zentral sind (siehe dazu 6.2 & 6.3). Am Beispiel des in der vorliegenden Studie verwendeten Testbilds (Posttest) lassen sich die Analysekriterien folgendermaßen darstellen:

---

[199] In den folgenden Unterkapiteln werden alle Analysekriterien genauer erläutert.
[200] In der vorliegenden Arbeit wird der Begriff „Objekt" in seiner Grundbedeutung als „Gegenstand" verwendet.

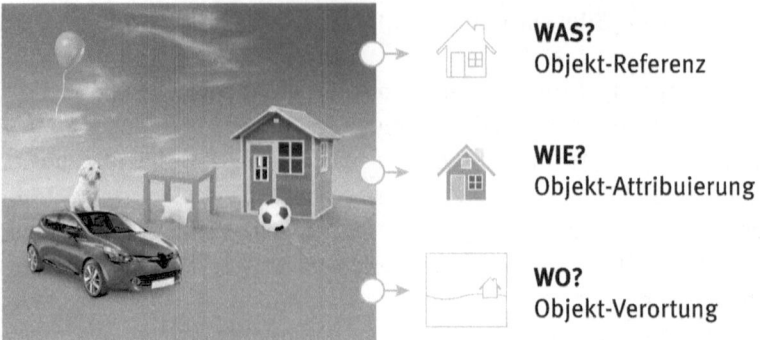

Abb. 22: Zentrale Analysekriterien

Die Konzeption dieser Kriterien erfolgte – wie bereits erwähnt – zunächst deduktiv anhand von qualitativen Textanalysen des Korpus. Weiters wurden im Sinne einer Operationalisierung Indikatoren (siehe 7.3.1.2) abgeleitet und konzipiert, die die Grundlage für die drei Analyse-Kriterien darstellen. So wurde untersucht, wie und in welchem Ausmaß die Schüler/innen auf die Objekte des Bildes referieren (OR), ob und wenn ja, wie sie die Objekte attribuieren (OA) und ob und wenn ja, wie sie die Objekte in (lokale) Beziehung zueinander setzen (OV). Um den Entwicklungsstand und mögliche Entwicklungsfortschritte vom ersten zum zweiten Messzeitpunkt transparent zu machen, mussten Progression oder eventuell Regression wie auch Stagnationszustände in den Textprodukten ausfindig gemacht, benannt und analysiert werden.

In einem weiteren Schritt wurden alle Entwicklungsbeobachtungen anhand von skalierten Werten dargestellt, die die Grundlage der linearen Skalen (1-7) zur Untersuchung der Bildbeschreibungen bildeten. Diese Skalierung ermöglichte es erst, Performanzen zu vergleichen und mögliche (Entwicklungs-)Tendenzen festzustellen. Die angeführten Einzel-Kriterien (OR, OA, OV) weisen Entwicklungsmuster auf (unterschiedliche Skalenniveaus), die sich an der Entwicklungstendenz von Unvollständigkeit zu Vollständigkeit orientieren. Die drei beschreibungsspezifischen Untersuchungskriterien samt Skalen erlauben somit einen Blick auf den Gesamttext und dessen deskriptive Qualität, worin auch der Vorteil dieses methodischen Vorgehens liegt.

Die Entwicklungsmuster, die aus den unterschiedlichen Skalenniveaus gewonnen wurden, enthalten eine qualitative Aussage über Bildbeschreibungstexte und können zu ihrer „Bewertung" herangezogen werden, ohne dass dies jedoch mit dem Gesamtkriterium „Textqualität" gleichzusetzen ist[201].

7.3.1.1.1 Objekt-Referenz (OR)

Im Benennen liegt der erste Schritt des Beschreibens (siehe Kapitel 2), das gilt auch für die Bildbeschreibung, bei der die Objekte der Bildvorlage zunächst benannt werden müssen. Beim Analysekriterium Objekt-Referenz wird der Frage nachgegangen, inwiefern die Textproduzent/innen bei der Aufforderung ein Bild „ganz genau zu beschreiben" die einzelnen Objekte, den Schauplatz und gegebenenfalls auch Details benennen.

Das Bild, das bei der Testung als Vorlage für die Beschreibung dient, zeigt eine weitgehend neutrale Landschaft (*Wiese, blauer Himmel mit weißen Wolken*), in der diverse Objekte (*Haus, Ball, Tisch, Stern, Auto, Hund, Luftballon*) platziert sind (siehe 6.4.1). Es stellt keinen dynamisch bewegten Bildinhalt dar, sondern eine statische Objektanordnung. Es können folglich weder zeitliche Abläufe oder Handlungen beschrieben noch kausale oder emotionale Beziehungen zwischen den Objekten hergestellt werden.

Die Textanalysen, die der Konzeption dieses Analysekriteriums vorangingen, zeigen, dass primär die vordergründigen Objekte des Bildes genannt werden und – wenn überhaupt – erst sekundär die des Schauplatzes. Dennoch wird bei der Objekt-Referenz der Schauplatz gleichermaßen gewertet, da die Wiese und der auffallend blaue Himmel bei einer genauen Bildbeschreibung ebenso relevant sind wie die dargestellten Objekte. Es wird jedoch zwischen der Nennung von Objekt und Objektdetail unterschieden; die dargestellten Objekte lassen ausdrücklich Detailbeschreibungen zu (z.B. *Himmel mit Wolken*[202], *Luftballon mit Schnur, Haus mit Fenstern* etc.).

Das Bild für die Beschreibung zum ersten Messzeitpunkt (Prätest) zeigt die folgenden neun Objekte: *Haus, Eimer, Tisch, Herz, Auto, Katze, Luftballon, Wiese* und *Himmel*.

---

201 Zweifellos sind die drei untersuchten Kriterien wichtige Bestandteile von Textqualität – besonders beim Verfassen einer Bildbeschreibung. Es zählen jedoch auch weitere allgemeine Qualitätskriterien wie Sprachangemessenheit, Textaufbau, Leserführung etc. dazu (vgl. Becker-Mrotzek & Böttcher 2015: 126ff.). Da der Fokus der vorliegenden Arbeit aber ausschließlich auf deskriptionsspezifischen Kriterien liegt, werden allgemeine Textqualitätskriterien (z.B. Sprachangemessenheit) hier nicht untersucht.
202 Die Wolken des Himmels werden als Detail gewertet, da sie im Vergleich zu anderen Objekten nicht klar strukturiert sind, also keine eindeutig definierten Umrisse aufweisen.

Das Bild für die Beschreibung zum zweiten Messzeitpunkt (Posttest) zeigt die folgenden neun Objekte: *Haus, Ball, Tisch, Stern, Auto, Hund, Luftballon, Wiese* und *Himmel*.

Bei der Objekt-Referenz spielt es keine Rolle, in welcher Weise die einzelnen Objekte schriftlich dargestellt werden, sondern lediglich, ob auf sie referiert wird oder nicht. Dieses Referieren kann sprachlich auf unterschiedliche Weise realisiert werden, zum Beispiel durch Hyperonyme (*Haus, Fahrzeug*), Hyponyme (*Auto*), Eigennamen (*Ferrari, Labrador*), Kompositionen (*Gartenhaus, Fußball, Herzpolster*), Diminutiva (*Häuschen, Hündchen*) und dergleichen. Dabei ergibt sich eine Skala, die zur Bewertung der Objekt-Referenz folgende Bereiche umfasst:

Skalenniveau 1: Fehlende Objekt-Referenz

Es werden keine Objekte der Bildvorlage (gesamt 9 Objekte) genannt. Das Korpus zeigt zwar dahingehend keine Beispiele, dennoch ist aus methodischen Gründen (Vereinheitlichung der Skalen) das Muster der fehlenden Objekt-Referenz angeführt.

Bei der Datenerhebung zum ersten Messzeitpunkt kam es bei der Schülerin *E23w9;6kurdisch* zunächst zu einer fehlenden Objekt-Referenz. Auf die Frage der anwesenden Lehrperson, wieso sie nichts schreibe, äußerte die Schülerin ihre persönliche Frustration (ihre Sitznachbarin wisse im Vergleich zu ihr so viel zu schreiben) und Unkenntnis (sie wissen nicht, was sie schreiben solle und könne das auch nicht). Nach Ermutigung durch die Lehrperson wurde doch noch vonseiten der Schülerin auf sechs Objekte des Testbildes referiert. Der Vorfall wurde von der Versuchsleitung dokumentiert.

Skalenniveau 2: Minimale Objekt-Referenz

Es wird von allen klar erkennbaren und vordergründigen Objekten wie auch Objekten des Schauplatzes (*n*=9) auf der Bildvorlage maximal die Hälfte genannt (1-5 Objekte), wie folgendes Beispiel[203] zeigt, bei dem auf drei Objekte referiert wird:

> Im Bild ist ein gelber Tisch.
> Im Bild ist ein glauer Auto.

---

[203] Alle Fallbeispiele stammen aus dem Gesamtkorpus (*n*=216) und sind Performanzen von Erst- und Zweitsprachenlernenden zum ersten bzw. zum zweiten Messzeitpunkt.

> Im Bild ist eine weiß Katze.
> (*E36m9;10albanisch1*)

Skalenniveau 3: Minimale Objekt-Referenz mit Detailreferenz

Von allen vordergründigen Objekten und Objekten des Schauplatzes ($n=9$) der Bildvorlage wird maximal die Hälfte genannt (1-5 Objekte) und darüber hinaus mindestens ein Detail von einem Objekt, wie folgendes Beispiel einer Probandin zeigt. Sie referiert auf drei Objekte der Bildvorlage (*Haus, Auto, Katze*) und benennt weitere Details (*Dach, Fenster, Tür, Augen*):

> auf dem Bild ist ein Haus.
> die farbe ist lila. es hat ein
> Graues dach. es hat 2 fenster
> und eine Tür.
> auf dem Bild ist ein Auto.
> und es ist Blau. und
> einbischen Schwarz.
> auf dem Auto ist eine Katze. sie hat helblau
> Augen. und sie ist weis und
> schwarz
> (E17w9;3kroatisch1)

Skalenniveau 4: Überwiegende Objekt-Referenz

Von allen vordergründigen Objekten und Objekten des Schauplatzes ($n=9$) der Bildvorlage wird mehr als die Hälfte genannt (6-8 Objekte), wie folgendes Beispiel zeigt:

> ein Balon, ein Auto, das Tisch,
> ein Kübel ein Herz, ein Kaze.
> (*U23w9;6kurdisch1*)

Skalenniveau 5: Überwiegende Objekt-Referenz mit Detailreferenz

Von allen vordergründigen Objekten und Objekten des Schauplatzes der Bildvorlage ($n=9$) wird mehr als die Hälfte genannt (6-8 Objekte) und darüber hinaus werden mindestens zwei Details von einem oder mehreren Objekten angeführt, wie folgendes Beispiel eines Schülers zeigt:

> Es ist ein Lila Haus mit zwei Fenstern und
> einer Tür mit einem Fenster. Und mit einem
> Dach das grau ist. Und daneben stet ein

oranscher Kübel mit Wasser. Und weiter rechtz
ein Tisch der gelb ist und es ist ein Rechteckiger
Tisch. Unter dem Tisch ist ein roter Herzchen
Polster. Und auf einem blauen Renaut sitzt eine Katze. Und weiter oben schwebt ein
Violeta Luftballon mit schnur.
(*V15m8;11deutsch1*)

Skalenniveau 6: Vollständige Objekt-Referenz
Es werden alle vordergründigen Objekte und Objekte des Schauplatzes auf der Bildvorlage ($n=9$) benannt, wie folgendes Beispiel einer Schülerin zeigt:

Unter den Tisch ist ein Schtern
Vor den Haus ist ein Ball.
Oben das Auto ist ein Hund.
Es fliegt ein Luftballon.
Hinter den Ball ist ein Haus.
Links ist ein rotes Auto und ein weißes
Hund und ein orange Luftballon.
Rechts ist ein blaues Haus und ein weißer
und schwarzer Ball. Mitte ist ein violettes
Tisch und ein gelbes Schtern Polster.
Ich seche ein rotes Auto und weißes Hund und
orange Luftballon und violettes Tisch und
blaues Haus und gelbes Polster und
wießes und schwarzes Ball und ein Himmel
und ein grünes Wiese. Ich seche rotes und
schwarzes und weißes Auto. Ich seche ein
orange und weißes Luftballon. Ich seche
ein weißes und schwarzer Ball. Ich seche
ein blaues und weißes Haus. Ich seche
ein lila Tisch. Ich seche ein weißes und
brauen Hund. Ich seche ein gelbes Polster.
Ich seche ein blaues und bisi weißes
Himmel. Ich seche grünes Wiese.
Es ist ein Haus. Es ist ein Ball. Es ist
ein Tisch. Es ist ein Polster. Es ist ein
Auto. Es ist ein Hund. Es ist ein
Luftballon. Es ist ein grünes Wiese. Es
ist ein Himmel.
(*U21w9;0türkisch2*)

Skalenniveau 7: Vollständige Objekt-Referenz mit Detailreferenz

Es werden alle vordergründigen Objekte und Objekte des Schauplatzes auf der Bildvorlage ($n=9$) und darüber hinaus mindestens drei Details von einem oder mehreren Objekten genannt, wie folgendes Beispiel einer Schülerin zeigt:

> Rechts ist ein Auto mit der Farbe blau darauf
> sitzt eine Katze. Die Katze hat swarze Pfoten und
> Schwanz. Einbisschen in der Luft schwebt ein Luft=
> ballon neben dem Auto am Hügel steht ein
> gelber Tisch. Und darunter liegt ein großes rotes
> Herz. Der Luftballon den ich vorher beschrieben
> hab ist pink mit einer langen Schnur.
> Das Herz ist knalrot daneben vom Tisch
> steht ein lila Haus, das eine graues Dach
> hat. Die umrundung von Fenstern, Eken und
> Türen ist weiß. Der Türgrif ist rot. Über
> der Tür ist die Hausnummer 194 davor steht
> ein oranger Kübel mit einem neuen Utal [unleserlich]. Und
> Holzgrif im Haus ist es dunkel der Kubel
> ist ganz neu. Das Auto ist nich nur blau
> sondern auch einbischen schwarz. Die Schein=
> werfer sind bliz blank geputzt. Die
> Nummerntafel ist weiß. Die Katze hat
> bunte Augen. Und der Himmel ist blau
> schön blau. Und ein paar Wolkenfezen sind
> zu sehen. Der Luftballon ist gut zu sehen
> am blauen Himmel. Die weiße Schnur hengt
> in den Wolkenvezen hinein. Die Wiese ist
> saftig grün. Oben am Hügel ist zu erken
> das es Gras sein sol unten ist es verschwomen.
> (V1w8;4deutsch1)

Folgende Abbildung verdeutlicht nochmals alle Stufen beziehungsweise Skalen der Objekt-Referenz.

Abb. 23: Skala der Objekt-Referenz

7.3.1.1.2 Objekt-Attribuierung (OA)

Ein weiterer Schritt, der über das bloße Benennen von Objekten hinausgeht, ist die Attribuierung. Sie dient der „Präzisierung von Gegenstandsbeschreibungen, sowohl adjektivistischer als auch substantivistischer Prägung" (Heinemann 2000, 362). Bei diesem Analysekriterium der Objekt-Attribuierung wird der Frage nachgegangen, ob und wie die genannten Objekte der Bildvorlage genauer charakterisiert werden. Dies kann sprachlich auf unterschiedliche Weise realisiert werden (siehe 7.3.1.2), zum Beispiel durch Hyponyme (*Schuppen*), Diminutive (*Häuschen*), Kompositionen (*Gartenhaus*), Farbadjektive (*blaues Haus*), Größencharakterisierungen (*kleines Haus*), Materialcharakterisierungen (*hölzernes Haus*), Oberflächencharakterisierungen (*glänzendes Auto*), wertende Partikel (*ein wirklich großes Haus*), individuelle Objekt-Erwartungen (*Kübel ohne Wasser darin*), Vergleiche (*unter dem schönen Tisch ist ein gelber Sternpolster, wie eine Kuschelecke*), subjektive Objekt-Beschreibungen (*süßer Hund, cooles Auto*) oder Tautologien (*ein runder Fußball*). Attribuierungen werden nur im Hinblick auf die Gesamtobjekte ($n=9$) und nicht im Hinblick auf Objektdetail-Nennungen gewertet.

Die vielseitigen Charakterisierungsmöglichkeiten werden quantitativ erfasst; dabei wird immer nur die Erstnennung gewertet, zwei gleiche Charakterisierungsweisen (z.B. *Da ist ein <u>schöner</u> Tisch. Der <u>schöne</u> Tisch ist rechts.*) werden nur einmal gezählt. Zentral dabei ist die Relation von Objekt-Nennungen und Objekt-Charakterisierungen, ob also zu den konkret genannten Objekten auch Eigenschaften angeführt werden. Zudem wird untersucht, in welcher Weise dies geschieht – monoton oder ornamental. Monoton bedeutet in diesem Kontext, dass Objekte nach ausschließlich einer Merkmalsausprägung (z.B. Farbe oder Größe) attribuiert werden. Werden hingegen unterschiedliche Merkmale zu Objekten angeführt (z.B. Farbe, Größe, Oberflächenbeschaffenheit etc.), wird dieses Vorgehen als ornamental bezeichnet. Die Relation von Objekt-Referenz und Objekt-Attribuierung sowie die konkrete Art ihrer Realisierung (monoton oder ornamental) führt zu den einzelnen Stufen der Objekt-Attribuierung, die im Folgenden anhand von Fallbeispielen vorgestellt werden:

Skalenniveau 1: Fehlende Objekt-Attribuierung
Es werden keine Eigenschaften der konkret angeführten Objekte der Bildvorlage dargestellt oder näher charakterisiert, wie folgendes Beispiel einer Schülerin zeigt:

> Im Bild ist eine Katze.
> Das Bild hat ein Auto.
> Im Bild ist ein Luftballono.
> Im Bild ist ein Haus.
> Im Bild ist ein Herz.
> Im Bild ist ein Tisch.
> Im Bild ist ein Eimer.
> Im Bild ist eine Wiese.
> Im Bild ist ein Himmel.
> *(E34w8;7albanisch1)*

Skalenniveau 2: Minimale, monotone Objektattribuierung
Es wird maximal die Hälfte der konkret angeführten Objekte der Bildvorlage entweder nach Farbe, Form oder Größe beschrieben. Dementsprechend findet sich im Text nur eine bestimmte Realisierungsform der Attribuierung, wie folgendes Beispiel zeigt, bei dem zwei von acht Objekten ausschließlich farblich näher bestimmt werden:

> Ich sehe auf dem Bild eine Katze.
> Auf dem Bild ist ein Luftballon.
> Ich sehe ein gelber Tisch.
> Auf dem Bild sehe ich ein Auto.
> Ich sehe auf dem Bild ein Haus.
> Auf dem Bild sehe ich ein Eimer.
> Die Wiese auf dem Bild ist grün.
> Ich sehe ein Herz.
> *(E37w8;7türkisch1)*

Skalenniveau 3: Minimale, ornamentale Objektattribuierung
Es wird maximal die Hälfte der konkret angeführten Objekte der Bildvorlage auf unterschiedliche Art und Weise (Farbe, Form, Größe etc.) näher bestimmt. Folgendes Beispiel zeigt, dass zwar nur minimal Attribuierungen realisiert werden (2 von 7 Objekten), diese sind jedoch unterschiedlicher Art (subjektive Wertung „süß" und Farbangabe „blau"):

> Auf dem Bild ist eine süße Katze.
> Auf dem Bild ist ein Blaues Auto.
> Auf dem Bild ist ein Luftbalon.
> Auf dem Bild ist ein Tisch.
> Auf dem Bild ist ein Herz.
> Auf dem Bild ist ein Haus.
> Auf dem Bild ist ein Eimer.
> *(E39m8;7kroatisch1)*

Skalenniveau 4: Überwiegende, monotone Objektattribuierung
Mehr als die Hälfte der konkret genannten Objekte der Bildvorlage wird entweder nach Farbe, Form oder Größe etc. auf überwiegend monotone, einheitliche Weise näher beschrieben. Im folgenden Beispiel beschreibt ein Schüler vier von insgesamt sechs Objekten genauer, indem er – einem bestimmten Muster folgend – ausschließlich deren Farbe anführt:

> Ich sehe eine Auto.
> Auf dem Bild sehe ich lila Haus.
> Auf den Bild sehe ich ein blauen Auto.
> Die Katze siest auf den Auto.
> Auf den Bild sehe ich ein Luftbalon.
> Ich sehe eine gelbe Tisch.
> Auf den Bild sehe ich ein orange Eimer.
> *(E42m9;5albanisch1)*

Skalenniveau 5: Überwiegende, ornamentale Objektattribuierung
Mehr als die Hälfte aller konkret genannten Objekte der Bildvorlage wird auf unterschiedliche Art und Weise – hinsichtlich Farbe, Größe, Verwendungsweise etc. – genauer charakterisiert. Folgendes Beispiel zeigt eine überwiegende Attribuierung der Objekte, die durch unterschiedliche Eigenschaften (Wetterlage, Oberflächenbeschaffenheit, Farbgebung, Verwendungszweck) realisiert wird:

> Es ist ein leicht bewölkter Himel und
> eine gemäte Wiese. Im Garten

steht ein Auto auf dem eine Katze sitzt
eine Katze. Unter einem gelben Tisch
liegt ein rotes Herz auf dem Rasen.
Ein oranger Kübel seht vor einem
liela Gartenhaus. Und ein rosa
Luftballon.
(E1m8;7deutsch1)

Skalenniveau 6: Vollständige, monotone Objektattribuierung

Es werden alle konkret genannten Objekte in der Bildbeschreibung entweder nach Farbe, Form oder Größe etc. auf überwiegend monotone, einheitliche Weise genauer beschrieben, wie folgendes Beispiel eines Schülers zeigt, der in seiner Beschreibung die Größe der Objekte fokussiert:

ein Haus, ein Tisch, ein Herz, ein Katze,
Ich seje eine kleine Katze.
Ich seje eine kleine Balon.
Ich seje eine grosses Auto.
Ich seje eine groses Tisch.
Ich seje eine kleine Herz.
Ich seje eine kleine Dose.
Ich seje eine groses Haus.
(E18m9;0türkisch1)

Skalenniveau 7: Vollständige, ornamentale Objektattribuierung

Es werden alle konkret genannten Objekte in der Bildbeschreibung auf unterschiedliche Art und Weise charakterisiert. Dies zeigt das folgende Beispiel, bei dem Objekte hinsichtlich Farbe, Größe, Alter, Verwendungszweck etc. genauer beschrieben werden:

Links ist ein rotes Auto dus auf dem Nummernschild
ist lehr. Die Windschutzscheibe ist schwarz.
Auf dem Auto sitzt ein Weiser Hund.
Der einbischen traurig ausid. Ein bischen in der
Luft schwebt ein oranger Luftbalon. Der
Luftbahlon hat eine weiße Schnur unten
daran. In der Mite ist eine kleine Anhohe auf der
ein super lila Tisch steht. Unter dem dem Tisch ligt ein
kleiner flauschiger gelber Stern. Nebendem lila
Tisch steht ein blaues Haus. Naja nicht ganz blau. Die
umrandung von Fenster und Tür ist weiß.
Der Türgrief ist auch blau. Vor der Tür liegt

> ein Fußball. Der Fußball ist schwarz weiß
> wie jeder Fußball. Der Himmel ist blau. Mit
> einpar Wolkenfezen. Die Schnur fom Luftbalon
> hengt in einen Wolkenfezen hinein. Die Wiese
> ist grün oben am Hügel ist das Gras echt. Und unten
> ist es verschwomen.
> *(V1w8;4deutsch2)*

Die folgende Abbildung verdeutlicht nochmals alle Stufen der Objekt-Attribuierung:

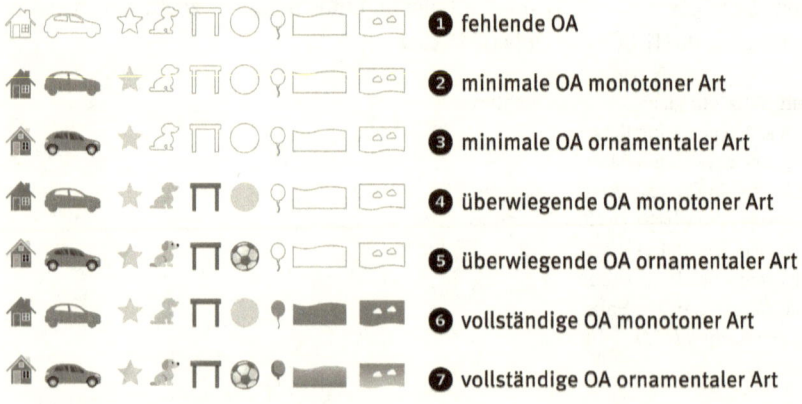

Abb. 24: Skala der Objekt-Attribuierung

7.3.1.1.3 Lokale Objekt-Verortung (OV)

Ein weiterer Schritt, der über das ‚bloße' Benennen von Objekten (siehe Objekt-Referenz) hinausgeht, ist, „dass die zu beschreibenden Objekte durch exakte sprachliche (oder bildhafte) Angaben über […] Lagebeziehungen möglichst umfassend charakterisiert" (Heinemann 2000, 361) werden. Dies wird anhand des Analyse-Kriteriums der lokalen Objekt-Verortung untersucht. Hierbei wird der Frage nachgegangen, ob und wie die konkret genannten Objekte der Bildvorlage in lokale Relationen zueinander gesetzt werden. Dies kann sprachlich auf unterschiedliche Weise realisiert werden, zum Beispiel mit Hilfe von konkreten Partikeln der lokalen Verortung (*links, rechts* etc.), Präpositionalphrasen (*auf dem Auto, vor dem Haus* etc.) oder weniger konkreten deiktischen Partikeln (*hier, da, dort* etc.). Konkrete Partikeln und Präpositionalphrasen der lokalen Verortung werden hier nach ihren informativen Aussagewerten unterschieden: Entscheidend ist, ob sie konstitutiv für einen gemeinsamen Referenzrahmen[204] sind oder nicht. Das heißt, es wird zwischen allgemeinen Verortungen zwischen den Gegenständen im Bild und übergeordneten Verortungen hinsichtlich der Positionierung im Bild (Referenzpunkt für Adressaten) unterschieden. Bei allgemeinen Verortungen zwischen den Gegenständen im Bild wird wiederum untersucht, wie viele Gegenstände miteinander in Beziehung gesetzt werden, ob also nur zwei, drei oder mehr Gegenstände in lokaler Relation zueinander stehen.

Bei den quantitativ erfassten Indikatoren der Verortungsmöglichkeiten wird – so wie bei Objekt-Referenz und Objekt-Attribuierung – nur die Erstnennung gewertet. In einem weiteren Schritt werden die Indikatoren einem bestimmten Muster der lokalen Objekt-Verortung zugeordnet; dies ergibt eine Skala, die zur Bewertung der Objekt-Verortung folgende Bereiche umfasst:

Skalenniveau 1: Fehlende Objekt-Verortung
Die genannten Objekte werden primär aufzählend – auch in deiktischer Form – dargestellt, ohne lokale Beziehung der einzelnen Objekte zueinander; es ist daher weder ein lokaler Gesamtzusammenhang zwischen den genannten Objekten erkennbar noch wird ein Referenzpunkt angegeben. Folgendes Beispiel zeigt eine fehlende Objekt-Verortung:

> I See a car and i See a cat. I see a
> basket. I see a House and a table.
> I see a balum. I See a heart
>
> Ich shawoeh ein Auto und Ich shawae
> ein Katze Ich shawae Einmer. Und
> Ich shawae ein tisch.
> (E47m9;1englisch1)

Skalenniveau 2: Minimale Objekt-Verortung
Es werden ausschließlich lokale Beziehungen zwischen zwei auf der Bildvorlage unmittelbar angrenzenden Objekten hergestellt; dies geschieht vorwiegend aufzählend. Es ist kein lokaler Gesamtzusammenhang zwischen den isolierten lokalen Objektbeziehungen erkennbar; man könnte dies als diffuses Verfahren bezeichnen. Im folgenden Beispiel werden zwar nahezu alle angrenzenden

---

[204] Dieser Referenzrahmen ist insofern ‚gemeinsam', als er für Produzenten/Produzentinnen und Rezipienten/Rezipientinnen gleichermaßen eindeutig ist; er dient der Globalorientierung.

Objekte zueinander in lokale Beziehung gesetzt, darüber hinaus findet aber keine Lokalisierung der Objekteinheiten statt:

> Der Eimer steht vor dem Haus
> Das Haus steht hinter dem Eimer.
> Das Herz steht unter dem Tisch.
> Die Katze sitzt auf dem Tisch.
> Der Luftballon fliegt oben.
> *(E49w8;6türkisch1)*

Skalenniveau 3: Minimale Objekt-Verortung mit gemeinsamem Referenzpunkt
Es werden ausschließlich lokale Beziehungen zwischen zwei unmittelbar angrenzenden Objekten dargestellt; ein konkreter – nicht deiktischer – gemeinsamer Referenzpunkt (*ganz rechts, in der Mitte* etc.), von dem die minimale Objekt-Verortung mitunter ausgehen kann, wird aber genannt. Dennoch ist kein lokaler Gesamtzusammenhang zwischen den dargestellten isolierten lokalen Objekten-Relationen erkennbar. Folgendes Beispiel zeigt dieses Muster:

> da ist ein Auto auf den Auto ist ein Hund.
> Das Auto ist Renauel. Links am Himmel
> ist ein Luftballon. Da ist ein ball.
> Da in der Mitte ist ein Tisch. Da ist
> ein Haus
> *(V16m8;9bosnisch2)*

Skalenniveau 4: Überwiegende Objekt-Verortung
Es werden mehr als nur zwei unmittelbar angrenzende Objekte der Bildvorlage zueinander in Beziehung gesetzt. Ein lokaler Gesamtzusammenhang zwischen den lokalen Objekt-Relationen ist dennoch nicht erkennbar; es ist kein gemeinsamer Referenzpunkt gegeben. Folgendes Beispiel illustriert dieses Skalenniveau:

> Ich sehe einen Haus und er ist Blau.
> neben das Haus ist ein Tisch und ein
> Stern unten. neben das Haus ist
> ein Ball. und ich sehe einen luftbalon
> und ich sehe einen Auto und
> ein Hund.
> *(E33w9;11serbisch2)*

Skalenniveau 5: Überwiegende Objekt-Verortung mit gemeinsamem Referenzpunkt

Es werden mehr als nur zwei unmittelbar angrenzende Objekte der Bildvorlage zueinander in Beziehung gesetzt. Ein gemeinsamer Referenzpunkt (z.B. *ganz rechts, in der Mitte*), von dem die partielle Verortung ausgehen kann, wird hergestellt. Ein (lokaler) Gesamtzusammenhang ist jedoch noch nicht erkennbar. Folgendes Beispiel zeigt, dass die Verortung der Objekteinheiten durch die Nennung von Referenzpunkten (größtenteils) in Beziehung zueinander gesetzt werden:

> Lings oben steht ein kleines Haus. Das Haus ist lila.
> Im Himmel sehe ich einen luftbalon. Der luftbalon ist rosa.
> Der luftbalon ist rechts oben.
> Vor dem kleinen Haus steht ein oranscher Eimer.
> Ein blaues Auto ist rechtz unden.
> Auf der Wiese steht ein gelber Tisch.
> Under dem Tisch ligt ein rotes Herz.
> Auf dem Auto ist eine schwarz weise Katze.
> (V3w8;9deutsch1)

Skalenniveau 6: Vollständige Objekt-Verortung

Alle Objekteinheiten der Bildvorlage werden vollständig zueinander in lokale Beziehung gesetzt. Es gibt jedoch keinen gemeinsamen Referenzpunkt (z.B. *ganz rechts im Bild, in der Mitte* etc.), von dem die lokale Verortung konkret ausgehen könnte; ein lokaler Gesamtzusammenhang zwischen den genannten Objekten ist jedoch grundsätzlich erkennbar. Folgendes Beispiel zeigt eine vollständige Verortung aller Gegenstände, wobei aber ein eindeutiger (gemeinsamer) Referenzpunkt fehlt; der Schüler verwendet einleitend „da" als deiktische Partikel für eine konkrete lokale Orientierung:

> Da stet ein Blaues Haus neben dem Haus ist
> ein Liler Tisch under dem Tisch ist ein
> gelwer Stern for dem Tisch ist ein rotes Auto
> auf dem Auto ist ein weiser Hund ober dem
> Hund ist ein Orangar Luftbalon mit einer
> weisen Schnur for dem Haus ist ein weiser
> Fußball mit schwarzen bunkten das Haus
> hat 2 weise Fenster und eine weise Tür
> die Tür hat auch ein weises Fenster eine grüne
> Wiese und ein Schöner Blauer Himmel Das
> Auto ist ein Farari.
> (E9m8;11deutsch2)

Skalenniveau 7: Vollständige Objekt-Verortung mit gemeinsamem Referenzpunkt

Es werden alle Objekteinheiten der Bildvorlage von einem (gemeinsamen) Referenzpunkt (z.B. *in der Mitte des Bildes*) oder von mehreren Referenzpunkten aus, welche subjektiv festgesetzt werden, der Reihe nach in lokale Beziehung zueinander gesetzt. Gemeinsame Referenzpunkte zwischen Textproduzierenden und Textrezipierenden sind zur Globalorientierung und für ein korrektes Textverständnis grundlegend wichtig. Ein lokaler Gesamtzusammenhang zwischen den genannten Objekten ist eindeutig erkennbar; man könnte dies als kompositorisches Verfahren der Objekt-Verortung bezeichnen. Bei folgendem Beispiel wird am Textanfang ein für Rezipierende eindeutiger Referenzpunkt festgelegt (*rechts*), dann folgt eine lokale Lagebeziehung zwischen zwei Objekten (*Haus* und *Ball*), die mittels Präpositionalphrase (*neben dem Haus links*) eine lokale Lagebeziehung von zwei weiteren Objekten (*Tisch* und *Stern*) herstellt. Zuletzt werden *Luftballon* und *Auto* samt *Hund* eindeutig verortet (*links oben, links unten*). Damit werden weitere gemeinsame Referenzpunkte gesetzt, die der Globalorientierung dienen:

> Rechts ist ein Blau Weißes haus.
> Vor dem haus ist ein Ball.
> Neben den haus links ist ein Tisch.
> Der Tisch ist wiolet.
> Unter dem Tisch ist ein Stern.
> Der Stern ist gelb.
> Links oben ist ein Luftbalon.
> Der Luftbalon ist orange.
> Links unten ist ein Auto.
> Das Auto ist rot.
> Ober den Auto ist ein Hund.
> Der Hund ist Weiß.
> (V10w8;5albanisch2)

Die folgende Abbildung verdeutlicht nochmals alle Stufen der Objekt-Verortung:

Abb. 25: Skala der lokalen Objekt-Verortung

Zusammengefasst lassen sich die Muster der Objekt-Referenz, Objekt-Attribuierung und Objekt-Verortung wie folgt darstellen:

Tab. 5: Skalenniveaustufen der OR, OA und OV für die Textauswertung

	Objekt-Referenz	Objekt-Attribuierung	Objekt-Verortung
1	fehlende OR	fehlende OA	fehlende OV
2	minimale OR	minimale, monotone OA	minimale OV
3	minimale OR + Detail-Referenz	minimale, ornamentale OA	minimale OV + gemeinsamer Referenzpunkt
4	überwiegende OR	überwiegende, monotone OA	überwiegende OV
5	überwiegende OR + Detail-Referenz	überwiegende, ornamentale OA	überwiegende OV + gemeinsamer Referenzpunkt
6	vollständige OR	vollständige, monotone OA	vollständige OV
7	vollständige OR + Detail-Referenz	vollständige, ornamentale OA	vollständige OV + gemeinsamer Referenzpunkt

7.3.1.2 Untersuchung nach Indikatoren

Alle 216 Schüler/innen-Performanzen wurden auf insgesamt 25 Indikatoren hin untersucht. Von diesen 25 Indikatoren beziehen sich 20 direkt auf die Variablen Objekt-Referenz, Objekt-Attribuierung und Objekt-Verortung als deren konkret beobachtbare und messbare Indikatoren. Fünf Indikatoren dienen Zusatzuntersuchungen (siehe 7.3.1.3), die u.a. Informationen zu Schreib- und Formulierungsstrategien von Beschreibungs-Novizen liefern sollen.

Die Realisierung dieser 25 Indikatoren wurde im Korpus Zeile für Zeile (diplomatische Transkription) entsprechend der Häufigkeit ihres Vorkommens in eine Tabelle eingetragen. Es wurden – wie bereits erwähnt – nur Erstnennungen gezählt; Wiederholungen derselben Indikator-Realisierung wurden nicht gewertet. Über dieses Tagging wurde jedem Probanden/jeder Probandin hinsichtlich spezifischer Indikatoren ein numerischer Wert zugeordnet. So wird individuell sichtbar, wie oft ein spezifischer Indikator verwendet wird, der für die Realisierung von Objekt-Referenz, Objekt-Attribuierung und Objekt-Verortung konstitutiv ist. So wird zum Beispiel die Variable Objekt-Referenz nach den Indikatoren Einzel-Objekt-Benennung, Schauplatz-Benennung und Detail-Benennung differenziert. Man kann also erkennen, ob, auf welche und auf wie viele Objekte des Testbildes referiert wird. Aus der sich ergebenden Summe erhält man ein rein numerisches Ranking, das jedoch nicht als direkte Aussage über die Qualität des Gesamttextes missverstanden werden darf, sondern in Relation zu den genannten Variablen steht.

Im Folgenden werden die einzelnen Indikatoren kurz skizziert; die angeführten Abkürzungen finden auch bei den Tags im Korpus Verwendung:

Tab. 6: Indikatoren für Objekt-Referenz

Einzel-Objekt-Benennung (EOB)	Benennung der vordergründigen, klar erkennbaren, prägnanten Einzel-Objekte des Testbildes, die keine Objektdetails oder Objekte des Schauplatzes darstellen. EOB kann sprachlich auf unterschiedliche Weise realisiert werden, durch Hyperonyme (*Haus*), Hyponyme (*Schuppen*), Kompositionen (*Gartenhaus*), Diminutive (*Häuschen*), Eigennamen (*Ferrari*) etc.
Schauplatz-Benennung (SB)	Benennung der Objekte des Hintergrundes / Schauplatzes (*Wiese*, *Himmel*); auch hier kann die sprachliche Realisierung unterschiedliche Formen annehmen (Derivation, Komposition, Hyperonym, Hyponym etc.)
Detail-Benennung (DB)	Benennung von Details von Einzelobjekten (z.B. *das Dach des Hauses oder dessen Tür und Fenster, Wolken des Himmels*); dies kann ebenfalls unterschiedlich sprachlich realisiert werden (Komposition, Derivation etc.)

Tab. 7: Indikatoren für Objekt-Attribuierung

Diminutiva (DIM)	Durch die Objektbenennung wird gleichzeitig auch die Eigenschaftsbestimmung des genannten Objektes (‚klein') transportiert (*Häuschen* für kleines Haus, *Tischchen* für kleinen Tisch)
Komposition (KOM)	Neubildung eines Wortes durch Zusammensetzung, damit verbunden auch Eigenschaftsbestimmung des genannten Objektes, zum Beispiel Verwendungszweck, Standort oder Form (z.B. *Kuschelkissen* für ein Kissen zum Kuscheln, *Gartenhaus* für ein Haus in einem Garten, *Herzpolster* für einen Polster in Herzform); nur „Luftballon" wird nicht als Attribuierung gewertet, da es sich um einen etablierten Begriff und nicht um eine Neubildung handelt
Farb-Eigenschaft (FAE)	Explizite Anführung der Farbe eines genannten Objektes (z.B. *ein lila Haus*)
Form-Eigenschaft (FOE)	Explizite Anführung der Formangabe eines genannten Objektes (z.B. *ein eckiger Tisch*)
Größen-Eigenschaft (GRE)	Explizite Anführung der Größenangabe eines genannten Objektes (z.B. *ein kleiner Hund*)
Material-Eigenschaft (MAE)	Explizite Anführung der Materialbeschaffenheit eines genannten Objektes (z.B. *ein Haus aus Holz*)
Oberflächen-Eigenschaft (OFE)	Explizite Anführung der Oberflächenbeschaffenheit bzw. einer Eigenschaft der Oberfläche eines genannten Objektes (z.B. ein *glänzendes* Auto)
Wetter-Eigenschaft (WEE)	Schilderung der Wetterlage zur Charakterisierung des Schauplatzes (z.B. *ein leicht bewölkter Himmel, es ist Sommer auf dem Bild*)
Wertende Partikel (WP)	Wertende Partikel zur Verstärkung einer Aussage hinsichtlich der Objekteigenschaft (z.B. ein *wirklich* großes Haus, ein *sehr* kleiner Hund, ein *total* cooles Auto)
Subjektive Objekt-Erwartung (SOE)	Mitteilung einer bestimmten Erwartungshaltung (Frame- oder Scriptwissen) an ein Objekt (z.B. *vor der Hütte steht ein kleiner oranger Kübel ohne Wasser darin, die Wiese hat keine Blumen*)
Vergleich (VG)	Vergleich zur Verdeutlichung und/oder zur näheren Charakterisierung des Objektes (z.B. *unter dem schönen Tisch ist ein gelber Sternpolster, wie eine Kuschelecke*)
Subjektive Objekt-Attribuierung (SOA)	Eindeutig als subjektive Akzentuierung einer Gegenstandsbeschreibung erkennbare Attribuierung mit zum Teil affektiver Beteiligung (z.B. *ein süßer Hund, ein cooles Auto*)

Tautologie (T)	Redundante Eigenschaftsaussage, die u.U. als Versuch einer besonders präzisen Beschreibung betrachtet werden kann (z.B. *ein runder Fußball*)
Eigenname (EN)	Verwendung eines Eigennamens schließt Objektspezifizierung und damit verbunden auch eine Objektcharakterisierung mit ein (z.B. *Labrador, Ferrari, Siamkatze*)
Unterbegriff (U)	Spezifizierender Unterbegriff, Hyponym enthält eine Objektcharakterisierung (*Hütte, Schuppen, Welpe*)

Tab. 8: Indikatoren für Objekt-Verortung

Partikel und/oder Präpositionalphrase lokaler Verortung (PPLV)	Partikel und/oder Präpositionalphrase, die der konkreten lokalen Verortung dient (z.B. *auf, davor, unter, links daneben* etc.)
Gemeinsamer Referenzpunkt (GRP)	Partikel oder Präpositionalphrase, die einen konkreten übergeordneten Referenzpunkt herstellt, von dem aus die weitere Verortung der Objekte erfolgen kann und die eine Globalorientierung grundsätzlich erst möglich macht (z.B. *rechts, links, in der Mitte* etc.)

Folgendes Beispiel zeigt einen Ausschnitt aus der Korpusanalyse nach allen Indikatoren (hier mit Abkürzungen), aus der sich numerische Werte entsprechend ihrer Realisierung ergeben.

Tab. 9: Korpusauszug getaggt (25 Indikatoren)

VP	G	Alter	L1	T	Performanz	G O B	S B	D B R E E	MD A E M	GF E E E	K R E	F A E A	MOWS O O E	WS O A	E B E	U E	V O S A L	S P P	N O P	P N P	G B P	D G B	A P V
E1	m	8 7/12	dt.	1	Es ist ein leicht bewölkter Himel und	1	1	-	-	-	-	-	-	-	1	-	1	-	-	-	-	-	-
E1	m	8 7/12	dt.	1	eine gemäte Wiese. Im Garten	1	1	-	-	-	-	-	-	-	1	-	-	-	-	-	-	1	-
E1	m	8 7/12	dt.	1	steht ein Auto auf dem eine Katze sitzt	2	-	-	-	-	-	-	-	-	-	-	-	-	-	-	-	1	-
E1	m	8 7/12	dt.	1	eine Katze. Unter einem gelben Tisch	1	-	-	-	-	1	-	-	-	-	-	-	-	-	-	-	1	-
E1	m	8 7/12	dt.	1	ligt ein rotes Herz auf dem Rasen.	1	-	-	-	-	1	-	-	-	-	-	-	-	-	-	-	1	-
E1	m	8 7/12	dt.	1	Ein oranger Kübel seht vor einem	1	-	-	-	-	1	-	-	-	-	-	-	-	-	-	-	1	-
E1	m	8 7/12	dt.	1	liela Gartenhaus. Und ein rosa	1	-	-	-	-	-	-	2	1	-	-	-	-	-	-	-	-	-
E1	m	8 7/12	dt.	1	Luftballon.	1	-	-	-	-	-	-	-	-	-	-	-	-	-	-	-	-	-
E2	m	8 5/12	dt.	1	Ein bild mit einem Lila Haus und einem	1	-	-	-	-	1	-	-	-	-	-	-	-	-	-	-	-	-
E2	m	8 5/12	dt.	1	Gelben Tisch. Unter den geben Tisch ligt	1	-	-	-	-	1	-	-	-	-	-	-	-	-	-	-	1	-
E2	m	8 5/12	dt.	1	ein rotes Herrtz. Vor dem Haus steht	1	-	-	-	-	1	-	-	-	-	-	-	-	-	-	-	1	-
E2	m	8 5/12	dt.	1	ein oranger Eimer. lings neben dem	1	-	-	-	-	1	-	-	-	-	-	-	-	-	-	-	1	-
E2	m	8 5/12	dt.	1	Tisch steht ein blaues Auto. Auf dem	1	-	-	-	-	1	-	-	-	-	-	-	-	-	-	-	1	-
E2	m	8 5/12	dt.	1	Auto steht eine Katze mitt weißen körber	1	1	-	-	-	1	-	-	-	-	-	-	-	-	-	-	-	-
E2	m	8 5/12	dt.	1	und swartzen Kopf. Ober dem auto	-	-	1	-	-	1	-	-	-	-	-	-	-	-	-	-	1	-
E2	m	8 5/12	dt.	1	steht oder fliegt ein rosa Luftbalon.	1	-	-	-	-	1	-	-	-	-	-	-	-	-	-	-	-	-

7.3.1.3 Grundlagentheoretische Zusatzuntersuchungen

Die quantitative, grundlagentheoretische Untersuchung von Bildbeschreibungen nach den Variablen Objekt-Referenz, Objekt-Attribuierung und Objekt-Verortung eignet sich grundsätzlich dafür, Einblick über die Entwicklungsbandbreite spezifischer deskriptiver (Schreib-) Kompetenzen von Beschreibungsnovizen zu gewinnen; sie bildet jedoch nur ein bestimmtes Untersuchungsspektrum ab. Um die Performanzen der Probanden und Probandinnen neben OR, OA und OV auch auf weitere schreib- und textrelevante Kriterien hin zu untersuchen und damit die grundlagentheoretischen Ergebnisse entsprechend zu ergänzen, wurden Zusatzuntersuchungen durchgeführt. Sie beziehen sich auf deiktische Verortungen beziehungsweise deiktische Bildverweise, atypische Auffälligkeiten, Konkretisierungen, Parallelismen, Aufzählungen und die Textlänge.

7.3.1.3.1 Deiktische Verortungen

Im Rahmen dieser Zusatzuntersuchung stehen deiktische Verortungen (z.B. *da, hier, dort* etc.) in Bildbeschreibungen im Zentrum, die deskriptiv statistisch untersucht wurden. Dies stellt eine Ergänzung der Untersuchung zur Variable Objekt-Verortung und deren Indikatoren (PPLV, GRP) dar, welche ausschließlich mit konkreten Verortungsangaben operiert; diese Zusatzuntersuchung soll den Untersuchungsbereich „Lokalisierung im Bild" komplementieren. In mündlichen Kommunikationssituationen des Alltags können deiktische Angaben entsprechend anders decodiert werden als in medial schriftlichen Kontexten, die zumeist situationsentbunden sind und daher präziserer Formulierungen bedürfen. Im Hinblick auf das deiktische Verorten von Gegenständen (z.B. *da ist ein Haus*) kann dieses Vorgehen u.a. Aufschluss über den Ausbau der Adressatenantizipation geben.

Der Zusatzuntersuchung zu deiktischen Verortungen liegen die Indikatoren „deiktische Lokal-Partikel" (DLP) und „deiktische Verweise" (ADB) zugrunde, die sich zwar auf implizite (deiktische) Verortungen beziehen, jedoch keine konkrete (explizite) Lokalisierung beziehungsweise Positionierung ermöglichen.

Tab. 10: Indikatoren für deiktische Bildverweise

Deiktische Lokal-Partikel (DLP)	Partikel, deren konkrete Verortungs-Bedeutung sich in einer mündlichen Kommunikationssituation erschließen lässt, die im schriftlichen Kontext jedoch keine konkreten Hinweise auf die lokale Verortung von Objekten bietet (z.B. *da, dort, hier* etc.)
„auf dem Bild..." (ADB)	Deiktische Verweise, die nicht durch eine deiktische Lokalpartikel realisiert werden (z.B. *auf dem Bild, auf diesem Bild sehe ich*)

7.3.1.3.2 Atypien

Diese Zusatzuntersuchung bezieht sich auf bestimmte Auffälligkeiten in Bildbeschreibungen, die in Kontrast zu deskriptionsspezifischen Textmusterwissensbeständen stehen und mitunter konkrete Erwartungen von Lesern und Leserinnen konterkarieren. So zeigt sich bei einigen Beschreibungstexten im Korpus eine tendenziell narrative Grundhaltung; einzelne Objekte des Bildes werden zueinander in Beziehung gesetzt, indem kausale, temporale, emotionale etc. Zusammenhänge hergestellt werden. Auch finden sich persönliche Überlegungen oder Hypothesen zu Objekten (z.B. *man kann in dem Haus fernsehen*) wie auch persönliche Einschübe oder eine direkte Ansprache der Adressaten (z.B. *darunter – meine Lieben – liegt ein Polster*), ferner Einleitungsformeln, die eher in narrativen Kontexten erwartet werden (z.B. *es gab einmal ein Haus*), die Wiedergabe einer Innensicht beziehungsweise der emotionalen Verfasstheit beschriebener Objekte (z.B. *die Katze ist heute froh*) und dergleichen. Bei dieser Zusatzuntersuchung wurden diese Auffälligkeiten in Beschreibungstexten im Rahmen des Indikators „Narrative Objekt-Darstellung" (NOD) erhoben und in einen qualitativen Gesamtkontext gestellt. Damit werden Besonderheiten in Bildbeschreibungen sichtbar, die nicht den stereotypen Zuschreibungen ans Beschreiben (siehe 2.7) entsprechen. Durch diese qualitative Untersuchung können zudem Probleme, die u.U. durch ein „naives" oder fehlendes Textmusterwissen von Beschreibungsnovizen entstehen, erkannt und benannt werden.

Tab. 11: Indikator für narrative Darstellungsweisen

Narrative Objekt-Darstellung (NOD)	Beschreibungsatypische Darstellung in Beschreibungstexten, verursacht durch Herstellung eines narrativen Kontexts (z.B. *der Ballon fliegt bis zum Mars*)

7.3.1.3.3 Konkretisierungen

Diese Zusatzuntersuchung setzt sich mit einem Phänomen auseinander, das zwar in der assoziativen Nähe der Variable Objekt-Attribuierung und deren Indikatoren angesiedelt ist, jedoch nicht eindeutig diesen zugeordnet werden kann. Es handelt sich um die deskriptiv statistische Auswertung der Indikatoren „subjektive Perspektiven-Ansicht" (*SPS*) und „Mengen-Angaben" (*MA*). Beide verfolgen das Ziel der Konkretisierung beschriebener Objekte.

Tab. 12: Indikatoren für Objekt-Konkretisierungen

Subjektive Perspektiven-Ansicht (SPS)	Darunter fallen Angaben der (subjektiven) visuellen Perspektive auf ein genanntes Objekt (z.B. *man sieht das Haus von zwei Seiten*)
Mengen-Angabe (MA)	Darunter fallen Mengenangaben, die sich auf eine Menge >1 beziehen; die Angaben können konkreter Art sein (z.B. *zwei Fenster*) oder nicht konkreter (z.B. *ein paar Wolken*)

7.3.1.3.4 Parallelismen und Aufzählungen

Bei dieser Zusatzuntersuchung handelt es sich um die Ermittlung bestimmter Formulierungsstrategien, welche in Bildbeschreibungen von Beschreibungsnovizen vermehrt vorzufinden sind; untersucht werden Parallelismen (sich wiederholende Formulierungen) und Aufzählungen (rein additive Darstellung von Gegenständen). Bei der Untersuchung auf Parallelismen und Aufzählungen hin ist es nicht allein entscheidend, ob und wie oft in einem Text aufgezählt wird oder Phrasen wiederholt werden (rein quantitativer Aspekt), sondern in welcher Relation diese Formulierungsweisen zum Gesamttext stehen. Dadurch kann eine bestimmte – im Gesamttext dominierende – Formulierungsstrategie transparent gemacht werden.

Schneuwly & Rosat (1995) haben in einer Untersuchung zur Ontogenese deskriptiver Performanzen (Raumbeschreibung) u.a. Beschreibungsstrategien (*stratégies de description*) untersucht, wobei sie Parallelismen (*répétition stéréotypée d'une même expression*) im Kontext von Aufzählungen (*énumération d'objets*) sehen. Dabei kommen sie zu dem Ergebnis, dass stereotype Aufzählungen mittels Parallelismus als wichtige Schreibstrategie eines anfänglichen Entwicklungsstadiums zu betrachten seien:

> En 2e, les textes des élèves sont essentiellement des listes, évoquant des énumérations d' objets [...]. L' énumération prend en général une forme particulière: soit il y a répétition stéréotypée d'une même expression *("j' ai", "il y a",...)* qui devient le mécanisme producteur du texte, dans la mesure où il constitue une unité de base pour la planification de ce dernier; soit chaque nouvel énoncé est terminé par un point et mis à la ligne.
>
> (Schneuwly, Rosat 1995: 94;
> Hervorhebung im Original)

In der vorliegenden Untersuchung werden Parallelismus und Aufzählung differenziert betrachtet, gesondert untersucht und deskriptiv statistisch ausgewertet. Dem liegt folgende Überlegung zugrunde: Ein Parallelismus kann eine Aufzählung bedeuten, muss diese jedoch nicht zwingend realisieren. Entsprechend werden bei der Untersuchung nur jene Bildbeschreibungen dieser Formulierungsstrategie zugeordnet, bei denen:
– mindestens dreimal nacheinander Wortwahl und Wortstellung ident sind
– und Parallelismen den Text eindeutig dominieren (Verhältnis der Realisierung des Formulierungsmusters zum Gesamttext), wie folgendes Beispiel zeigt:

> Am Bild sehe ich.
> Am Bild sehe ich. Ein blaues Auto.
> Am Bild sehe ich. Ein blaues Himmel.
> Am Bild sehe ich. Ein rosa balo.
> Am Bild sehe ich. Ein gelbes Tisch.
> Am Bild sehe ich. Ene schwarz weiße Katze.
> Am Bild sehe ich. Ein Oranges Kübel.
> Am Bild sehe ich. Eine Grüne Wiese.
> Am Bild sehe ich. Ein lila Haus.
> Am Bild sehe ich. Ein rotes Herz.

(V6w8;6rumänisch1)

Bei der Untersuchung betreffend die Aufzählungen werden hingegen nur jene Beschreibungen diesem Formulierungsmuster zugordnet, bei denen:
- mindestens drei Objekte nacheinander weder Attribuierung noch Lokalisierung besitzen und/oder kein Prädikat vorhanden ist (keine vollständige Satzstruktur) sowie
- das Aufzählungsmuster eindeutig den Text dominiert (Verhältnis der Realisierung des Formulierungsmusters zum Gesamttext), wie folgendes Beispiel zeigt:

Ein Auto und eine Kaze und ein balon
und ein Haus, und ein Tisch und ein
Kübel und eine Wiese und Wolken.
(V20m9;7türkisch1)

7.3.1.3.5 Textlänge

Eine weitere Zusatzuntersuchung stellt die deskriptiv statistische Untersuchung der Textlänge dar, die als möglicher Indikator für Genauigkeit der Beschreibung und Textqualität (siehe dazu 5.3) gilt. Dabei wird zu jeder Schüler/innen-Performanz ($n=108$) des ersten Messzeitpunktes die Textlänge anhand der Zeichenanzahl im Text (Zeichenanzahl ohne Leerzeichen) erhoben. Dies erlaubt u.a. auch einen Vergleich der durchschnittlichen Textlänge von Bildbeschreibungen in Bezug auf Erst- und Zweitsprachenlernende. Da es sich beim Korpus um eine diplomatische Transkription handelt, bei der die handschriftlich (Paper-Pencil) erstellten Performanzen 1:1 – d.h. nicht korrigiert – in digitale Form übertragen wurden, kann die durchschnittliche Textlänge anhand der Zeichenanzahl ohne Leerzeichen problemlos erhoben werden; sie bildet die Schreibenden-Realität genau ab.

7.3.2 Auswertung von Sachtest, Feedback- und Fragebögen

Die im Kapitel 7.2 bereits vorgestellten Feedback- und Fragebögen zur Unterrichtsevaluierung durch alle teilnehmenden Schüler/innen und Lehrpersonen wie auch der Sachtest zur Überprüfung von Fachwissen der Schüler/innen wurden in der vorliegenden Studie unterschiedlichen Auswertungsverfahren unterzogen, die im Folgenden kurz skizziert werden:

Der Sachtest stellt einen Multiple-Choice-Test dar, der in einem Prätest-Posttest-Design das fachliche Wissen der Schüler/innen vor und nach einer

Intervention eruiert (*n*=216). Die Ergebnisse zu beiden Messzeitpunkten wurden in einem Gruppenvergleich inferentiell statistisch (*ANOVA* und *t-Test* für abhängige Stichproben; SPSS) untersucht.

Der Feedbackbogen, den alle Schüler/innen nach Durchführung der Intervention erhielten, um das jeweilige Unterrichtsarrangement aus ihrer Sicht evaluieren zu können (*n*=108), wurde deskriptiv statistisch ausgewertet.

Der Fragebogen für Lehrpersonen, der eine weitere Evaluierung der Unterrichtsarrangements beider Unterrichtsgruppen darstellt und sich an die Lehrpersonen als Beobachter/innen der Interventionen richtet (*n*=6), wurde deskriptiv statistisch ausgewertet; persönliche Kommentare der Lehrpersonen werden zusammengefasst wiedergegeben.

Wie bereits unter 7.2. erwähnt, erfolgte auch eine Fragebogenerhebung zu persönlichen Lese- und Schreibpräferenzen der Schüler/innen. Sie war ursprünglich für die Ursachenklärung von Qualitätsunterschieden der Schüler/innen-Performanzen (personengebundene Störvariable) gedacht. Das individuelle Lese- und Schreibverhalten aller Probanden und Probandinnen außerhalb der Schule wurde mit dem Ziel erhoben, möglicherweise Korrelationen von „Textqualität" und persönlicher literaler Erfahrung und literalen Interessen sichtbar machen zu können (siehe dazu 5.2). Diese Fragebogenerhebung konnte jedoch nicht, dies sei an dieser Stelle vorweggenommen, entsprechend ausgewertet werden und folglich nicht den ursprünglich intendierten Zweck (z.B. Untersuchung von Korrelationen) erfüllen, da die Angaben der Schüler/innen nicht immer glaubwürdig erscheinen[205]. Die deskriptiv statistische Auswertung der Fragen, ob gerne und was in der Freizeit gelesen und geschrieben wird, dient ausschließlich der ergänzenden Beschreibung der Stichprobe und wird am Anfang des folgenden Kapitels dargestellt.

---

[205] Es zeigte sich, dass die Schüler/innen in diesem Alter offenbar selten konkrete Angaben zu ihrem Lese- und Schreibverhalten machen und nicht wirklich einschätzen können, wie viele Bücher sie in den letzten 3-4 Monaten gelesen haben oder aber sich in dieser Hinsicht bedeckt halten. So reichen die Angaben von Selbstüberschätzung (z.B. „150 Bücher" E46m9;1deutsch) bis hin zu gar keinen Angaben, weil man dies nicht mehr so genau wisse. Da die Vermutungen nicht durch weitere Befragungen bestätigt oder entkräftet werden konnten, wurde die Auswertung der Fragebogen nicht vollständig in die weitere wissenschaftliche Arbeit einbezogen.

8 Ergebnisdarstellung zu grundlagentheoretischen Forschungsinteressen

Bevor die Beantwortung der grundlagentheoretischen Forschungsfragen erfolgt, soll die im vorangegangenen Kapitel bereits angeführte Beschreibung der Stichprobe (siehe 7.1) anhand der Fragebogenergebnisse zu Lese- und Schreiberfahrungen außerhalb der Schule komplementiert werden: Die deskriptiv statistischen Ergebnisse der Fragebogenerhebung zum Bereich Lesen in der Gesamtstichprobe ergibt, dass 81% (n=88) aller Probanden und Probandinnen gerne außerhalb der Schule lesen, 19% geben an, nicht gerne und daher nichts zu lesen[206]. Gelesen werden Bücher, Beiträge im Internet, Zeitschriften, Comics, Kurzgeschichten, Informationstexte und Sachbücher.

Beim Schreiben verhält es sich anders, nur 47% (n=51) der Schüler/innen geben an, außerhalb der Schulzeit gerne zu schreiben. 53% (n=57) hingegen schreiben ihren Angaben zufolge in ihrer Freizeit nicht gerne und daher nichts. Wenn die Probandinnen und Probanden der Stichprobe außerhalb der Schule schreiben, dann verfassen sie Texte zu diversen persönlich relevanten Themen[207]. Einige Schüler/innen geben an, „manchmal sogar Bücher" (V25w8;11bosnisch) zu schreiben oder bereits ein „halbes" Buch (E26m8;11deutsch) verfasst zu haben. Andere schreiben, um „Rechnungen" zu vollziehen, andere, um „für die Schule zu üben" oder „Hausübungen" fertig zu stellen. Ferner finden sich bezüglich der Frage, was sie in ihrer Freizeit schreiben, Angaben, wie „Lernwörter", „Sätze" und „deutsch". Außerdem werden in den „Kalender Notizen" geschrieben und auch „Tagebücher" geführt (n=2). Zudem wird das Schreiben auch mit Musik verbunden; eine Probandin schreibt außerhalb der Schule „Lieder".

---

[206] Wie viele Bücher in der Freizeit gelesen werden, kann nicht valide eruiert werden, da die Schüler/innen offenbar nicht einschätzen können, wie viele Bücher sie in den letzten 4-5 Monaten gelesen haben; das zeigen Angaben wie z.B.: „weiß nicht" oder „hab fagesen Bücher", aber auch „über 100 Bücher".
[207] Sie schreiben zum Beispiel Texte über „Tiere", über „Prinzessinnen" (z.B. Dornröschen), über „Star Wars", über „sich selbst", sie schreiben „Geschichten" zum Beispiel über die „gute alte Zeit" oder über „Fußball".

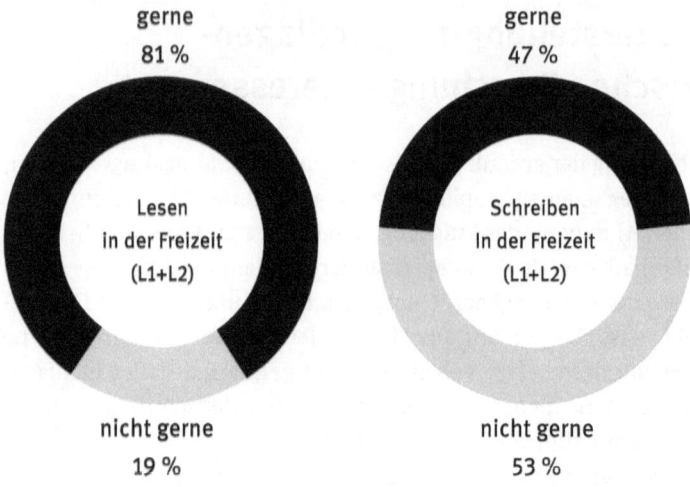

Abb. 26: Angaben zu Lese- und Schreibeinstellungen die Freizeit betreffend (Gesamtstichprobe)

Teilt man die Gesamtstichprobe (n=108) in Teilstichproben von Erstsprachenlernenden (n=39) und Zweitsprachenlernenden (n=69), ergibt sich folgendes Bild: 82% der Schüler/innen mit deutscher Erstsprache lesen gerne außerhalb der Schulzeit. Als Textlektüre dienen nach eigenen Angaben „Kinderbücher" oder „Geschichten" (50%), „Zeitschriften" (20%), Beiträge im „Internet" (15%), „Sachbücher" (10%) und „Comics" (5%).

In der Gruppe der Zweitsprachenlernenden lesen nach eigenen Angaben 81% auch außerhalb der Schulzeit gerne. Dabei beziehen sie sich auf folgende Textquellen: „Kinderbücher" oder „Geschichten" (55%), „Zeitschriften" (18%), „Comics" (14%), „Zeitungen"[208] (8%) und Beiträge im „Internet" (5%).

Bei dieser Gegenüberstellung fällt auf, dass auf die Frage, ob sie auch gerne in der Freizeit lesen, L1- und L2-Lernende grundsätzlich ähnliche Angaben machen. Jedoch finden sich Unterschiede darin, was konkret gelesen wird: L1-Lernende führen z.B. „Sachbücher" an, während sich L2-Lernende nicht explizit darauf beziehen. Weiters werden „Comics" von L2-Lernenden wesentlich häufiger angegeben als von L1-Lernenden.

---

[208] Es stellt sich die Frage, was mit der Angabe „Zeitung" gegenüber „Zeitschrift" tatsächlich gemeint ist; diese Frage kann nicht beantwortet werden.

Das Schreiben praktizieren 44% der Schüler/innen mit deutscher Erstsprache gerne in ihrer Freizeit. Im Vergleich dazu geben 58% der Schüler/innen mit nichtdeutscher Erstsprache an, gerne in ihrer Freizeit zu schreiben.

Auf die Frage, was sie in ihrer Freizeit schreiben, machen L1-Lernende folgende Angaben: „Geschichten" (52%), „Aufgaben" (13%), „Tagebucheintrag" (10%), „Kalendereintrag" (5%), „Bücher" (5%), „Lieder" (5%), „Notizen" (5%) und „Rechnungen" (5%).

Bei L2-Lernenden, die in ihrer Freizeit gerne schreiben, handelt es sich laut eigenen Angaben um folgende Schreibprodukte: „Geschichten" (48%), „Aufgaben" und/oder „Übungen für die Schule" (33%) „Buch" (11%), „Tagebuch" (4%), und „Zeichnungen" (4%).

Die Gegenüberstellung zeigt vor allem, dass L2-Lernende eigenen Angaben zufolge außerhalb der Schulzeit zwar häufiger beziehungsweise lieber schreiben als L1-Lernende, aber unter dem Schreiben vielfach „Aufgaben" und „Übungen" für die Schule – also an schulische Zwecke gebundenes Schreiben – verstehen.

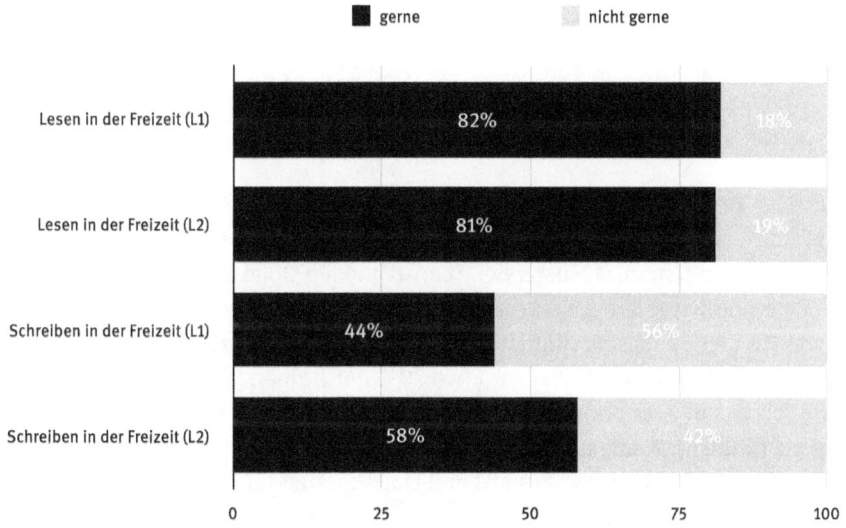

Abb. 27: Angaben zu Lese- und Schreibeinstellungen die Freizeit betreffend (Teilstichproben von L1- und L2-Lernenden)

Nach dieser ergänzenden Darstellung zu Lese- und Schreibgewohnheiten außerhalb der Schule folgen nun die Ergebnisdarstellungen zu den grundlagentheoretischen Fragestellungen, resultierend aus der Untersuchung der schriftlichen Bildbeschreibungen von Schülern und Schülerinnen der dritten

Schulstufe (n=108) mit Deutsch als Erst- und Zweitsprache zum ersten Messzeitpunkt. Die Ergebnisse werden dabei folgendermaßen präsentiert: Zu jedem Analysekriterium (OR, OA oder OV) werden zuerst die Untersuchungsergebnisse der Gesamtstichprobe angeführt, dann die der Teilstichprobe der L1-Lernenden, danach die Ergebnisse der Teilstichprobe der L2-Lernenden; abschließend erfolgt die vergleichende Gegenüberstellung beider Teilstichproben. Diese Reihenfolge dient dem Zweck der besseren Übersicht und stellt keine Wertung dar. Zur qualitativen Ergänzung werden ferner Ergebnisse der Zusatzuntersuchungen vorgestellt, deren Präsentation ebenfalls dem zuvor angeführten Schema folgt.

8.1 Muster der Objekt-Referenz: Gesamtstichprobe

Die Ergebnisse beziehen sich auf Untersuchungen der Gesamtstichprobe (n=108) zum ersten Messzeitpunkt (zwischen Erst- und Zweitsprachenlernenden wird nicht differenziert). Es wird eine Gesamt-Bestandsaufnahme der schriftlichen Beschreibungskompetenzen von Beschreibungsnovizen versucht, die mit der entsprechenden Vorsicht generalisierbar erscheint. Die erste Forschungsfrage lautet:
– Welche Muster der Objekt-Referenz zeigen die Beschreibungstexte der Schüler/innen?

Nach der deskriptiv statistischen Auswertung der Gesamtstichprobe (n=108) zeigt sich – unabhängig davon, ob Deutsch die Erst- oder Zweitsprache ist – eine eindeutige Tendenz zum Muster der überwiegenden Objekt-Referenz.

Eine überwiegende Objekt-Referenz bedeutet, dass mehr als die Hälfte der Objekte in den Bildbeschreibungen angeführt wird, ohne dass weitere Details zu diesen Objekten genannt werden. Etwa 70% der Proband/innen realisieren die Stufe 4 – das Muster der überwiegenden Objekt-Referenz. Ca. 15% nennen alle Objekte (Stufe 6), weniger als 3% geben neben der vollständigen Nennung aller Objekte des Bildes auch mindestens drei Objekt-Details an (Stufe 7).

In der Folge werden die Einzelergebnisse der Studie tabellarisch dokumentiert, grafisch visualisiert und zuletzt deren Indikatoren präsentiert.

Tab. 13: Tabellarische Darstellung der realisierten Objekt-Referenzen (2-7) in Prozent (Gesamtstichprobe, T1)

Skalenniveau	Häufigkeit	Prozent	kumulative Prozente
2	6	5,6	5,6
3	2	1,9	7,4
4	76	70,4	77,8
5	5	4,6	82,4
6	16	14,8	97,2
7	3	2,8	100
Summe	108	100	

In einem Histogramm lässt sich die Verteilung auf die sieben unterschiedlichen Skalenniveaus der Objekt-Referenz wie folgt darstellen:

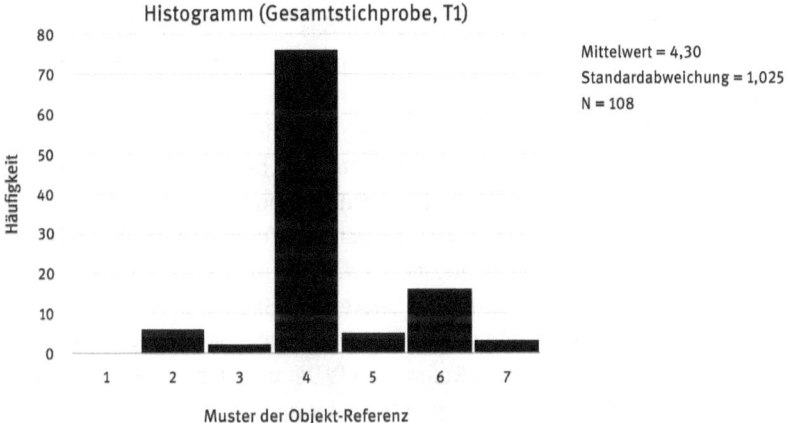

Abb. 28: Histogramm der realisierten Muster der Objekt-Referenz (Gesamtstichprobe, T1)

Indikatoren-Untersuchung

Betrachtet man die einzelnen Indikatoren, die die Variable Objekt-Referenz bestimmen (Gesamtobjekt-Benennung, Schauplatz-Benennung, Detail-Benennung), so lassen sich folgende Mittelwerte feststellen:

Für den Indikator Gesamtobjekt-Benennung (GOB), der alle vordergründigen Objekte und die des Schauplatzes umfasst, zeigt die deskriptiv statistische Auswertung den Mittelwert $\bar{X}$=7,120, wobei alle Probanden und Probandinnen mindestens drei Objekte nennen; die Maximalanzahl liegt bei neun Objekten.

Für den Indikator Schauplatzbenennung (SB) – hier sind maximal zwei Objektnennungen möglich – zeigt sich ein Mittelwert von $\bar{X}$=0,527. Das bedeutet, dass bei der Aufforderung, ein Bild „ganz genau zu beschreiben", nur 26% aller möglichen Schauplatzbenennungen von den Schreibenden auch realisiert werden.

Beim Anführen von Objekt-Details (DB) ergibt die deskriptiv statistische Auswertung einen Mittelwert von $\bar{X}$=0,861. Führen viele Schüler/innen überhaupt keine Details zu Objekten an, so erbringt eine Probandin (L1 Deutsch) den Höchstwert von 22 Detailbenennungen.

8.1.1 Muster der Objekt-Referenz: Teilstichprobe L1-Lernende

Deskriptiv statistisch wird deutlich, dass in der Gruppe der L1-Lernenden (n=39) alle Schüler/innen im Hinblick auf die Realisierungsmuster der Objekt-Referenz mindestens das Skalenniveau 4 und maximal das Skalenniveau 7 (=höchstes Skalenniveau) erreichen. Niemand aus dieser Gruppe liegt im Skalenniveau 1-3. Der Mittelwert beträgt $\bar{X}$=4,77.

In Prozentzahlen ausgedrückt realisieren 59% der L1-Schüler/innen das vierte Skalenniveau (überwiegende Objekt-Referenz), bei dem auf mehr als die Hälfte der Objekte des Testbildes referiert wird. Knapp 13% liegen auf Skalenniveau 5 (überwiegende Objekt-Referenz mit Detail-Referenz; mehr als die Hälfte aller Objekte wird benannt und mindestens zwei Details dieser Objekte werden angeführt). Ca. 21% der Schreibenden realisieren das Skalenniveau 6 – die vollständige Objekt-Referenz – hier werden alle Objekte des Bildes vollständig angeführt. Die vollständige Objekt-Referenz mit Detail-Referenz (Skalenniveau 7), welche die vollständige Nennung aller Bildobjekte mit mindestens drei Detaildarstellungen bedeutet, wird von ca. 8% der L1-Probanden und L1-Probandinnen realisiert.

Tab. 14: Tabellarische Darstellung der realisierten Objekt-Referenz in Prozent (L1-Teilstichprobe, T1)

Skalenniveau	Häufigkeit	Prozent	kumulative Prozente
4	23	59	59
5	5	12,8	71,8

Skalenniveau	Häufigkeit	Prozent	kumulative Prozente
6	8	20,5	92,3
7	3	7,7	100
Summe	39	100	

In einem Histogramm lässt sich die Verteilung auf die sieben unterschiedlichen Skalenniveaus wie folgt darstellen:

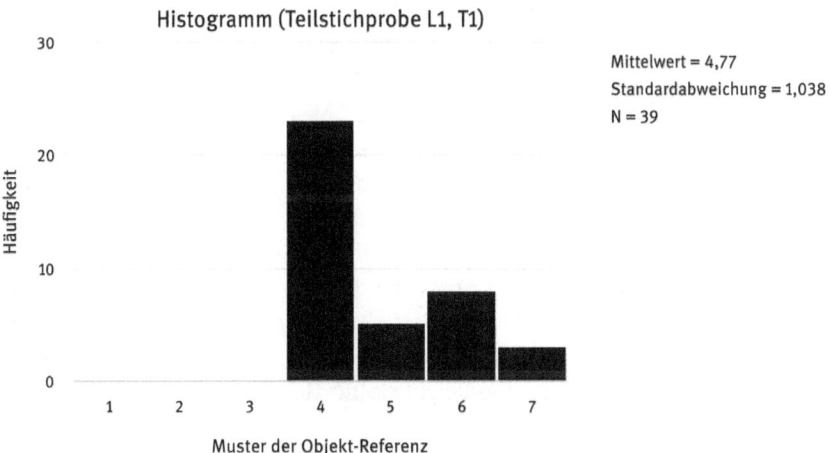

Abb. 29: Histogramm der realisierten Muster der Objekt-Referenz (L1-Teilstichprobe, T1)

Indikatoren-Untersuchung

Betrachtet man die einzelnen Indikatoren, die die Variable Objekt-Referenz bestimmen, finden sich folgende Mittelwerte: Für den Indikator Gesamtobjekt-Benennung (GOB), der alle vordergründigen Objekte und die des Schauplatzes umfasst, zeigt die deskriptiv statistische Auswertung hinsichtlich der L1-Lernenden einen Mittelwert von $\bar{x}=7,11$, wobei alle Probanden und Probandinnen mindestens 6 von den maximal neun Objekten benennen.

Für den spezifizierenden Indikator Schauplatzbenennung (SB) – hier sind grundsätzlich nur zwei Nennungen möglich – zeigt sich ein Mittelwert von $\bar{x}=0,9$. Das bedeutet, dass bei der Aufforderung, ein Bild „ganz genau zu beschreiben" (siehe 6.4.2) von den Schülern und Schülerinnen ca. 45% aller möglichen Schauplatzbenennungen realisiert werden.

In Bezug auf das Anführen von Objekt-Details (DB) zeigt die deskriptiv statistische Auswertung einen Mittelwert von $\bar{X}$=2,08. Der Höchstwert wird hierbei von einer Probandin mit 22 Detailbenennungen realisiert.

8.1.2 Muster der Objekt-Referenz: Teilstichprobe L2-Lernende

Deskriptiv statistisch wird deutlich, dass in der Gruppe der L2-Lernenden (n=69) alle Schüler/innen mindestens das Skalenniveau 2 und maximal das Skalenniveau 6 der Objekt-Referenz erreichen. Kein Proband/Keine Probandin realisiert hier das Skalenniveau 1, 5 oder 7.[209] Der Mittelwert liegt bei $\bar{X}$=4,03.

In Prozentzahlen ausgedrückt bedeutet dies, dass ca. 9% der L2-Schüler/-innen das zweite Skalenniveau – die minimale Objekt-Referenz – realisieren, bei der auf maximal die Hälfte aller Objekte des Testbildes referiert wird. Ca. 3% weisen in ihren Bildbeschreibungen eine minimale Objekt-Referenz mit Detail-Referenz auf, bei der zusätzlich auf mindestens ein Objekt-Detail Bezug genommen wird (Skalenniveau 3). Das Skalenniveau 4 – die überwiegende Objekt-Referenz – realisieren ca. 77% der Kinder mit nicht-deutscher Erstsprache, hier wird auf mehr als die Hälfte der Objekte des Testbildes Bezug genommen. Ca. 12% der Texte erreichen das Skalenniveau 6 – die vollständige Objekt-Referenz – hier werden alle Objekte (ohne Detail-Referenzen) angeführt.

Tab. 15: Tabellarische Darstellung der realisierten Objekt-Referenz in Prozent (L2-Teilstichprobe, T1)

Skalenniveau	Häufigkeit	Prozent	kumulative Prozente
2	6	8,7	8,7
3	2	2,9	11,6
4	53	76,8	88,4
6	8	11,6	100
Summe	69	100	

---

209 Es wäre jedoch zum ersten Messzeitpunkt – wie bereits bei der Darstellung der Methode (siehe 7.3.1.1.1) angeführt – einmal zur Realisierung des Skalenniveaus 1 gekommen, wenn nicht die anwesende Lehrperson interveniert hätte.

In einem Histogramm lässt sich die Verteilung auf die sieben unterschiedlichen Skalenniveaus wie folgt darstellen:

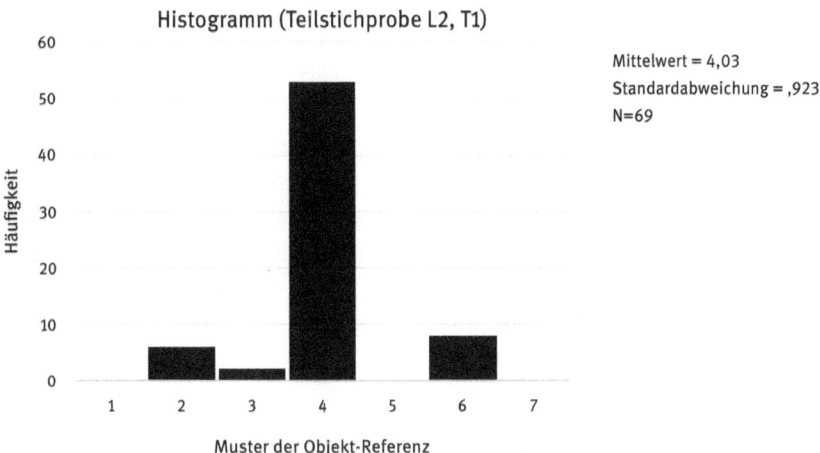

Abb. 30: Histogramm der realisierten Muster der Objekt-Referenz (L2-Teilstichprobe, T1)

Indikatoren-Untersuchung
Betrachtet man die einzelnen Indikatoren, die die Variable Objekt-Referenz bestimmen, lassen sich folgende Mittelwerte für die Gruppe der Zweitsprachenlernenden bestimmen:

Für den Indikator Gesamtobjekt-Benennung (GOB), der alle vordergründigen Objekte und die Objekte des Schauplatzes umfasst, zeigt die deskriptiv statistische Auswertung einen Mittelwert von $\bar{x}$=6,751, wobei alle Schüler/innen mindestens drei der maximal neun Objekte benennen.

Für den spezifizierenden Indikator Schauplatzbenennung (SB) – hier sind nur zwei Nennungen möglich – wird ein Mittelwert von $\bar{x}$=0,32 errechnet. Das bedeutet, dass bei der Aufforderung, ein Bild „ganz genau zu beschreiben" (siehe 6.4.2), ca. 16% aller möglichen Schauplatzbenennungen von den Schülern und Schülerinnen auch realisiert werden.

Beim Anführen von Objekt-Details (DB) erbringt die deskriptiv statistische Auswertung einen Mittelwert von $\bar{x}$=0,17; hier liegt der Höchstwert eines Schülers bei drei Detailbenennungen.

8.1.3 Muster der Objekt-Referenz: Gegenüberstellung L1- und L2-Lernende

Die hier zugrunde liegende fünfte Forschungsfrage lautet:
— Welche Unterschiede hinsichtlich der Objekt-Referenz zeigen Beschreibungstexte von Schüler/innen mit deutscher Erstsprache und Schüler/innen mit nicht-deutscher Erstsprache?

Hinsichtlich der Variable Objekt-Referenz zeigt sich, dass in Bildbeschreibungen das Skalenniveau 4 in beiden Gruppen – L1 und L2 – am häufigsten realisiert wird. Bei den Erstsprachenlernenden gibt es allerding niemanden mit einem Wert unter dem Skalenniveau 4; bei den Zweitsprachenlernenden erreicht niemand das Skalenniveau 7.

Der *t*-Test für unabhängige Stichproben ergibt hinsichtlich der Variable Objekt-Referenz (Realisierung der Skalenniveaustufen 1-7) einen signifikanten Unterschied zwischen den Erst- und Zweitsprachenlernenden $t(71,587)=3,703$, p≤0,001, d=0.742[210]. Erstsprachenlernende realisieren statistisch signifikant höhere Skalenniveaus die Variable Objekt-Referenz betreffend als Zweitsprachenlernende.

Indikatoren-Untersuchung

Der *t*-Test für unabhängige Stichproben zeigt hinsichtlich der Auswertung der Indikatoren der Variable Objekt-Referenz folgende Ergebnisse:

Beim Indikator Gesamt-Objekt-Benennung (GOB) ergibt der Gruppenvergleich einen signifikanten Unterschied zwischen Erst- und Zweitsprachenlernenden $t(106)=4,354$, p≤0.001, d=0.872. Erstsprachenlernende realisieren also statistisch signifikant häufiger den Indikator GOB als Zweitsprachenlernende.

Weiters zeigt der Gruppenvergleich einen signifikanten Unterschied hinsichtlich der Realisierung des Indikators Schauplatzbenennung (SB), $t(61,844)=3,578$, p=0,001, d=0.717. Erstsprachenlernende verwenden statistisch signifikant häufiger den Indikator SB als Zweitsprachenlernende.

Im Hinblick auf die Umsetzung des Indikators Detail-Benennung (DB) zeigt sich ebenfalls ein signifikanter Unterschied zwischen Erst- und Zweitsprachen-

---

[210] Die Effektstärke Cohens *d* wird nach Bohrenstein (2009: 228) für t-Tests mit unabhängigen Stichproben berechnet. Nach Cohen (1988) werden *d*-Referenzwerte von 0.20 bis 0.50 als kleine Effekte, Referenzwerte von 0.50 bis 0.80 als mittlere und Werte ab 0.80 als große Effekte klassifiziert (vgl. Döring & Bortz 216: 820).

lernenden; $t(38,555)=2,485$, $p=0,017$, $d=0.498$. Erstsprachenlernende verwenden statistisch signifikant häufiger den Indikator DB als Zweitsprachenlernende.

8.2 Muster der Objekt-Attribuierung: Gesamtstichprobe

Die hier zugrunde liegende zweite Forschungsfrage lautet:
– Welche Muster der Objekt-Attribuierung zeigen die Beschreibungstexte der Schüler/innen?

Es zeigen sich nach der deskriptiv statistischen Auswertung der Gesamtstichprobe zum ersten Messzeitpunkt ($n=108$) – unabhängig von der Variable Erstsprache – drei größere Trends zur Charakterisierung der benannten Objekte: Ca. 29% aller Probanden und Probandinnen realisieren keine Attribuierungen, sie führen nur die Objekte an, ohne ihre Merkmale genauer zu bestimmen (Skalenniveau 1). Außerdem zeigt die Auswertung, dass ca. 17% das Skalenniveau 2 (minimale, monotone Objekt-Attribuierung) erreichen, bei dem weniger als die Hälfte der jeweils angeführten Objekte auf monotone Art Attribuierungen erhalten; der kumulative Wert beträgt 45%. Weitere 25% der Probanden und Probandinnen realisieren das Muster der überwiegenden, monotonen Objekt-Attribuierung (Skalenniveau 4), die besagt, dass zu mehr als der Hälfte aller jeweils angeführten Objekte Merkmalszuschreibungen in den Texten vorgenommen werden, diese jedoch nach nur einer bestimmten Merkmalsausprägung (Farbe, Größe, Verwendungszweck etc.). 23% realisieren das Muster der vollständigen, monotonen Objekt-Attribuierung (Skalenniveau 6), bei dem alle Objekte der Bildbeschreibung entsprechend einer bestimmten Merkmalsausprägung charakterisiert werden.

Tab. 16: Tabellarische Darstellung der realisierten Objekt-Attribuierungen (1-7) in Prozent (Gesamtstichprobe, T1)

Skalenniveau	Häufigkeit	Prozent	kumulative Prozente
1	31	28,7	28,7
2	18	16,7	45,4
3	3	2,8	48,1
4	27	25	73,1
5	2	1,9	75
6	25	23,1	98,1

Skalenniveau	Häufigkeit	Prozent	kumulative Prozente
7	2	1,9	100
Summe	108	100	

Das Histogramm (Abb. 31) zeigt die Verteilung auf die sieben unterschiedlichen Skalenniveaus:

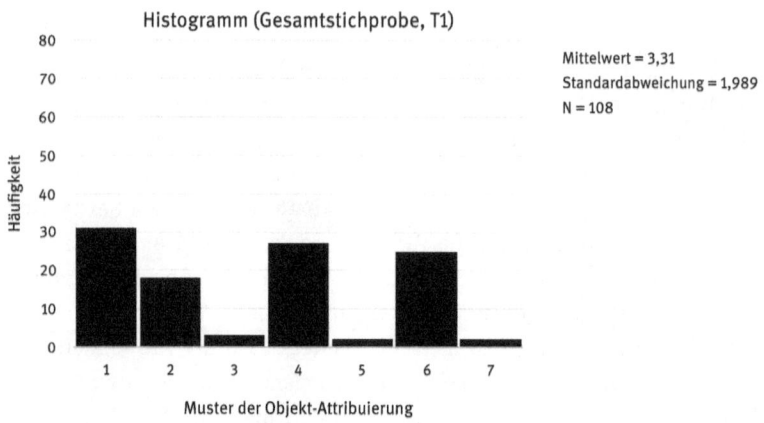

Abb. 31: Histogramm der realisierten Muster der Objekt-Attribuierung (Gesamtstichprobe, T1)

Indikatoren-Untersuchung

Von den sechs am häufigsten realisierten Indikatoren der Variable Objekt-Attribuierung zeigt sich im Gesamtkorpus zum ersten Messzeitpunkt mit ca. 77% eine eindeutige Präferenz für Farb-Attribuierung; die Objekte werden von den Kindern also vorwiegend nach ihrer Farbe charakterisiert. Ca. 4% der Attribuierungen erfolgt durch das Einführen von Komposita (z.B. *Gartenhaus, Herzpolster*), in denen Merkmalsausprägungen (z.B. Verwendungszweck, Form) implizit enthalten sein können. Weitere 4% der Attribuierungen beziehen sich auf Angaben zur Größenbestimmung (z.B. *groß, klein*). Weitere ca. 4% verwenden subjektive Objektcharakterisierungen, die eindeutig die persönliche Haltung der/des Beschreibenden erkennen lässt (z.B. *cooles Auto, süße Katze*). Eine Attribuierung durch Eigennamen (z.B. *Ferrari, Siamkatze*), die aufgrund der spezifischen Bezeichnung jedenfalls konkrete Merkmalsausprägungen erwarten lassen, machen ca. 2% aus. Mit ebenfalls ca. 2% sind Charakterisierungsverstärkungen anhand von wertenden Partikeln (z.B. *wirklich schön, sehr groß* etc.) vertreten.

Die sechs am häufigsten realisierten Indikatoren der Variable Objekt-Attribuierung können nach ihrer Häufigkeit in Relation zur Anzahl aller Indikatoren-Realisierungen wie folgt dargestellt werden:

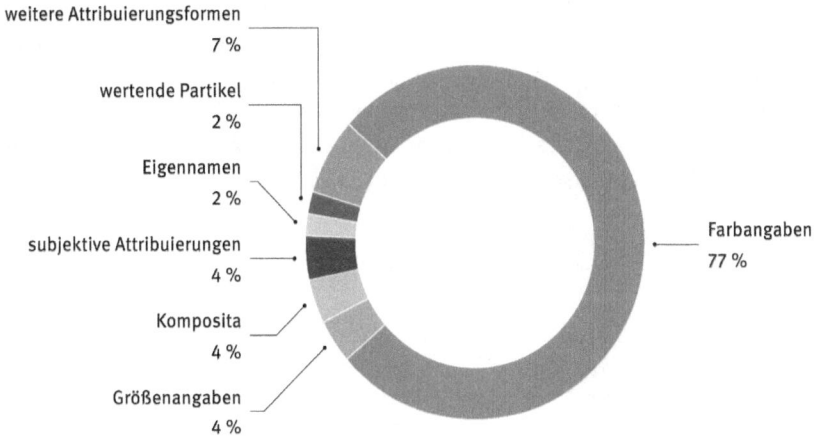

Abb. 32: Die am häufigsten realisierten Indikatoren der Objekt-Attribuierung in Relation zur Gesamtzahl aller Indikatoren-Realisierungen der OA (Gesamtstichprobe, T1)

8.2.1 Muster der Objekt-Attribuierung: Teilstichprobe L1-Lernende

Die deskriptive Statistik zeigt, dass in der Gruppe der L1-Lernenden (n=39) alle Schüler/innen im Hinblick auf die Variable Objekt-Attribuierung mehrheitlich das Skalenniveau 4 und 6 realisieren. Der Mittelwert liegt hier bei $\bar{x}$=4,00.

In Prozentzahlen ausgedrückt bedeutet dies (in absteigender Reihenfolge der Häufigkeit aller Realisierungsmöglichkeiten), dass ca. 36% aller L1-Schüler/innen (n=39) das vierte Skalenniveau – die überwiegende, monotone Objekt-Attribuierung – realisieren, bei der mehr als die Hälfte aller jeweils angeführten Objekte Merkmalszuschreibungen erhalten; dies jedoch nach nur einer bestimmten Merkmalsausprägung (Farbe, Größe, Verwendungszweck etc.). Ca. 26% der Proband/en/innen realisieren das Muster der vollständigen, monotonen Objekt-Attribuierung (Skalenniveau 6), bei dem alle angeführten Objekte durch ebenfalls nur eine bestimmte Merkmalsausprägung charakterisiert werden. Ca. 18% führen eine minimale, monotone Objekt-Attribuierung aus, bei der weniger als die Hälfte der jeweils angeführten Objekte in einheitlicher Weise charakterisiert werden. Bei ca. 10% der Probanden und Probandinnen zeigt sich in den Bildbeschreibungen eine fehlende Objekt-Attribuierung (Skalenniveau 1), bei der keinem der angeführten Objekte Eigenschaften zugewiesen werden. Ca. 5% realisieren in ihren Beschreibungstexten das Skalenniveau 7, eine vollständige, ornamentale Objekt-Attribuierung, bei der alle angeführten Objekte mit Hilfe unterschiedlicher Merkmalsausprägungen (z.B. Farbe, Größe und/oder Verwendungszweck etc.) charakterisiert werden. Ca. 3% der Schüler/innen realisieren das Skalenniveau 3, die minimale, ornamentale Objekt-Attribuierung, bei der maximal die Hälfte aller jeweils angeführten Objekte auf unterschiedliche Weise charakterisiert werden. Ca. 3% realisieren das Skalenniveau 5, die überwiegende, ornamentale Objekt-Attribuierung, bei der mehr als die Hälfte aller angeführten Objekte über ebenso unterschiedliche Merkmalsausprägungen versehen werden.

Tab. 17: Tabellarische Darstellung der realisierten Objekt-Attribuierung in Prozent (L1-Teilstichprobe, T1)

Skalenniveau	Häufigkeit	Prozent	kumulative Prozente
1	4	10,3	10,3
2	7	17,9	28,2
3	1	2,6	30,8
4	14	35,9	66,7
5	1	2,6	69,2
6	10	25,6	94,9
7	2	5,1	100
Summe	39	100	

Grafisch lassen sich die Ergebnisse der L1-Lernenden wie folgt darstellen:

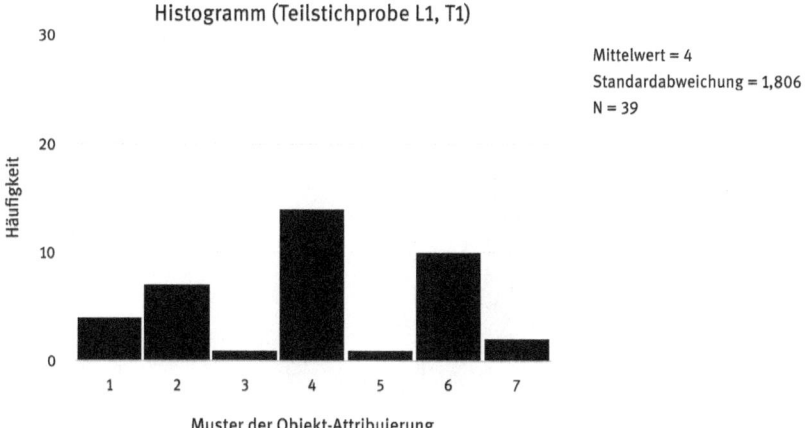

Abb. 33: Histogramm der realisierten Muster der Objekt-Attribuierung (L1-Teilstichprobe, T1)

Indikatoren-Untersuchung

Von den 15 Indikatoren, die die Variable Objekt-Attribuierung bestimmen, werden aus Gründen der Übersichtlichkeit nur die in den Bildbeschreibungen am häufigsten realisierten angeführt. Die Relation der Einzel-Indikatoren zur Gesamtheit aller Indikatoren-Realisierungen ergibt folgendes Bild: Ca. 73% der Attribuierungen erfolgen durch Farbangaben. Bei 6% werden Objekte durch die Bildung von Komposita (z.B. *Gartenhaus, Fußball*) attribuiert. 4% der Probanden und Probandinnen realisieren Attribuierungen über Größengaben. Weitere 4% sind subjektiv gefärbte Attribuierungen (z.B. *schönes Haus, süßer Hund*). Die Verwendung von Eigennamen (z.B. *Ferrari, Labrador*) macht ca. 3% aller Attribuierungen aus, wie die folgende Grafik verdeutlicht:

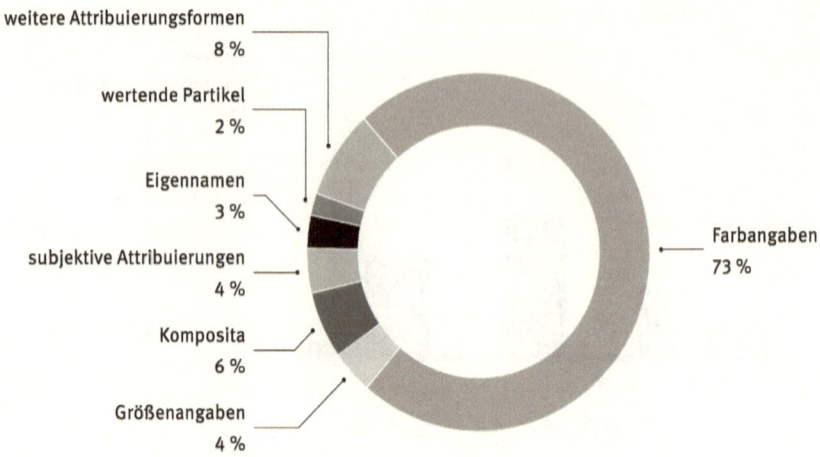

Abb. 34: Die am häufigsten realisierten Einzel-Indikatoren der Objekt-Attribuierung in Relation zur Gesamtzahl aller Indikatoren-Realisierungen der OA (L1-Teilstichprobe, T1)

8.2.2 Muster der Objekt-Attribuierung: Teilstichprobe L2-Lernende

Die deskriptive Statistik zeigt, dass in der Gruppe der L2-Lernenden (*n*=69) im Hinblick auf die Variable Objekt-Attribuierung mehrheitlich das Skalenniveau 1 (fehlende Objekt-Attribuierung) realisiert wird. Der Mittelwert liegt bei $\bar{x}$=2,93.

In Prozentzahlen ausgedrückt bedeutet dies, dass ca. 39% aller L2-Schüler/innen das erste Skalenniveau realisieren, auf dem zu keinem der angeführten Objekte Eigenschaften angeführt werden. Ca. 22% der L2-Schüler/innen realisieren das Muster der vollständigen, monotonen Objekt-Attribuierung (Skalenniveau 6), bei dem alle angeführten Objekte durch ausschließlich eine bestimmte Merkmalsausprägung charakterisiert werden. Ca. 19% der Zweitsprachenlernenden realisieren das Skalenniveau 4 – überwiegende, monotone Objekt-Attribuierung – d.h. mehr als die Hälfte aller jeweils konkret angeführten Objekte erhalten Merkmalszuschreibungen, die sich ebenfalls an nur einer bestimmten Merkmalsausprägung (Farbe, Größe oder Verwendungszweck etc.) orientieren. Ca. 16% erreichen das Skalenniveau 2 (minimale, monotone Objekt-Attribuierung); maximal die Hälfte aller jeweils angeführten Objekte werden durch einheitliche Merkmalsausprägungen charakterisiert. Ca. 3% weisen eine minimale ornamentale Objekt-Attribuierung (Skalenniveau 3) auf, bei der maximal die Hälfte aller jeweils angeführten Objekte auf unterschiedliche Art und Weise charakterisiert werden. Schließlich ist auch die überwiegende, ornamentale Objekt-Attribuierung (Skalenniveau 5) mit ca. 1% vertreten; hier wird mehr als die Hälfte aller erwähnten Objekte anhand unterschiedlicher Merkmalsausprägungen beschrieben. Die Stufe 7 – vollständige ornamentale Objekt-Attribuierung – wird nicht erreicht.

Tab. 18: Tabellarische Darstellung der realisierten Objekt-Attribuierung in Prozent (L2-Teilstichprobe, T1)

Skalenniveau	Häufigkeit	Prozent	kumulative Prozente
1	27	39,1	39,1
2	11	15,9	55,1
3	2	2,9	58
4	13	18,8	76,8
5	1	1,4	78,3
6	15	21,7	100
Summe	69	100	

Grafisch lassen sich die Ergebnisse der L2-Lernenden folgend darstellen:

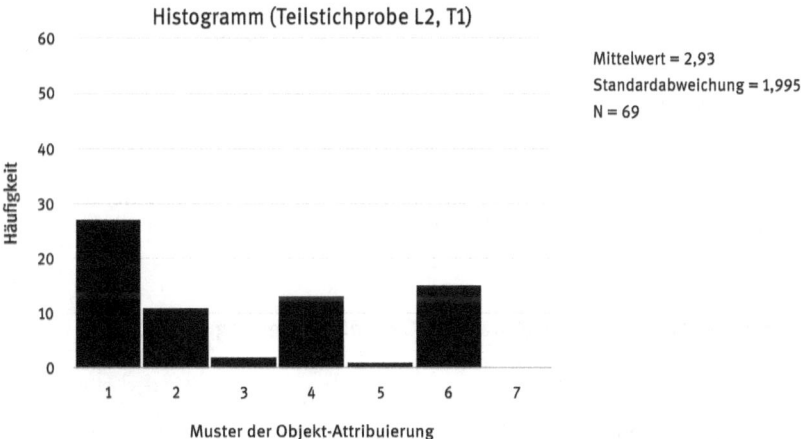

Abb. 35: Histogramm der realisierten Muster der Objekt-Attribuierung (L2-Teilstichprobe, T1)

Indikatoren-Untersuchung

Von den 15 Einzel-Indikatoren, die die Variable Objekt-Attribuierung bestimmen, werden aus Gründen der Übersichtlichkeit nur die in den Bildbeschreibungen am häufigsten realisierten angeführt. So zeigt sich in Relation zur Gesamtheit aller Indikatoren-Realisierungen in der Gruppe der Zweitsprachenlernenden folgendes Bild: Ca. 81% sind Attribuierungen durch Farbangaben. In den Bildbeschreibungen von Zweitsprachenlernenden *sind* subjektiv gefärbte *Attribuierungen* (z.B. *schönes Haus, süßer Hund*) mit ca. 6% vertreten. Bei ca. 6% werden Objekte durch die Größe (z.B. *klein, groß*) charakterisiert. Ca. 2% der attribuierten Objekte werden durch Unterbegriffe (z.B. *Hütte, Schuppen* etc.) näher charakterisiert, 1% durch Komposita (z.B. *Gartenhaus, Fußball* etc.) und ebenfalls 1% durch wertende Partikel (z.B. *sehr schöner Hund*), wie folgende Grafik verdeutlicht:

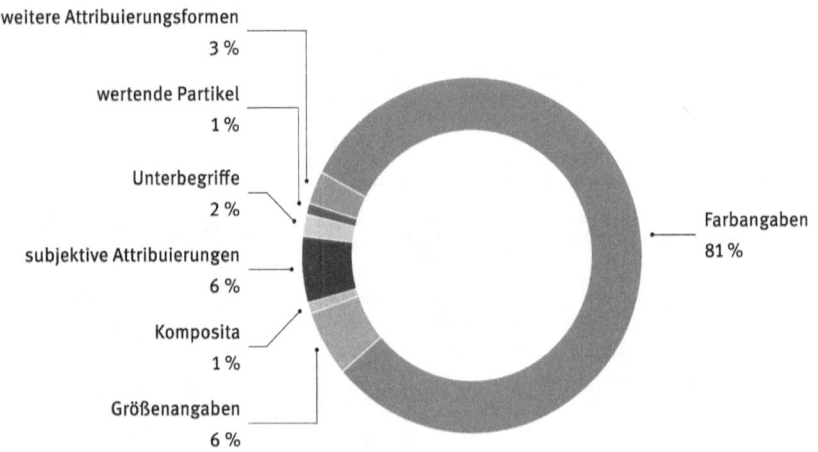

Abb. 36: Die am häufigsten realisierten Einzel-Indikatoren der Objekt-Attribuierung in Relation zur Gesamtzahl aller Indikatoren-Realisierungen der OA (L2-Teilstichprobe, T1)

8.2.3 Muster der Objekt-Attribuierung: Gegenüberstellung L1- und L2-Lernende

Die zugrunde liegende sechste Forschungsfrage lautet:
— Welche Unterschiede hinsichtlich der Objekt-Attribuierung zeigen Beschreibungstexte von Schüler/innen mit deutscher Erstsprache und Schüler/innen mit nicht-deutscher Erstsprache?

Es zeigt sich, dass bei der Variable Objekt-Attribuierung bei L1-Lernenden das Skalenniveau 4 mit ca. 36% am häufigsten vertreten ist, bei den L2-Lernenden das Skalenniveau 1 (ca. 39%). Auffallend ist auch, dass die Zweitsprachenlernenden das Skalenniveau 7 nicht erreichen.

Der *t-Test* für unabhängige Stichproben ergibt hinsichtlich der Variable Objekt-Attribuierung einen signifikanten Unterschied zwischen beiden Gruppen mit einem Wert von $t(85,694)=2,853$ $p=0,005$, $d=0.572$. Das bedeutet, dass Erstsprachenlernende statistisch signifikant höhere Skalenniveaus im Zusammenhang mit der Variable Objekt-Attribuierung erreichen als Zweitsprachenlernende.

Indikatoren-Untersuchung
Der *t-Test* für unabhängige Stichproben bringt hinsichtlich der Indikatoren der Variable Objekt-Attribuierung folgendes Ergebnis: Bei der gemeinsamen Auswertung aller 15 gleichwertigen Einzel-Indikatoren zeigt sich im Gruppenvergleich ebenfalls ein signifikanter Unterschied zwischen Erst- und Zweitsprachenlernenden mit einem Wert von $t(48,798)=3,939$, $p \leq 0.001$, $d=0.789$. Erstsprachenlernende verwenden also statistisch signifikant mehr Indikatoren der Variable Objekt-Attribuierung als Zweitsprachenlernende.

8.3 Muster der lokalen Objekt-Verortung: Gesamtstichprobe

Die hier zugrunde liegende dritte Forschungsfrage lautet:
- Welche Muster der lokalen Objekt-Verortung zeigen die Beschreibungstexte der Schüler/innen?

Es zeigt sich nach einer deskriptiv statistischen Auswertung der Gesamtstichprobe ($n=108$) zum ersten Messzeitpunkt – unabhängig von der Variable Erstsprache – ein Trend zum zweiten Muster der lokalen Objekt-Verortung, zur minimalen Objekt-Verortung. Dies bedeutet, dass bei 45% aller Verortungen ausschließlich lokale Beziehungen zwischen zwei auf der Bildvorlage unmittelbar aneinander angrenzenden Objekten dargestellt werden; dies geschieht vorwiegend aufzählend. Es ist kein Gesamtzusammenhang zwischen den einzelnen Objektrelationen (Objekt-Zweierbeziehungen) erkennbar; ein gemeinsamer Referenzpunkt ist ebenfalls nicht vorhanden. 23% der Texte weisen keine Verortung auf (Skalenniveau 1; fehlende lokale Objekt-Verortung); ihr kumulativer Wert liegt bei ca. 69%. Von aufgerundet 18% wird die überwiegende Objekt-Verortung (Skalenniveau 4) realisiert. Hierbei werden mehr als nur zwei unmittelbar aneinander angrenzende Objekte zueinander in Beziehung gesetzt.

Ein Gesamtzusammenhang zwischen den lokalen Objekt-Relationen ist nicht erkennbar; es ist auch kein gemeinsamer Referenzpunkt vorhanden.

Tab. 19: Tabellarische Darstellung der realisierten Objekt-Verortungen (1-7) in Prozent (Gesamtstichprobe, T1)

Skalenniveau	Häufigkeit	Prozent	kumulative Prozente
1	25	23,1	23,1
2	49	45,4	68,5
4	19	17,6	86,1
5	4	3,7	89,8
6	6	5,6	95,4
7	5	4,6	100
Summe	108	100	

Grafisch lassen sich die Ergebnisse der Gesamtstichprobe folgendermaßen darstellen:

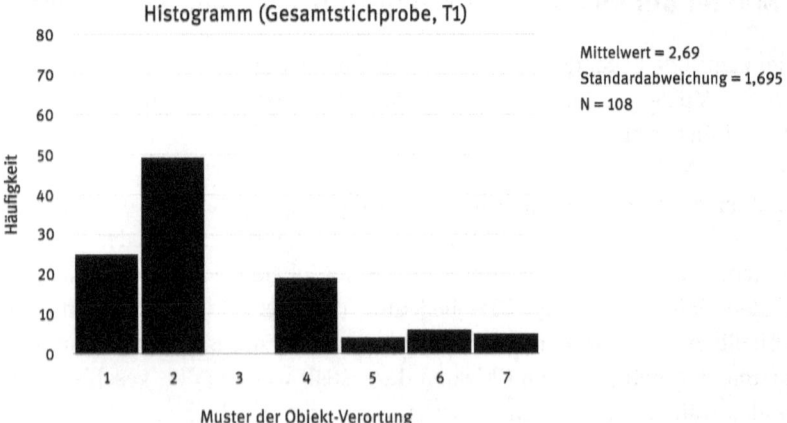

Abb. 37: Histogramm der realisierten Muster der Objekt-Verortung (Gesamtstichprobe, T1)

Indikatoren-Untersuchung

Die Untersuchung nach den Indikatoren der Variable lokale Objekt-Verortung ergibt folgendes Bild: Der Mittelwert bei der Verwendung von Partikeln und/oder

Präpositionalphrasen der lokalen Verortung (PPLV), die noch keinen gemeinsamen Referenzpunkt enthalten, liegt bei $\bar{x}$=3,194. Es handelt sich um Verortungen auf der Mikroebene, zwischen zwei oder mehr Gegenständen. Wo sich diese Gegenstände konkret im Bild befinden (z.B. *auf der rechten Seite des Bildes*), wird mit der Verwendung von PPLV nicht ausgesagt. Die Höchstzahl ihrer Verwendung in einem Beschreibungstext liegt bei n=14.

Anders verhält es sich bei Realisierungen eines adressatenorientiert eingeführten gemeinsamen Referenzpunktes (GRP). Hier beträgt der Mittelwert nur $\bar{x}$=0,194; die Höchstzahl der Verwendung des Indikators GRP in Bildbeschreibungen liegt bei n=4. Gerade bei GRP handelt es sich – im Vergleich zu PPLV – um eine Verortung auf Makroebene, die eine gute Leser/innen-Führung ermöglichen würde (Globalorientierung); zudem hilft ein GRP dabei, einen Beschreibungstext für andere nachvollziehbar zu strukturieren.

8.3.1 Muster der lokalen Objekt-Verortung: Teilstichprobe L1-Lernende

Die deskriptive Statistik verdeutlicht, dass in der Gruppe der L1-Lernenden (n=39) im Hinblick auf die Realisierungsmuster der lokalen Objekt-Verortung zum größten Teil das Skalenniveau 2 (minimale Objekt-Verortung) erreicht wird, auf dem nur zwei unmittelbar aneinandergrenzende Objekte zueinander in lokale Beziehung gesetzt werden. Knapp danach folgt in der Häufigkeit das Skalenniveau 4 (überwiegende Objekt-Verortung), auf dem mehr als nur zwei unmittelbar aneinandergrenzende Objekte zueinander in Beziehung gesetzt werden. Ein lokaler Gesamtzusammenhang zwischen den Objekt-Relationen ist dennoch nicht erkennbar; es wird auch kein gemeinsamer Referenzpunkt gesetzt. Der Mittelwert der realisierten Skalenniveaus liegt hier bei $\bar{x}$=4,03.

In Prozentzahlen ausgedrückt bedeutet dies, dass ca. 33% aller L1-Schüler/innen das zweite Skalenniveau – die minimale Objekt-Verortung – realisieren, ca. 28% die überwiegende Objekt-Verortung (Skalenniveau 4); ca. 15% nehmen in ihren Bildbeschreibungen eine vollständige Objekt-Verortung vor (Skalenniveau 6), bei der alle Objekteinheiten der Bildvorlage zueinander in lokale Beziehung gesetzt werden. Es gibt jedoch keinen gemeinsamen Referenzpunkt (z.B. *ganz rechts im Bild, in der Mitte*), von dem die lokale Verortung ausgehen könnte; ein lokaler Gesamtzusammenhang zwischen den genannten Objekten ist allerdings erkennbar. Ca. 12% erreichen das Skalenniveau 7 (vollständige Objekt-Verortung mit gemeinsamem Referenzpunkt), auf dem alle Objekteinheiten der Bildvorlage von einem subjektiv festgesetzten Standpunkt/ Referenzpunkt (z.B. *rechts im Bild, in der Mitte des Bildes, links oben*) oder von mehreren Referenzpunkten aus der Reihe nach in lokale Beziehung gesetzt werden. Ca. 8% erreichen das Skalenniveau 5, bei dem mehr als nur zwei unmittelbar aneinandergrenzende Objekte der Bildvorlage zueinander in Beziehung gesetzt sind. Ein gemeinsamer Referenzpunkt (z.B. *ganz rechts, in der Mitte*) wird hergestellt, von dem die partielle Globalverortung ausgeht; ein (lokaler) Gesamtzusammenhang ist jedoch noch nicht erkennbar (überwiegende Objekt-Verortung mit gemeinsamem Referenzpunkt). Ca. 3% der Texte weisen keine Verortungen in den Bildbeschreibungen auf (Skalenniveau 1, fehlende Objekt-Verortung).

Tab. 20: Tabellarische Darstellung der realisierten Objekt-Verortung in Prozent (L1-Teilstichprobe, T1)

Skalenniveau	Häufigkeit	Prozent	kumulative Prozente
1	1	2,6	2,6
2	13	33,3	35,9
4	11	28,2	64,1
5	3	7,7	71,8
6	6	15,4	87
7	5	12,8	100
Summe	39	100	

Grafisch lassen sich die Ergebnisse zu den L1-Lernenden folgend darstellen:

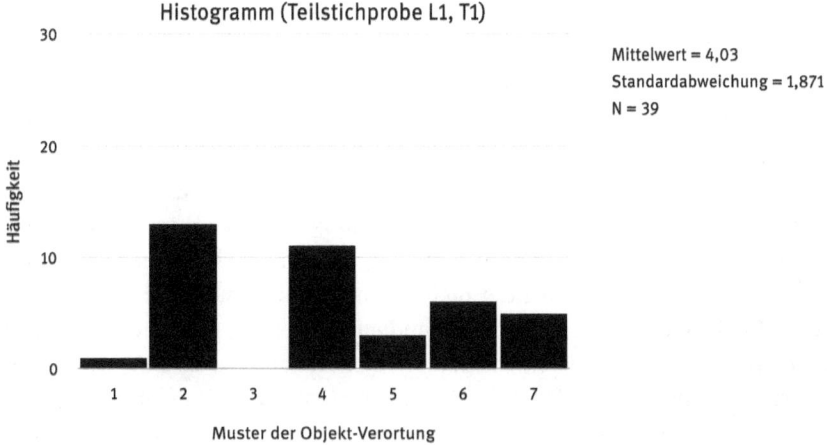

Abb. 38: Histogramm der realisierten Muster der Objekt-Verortung (L1-Teilstichprobe, T1)

Indikatoren-Untersuchung

Bei der Untersuchung nach Indikatoren der Variable lokale Objekt-Verortung ergibt sich folgendes Bild: Der Mittelwert bei der Verwendung von Partikeln und/oder Präpositionalphrasen der lokalen Verortung (PPLV), die jedoch keinen gemeinsamen Referenzpunkt erkennen lassen, liegt bei L1-Lernenden bei $\bar{X}$=5,23. Es handelt sich um Verortungen auf der Mikroebene, zwischen zwei oder mehr Gegenständen. Wo sich diese Gegenstände konkret im Bild befinden (z.B. *auf der rechten Seite des Bildes*) wird mit der Verwendung von PPLV nicht bestimmt. Die Höchstzahl ihrer Verwendung im Beschreibungstext einer Probandin mit deutscher Erstsprache liegt bei n=14.

Der Mittelwert betreffend die Verwendung eines adressatenorientierten gemeinsamen Referenzpunktes (GRP) liegt bei $\bar{X}$=0,49. Die Höchstzahl der Realisierungen in Bildbeschreibungen von Erstsprachenlernenden beträgt n=4. Bei GRP handelt es sich – im Vergleich zu PPLV – um eine Verortung auf Makroebene, sie ermöglicht eine wirksame Leser/innen-Führung und bietet zudem die Grundlage für die Linearisierung von Informationen und für eine klare Textstrukturierung.

8.3.2 Muster der lokalen Objekt-Verortung: Teilstichprobe L2-Lernende

Die deskriptive statistische Auswertung der Daten zeigt, dass in der Gruppe der L2-Lernenden (n=69) die meisten Schüler/innen das Skalenniveau 2 (minimale

Objekt-Verortung) realisieren, auf dem zwei unmittelbar aneinander angrenzende Objekte in lokale Beziehung zueinander gesetzt werden. Danach folgt in der Häufigkeit der Skalenniveau-Realisierungen das Skalenniveau 1 (fehlende Objekt-Verortung), auf dem keines der Objekte miteinander in Beziehung gesetzt wird. Der Mittelwert liegt hier bei $\bar{X}$=1,93.

In Prozentzahlen ausgedrückt erreichen ca. 52% aller L2-Schüler/innen das zweite Skalenniveau. Ca. 35% der Bildbeschreibungen weisen keine Verortungen auf (Skalenniveau 1). In ca. 12% wird eine überwiegende Objekt-Verortung realisiert (Skalenniveau 4), bei der mehr als nur zwei unmittelbar aneinandergrenzende Objekte der Bildvorlage zueinander in Beziehung gesetzt werden, aber kein Gesamtzusammenhang zwischen den Objekt-Relationen erkennbar ist – wie auch kein gemeinsamer Referenzpunkt. Ein Text zeigt das Skalenniveau 5, bei dem mehr als nur zwei unmittelbar aneinandergrenzende Objekte der Bildvorlage zueinander in Beziehung gesetzt werden; es wird ein gemeinsamer Referenzpunkt (z.B. *ganz rechts, in der Mitte*) hergestellt, von dem die partielle Verortung ausgeht, ein Gesamtzusammenhang ist jedoch noch nicht erkennbar (überwiegende Objekt-Verortung mit gemeinsamem Referenzpunkt). Die Skalenniveaus 2, 6 und 7 werden in keinem Text dieser Stichprobe zum ersten Messzeitpunkt realisiert.

Tab. 21: Tabellarische Darstellung der realisierten Objekt-Verortung in Prozent (L2-Teilstichprobe, T1)

Skalenniveau	Häufigkeit	Prozent	kumulative Prozente
1	24	34,8	34,8
2	36	52,2	87
4	8	11,6	98,6
5	1	1,4	100
Summe	69	100	

Die grafische Umsetzung zeigt folgendes Bild:

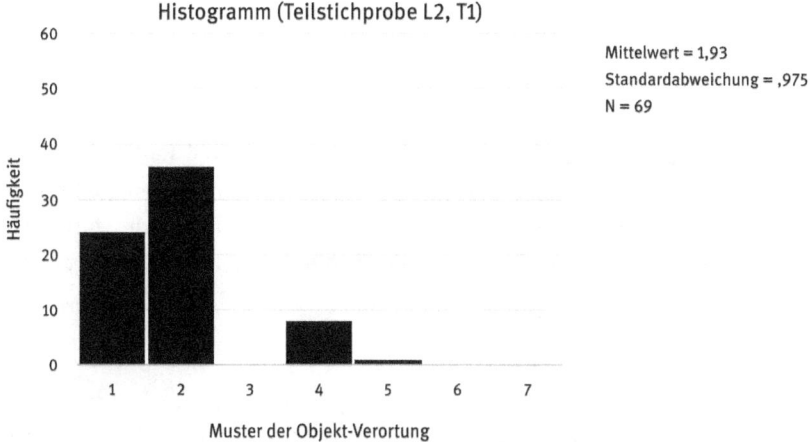

Abb. 39: Histogramm der realisierten Muster der Objekt-Verortung (L2-Teilstichprobe, T1)

Indikatoren-Untersuchung

Die Untersuchung nach Indikatoren der Variable lokale Objekt-Verortung ergibt folgendes Bild: Der Mittelwert der Verwendung von Partikeln und/oder Präpositionalphrasen der lokalen Verortung (PPLV), die nicht einen gemeinsamen Referenzpunkt darstellen, liegt bei L2-Lernenden bei $\bar{X}$=2,04. Es handelt sich hier um Verortungen auf der Mikroebene, zwischen zwei oder mehr Gegenständen. Wo sich diese Gegenstände konkret im Bild befinden (z.B. *rechts im Bild, links im Bild, in der Mitte*) wird mit der Verwendung von PPLV nicht bestimmt. Die Höchstzahl ihrer Verwendung beträgt im Beschreibungstext einer Probandin mit nicht-deutscher Erstsprache n=7.

Betreffend die Realisierung eines adressatenorientierten gemeinsamen Referenzpunktes (GRP) beträgt der Mittelwert $\bar{X}$=0,03. Die Höchstzahl der Verwendung eines GRP beträgt in Bildbeschreibungen dieser Teilstichprobe N=2. Beim GRP handelt es sich – im Vergleich zu PPLV – um eine Verortung auf Makroebene; ein GRP ermöglicht eine gute Leser/innen-Führung und bietet zudem die Grundlage für eine nachvollziehbare Textstrukturierung (Linearisierung).

8.3.3 Muster der lokalen Objekt-Verortung: Gegenüberstellung L1- und L2-Lernende

Die hier zugrunde liegende siebente Forschungsfrage lautet:

- Welche Unterschiede hinsichtlich der lokalen Objekt-Verortung zeigen Beschreibungstexte von Schüler/innen deutscher Erstsprache und Schüler/innen nicht-deutscher Erstsprache?

Der *t-Test* für unabhängige Stichproben ergibt hinsichtlich der Variable Objekt-Verortung einen signifikanten Unterschied zwischen beiden Gruppen $t(49{,}907)= 6{,}522$, $p \leq 0{,}001$, $d=1.307$. Das bedeutet, dass Erstsprachenlernende statistisch signifikant höhere Skalenniveaus betreffend die Variable Objekt-Verortung realisieren als Zweitsprachenlernende.

Indikatoren-Untersuchung

Der *t-Test* für unabhängige Stichproben zeigt hinsichtlich der Auswertung der Indikatoren der Variable Objekt-Referenz folgende Ergebnisse: Beim Indikator Partikel und/oder Präpositionalphrasen der lokalen Verortung (PPLV) ergibt der Gruppenvergleich einen signifikanten Unterschied zwischen Erst- und Zweitsprachenlernenden $t(106)=6{,}886$, $p \leq 0.001$, $d=1.38$. Das bedeutet, dass die Texte der Erstsprachenlernenden statistisch signifikant mehr PPLV aufweisen als jene der Zweitsprachenlernenden.

Weiters zeigt der *t-Test* für unabhängige Stichproben im Gruppenvergleich einen signifikanten Unterschied hinsichtlich des Indikators gemeinsamer Referenzpunkt (GRP), $t(40{,}080)=2{,}573$, $p>0{,}014$, $d=0.515$. Das bedeutet, dass Erstsprachenlernende statistisch signifikant häufiger einen GRP realisieren als Zweitsprachenlernende.

8.4 Zusammenhänge zwischen Mustern der OR, OA und OV

Die zugrunde liegende vierte Forschungsfrage lautet:
- Gibt es Zusammenhänge zwischen dem Muster der Objekt-Referenz, der Objekt-Attribuierung und der lokalen Objekt-Verortung?

Die Zusammenhänge zwischen den einzelnen Mustern (Skalenniveaus) der Variablen Objekt-Referenz, Objekt-Attribuierung und lokale Objekt-Verortung in allen Texten des ersten Messzeitpunktes ($n=108$) werden zunächst mittels *Pearson-Korrelationen* (SPSS) für metrisch skalierte Daten berechnet: Die Korrelation zwischen Objekt-Referenz und Objekt-Attribuierung liegt bei einer Signifikanz von $p=0{,}002$ (r=0,288[211]). Der Zusammenhang zwischen Objekt-Referenz und Objekt-Verortung liegt bei einer Signifikanz von $p=0{,}003$ (r=0,280). Die Korrelation zwischen Objekt-Attribuierung und Objekt-Verortung liegt bei einer Signifikanz von $p=0{,}23$ (r=0,218). Das heißt, dass alle drei Variablen signifikant zweiseitig miteinander korrelieren (mit kleinen Effekten).

Zusätzlich werden die drei Variablen nach *Spearman-Rho* (SPSS) für nichtparametrische Korrelationen untersucht. Das Ergebnis zeigt ebenfalls signifikante Zusammenhänge zwischen allen Variablen: Die Korrelation zwischen Objekt-Referenz und Objekt-Attribuierung liegt bei einer Signifikanz von $p=0{,}002$ (*r*=0,289), der Zusammenhang zwischen Objekt-Referenz und Objekt-Verortung bei einer Signifikanz von p≤0,001 (*r*=0,332). Die Korrelation zwischen Objekt-Attribuierung und Objekt-Verortung liegt bei einer Signifikanz von $p=0{,}022$ (r=0,221). Das bedeutet, dass alle drei Variablen signifikant zweiseitig miteinander korrelieren (überwiegend kleine Effekte).

Um diese Zusammenhänge genauer zu betrachten, werden in einem weiteren Schritt zuerst die Zusammenhänge der Objekt-Referenz mit der Objekt-Attribuierung, danach jene der Objekt-Referenz mit der Objekt-Verortung mittels *Kreuztabellen* dargestellt. Diese Darstellung orientiert sich an der zuvor erfolgten Ergebnispräsentation, zuerst werden die Ergebnisse der Gesamtstichprobe ($n=108$), dann die der Teilstichprobe der Erstsprachenlernenden ($n=39$) und zuletzt die der Teilstichprobe der Zweitsprachenlernenden ($n=69$) vorgestellt.

Zusammenhang von Objekt-Referenz und Objekt-Attribuierung: Gesamtstichprobe

Es zeigt sich bei der Gesamtstichprobe, dass von den Schüler/innen, die das vierte Skalenniveau der Objektreferenz realisieren ($n=76$; 70% aller Schüler/innen), ca. 34% keine Objekt-Attribuierung (Skalenniveau 1) und ca. 29% eine überwiegende, monotone Objekt-Attribuierung (Skalenniveau 4) realisieren (mehr als die Hälfte der jeweils angeführten Objekte werden mit Eigenschaften nach einheitlichem Muster versehen). Ungefähr 17% realisieren eine vollständige, monotone Objekt-Attribuierung (Skalenniveau 6), bei der alle jeweils angeführten Objekte nach einem einheitlichen Schema charakterisiert werden.

---

211 Nach Cohen (1988) werden Referenzwerte des bivariaten Korrelationskoeffizienten *r* von 0.10 bis 0.30 als kleine Effekte, Referenzwerte von 0.30 bis 0.50 als mittlere und Werte ab 0.50 als große Effekte klassifiziert (vgl. Döring & Bortz 216: 820).

Tab. 22: Kreuztabelle zur Auswertung des Zusammenhangs von Objekt-Referenz und Objekt-Attribuierung (Gesamtstichprobe, T1)

	Skalenniveau Objekt-Attribuierung							
Skalenniveau Objekt-Referenz	1	2	3	4	5	6	7	Gesamt
1	0	0	0	0	0	0	0	0
2	3	2	0	0	0	1	0	6
3	0	0	0	1	0	1	0	2
4	26	11	3	22	1	13	0	76
5	0	0	0	1	1	2	1	5
6	2	5	0	3	0	6	0	16
7	0	0	0	0	0	2	1	3
Gesamt	31	18	3	27	2	25	2	108

Zusammenhang von Objekt-Referenz und Objekt-Attribuierung: L1-Teilstichprobe

In der Teilstichprobe der L1-Lernenden ($n=39$) zeigt sich anhand der *Kreuztabelle*, dass das 4. Skalenniveau der Objekt-Attribuierung am häufigsten ($n=11$) mit der Realisierung des Skalenniveaus 4 der Objekt-Referenz in Verbindung zu bringen ist, dass also die überwiegende, monotone Objekt-Attribuierung mit der überwiegenden Objekt-Referenz korreliert, wie folgende Tabelle verdeutlicht:

Tab. 23: Kreuztabelle zur Auswertung des Zusammenhangs von Objekt-Referenz und Objekt-Attribuierung (L1-Teilstichprobe, T1)

	Skalenniveau Objekt-Attribuierung							
Skalenniveau Objekt-Referenz	1	2	3	4	5	6	7	Gesamt
1	0	0	0	0	0	0	0	0
2	0	0	0	0	0	0	0	0
3	0	0	0	0	0	0	0	0
4	4	4	1	11	0	3	0	23
5	0	0	0	1	1	2	1	5
6	0	3	0	2	0	3	0	8
7	0	0	0	0	0	2	1	3

	1	2	3	4	5	6	7	Gesamt
Gesamt	4	7	1	14	1	10	2	39

Zusammenhang von Objekt-Referenz und Objekt-Attribuierung: L2-Teilstichprobe

In der Teilstichprobe der L2-Lernenden ($n=69$) zeigt sich anhand der *Kreuztabelle*, dass das erste Skalenniveau der Objekt-Attribuierung am häufigsten mit der Realisierung des Skalenniveaus 4 der Objekt-Referenz in Verbindung zu bringen ist, dass also die überwiegende Objekt-Referenz mit fehlender Objekt-Attribuierung realisiert wird, wie folgende Tabelle verdeutlicht:

Tab. 24: Kreuztabelle zur Auswertung des Zusammenhangs von Objekt-Referenz und Objekt-Attribuierung (L2-Teilstichprobe, T1)

		Skalenniveau Objekt-Attribuierung							
		1	2	3	4	5	6	7	Gesamt
Skalenniveau Objekt-Referenz	1	0	0	0	0	0	0	0	0
	2	3	2	0	0	0	1	0	6
	3	0	0	0	1	0	1	0	2
	4	22	7	2	11	1	10	0	53
	5	0	0	0	0	0	0	0	0
	6	2	2	0	1	0	3	0	8
	7	0	0	0	0	0	0	0	0
	Gesamt	27	11	2	13	1	15	0	69

Zusammenhang von Objekt-Referenz und Objekt-Verortung: Gesamtstichprobe

Die *Kreuztabelle* zeigt, dass unter den Probanden und Probandinnen der Gesamtstichprobe, die das vierte Skalenniveau der Objektreferenz realisieren ($n=76$; 70% aller Studienteilnehmer/innen), ungefähr die Hälfte (51%) eine minimale Objekt-Verortung ausführen. Es handelt sich dabei um Verortungen, die sich ausschließlich auf lokale Beziehungen zwischen zwei unmittelbar aneinandergrenzenden Objekten auf der Bildvorlage beziehen. Daher ist kein Gesamtzusammenhang zwischen den dargestellten isolierten lokalen Objektrelationen

(Objekt-Zweierbeziehungen) erkennbar; ein gemeinsamer Referenzpunkt fehlt ebenfalls. Ca. 21% der Probanden und Probandinnen zeigen keine Objekt-Verortung (Skalenniveau 1). Das bedeutet, dass von ihnen keine Objekte in irgendeiner Form verortet werden (wie es zum Beispiel bei Aufzählungen der Fall sein kann). Weitere 17% realisieren eine überwiegende Objekt-Verortung (Skalenniveau 4), indem sie mehr als nur zwei unmittelbar angrenzende Objekte der Bildvorlage zueinander in Beziehung setzen. Ein (lokaler) Gesamtzusammenhang ist dennoch nicht erkennbar – wie auch kein gemeinsamer Referenzpunkt.

Tab. 25: Kreuztabelle zur Auswertung des Zusammenhangs von Objekt-Referenz und Objekt-Verortung (Gesamtstichprobe, T1)

		\multicolumn{7}{c}{Skalenniveau Objekt-Verortung}	
		1	2	3	4	5	6	7	Gesamt
Skalenniveau Objekt-Referenz	1	0	0	0	0	0	0	0	0
	2	4	2	0	0	0	0	0	6
	3	2	0	0	0	0	0	0	2
	4	16	39	0	13	1	3	4	76
	5	0	0	0	3	1	1	0	5
	6	3	7	0	3	1	1	1	16
	7	0	1	0	0	1	1	0	3
	Gesamt	25	49	0	19	4	6	5	108

Zusammenhang von Objekt-Referenz und Objekt-Verortung: L1-Teilstichprobe
Bei der Teilstichprobe der L1-Lernenden ($n=39$) zeigt sich anhand der *Kreuztabelle*, dass das vierte Skalenniveau der Objekt-Referenz ($n=23$) am häufigsten mit dem zweiten Skalenniveau (minimale Objekt-Verortung) der Objekt-Verortung ($n=8$) in Verbindung zu bringen ist; knapp gefolgt vom Skalenniveau 4, der überwiegenden Objekt-Verortung ($n=7$).

Tab. 26: Kreuztabelle zur Auswertung des Zusammenhangs von Objekt-Referenz und Objekt-Verortung (L1-Teilstichprobe, T1)

		Skalenniveau Objekt-Verortung							
		1	2	3	4	5	6	7	Gesamt
Skalenniveau Objekt-Referenz	1	0	0	0	0	0	0	0	0
	2	0	0	0	0	0	0	0	0
	3	0	0	0	0	0	0	0	0
	4	1	8	0	7	0	3	4	23
	5	0	0	0	3	1	1	0	5
	6	0	4	0	1	1	1	1	8
	7	0	1	0	0	1	1	0	3
	Gesamt	1	13	0	11	3	6	5	39

Zusammenhang zwischen Objekt-Referenz und Objekt-Verortung: L2-Teilstichprobe

Bei der Teilstichprobe der L2-Lernenden ($n=69$) zeigt sich anhand der *Kreuztabelle*, dass das vierte Skalenniveau der Objekt-Referenz (überwiegende Objekt-Referenz) am häufigsten mit dem zweiten Skalenniveau der Objekt-Verortung (minimale Objekt-Verortung) korreliert ($n=31$). Ferner kann das vierte Skalenniveau der Objekt-Referenz mit dem Skalenniveau 1 der Objekt-Verortung ($n=15$) in Verbindung gebracht werden.

Tab. 27: Kreuztabelle zur Auswertung des Zusammenhangs von Objekt-Referenz und Objekt-Verortung (L2-Teilstichprobe, T1)

		Skalenniveau Objekt-Verortung							
		1	2	3	4	5	6	7	Gesamt
Skalenniveau Objekt-Referenz	1	0	0	0	0	0	0	0	0
	2	4	2	0	0	0	0	0	6
	3	2	0	0	0	0	0	0	2
	4	15	31	0	6	1	0	0	53
	5	0	0	0	0	0	0	0	0
	6	3	3	0	2	0	0	0	8

	1	2	3	4	5	6	7	Gesamt
7	0	0	0	0	0	0	0	0
Gesamt	24	36	0	8	1	0	0	69

8.5 Grundlagentheoretische Zusatzuntersuchungen: Gesamtstichprobe

Die Zusatzuntersuchungen, deren Ergebnisse im Folgenden präsentiert werden, beziehen sich auf deiktische Verortungen, Atypien in Bildbeschreibungen, Konkretisierungen, Parallelismen, Aufzählungen sowie die Textlänge und sollen die zuvor angeführten Ergebnisse im Hinblick auf die Variablen Objekt-Referenz, Objekt-Attribuierung, Objekt-Verortung und deren Indikatoren (siehe 8.1, 8.2 & 8.3) qualitativ ergänzen.

Die Untersuchung unter dem Aspekt deiktischer Verortungen von Objekten des Testbildes in Bildbeschreibungen zum ersten Messzeitpunkt der Gesamtstichprobe zeigt, dass von allen realisierten Gesamt-Verortungen im Korpus ca. 18% deiktischen Verortungsformen zugeordnet werden können. Von diesen deiktischen Verortungs-Formen werden ca. 30% mittels deiktischer Partikel (z.B. *hier, da, dort* etc.) und ca. 70% mittels deiktischer Ausdrücke und Phrasen (z.B. *auf dem Bild ist..., ich sehe...* etc.) realisiert.

Die Zusatzuntersuchung nach Auffälligkeiten (Atypien) in Bildbeschreibungen des ersten Messzeitpunktes anhand von qualitativen Textanalysen zeigt, dass grundsätzlich nur ein geringer Teil aller Probanden und Probandinnen der Gesamtstichprobe (ca. 6%) Bildbeschreibungen mit deskriptions-atypischen Aspekten realisieren: Einmal handelt es sich dabei um einen stark subjektiv geprägten Einschub einer Probandin mit deutscher Erstsprache (V2w8_10/12-deutsch1), die bei der Beschreibung der Katze auf dem Testbild das beschreibende Vorgehen mit dem Ausruf unterbricht: „ich liebe Katzen" und diese Aussage mit einem gezeichneten roten Herz unterstreicht.

Weiters finden sich Beschreibungen, die einen narrativen Grundduktus aufweisen. Beim folgenden Beispiel setzt der Proband (E16m9;7albanisch1) die einzelnen Objekte in logische, zeitliche oder kausale Beziehung zueinander. Er erweckt das statische Bild zum Leben und beschreibt eine schleichende Katze, die einen Luftballon besitzt und schildert in der Folge zeitlich konkret gegliedert (*danach, dann, dann*) die Erlebnisse der Katze. Dabei bleibt er in seinen Ausführungen zum Teil vage, die Katze sieht etwa einen Kübel und trinkt „es". Mit „es" wird wohl das darin vermutete Wasser gemeint sein. Die zeitliche

Darstellung dieser Bildbeschreibung schwenkt vom Präsens ins Präteritum (wobei auch vermutet werden kann, dass dem Schüler die Verbform *schlich* noch nicht vertraut ist).

> Eine Kaze schleik sich auf das Auto und hte
> noch ein lufbalon in der luf. danach gete sie
> untan tisch und fand ein herz. dan lägte sie
> siech auf der wiese dan sach sie ein kübel und
> trinkte es.
> (E16m9;7albanisch1)

In den Beschreibungen finden sich auch persönliche Vermutungen über die benannten Objekte, oftmals in einem narrativen Kontext. So schildert ein Proband (V46m9;9albanisch1) mit albanischer Erstsprache, dass man mit dem Auto auf dem Testbild Ausflüge nach Deutschland, in die Schweiz, nach Österreich und Spanien unternehmen könne. Der Katze könne man vertrauen und [mit ihr] Ball spielen. Diese narrativen, stark subjektiv geprägten Vermutungen ziehen sich durch den gesamten Text. Dieser Proband wechselt zwischen den Tempora Präsens und Präteritum.

> Da ist ein ganz normaler Auto und mann
> Konnte mit diesenAuto nach Deutschland,
> Schweiz, Östrreich und in Spanien einen
> Ausflug machen. Es war eine Katze mann
> konnte ihr vertrauen und spielen mit
> einem Ball. Der Luftballon war schön
> und mann kann auch mit ihn spielen.
> es war ein Tisch er war schön und er
> war der beste Tisch. Das ist ein Herz
> Kisten mann kann auch knudel und
> mann kann auch mit in schlafen. Das Haus
> sieht schön aus mann kann auh drinen
> spielen und auch Fernseher. Das ist ein
> Eimer mann kann in diesen Eimer Wasser
> schüteln.
> (V46m9;9albanisch1)

Ebenfalls als subjektive Vermutung über einen Gegenstand wird die folgende Textpassage eines Schülers mit albanischer Erstsprache (V31m9;11albanisch1) gewertet: Er beseelt den Luftballon des Testbildes und nennt dessen Intention: *Ein luft balon wil weck fligen.*

Bei der Zusatzuntersuchung zu Konkretisierungen handelt es sich um Mengenangaben (MA) (z.B. *ein paar Wolken, ein Stern mit fünf Zacken*) zu angeführten Sachverhalten sowie um Angaben zu einer subjektiven Perspektivenansicht (SPS) auf ein Objekt (z.B. *man sieht das Haus von zwei Seiten, der Luftballon ist gut zu sehen*). Die Ergebnisse der Korpus-Auswertung zeigen, dass zum ersten Messzeitpunkt der Indikator MA nur in sehr wenigen Fällen ($n=8$) realisiert wird; das bedeutet, dass nur ca. 9% aller Probanden und Probandinnen konkrete oder weniger konkrete Mengenangaben in ihren Beschreibungen verwenden, darunter nur eine Probandin mit nicht-deutscher Erstsprache. Ausgewählte Beispiele zeigen einige Umsetzungsweisen des Indikators MA:

> [...] Es stet ein lila Haus mit 2 fenstern [...]
> (U8m8;52deutsch1)

> [...] das bteutet es
> sind fiele gekenstente.
> (U13w9;11deutsch1)

> [...] Und der Himmel ist blau
> schön blau. Und ein par Wolkenfezen sind
> zu sehen. [...]
> (K1w8;4deutsch1)

> [...] Die Hütte hatt vier Fenster und eine Tür. [...]
> [...] Es hat vier Sitze und coole sch
> eiben. es siet neu aus. [...]
> (K2w8;10deutsch1)

Die Korpus-Auswertung betreffend den Indikator der subjektiven Perspektivierungsansicht (SPS) zum ersten Messzeitpunkt zeigt, dass hier nur in einem Fall dieser Indikator realisiert wird, wobei es strittig bleibt, ob tatsächlich eine Perspektive dargestellt oder einfach nur die Sichtbarkeit eines Objektes betont wird:

> [...] Der Luftballon ist gut zu sehen
> am blauen Himmel. [...]
> (K1w8;4deutsch1)

Die Untersuchung von Parallelismen in den Bildbeschreibungen aller Schüler/-innen-Performanzen des ersten Messzeitpunktes ($n=108$) zeigt, dass dieses rhetorische Stilmittel in 31 Texten die dominante Formulierungsstrategie darstellt ($n=31$). Etwa 29% aller Probanden und Probandinnen wenden dieses Formulierungsverfahren in ihren Beschreibungstexten an, bei dem parallele bzw. identische syntaktische Konstruktionen und wörtliche Wiederholungen dominieren, wie folgendes Beispiel zeigt:

> ein Haus, ein Tisch, ein Herz, ein Katze,
> Ich seje eine kleine Katze.
> Ich seje eine kleine Balon.
> Ich seje eine groses Auto.
> Ich seje eine groses Tisch.
> Ich seje eine kleine Herz.
> Ich seje eine kleine Dose.
> Ich seje eine groses Haus.
> *(E18m9;0türkisch1)*

Werden Aufzählungen fokussiert, zeigt sich, dass bei 19 Texten der Gesamtstichprobe (*n*=108) zum ersten Messzeitpunkt die Bildbeschreibung durch einen Aufzählungsmodus dominiert wird (*n*=19); das sind ca. 18%. Unter einer Aufzählung wird hier eine Auflistung verstanden, die überwiegend ohne syntaktische Struktur realisiert wird und/oder weder Attribuierungen noch Verortungen enthält[212], wie folgendes Beispiel zeigt:

> ein Balon, ein Auto, das Tisch
> ein Kübel, ein Herz, ein Kaze.
> *(E23w9;1kurdisch1)*

Stellt man den Anteil an Bildbeschreibungen der Gesamtstichprobe, in denen Parallelismus und Aufzählung eindeutig dominieren, gesondert dar, ergibt sich folgendes Bild:

---

[212] Parallelismen hingegen weisen eine syntaktische Struktur auf, wirken jedoch aufgrund der Wiederholung in Lexik und Syntax monoton.

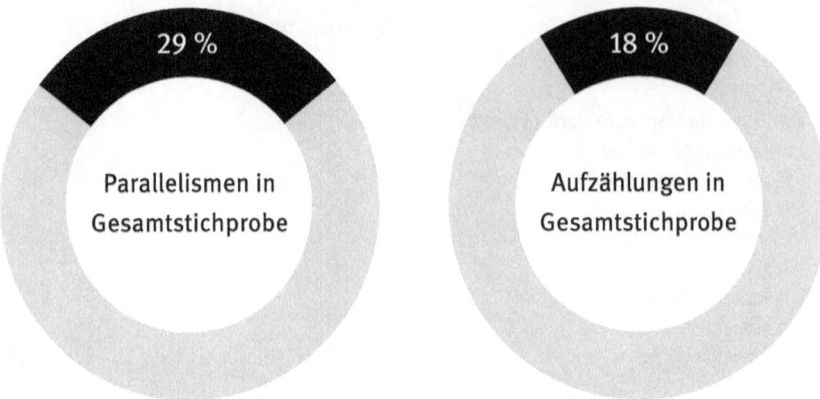

Abb. 40: Anteil der Bildbeschreibungen, in denen Parallelismus und Aufzählung dominieren (Gesamtstichprobe, T1)

Die Zusatzuntersuchung zur Textlänge zeigt, dass das Korpus mit seiner diplomatischen Transkription aller Schüler/innen-Performanzen zum ersten Messzeitpunkt hinsichtlich der Einzelzeichen (Abstände sind exkludiert) einen Mittelwert von $\bar{x}=193$ aufweist. Die Spannbreite zwischen den unterschiedlichen Textlängen ist groß, der kürzeste Text umfasst 32, der längste 870 Zeichen, wie die Gegenüberstellung dieser zwei Performanzen verdeutlicht:

Tab. 28: Gegenüberstellung der Performanzen mit geringster und höchster Zeichenanzahl (T1)

kürzeste Bildbeschreibung zum ersten Messzeitpunkt	längste Bildbeschreibung zum ersten Messzeitpunkt
Auto Tisch Haus Kaze Eeima luftballon (E35m9;10türkisch1)	Rechts ist ein Auto mit der Farbe blau darauf sitzt eine Katze. Die Katze hat swarze Pfoten und Schwanz. Einbischen in der Luft schwebt ein Luft= balon neben dem Auto am Hügel steht ein gelber Tisch. Und darunter liegt en großes rotes Herz. Der Luftbalon den ich vorher beschrieben hab ist pink mit einer langen Schnur. Das Herz ist knalrot daneben vom Tisch steht ein lila Haus das eine graues Dach hat. Die umrundung von Fenstern, Eken und Türen ist weiß. Der Türgrif ist rot. Über der Tür ist die Hausnummer 194 davor steht ein oranger Kübel mit einem neuen Metal. Und

kürzeste Bildbeschreibung zum ersten Messzeitpunkt	längste Bildbeschreibung zum ersten Messzeitpunkt
	Holzgrif im Haus ist es dunkel der Kubel ist ganz neu. Das Auto ist nich nur blau sondern auch einbischen schwarz. Die Schein= werfer sind bliz blank geputzt. Die Nummerntafel ist weiß. Die Katze hat bunte Augen. Und der Himmel ist blau schön blau. Und ein par Wolkenfezen sind zu sehen. Der Luftballon ist gut zu sehen am blauen Himmel. Die weiße Schnur hengt in den Wolkenvezen hinein. Die Wiese ist saftig grün. Oben am Hügel ist zu erken das es Gras sein sol unten ist es verschwomen.
	(V1w8;4deutsch1)

8.6 Zusatzuntersuchungen: Teilstichproben L1- und L2-Lernende

Im Folgenden werden die Ergebnisse der grundlagentheoretischen Zusatzuntersuchungen im Hinblick auf beide Teilstichproben (Erst- und Zweitsprachenlernende) separat vorgestellt. Die Gliederung der Ergebnisdarstellung erfolgt – wie zuvor unter 7.5 – in der Reihenfolge: deiktische Verortungen, Auffälligkeiten (Atypien), Konkretisierung(en), Parallelismen, Aufzählungen sowie Textlänge.

Die Zusatzuntersuchung nach deiktischen Verortungen von Objekten des Testbildes in der Teilstichprobe der Erstsprachenlernenden (n=39) zum ersten Messzeitpunkt zeigt, dass ca. 5% aller realisierten Verortungsformen deiktischer Art sind. Von diesen deiktischen Verortungs-Formen werden ca. 45% (n=5) mittels deiktischer Partikel (z.B. *hier, da, dort*) und ca. 55% (n=6) mittels deiktischer Phrasen (z.B. *auf dem Bild ist*) realisiert.

Die Zusatzuntersuchung nach deiktischen Verortungen der Objekte des Testbildes in den Texten der Zweitsprachenlernenden (n=69) hingegen zeigt, dass ca. 32% aller Verortungsformen als deiktisch bezeichnet werden können. Von diesen realisierten deiktischen Verortungs-Formen sind ca. 27% deiktische Partikel (z.B. *hier, da, dort*) und ca. 73% deiktische Phrasen (z.B. *auf dem Bild ist...*).

Die Zusatzuntersuchung betreffend Atypien in Bildbeschreibungen erbringt hinsichtlich der Teilstichprobe der Erstsprachenlernenden (n=39) keine prägnanten Ergebnisse. Es findet sich – wie schon unter 8.5 angeführt – eine Probandin

(V2w8;10deutsch1), die das beschreibende Vorgehen punktuell in Form eines Ausrufs unterbricht (sie fügt der Beschreibung der Katze auf dem Testbild *ich liebe Katzen* hinzu und zeichnet ein rotes Herz).

Die Zusatzuntersuchung nach Atypien in Bildbeschreibungen zeigt hinsichtlich der Teilstichprobe der Zweitsprachenlernenden (n=69) einen narrativen Duktus in ca. 7% aller Beschreibungstexte. Dieser wird auf unterschiedliche Weise realisiert: Wie bereits unter 8.5 dargestellt, werden Objekte in logische, zeitliche, kausale oder emotionale Beziehung zueinander gesetzt. Ferner kann eine zeitliche Abfolge die Bildbeschreibung strukturieren (die Katze als Protagonistin wird in einem zeitlichen Zuerst-dann-danach-Gefüge mit weiteren Gegenständen auf dem Testbild konfrontiert); die Darstellungszeit wechselt in diesem Fall vom Präsens zum Präteritum (E16m9;7albanisch1).

Außerdem finden sich auch persönliche Annahmen über genannte Objekte des Testbildes, die einen narrativen Kontext in Reichweite vermuten lassen. Wie ebenfalls unter 8.5 ausgeführt, prägen vordergründig subjektive Annahmen die Darstellung der Objekte des Testbildes (V46m9;9albanisch1), wobei zwischen den Zeitformen Präsens und Präteritum gewechselt wird.

Auch finden sich stilistische Elemente, die in narrativen Texten adäquater wirken als in Bildbeschreibungen. So beginnt eine Probandin mit einer temporalen Positionierung (*es ist Sonntag*) und verfährt in ihrer Darstellung der Katze zunächst narrativ (Innensicht, emotionale Verfasstheit: *die Katze ist heute froh*), um dann die Bildbeschreibung mit einer Beschreibung der Außensicht fortzusetzen:

> Es ist Sonntag und die Katze ist heute
> froh, es ist sonnig heute. die luftballon fliegt
> ein gelber Tisch, ein oranges Kübel. Die
> Katze hat ein schwarz weißes Fell. Sie hat
> eine blau Auto und sie ist oben von der
> Autos deckel
> (V42w8;10tschetschenisch1)

Die Verwendung des Präteritums, ein Indiz für narrative Tendenzen in Bildbeschreibungen, zeigt sich in mehreren Schüler/innen-Performanzen von Zweitsprachenlernenden. In Kombination mit der Einleitung *es gab einmal* (anstelle von „es war einmal"?) wird dies als ein weiteres Indiz für die narrative Färbung von Bildbeschreibungen gewertet, dazu folgendes Beispiel eines Schülers mit Erstsprache Englisch:

> Es gab einmal Haus. Dieses Haus
> war ganz leer, und im Garten

gab es ein Auto und eine Katze
und ein Tisch unter dem Tisch
war ein Polsta die Polstaform war
wie ein Herz. Und im Garten war
auch ein Eimar und auf dem
Auto war eine Katze, die Katze
die Katze war weiß und schwarz
die Augen von der Katze waren
blau der Eimar war orang
Und in der Luft war ein
Ballon der Ballon war
Pink der Tisch war gelb
ud das Haus war Lila und
weiß das Auto war blau
das Dach von dem Haus war
grau und der Himmel war
blau
(V50m8;7englisch1)

Dieser Text mutet geradezu poetisch an und könnte als Beginn einer Erzählung gelesen werden.

Bei der Zusatzuntersuchung nach Indikatoren zur Realisierung einer Objekt-Konkretisierung handelt es sich einerseits um Mengenangaben (MA) zu angeführten Sachverhalten (z.B. *ein paar Wolken, ein Stern mit fünf Zacken*) und andererseits um Angaben einer subjektiven Perspektivenansicht (SPS) auf ein Objekt (z.B. *man sieht das Haus von zwei Seiten, der Luftballon ist gut zu sehen*). Die Ergebnisse der Korpus-Auswertung zeigen, dass zum ersten Messzeitpunkt der Indikator MA in der Teilstichprobe der L1-Lernenden nur in sehr wenigen Fällen ($n=7$) realisiert wird. Der Indikator SPS wird in der Teilstichprobe der L1-Lernenden nur in einem Fall realisiert (siehe 8.5).

Die Korpus-Auswertung der Teilstichprobe der L2-Lernenden zeigt, dass zum ersten Messzeitpunkt der Indikator MA nur ein Mal realisiert wird. Der Indikator SPS wird in dieser Teilstichprobe zum ersten Messzeitpunkt nicht verwendet.[213]

Bei der Zusatzuntersuchung betreffend Parallelismen in den Bildbeschreibungen von Schüler/innen mit deutscher Erstsprache ($n=39$) zeigt sich zum ersten

---

[213] Die Häufigkeit der Verwendung der Indikatoren MA und SPS steigt zum zweiten Messzeitpunkt (nach didaktischen Interventionen) sowohl bei L1- als auch bei L2-Lernenden in besonderem Maße. Dies ist auch der Grund für die Zusatzuntersuchung zu Konkretisierungen und das Hervorheben dieser zwei Indikatoren.

Messzeitpunkt in drei Texten die Formulierungsstrategie Parallelismus (*n*=3); bei ca. 8% der Texte dieser Stichprobe wird dieses Formulierungsverfahren angewendet.

Dieselbe Untersuchung der Bildbeschreibungen von Schüler/innen mit Deutsch als Zweitsprache (*n*=69) zeigt dieses Formulierungsverfahren bei 28 Schüler/innen-Performanzen des ersten Messzeitpunktes (*n*=28); bei ca. 41% dieser Teilstichprobe prägen Parallelismen auf Formulierungsebene entscheidend die Bildbeschreibung. Stellt man den Anteil an Bildbeschreibungen beider Teilstichproben (L1- und L2-Lernende), in denen Parallelismen eindeutig dominieren, gesondert dar, ergibt sich folgendes Bild:

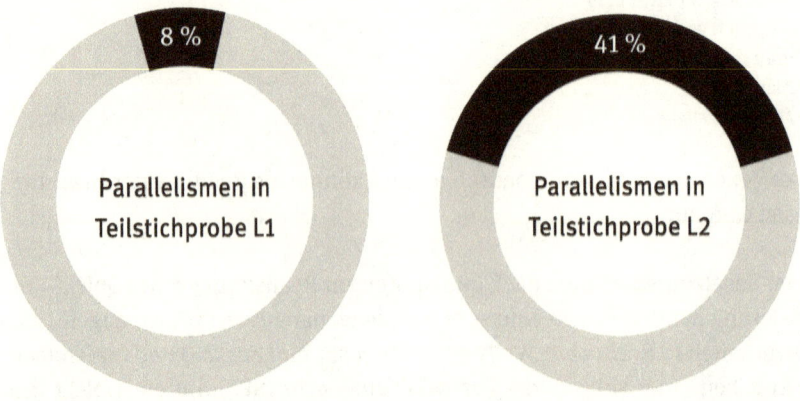

Abb. 41: Anteil der Bildbeschreibungen, in denen Parallelismus dominiert (Teilstichproben L1 und L2, T1)

Die Zusatzuntersuchung betreffend Aufzählungen zeigt in der Teilstichprobe L1 (*n*=39), dass bei ca. 8% der L1-Texte diese Präsentationsform (keine vollständige Syntax und/oder keine Attribuierungen und Verortungen) dominiert (*n*=3).

Die Untersuchung der Aufzählungen in der Teilstichprobe L2 (*n*=69) zeigt, dass bei ca. 23% der Texte (*n*=16) die Aufzählung im Beschreibungstext eindeutig dominiert.

Stellt man den Anteil an Bildbeschreibungen beider Teilstichproben (L1- und L2-Lernende), in denen Aufzählungen eindeutig dominieren, gesondert dar, ergibt sich folgendes Bild:

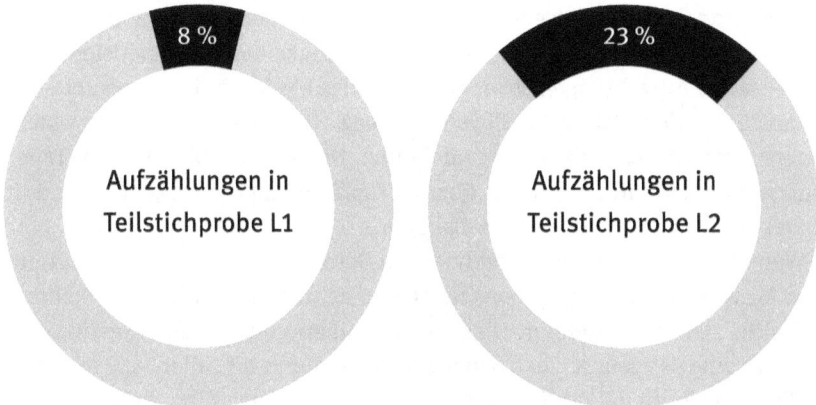

Abb. 42: Anteil der Bildbeschreibungen, in denen die Aufzählung dominiert (Teilstichproben L1 und L2, T1)

Die Zusatzuntersuchung zur Textlänge bei der Teilstichprobe der L1-Lernenden (n=39) ergibt im diplomatisch transkribierten Korpus hinsichtlich der Einzelzeichen im Text (Zeichenabstände exkludiert) zum ersten Messzeitpunkt einen Mittelwert von $\bar{X}$=255,948. Die Textlängen variieren stark, der kürzeste Text umfasst 88, der längste 870 Zeichen.

Die Teilstichprobe der L2-Lernenden (n=69) zum ersten Messzeitpunkt zeigt hinsichtlich der Textlänge (Zeichenabstände exkludiert) einen Mittelwert von $\bar{X}$=156,782. Der kürzeste Text umfasst 32, der längste 445 Zeichen.

8.7 Zusammenfassung und Diskussion

Die Ergebnisse zu den grundlagentheoretischen Fragestellungen zur Erhebung deskriptiver Kompetenzen (in medialer Schriftlichkeit) von Beschreibungsnovizen auf der dritten Primarstufe in sprachlich heterogenen Klassen, ermöglichen sowohl eine Perspektive auf den Text (Bildbeschreibung) als auch auf den deskriptiven Schreibentwicklungsstand der Probanden und Probandinnen; dies u.a. mit dem Ziel, die Bandbreite der Entwicklung schriftlicher Beschreibungsfähigkeit von Beschreibungs-Novizen festzustellen. Zu diesem Zweck wurden die Bildbeschreibungen aller Proband/en/innen (n=108) des ersten Messzeitpunktes nach beschreibungsspezifischen Kriterien (OR, OA, OV und Einzelindikatoren) untersucht. Für einen Vergleich zwischen Beschreibungsnovizen mit deutscher und nicht-deutscher Erstsprache wurde die Gesamtstichprobe in Teilstichproben unterteilt und getrennt ausgewertet.[214] Zusatzuntersuchungen zu deiktischen Bildverweisen, deskriptions-atypischen Auffälligkeiten, Konkretisierungen, Parallelismen, Aufzählungen sowie zur Textlänge ergänzen die Untersuchungsergebnisse zu den Variablen Objekt-Referenz, Objekt-Attribuierung, Objekt-Referenz und deren Indikatoren qualitativ. Die zuvor präsentierten Teilergebnisse werden im Folgenden überblicksmäßig zusammengefasst und in weiterer Folge in detaillierter Form diskutiert:

Wenn Probanden und Probandinnen der Gesamtstichprobe das Testbild zum ersten Messzeitpunkt beschreiben, referieren sie durchschnittlich auf mehr als die Hälfte der dargestellten Objekte; Detailnennungen fallen gering aus ($\bar{x}$=0,861), eine Referenz auf den Schauplatz wird nur in 26% aller Fälle realisiert.

Mehr als ein Viertel der Probanden und Probandinnen führt zu den konkret genannten Objekten des Testbildes in der Bildbeschreibung keine Attribuierungen an. Werden Attribuierungen durchgeführt, so folgen sie größtenteils nur einer bestimmten Merkmalsausprägung (z.B. Farbe oder Größe): 17% erreichen in Bezug auf die Variable Objekt-Attribuierung das Skalenniveau 2 (weniger als die Hälfte aller Objekte werden durch eine bestimmte Merkmalsausprägung charakterisiert), 25% das Skalenniveau 4 (mehr als die Hälfte aller Objekte werden durch eine bestimmte Merkmalsausprägung charakterisiert) und 23% das Skalenniveau 6 (alle genannten Objekte werden durch eine bestimmte Merkmalsausprägung charakterisiert).

Beim Verorten der angeführten Objekte des Testbildes in den Bildbeschreibungen zeichnet sich ein Trend zum zweiten Skalenniveau (minimale Objekt-Verortung) ab. Dies bedeutet, dass bei 45% aller Verortungen ausschließlich lokale Beziehungen zwischen zwei auf der Bildvorlage unmittelbar aneinander angrenzenden Objekten dargestellt werden; dies geschieht vorwiegend aufzählend. Zudem ist kein Gesamtzusammenhang zwischen den einzelnen Objektrelationen (Objekt-Zweierbeziehungen) erkennbar; ein gemeinsamer Referenzpunkt ist ebenfalls nicht gegeben. 23% der Texte weisen keine Verortung auf (Skalenniveau 1, fehlende lokale Objekt-Verortung); gemeinsam dominieren erstes und zweites Skalenniveau der Objekt-Verortung bei ca. 69% aller Bildbeschreibungen.

---

[214] Dabei ist grundsätzlich anzumerken, dass bei der Gegenüberstellung von Erst- und Zweitsprachenlernenden die Größen der Teilstichproben nicht gleichwertig sind (L1-Lernende n=39, L2-Lernende n=69). Dieser Aspekt und die damit verbundene methodische Problematik war bei der Durchführung der Untersuchung stets präsent; aus organisatorischen Gründen musste jedoch diese Ungleichheit akzeptiert werden, anders als dies zuvor bei Projektplanung intendiert gewesen war. Dennoch lassen sich mit einer gewissen Vorsicht Tendenzen ableiten.

Beim Vergleich der Performanzen von Erst- (n=39) und Zweitsprachenlernenden (n=69) ergeben sich in allen Untersuchungsbereichen statistisch signifikante Differenzen mit überwiegend mittleren und starken Effekten: Texte von Erstsprachenlernenden weisen mehr (und konkretere) Objekt-Referenzen, Objekt-Details, Schauplatz-Referenzen, Objekt-Attribuierungen und Objekt-Verortungen in den Bildbeschreibungen auf als Texte von Zweitsprachenlernenden. Texte von Zweitsprachenlernenden zeigen eine geringere Textlänge, mehr lexikalische Wiederholungen im Sinne von einheitlich redundanten Formulierungsweisen (Parallelismen) und eine höhere Anzahl syntaktisch unvollständiger Aufzählungen als Text von Erstsprachenlernenden. Weiters zeigen Bildbeschreibungen von L2-Lernenden häufiger deiktische Lokal-Verweise (auf das Testbild) als jene von L1-Lernenden. Performanzen von L2-Lernenden zeigen häufiger deskriptions-spezifische Atypien, wie zum Beispiel einen narrativen Grundduktus, der sich in Tempusverwendung (Präteritum), Innensichtdarstellung, Animismus etc. manifestiert.

Bei der Variable Objekt-Referenz handelt es sich um das Analyse-Kriterium, welches den informativen Kern einer Bildbeschreibung bildet, der in weiterer Folge durch Attribuierung und/oder Verortung sprachlich erweitert, inhaltlich präzisiert und ausgeformt werden kann.

Die Untersuchung hinsichtlich der Variable Objekt-Referenz betreffend die Gesamtstichprobe (n=108) zum ersten Messzeitpunkt zeigt als häufigsten Wert das Skalenniveau 4 (überwiegende Objekt-Referenz). Das bedeutet, dass mehr als die Hälfte aller Objekte des Testbildes angeführt werden. Teilt man die Gesamtstichprobe in die Untergruppen Erst- und Zweitsprachenlernende, so werden folgende Ergebnisse: L1-Lernende weisen keinen Wert unter 4 auf (4-7), L2-Lernende hingegen keinen Wert über 6. Keine/r erreicht in der Untergruppe der L2-Lernenden das höchste Skalenniveau 7, auf bei dem alle Objekte des Testbildes mit Detailbenennungen realisiert werden.

An den Bildbeschreibungen fällt auf, dass bei Erst- und Zweitsprachenlernenden u.a. Probleme beim Benennen des Schauplatzes auftreten; der Mittelwert der Gesamtstichprobe liegt bei $\bar{X}$=0,53. Es wird hauptsächlich auf die vordergründigen Objekte des Testbildes referiert, der Schauplatz bleibt größtenteils unerwähnt. Dieser Schauplatz oder Hintergrund (Himmel und Wiese) ist bei der Teilstichprobe der Erstsprachenlernenden (n=39) mit einem Mittelwert von $\bar{X}$=0,9 vertreten. Das bedeutet, dass bei der Aufforderung, ein Bild „ganz genau zu beschreiben" (siehe 6.4.2), ca. 45% aller möglichen Schauplatzbenennungen realisiert werden. In der Gruppe der Zweitsprachenlernenden (n=69) liegt der

Mittelwert bei $\bar{X}$=0,32. Das bedeutet, dass von den Schülern und Schülerinnen dieser Teilstichprobe ca. 16% aller insgesamt möglichen Schauplatzbenennungen realisiert werden.

Grundsätzlich kann angenommen werden, dass – wie aus der Gestaltpsychologie bekannt – die Aufmerksamkeit beim Beschreiben eher auf die einzelnen, prägnanten Objekte im Vordergrund gerichtet ist und nicht auf den Hintergrund des Bildes. Die vordergründigen Objekte bleiben daher auch leichter im Gedächtnis: „Figuren sind leichter zu behalten als der Hintergrund. Die Figur befindet sich räumlich immer vor dem Hintergrund. [...] Die *Figur* wird *schneller verarbeitet als der Hintergrund*" (Hagendorf et al 2011: 112; Hervorhebung im Original). Diese Aufmerksamkeitsfokussierung auf Figuren des Vordergrunds zeigt sich deutlich in den Bildbeschreibungen der Schüler/innen, der Hintergrund (Wiese und Himmel) bleibt zumeist unbenannt.

Ebenfalls deutlich zeigen die Bildbeschreibungen, dass von Beschreibungs-Novizen nur bedingt Objektdetails angeführt werden: So ergibt die deskriptiv statistische Auswertung der Gesamtstichprobe einen Mittelwert von $\bar{X}$=0,86. Teilt man die Gesamtstichprobe in Teilstichproben, zeigt die Gruppe der Erstsprachenlernenden einen Mittelwert von $\bar{X}$=2,08. Dieser hohe Wert wird jedoch von drei „Ausreißerinnen" (V1w8;4deutsch1 mit 18 Detailbenennungen, V3w8;9deutsch1 mit 11 Detailbenennungen, V4w9;1deutsch1 mit 22 Detailbenennungen) bestimmt. Nähme man diese drei besonders kompetenten Beschreiberinnen aus der Stichprobe heraus, erhielte man bei einer veränderten Stichprobengröße von N=36 einen deutlich anderen Mittelwert von $\bar{X}$=0,833. Bei der Gruppe der Zweitsprachenlernenden zeigt sich hinsichtlich der Nennung von Objekt-Details ein Mittelwert von $\bar{X}$=0,17.

Die divergierenden Ergebnisse bei Erst- und Zweitsprachenlernenden hinsichtlich Objekt-Referenz, Hintergrund-Vordergrund-Wahrnehmung und Detail-Referenzen könnten mit Ansätzen der Psychologie hinsichtlich der Objektwahrnehmung genauer untersucht und erklärt werden: Im Prozess der Objektwahrnehmung gilt es diverse Probleme zu lösen, die den „Übergang vom zweidimensionalen Abbild in eine räumliche Repräsentation, Abhängigkeit der Erkennungsleistung von der Absicht, Strukturierung von Elementen zu größeren Einheiten, Sicherung von Konstanz der Wahrnehmung trotz variabler proximaler Reize und die starke Lernabhängigkeit" (Hagendorf et al. 2011: 114) betreffen. Hier gilt es unterschiedliche Aspekte zu beachten, die von allgemeinen Wahrnehmungsvorgängen bis zu individuellen Wahrnehmungsleistungen reichen (Objekt- und Szenenerkennung werden in besonderem Maße durch Erfahrung und Lernen beeinflusst). Dies zu untersuchen konnte im Rahmen dieser Forschungsarbeit nicht bewerkstelligt werden und bleibt ein Desiderat.

Warum die Unterschiede zwischen Erst- und Zweitsprachenlernenden hinsichtlich der vollständigen Objektbenennung im Allgemeinen und der Schauplatz- wie auch Detailbenennung im Besonderen so unterschiedlich ausfallen (es finden sich signifikante Unterschiede zwischen L1- und L2-Lernenden mit mittleren und starken Effektstärken in allen untersuchten Bereichen), kann hier nur vermutet werden. Ein Erklärungsansatz könnte neben den grundsätzlich hohen kognitiven Anforderungen einer Bildbeschreibung (siehe 2.9.1) und dem noch nicht ausreichend ausgebildeten Textmusterwissen die besondere sprachliche Herausforderung sein, die eine Bildbeschreibung mit sich bringt: Die unterschiedlichen sprachlichen Ausgangssituationen von Schüler/innen in sprachlich heterogenen Klassen kommen im Zusammenhang mit dem Beschreiben insofern zum Tragen, als diese Sprachhandlung exaktes und z.T. detailliertes Benennen (Detailbenennung) in unterschiedlichen Bereichen (OR, OA, OV) erfordert und die entsprechenden Begriffe im individuellen Wortschatz der L2-Lernenden bereits vorhanden sein müssen (sofern keine Vorentlastung[215] stattfindet). Diesbezüglich kann auf Ergebnisse aus der L2-Forschung rekurriert werden, wonach Schüler/innen mit Deutsch als Zweitsprache auf der Primarstufe oftmals einen weniger entwickelten Wortschatz aufweisen als gleichaltrige Schüler/innen mit Deutsch als Erstsprache (vgl. Grießhaber 2000); dies muss jedoch stets in Zusammenhang mit individuellen Faktoren (sozioökonomischer Hintergrund, literale Vorerfahrung etc.) der Schreibenden differenziert betrachtet werden. Weiters kann zugrundeliegendes oder auch fehlendes Textmusterwissen die Wahrnehmung eines zu beschreibenden Sachverhaltes entsprechend beeinflussen. Wissen, als Resultat von Lernen, beeinflusst die Wahrnehmung, denn „die individuelle Lerngeschichte in spezifischen ökologischen und kulturellen Kontexten führt zu Veränderungen der Wahrnehmung" (Hagendorf et al. 2011: 20). Die Frage, ob bei Zweitsprachenlernenden die sprachliche Sozialisation (Thiering 2018) in der Erstsprache als Ursache für mögliche visuelle Wahrnehmungsdifferenzen bei Zweitsprachenlernenden angenommen werden darf[216], die sich in den Bildbeschreibungen widerspiegeln, kann in diesem Kontext nicht beantwortet werden; diesbezüglich würde es grundsätzlich weiterer Forschung bedürfen, welche die sehr unterschiedlichen Erstsprachen einbeziehen müsste.

---

215 Diese Vorentlastung wurde in der empirischen Untersuchung realisiert, indem die Lehrpersonen „Lernwörter" — die Testbilder betreffend — erhielten, um sie vor Untersuchungsdurchführung im Unterricht zu thematisieren.
216 Untersuchungen zu visuellen Wahrnehmungsdifferenzen, deren Ursache auf sprachliche Sozialisierungsphänomene zurückgeführt werden, beziehen sich auf den Kontext der Erstsprache. Hier sei grundsätzlich angemerkt, dass kein wissenschaftlicher Konsens zu der Frage herrscht, ob Sprache die (visuelle) Wahrnehmung beeinflusse (siehe 3.5).

Neben der Objekt-Referenz wurde die Variable Objekt-Attribuierung untersucht. Hier handelt es sich um die Erweiterung, Präzisierung und Spezifizierung des informativen Kerns (Objekt-Referenz); sie beantwortet die Frage nach dem „Wie" (v. Stutterheim & Kohlmann 2001: 1280), nach der Beschaffenheit des Beschreibungsgegenstandes. Die deskriptiv statistische Auswertung der Gesamtstichprobe zum ersten Messzeitpunkt (n=108) hinsichtlich der Skalenniveaurealisierung (1-7) zeigt einen Mittelwert von $\bar{X}$=3,31, wobei drei größere Strategie-Trends erkennbar werden (Skalenniveau 1, 2, 4), die angewendet werden, um die angeführten Objekte zu charakterisieren (siehe 8.2). Entweder werden gar keine Attribuierungen durchgeführt (29%), weniger als die Hälfte aller genannten Objekte mit einheitlichen Attributen versehen (17%) oder mehr als die Hälfte aller konkret genannten Objekte wird monoton, einheitlich attribuiert (25%).

Teilt man die Gesamtstichprobe in L1- und L2-Lernende, erhält man folgende Ergebnisse: Erstsprachenlernende realisieren zu über einem Drittel das Skalenniveau 4 (mehr als die Hälfte aller genannten Objekte erhalten einheitliche Attribuierungen), gefolgt vom Skalenniveau 6 (alle genannten Objekte erhalten einheitliche Attribuierungen). Über ein Drittel der Zweitsprachenlernenden hingegen realisieren das Skalenniveau 1 in den Bildbeschreibungen, indem sie keine Attribuierungen durchführen.

Die Untersuchung nach den Indikatoren zur Realisierung der Variable Objekt-Attribuierung zeigt, dass die Schüler/innen unabhängig von ihrer Erstsprache vorwiegend Attribuierungen durch Farbangaben durchführen. Diese Dominanz der Farbbeschreibung kann möglicherweise auch auf das auffallend bunte Testbild zurückgeführt werden[217].

Deutlich wird, dass Erstsprachenlernende im Vergleich zu Zweitsprachenlernenden wesentlich öfter durch die Verwendung von Komposita (z.B. *Gartenhaus, Geräteschuppen, Fußball* etc.) attribuieren (L1: ca. 6%, L2: ca. 1%) und auch öfter Eigennamen (z.B. *Ferrari, Labrador* etc.) zur semantischen Differenzierung verwenden (L1: ca. 3% - L2: 0,4%). Hingegen ist auffallend, dass subjektive Objekt-Attribuierungen (z.B. *cooles Auto, süßer Hund*) durch L2-Lernende häufiger realisiert werden als durch die L1-Lernenden (L1: ca. 4%, L2: ca. 12%).

---

[217] Das Testbild, dessen farbliche Ausgestaltung man in der vorliegenden Ausgabe anhand des Schwarz-Weiß-Drucks nur erahnen kann, zeigt: eine hellgrüne bzw. saftig grüne Wiese, einen strahlend blauen Himmel, weiße Wolken, ein violettes Gartenhaus mit grauem Dach und weißen Fenster- und Türrahmen, einen orangen Eimer, einen hellgelben Tisch, ein rotes Kissen, einen pinken Luftballon, eine weiß-schwarze Katze mit hellblauen Augen, ein blaues Auto mit schwarzen Scheiben und weißer Nummerntafel.

Die Ursachen für die statistisch signifikanten Unterschiede zwischen Erst- und Zweitsprachenlernenden hinsichtlich der Variable Objekt-Attribuierung wie auch ihrer Gesamtindikatoren, lassen sich ebenfalls im Bereich der sprachlichen Anforderungen beim Verfassen einer Bildbeschreibung vermuten. Auch hier können Parallelen zu Grießhaber (2010) gezogen werden, dem zufolge Zweitsprachenlernende auf der Primarstufe einen weitaus geringeren und weniger ausdifferenzierten Wortschatz aufweisen als Erstsprachenlernende. Dieser Aspekt wird bei der Untersuchung der Bildbeschreibungen in besonderer Weise im Zusammenhang mit dem Analyse-Kriterium Objekt-Attribuierung und den Unterschieden zwischen den Performanzen von Erst- und Zweitsprachenlernenden deutlich.

Bei der Variable Objekt-Verortung handelt es sich ebenfalls um eine sprachliche und inhaltliche Erweiterung, Präzisierung und Spezifizierung des informativen Kerns, der Objekt-Referenz. Sie ist aber auch streng genommen Indikator für die Maxime der Verständlichkeit (siehe 2.7.1.4) in Beschreibungstexten.[218]

Die deskriptiv statistische Auswertung der Gesamtstichprobe zum ersten Messzeitpunkt (n=108) hinsichtlich der Skalenniveaurealisierung (1-7) der Variable Objekt-Verortung zeigt einen Trend (45%) zum zweiten Skalenniveau (minimale Objekt-Verortung).

Teilt man die Gesamtstichprobe in die Untergruppen L1 und L2, so erhält man folgendes Bild: Ein Drittel der Erstsprachenlernenden (L1) realisiert das Skalen-

---

[218] Verortungen helfen, die genannten Objekte in einen kohärenten Gesamtzusammenhang zu bringen und den Beschreibungstext rezipierendenorientiert zu strukturieren (Linearisierung). Eine Beschreibung muss „nicht nur logisch stringent und klar geordnet, sondern vor allem auch für den jeweiligen Rezipienten/die Rezipientengruppe verständlich" (Heinemann 2000: 361) sein. Bei temporal geprägten Beschreibungen (Vorgangsbeschreibungen) wird die Struktur „ikonisch zur Zeitlichkeit des Textproduzenten linearisiert" (Heinemann 2000: 361), bei räumlichen Beschreibungsobjekten kann es ebenfalls es zu einer zeitlichen Linearisierung kommen (dann durchschreitet der Beschreibende den zu beschreibenden Raum). Es gibt jedoch kein exklusives Anordnungsmuster für den kognitiv-begrifflichen Aufbau einer Beschreibung; grundlegend ist, dass überhaupt ein Anordnungsmuster erkennbar und rekonstruierbar wird. Ein solches Anordnungsmuster kann u.a. anhand lokaler Verortungen – wie bei der Variable Objekt-Verortung – realisiert werden. Dabei werden die Objekte zueinander in lokale Beziehung gesetzt und konkret im Bild positioniert. Mit diesem Verfahren erhält die Bildbeschreibung einen qualitativen Mehrwert, da die Adressaten den deskriptiven Ausführungen besser folgen und diese ggf. auch nachzeichnen können. Mit der Variable der lokalen Verortung erfährt also die Variable der Objekt-Referenz nicht nur eine inhaltliche (lokale) Erweiterung, sondern ist auch auf globaler Textebene – hinsichtlich der textuellen Linearisierung – ein Mittel zur Unterstützung der Verständlichkeit von Beschreibungen.

niveau 2 (nur zwei unmittelbar aneinandergrenzende Objekte werden zueinander in lokale Beziehung gesetzt), und über ein Viertel das Skalenniveau 4 (überwiegende Objekt-Verortung; hier werden mehr als nur zwei unmittelbar aneinandergrenzende Objekte der Bildvorlage zueinander in Beziehung gesetzt, doch ist kein globaler Gesamtzusammenhang zwischen den Objekt-Relationen erkennbar so wie auch kein gemeinsamer Referenzpunkt).

Die Ergebnisse dieser Untersuchung der L1-Teilstichprobe ($n=39$) decken sich – auch wenn dies aufgrund unterschiedlicher Skalierungen und methodischer Herangehensweisen wie auch verschiedener Gegenstandsbereiche der Beschreibungen (Bildbeschreibung / Zimmerbeschreibung) nur mit Vorsicht so formuliert werden darf – mit den Ergebnissen der Studie von Augst et. al (2007): Hier zeigt sich bei L1-Lernenden auf der dritten Schulstufe ($n=39$) eine Tendenz zu Beschreibungen, bei denen es bereits eine Perspektivierung gibt, die jedoch ohne Globalorientierung auskommt. Die Texte lassen die Antizipation von Adressaten erkennen; eine präzisere Verortung der Gegenstände unterstützt zunehmend den Aufbau eines Vorstellungsbildes (siehe 2.9.1). Diese Entwicklungstendenz wird auch in der L1-Teilstichprobe der vorliegenden Arbeit deutlich.

In der Gruppe der Zweitsprachenlernenden (L2) erreicht mehr als die Hälfte der Probanden und Probandinnen das zweite Skalenniveau, die minimale Objekt-Verortung, ein Drittel realisiert keine Form von Verortung (Skalenniveau 1, fehlende Objekt-Verortung).

Die Untersuchung nach den Indikatoren der Variable Objekt-Verortung zeigt, dass alle Schüler/innen ($n=108$) nur bedingt einen gemeinsamen Referenzpunkt setzen, der eine konkrete Globalorientierung im Bild möglich machen würde (L1-Lernenden $\bar{X}=0{,}49$, L2-Lernenden bei $\bar{X}=0{,}03$). Fallen die Ergebnisse hinsichtlich des gemeinsamen Referenzpunktes bei allen Schüler/innen eher gering aus, so zeigt die Untersuchung nach Partikeln/Phrasen der lokalen Verortung – die jedoch keine Makro-Positionierung (Globalorientierung) im Bild ermöglichen – deutlich höhere Werte (L1-Lernende $\bar{X}=5{,}23$, L2-Lernende $\bar{X}=2{,}04$).

Grundsätzlich stellt die Realisierung der lokalen Objekt-Verortung als Linearisierungsprinzip hohe kognitive Anforderungen und erfordert kategoriales Denken, welches auf der Primarstufe noch nicht als bereits ausgebildet angenommen werden kann (vgl. Ossner 2016: 262). Als Ursache für die statistisch signifikanten Unterschiede zwischen Erst- und Zweitsprachenlernenden hinsichtlich der Variable Objekt-Verortung und deren Indikatoren (GRP und PPLV) können die sprachlichen Anforderungen, die eine Bildbeschreibung stellt im Allgemeinen, und im Speziellen die hohen Anforderungen beim (nachvollziehbaren) Strukturieren eines Beschreibungstextes nach dem Linearisierungsprinzip vermutet werden.

Auch hier gilt, dass alle Ergebnisse die Variable lokale Objekt-Verortung betreffend im Zusammenhang mit der Objekt- und Raumwahrnehmung näher untersucht und auch aus der Perspektive der Psychologie interpretiert werden müssen. Die vorliegende Untersuchung mit ihrer kleinen Stichprobengröße (n=108) zeigt Tendenzen auf, deren Ursachen und Wirkmechanismen jedoch erst in weiteren Untersuchungen mit größeren Stichproben und einem erweiterten methodischen Inventar erklärt werden können.

Hinsichtlich der Zusatzuntersuchung betreffend Auffälligkeiten in Beschreibungstexten zum ersten Messzeitpunkt sticht die Gruppe der Zweitsprachenlernenden besonders hervor: In einigen Bildbeschreibungen von L2-Lernenden zeigen sich stark narrative Grundzüge, etwa die Innensicht von ‚Protagonisten', die Verwendung des Präteritums, das Anführen von narrativ anmutenden Zusammenhängen zwischen Objekten oder Vermutungen über die dargestellten Objekte. Die Ursache für diese narrative Orientierung könnte im mangelnden Textmusterwissen über sachbezogene Beschreibungen liegen; da es sich um Beschreibungsnovizen handelt, kann allerdings auch kein spezifisches Textmusterwissen vorausgesetzt werden.

Neben einem vermutlich mangelhaften Textmusterwissen von Beschreibungsnovizen können auch grundlegende Differenzen bei der Wahrnehmung der Aufgabenstellung angenommen werden. So können Besonderheiten im Schreibprozess durch „abweichende Wissensbestände u.a. bei der Wahrnehmung der Aufgabenstellung" (Schäfer 2018: 304) wirksam werden. „Diese Differenzen können z.B. in unterschiedlichen literarischen Erfahrungen und Textmustern bestehen" (Schäfer 2018: 304). Dementsprechend könnten literarische Erfahrungen des Erzählens (z.B. auch in anderen Kulturen) oder Erfahrungen im Umgang mit Bildgeschichten[219] wie auch mit dem Schreiben einer Geschichte zu einem Bildimpuls – als häufig praktiziertes Aufgabenformat der Primarstufe – zu jenen stark narrativen Performanzen geführt haben. Somit können als mögliche Ursachen unterschiedliche literarische Erfahrungen der Schüler/innen, abweichende Wissensgrundlagen bei der Wahrnehmung der Aufgabenstellung und ein noch nicht ausgebildetes Textmusterwissen in Betracht gezogen werden.

Auch wenn auf dieser Altersstufe prinzipiell noch kein spezifisch ausgebildetes Textmusterwissen vorausgesetzt werden kann, gilt es grundsätzlich zu

---

[219] Bei Bildgeschichten müssen zunächst die einzelnen Bilder beschrieben, dann aber in einen narrativen Gesamtzusammenhang gebracht werden.

bedenken, dass das Beschreiben nach Klotz (2013) im alltäglichen Sprachhandeln omnipräsent und „informativer Kern fast allen sprachlichen Handelns" (Klotz 2013: 10) ist und nach v. Stutterheim & Kohlmann (2011) Parallelen zwischen mündlichen und schriftlichen Beschreibungen existieren, sogar „sich mündliche und schriftliche Beschreibungen in ihren strukturellen Grundmustern kaum unterscheiden" (v. Stutterheim & Kohlmann 2011: 1279). Entsprechend dieser Annahme dürfte bereits eine gewisse pragmatische Erfahrung und/oder „Vorübung" in struktureller Weise gerade auf (rezeptiv und/oder produktiv) mündlicher Ebene zu erwarten sein, die jedoch fehlende Textmusterwissensbestände auf dieser Altersstufe nicht zu kompensieren vermag.

Die Annahme gemeinsamer struktureller Grundmuster für mündliches und schriftliches Beschreiben könnte ebenfalls Ausgangspunkt für weitere grundlagentheoretische Forschungsvorhaben sein, um Gemeinsamkeiten und Differenzen mündlicher und schriftlicher Bildbeschreibungen auf der Primarstufe herauszuarbeiten; dies insbesondere im Hinblick auf das noch recht geringe Schreibalter und die hohen Anforderungen, welche die Schriftlichkeit an die Schüler/innen stellt. In Bezug auf Zweitsprachenlernende in der Grundschule könnten zudem sprachvergleichende Studien Aufschluss über mögliche Parallelen zwischen (mündlichen und/oder schriftlichen) Beschreibungen in der Erst- und Zweitsprache geben. Denn sprachvergleichende Analysen – insbesondere den Untersuchungsgegenstand des Beschreibens bzw. die Beschreibung betreffend – können nach v. Stutterheim & Kohlmann (2001) u.a. dazu beitragen, dass Einblicke in „Sprachplanungsprozesse einerseits und Einsichten in Prozesse und Probleme in den Bereichen Spracherwerb und Übersetzen" (v. Stutterheim & Kohlmann 2001: 1288) gewonnen werden können.

Die Zusatzuntersuchung zu Parallelismen und Aufzählungen in Bildbeschreibungen von Erst- und Zweitsprachenlernenden zeigt große Unterschiede bei deren Verwendung in den schriftlichen Performanzen: Bei L1-Lernenden ($n=39$) dominiert bei ca. 8% der Texte ($n=3$) das Aufzählungsmuster die gesamte Bildbeschreibung. Bei L2-Lernenden ($n=69$) dominiert bei ca. 23% ($n=16$) aller Bildbeschreibungen das Aufzählungsmuster im Text, was sich auch in einer unvollständigen syntaktischen Struktur äußern kann.

Hinsichtlich der Untersuchung nach Parallelismen, die (in der vorliegenden Arbeit) im Vergleich zu Aufzählungen immer eine vollständige syntaktische Struktur aufweisen, jedoch aufgrund lexikalischer und syntaktischer Wiederholung monoton wirken, dominiert bei 8% ($n=3$) aller Texte von Erstsprachenlernenden diese Formulierungsstrategie; im Vergleich dazu ist sie bei 41% ($n=28$) aller Bildbeschreibungen von Zweitsprachenlernenden dominant.

Diese Ergebnisse weisen Parallelen zu Erkenntnissen aus der Forschung im Bereich Deutsch als Zweitsprache auf. Untersuchungen von Schindler & Siebert-Ott (2014) zeigen, dass Zweitsprachenlernende häufig auf „einfache und sicher beherrschte Satzstrukturen" zurückgreifen (Schäfer 2018: 305).

Die Zusatzuntersuchung hinsichtlich der Textlänge von Bildbeschreibungen und den Differenzen bei Erst- und Zweitsprachenlernenden (L1-Lernende $\bar{X}$=256, L2-Lernende $\bar{X}$=157) macht in besonderer Weise auch auf die Heterogenität innerhalb der Gruppen aufmerksam: Bei den Zweitsprachenlernenden umfasst der kürzeste Text eine Zeichenanzahl von 32, der längste Text hingegen 445 Zeichen (ohne Abstände). Auch bei den Erstsprachenlernenden zeigen sich innerhalb dieser Gruppe große Differenzen, wobei der kürzeste Text 88 und der längste 870 Zeichen umfasst.

Diese Ergebnisse lassen gleichfalls Parallelen zu Untersuchungen aus dem Bereich Deutsch als Zweitsprache erkennen. Hier zeigt sich, dass der Textumfang von L2-Lernenden sich von dem der L1-Lernenden unterscheidet, dass sich aber auch die individuell unterschiedlichen Lernvoraussetzungen innerhalb der Gruppe der Zweitsprachenlernenden auf den Umfang von Texten auswirken (vgl. Schäfer 2018: 303).

Im Hinblick auf die statistisch signifikanten Differenzen in allen Untersuchungsbereichen zwischen L1- und L2-Lernenden muss man sich jedoch stets vor Augen halten, dass es sich bei der Gruppe der L2-Lernenden um eine äußerst heterogene Lernergruppe handelt. Heterogen nicht nur hinsichtlich der jeweiligen Erstsprachen, sondern auch in Bezug auf sprachliche Kompetenzen in der L2 Deutsch wie auch auf soziale und lebensweltliche Aspekte, die ebenfalls Einfluss auf die literale Sozialisation haben können (vgl. Jeuk 2018: 50).

In der vorliegenden Untersuchung wurden keine personenbezogenen Angaben über sozio-ökonomischen Status und familiäres Umfeld erhoben, jedoch mit dem Fragebogen zu Lese- und Schreibpräferenzen ein Versuch unternommen, spezifische Aspekte des individuellen produktiven und rezeptiven Spracherfahrungshintergrundes und Spracherwerbsinputs (vgl. Feilke 2017: 160ff.) zu erheben und dadurch zu einer differenzierteren Ergebnisdarstellung zu gelangen. Die Ergebnisse dieser Fragebogenerhebung konnten jedoch (aufgrund mangelhafter Selbsteinschätzung der Schüler/innen) nicht dieser eigentlichen Intentionen entsprechend verwendet werden. Die eingangs genannten personenbezogenen Aspekte – individuelle Lernvoraussetzung, familiäres Umfeld (z.B. sozioökonomischer Hintergrund, Bildungsnähe), Erstsprachenkompetenz, Lesesozialisation etc. – sind jedoch nicht außer Acht zu lassen und gerade bei der

Interpretation von derart divergierenden Ergebnissen bei Erst- und Zweitsprachenlernenden zu beachten (vgl. Jeuk 2018: 50)[220].

Ferner könnte bei der Interpretation der hier vorgestellten Ergebnisse die mögliche Auswirkung unterschiedlicher „sprachlicher Sozialisierung" (Thiering 2018) der Erst- und Zweitsprachenlernenden – wie bereits in Kapitel 3 erläutert – auf das Wahrnehmen und das Beschreiben von visuellen Bezugsobjekten herangezogen werden: Wie ein zu beschreibendes Objekt (visuell) wahrgenommen und in der Folge beschrieben wird, kann mitunter von der jeweiligen Erstsprache des oder der Beschreibenden abhängen, wie psychologische Studien nahelegen. Die sprachliche Darstellung beziehungsweise Enkodierung der Wahrnehmungsinhalte ist jedenfalls an die verwendete Sprache und ihre lexikalischen wie auch strukturellen Vorgaben gebunden (siehe 2.5 & 3.5). Die vorliegende Studie bezieht den Einfluss der Erstsprache auf die visuelle Wahrnehmung und deren sprachliche Darstellung in keiner Weise in die Analyse ein, zudem stellt sich prinzipiell die Frage, ob diese grundsätzlich umstrittene Annahme auch im Zweitsprachenkontext in Betracht gezogen werden kann. Der Forschungsgegenstand dieser Untersuchung jedoch – das Beschreiben – ist aufgrund seiner starken Präsenz im täglichen Sprachhandeln aller Altersstufen m.E. ein fruchtbares Feld für die weitere forschende Beschäftigung mit möglichen Zusammenhängen zwischen Erstsprache, Zweitsprache, Wahrnehmen und Denken.

Unabhängig von der Erstsprache der Schüler/innen zeigt sich folgendes Gesamtbild: Auffallend an vielen Bildbeschreibungen ist, dass sie persönlich gestaltet wurden und oftmals eindeutig subjektive Einstellungen der Proband/en/innen in den Texten erkennbar sind. Sie sind daher dem aspektivischen Objektivierungsstil (siehe 2.4.1) zuzuordnen. Dies wird im Besonderen an den Indikatoren zur Objekt-Attribuierung deutlich, die eine persönliche Wertung des Objektes enthalten (z.B. SOA, SOE), aber auch an Formulierungen, die das beschreibende Ich in den Vordergrund stellen (z.B. *ich sehe...*) oder am Beispiel deiktischer Verortungen (z.B: *da ist ein Auto*). Diese „Ich-Zentrierung" ist nach Feilke (1994) und Augst et al. (2007) typisch für eine frühe Phase des Schreiberwerbs (vgl. Behrens 2017: 82).

---

220 Es sollten also (neben der Kontrolle von Situationsmerkmalen wie z.B. Testzeit und Versuchsleitermerkmalen) auch personengebundene Störvariablen beziehungsweise konfundierende Variablen (z.B. Sprachstand, Intelligenz, Bildungshintergrund etc. der Probanden und Probandinnen) kontrolliert und konstant gehalten werden, damit ein Gruppenvergleich zwischen Erst- und Zweitsprachenlernenden valide ist.

Dagegen finden sich aber auch Bildbeschreibungen, die starke zentralperspektivische Darstellungstendenzen (siehe 2.4.2) aufweisen. Diese wirken im Vergleich dazu nüchtern, reduziert und ohne persönliche Facetten. Dabei kann Folgendes beobachtet werden: Bildbeschreibungen, die grundsätzlich wenige Attribuierungen enthalten, dafür aber viele Verortungen aufweisen, wirken in der Textrezeption in höherem Maße zentralperspektivisch, unpersönlich und sachlich (siehe 2.7.1.1). Zeigt sich dagegen ein hohes Maß an farblichen Attribuierungen – die Beschreibung gewinnt dadurch an Genauigkeit –, neigt man bei der Textrezeption paradoxerweise dazu, diesen Text dem aspektivischen Darstellungsstil zuzuordnen. Paefgen (2005) führt dazu aus, dass Farbnennungen in deskriptiven (literarischen) Kontexten oft als trivial gewertet werden. Farbe „wird abgewertet und in den Bereich des Weiblichen, Kindlichen, Exotischen, Primitiven verbannt; sie steht für Äußeres und Kosmetik, und damit für das Unwesentliche" (Paefgen 2005: 229).

Um diese Beobachtung zu verdeutlichen soll eine Gegenüberstellung zweier Performanzen erfolgen, die sich hinsichtlich Objekt-Attribuierung und Objekt-Verortung stark unterscheiden. Der erste Text wirkt allein aufgrund der einheitlichen Farb-Attribuierungen und der deiktischen Verortungen (*auf dem Bild*) subjektiv gefärbt, auch wenn die Textproduzentin als solche nicht in den Vordergrund tritt. Der zweite Text wirkt hingegen nüchtern und auf dem Darstellungskontinuum nach Köller (2005) näher der zentralperspektivischen Darstellungsweise. Dies wird im Besonderen durch die hohe Anzahl an Verortungen mit der Setzung gemeinsamer Referenzpunkte und die sparsame Verwendung von Farbattribuierungen erreicht.

Tab. 29: Gegenüberstellung OA- und OV-Realisierung

hohe (Farb-)Attribuierung und geringe Objektverortung	hohe Objektverortung und geringe Objekt-Attribuierung
auf dem Bild ist ein Haus. die farbe ist lila. es hat ein Graues dach. es hat 2 fenster und eine Tür. auf dem Bild ist ein Auto. und es ist Blau. und einbischen Schwarz. auf dem Auto ist eine Katze. sie hat helblaue Augen. und sie ist weis und Schwarz	Es ist links ein Violetes Haus. Und vor dem Haus ist ein Eimer. Rechtz oben ist ein Ballon. Unter den Ballon ist eine Kazte über den Auto. In der mitte ist ein gelber Tisch. Unter den Tisch ist ein Herzkissen. *(K27m9;0deutsch1)*

hohe (Farb-)Attribuierung und geringe Objektverortung	hohe Objektverortung und geringe Objekt-Attribuierung
(E17w9;3kroatisch1)	
Objekt-Referenz: Skalenniveau 3 Objekt-Attribuierung: Skalenniveau 6 Objekt-Verortung: Skalenniveau 2	Objekt-Referenz: Skalenniveau 4 Objekt-Attribuierung: Skalenniveau 2 Objekt-Verortung: Skalenniveau 7

Man muss in diesem Zusammenhang aber auch die Frage stellen, ob auf dieser Altersstufe die Maxime der Unpersönlichkeit und Sachlichkeit (siehe 2.7.1.1) für die Schülerinnen und Schüler ein Qualitätskriterium darstellt, ob also eine sachliche, unpersönliche Bildbeschreibung (zentralperspektivische Darstellungsweise) von Grundschüler/innen konkret ein anstrebenswertes Ziel darstellen kann. Entwicklungspsychologisch betrachtet sind persönliche Erfahrung und Involviertheit in ein Thema gerade auf dieser Altersstufe wichtige Faktoren beim Lernen, die nicht ausgeklammert werden dürfen. Persönliche, subjektiv gefärbte Beschreibungen, die sich in einem aspektivischen Darstellungsstil äußern, sind der Altersstufe nicht nur entwicklungspsychologisch angemessen, sondern entsprechen auch der altersgemäßen Schreibentwicklung (vgl. Fix 2008: 50ff.).

Zudem könnte man auch die Frage stellen, ob es sich bei einem Großteil der vorliegenden Schüler/innen-Performanzen streng genommen überhaupt um ‚Beschreibungen' handelt. Sie verfolgen zwar einen deskriptiven Zweck, der jedoch für außenstehende, mit der Aufgabenstellung nicht vertraute Personen als solcher nicht klar erkennbar wird. Man kann die Texte also nicht immer eindeutig einer ‚Beschreibung' zuordnen, auch wenn die Intention der Schreibenden (vermutlich) in diese Richtung geht. Es handelt sich zum Teil um „Nicht-Texte" im Sinne gängiger Textdefinitionen, wie sie auch bei Augst et al. (2007) auf dem ersten textsortenübergreifenden Schreibentwicklungsstadium anzufinden sind (vgl. Augst et al. 2007: 233ff.). Zwei ausgewählte Beispiele (vorwiegend Aufzählungen) sollen dies verdeutlichen:

> Ein Auto und eine Kaze und ein balon
> und ein Haus, und ein Tisch und ein
> Kübel und eine Wiese und Wolken.
> *(V20m9;7türkisch1)*
>
> Auto
> Tisch
> Haus
> Kaze

Eeima
luftballon
(E35m9;10türkisch1)

Diesen „Nicht-Texten" stehen Bildbeschreibungen von Beschreibungs-Novizen gegenüber, die für dieses Alter elaboriert und auf dem Schreibentwicklungsniveau nach Augst et al. (2007) auf der höchsten Entwicklungsstufe zu verorten sind. Dies verdeutlich die Heterogenität und Bandbreite der vorhandenen deskriptiven (Schreib-)Kompetenzen, wie sie auf dieser Altersstufe in sprachlich heterogenen Klassen beim Verfassen einer Bildbeschreibung vorzufinden sind. Dabei darf keineswegs der falsche Eindruck entstehen, dass diese Heterogenität und Bandbreite nur im stark vereinfachenden und damit auch grundsätzlich problematisch polarisierenden Vergleich von L1- und L2-Lernenden festzustellen sei, sie betrifft in besonderer Weise auch die Performanzen innerhalb beider Teilstichproben, weshalb generell vor einfachen Rückschlüssen gewarnt sei[221]. Wie zuvor erwähnt, bilden die Ergebnisse der grundlagentheoretischen Untersuchung Kompetenzen ab, wie sie beim sprachdidaktischen Ausbau deskriptiver (Schreib-)Kompetenzen auf der dritten Schulstufe in sprachlich heterogenen Klassen vorfindbar sein können, um in weiterer Folge – im Sinne eines kompetenzfördernden (Schreib-)Unterrichts – entsprechend differenziert und lernendenzentriert an vorhandene (Schreib-) Kompetenzen anzuschließen.

---

[221] An dieser Stelle sei nochmals ausdrücklich erwähnt, dass es für das Schreiben in der Unterrichtssprache Deutsch nicht allein entscheidend ist, ob Deutsch als Familiensprache fungiert oder nicht, sondern welches Kapital (Bildungshintergrund der Familie, sozio-ökonomischer Hintergrund etc.) die Schüler/innen besitzen (siehe 5.2).

9 Ergebnisdarstellung zu anwendungsbezogenen Forschungsinteressen

Die anwendungsbezogenen Forschungsfragen beziehen sich auf die spezifischen sprachdidaktischen Maßnahmen, die in dieser Studie durchgeführten didaktischen Interventionen (Experimental- und Vergleichsgruppe) und deren mögliche Effekte auf die drei zentralen Variablen Objekt-Referenz, Objekt-Attribuierung und Objekt-Verortung sowie ihren Indikatoren; Antworten ergeben sich aus der vergleichenden Analyse der Bildbeschreibungen zum ersten und zweiten Messzeitpunkt. Die anwendungsbasierten Ergebnisse werden nach folgendem Schema dargestellt: Zuerst werden die zugrundeliegenden Forschungsfragen – die Veränderungen in Beschreibungstexten bei Erst- und Zweitsprachenlernenden (beider Untersuchungsgruppen) nach den sprachdidaktischen Interventionen – beantwortet; dies geschieht zunächst explorativ mittels *t-Tests* für abhängige Stichproben. Eine *mixed-design ANOVA* gibt ferner Aufschluss über mögliche Effekte der hier untersuchten sprachdidaktischen Settings im Gruppenvergleich (d.h. Vergleich von Experimental- und Vergleichsgruppe). Danach werden die Ergebnisse zur zentralen Forschungshypothese vorgestellt, die sich auf mögliche Effekte performativen Arbeitens beim Ausbau deskriptiver Kompetenzen beziehen. Weiters folgt die Ergebnispräsentation zu den Unterrichtsevaluierungen durch die teilnehmenden Schüler/innen (als Probanden und Probandinnen) und Lehrpersonen, die als Beobachterinnen an der Untersuchung teilgenommen haben. Zuletzt werden Ergebnisse zu Forschungsfragen angeführt, die die sprachdidaktische Rahmung (fachliches Lernen) betreffen.

9.1 Objektreferenz (Experimental- und Vergleichsgruppe)

Die hier zugrundeliegenden Forschungsfragen lauten:
- Kommt es nach der Intervention zu signifikanten Veränderungen bei der Objekt-Referenz in Beschreibungstexten der Experimentalgruppe (Erst- und Zweitsprachenlernende)? (8. Forschungsfrage)
- Kommt es nach der Intervention zu signifikanten Veränderungen bei der Objekt-Referenz in Beschreibungstexten der Vergleichsgruppe (Erst- und Zweitsprachenlernende)? (13. Forschungsfrage)

Beim Analyse-Kriterium Objekt-Referenz (OR) geht es einerseits um die Realisierung einer begrenzten Anzahl möglicher Objekte (vordergründige Objekte und

Objekte des Schauplatzes des Testbildes) und andererseits um eine offene Anzahl möglicher Detail-Nennungen (siehe 7.3.1.1.1).

Um die eingangs angeführten Forschungsfragen zu beantworten, die sich auf signifikante Veränderungen in deskriptiven Schüler/innen-Performanzen von Erst- und Zweitsprachenlernenden nach erfolgter sprachdidaktischer Intervention beziehen, wird der *t-Test* für Stichproben mit paarigen Werten[222] herangezogen. Dieser ergibt nur im Fall der Schüler/innen der Experimentalgruppe mit nicht-deutscher Erstsprache eine signifikante Veränderung des Skalenniveaus bei der Objekt-Referenz $t(30)=-2,466$, $p=0,02$, $d=0.54$[223] zum zweiten Messzeitpunkt Das bedeutet, dass die Schüler/innen mit Deutsch als Zweitsprache hinsichtlich der Realisierung der OR vom performativen Unterrichtssetting in der Experimentalgruppe profitierten. Bei der Untergruppe der L2-Lernenden in der Vergleichsgruppe zeigen sich diesbezüglich keine statistisch signifikanten Effekte $t(37)=-0,702$, $p=0,487$, wie dies auch bei L1-Lernenden beider Untersuchungsgruppen der Fall ist.

Werden in einem weiteren Schritt die Indikatoren der OR untersucht, dann zeigt sich Folgendes: Der *t-Test* für Stichproben mit paarigen Werten zeigt nur bei der Experimentalgruppe statistisch signifikant höhere Scores zum zweiten Messzeitpunkt hinsichtlich aller drei Indikatoren (GOB, SB, DB) bei Probanden und Probandinnen mit nicht-deutscher Erstsprache: Bei der Untersuchung des Indikators „Gesamtobjektbenennung" (GOB) zeigt sich bei den L2-Lernenden eine signifikante Differenz vom ersten zum zweiten Messzeitpunkt von $t(30)=-2,922$, $p=0,007$, $d=0.54$. Beim Indikator „Schauplatzbenennung" (SB) zeigt sich bei L2-Lernenden ein signifikanter Unterschied vom ersten zum zweiten Messzeitpunkt von $t(30)=-2,443$, $p=0,021$, $d=0.478$. Beim Indikator „Detailbenennung" (DB) zeigt sich bei den L2-Lernenden vom ersten zum zweiten Messzeitpunkt ein signifikanter Effekt von $t(30)=-2,065$, $p=0,048$, $d=0.422$.

---

[222] Der *t-Test* wurde auf Grundlage der Forschungsfragen gewählt, die sich hier auf separate Performanz-Auswertungen von Erst- und Zweitsprachenlernenden beider Untersuchungsgruppen zum ersten und zweiten Messzeitpunkt beziehen. Für die Auswertung wurden folgende Untergruppen von L1- und L2-Lernenden gebildet: (a) L1-Lernende der Experimentalgruppe, (b) L2-Lernende der Experimentalgruppe, (c) L1-Lernende der Vergleichsgruppe und (d) L2-Lernende der Vergleichsgruppe. Beim *t-Test* für Stichproben mit paarigen Werten wurden die Differenz-Effekte dieser vier Untergruppen vom ersten zum zweiten Messzeitpunkt separat ausgewertet und stellen daher Einzelauswertungen – jedoch keine Gruppenvergleiche zwischen den vier (Unter-) Gruppen – dar.
[223] Die Berechnung der Effektgröße von Cohens *d* bei *t-Tests* für abhängige Stichproben erfolgt nach Lenhard (2016).

Die Vergleichsgruppe weist hingegen bei dieser Untersuchung nur ein signifikantes Ergebnis bei L2-Lernenden auf, nämlich hinsichtlich des Indikators GOB $t(37)=-2{,}071$, $p=0{,}045$, $d=0.391$; die Indikatoren SB $t(37)=-1{,}641$, $p=0{,}109$ und DB $t(37)=0{,}274$, $p=0{,}786$ zeigen in der Vergleichsgruppe hinsichtlich der L2-Lernenden keine signifikanten Differenz-Effekte, so wie dies auch für L1-Lernende beider Untersuchungsgruppen der Fall ist.

Gruppenauswertung der Experimental- und Vergleichsgruppe
Eine *mixed-design ANOVA* zeigt einen statistisch signifikanten Haupteffekt hinsichtlich des Faktors Zeit[224] $F(1{,}104)=5{,}115$, $p=0{,}026$. Weiters zeigt sich ein statistisch signifikanter Haupteffekt hinsichtlich des Faktors Erstsprache(n)[225] $F(1{,}104)=16{,}652$, $p\leq0{,}001$.

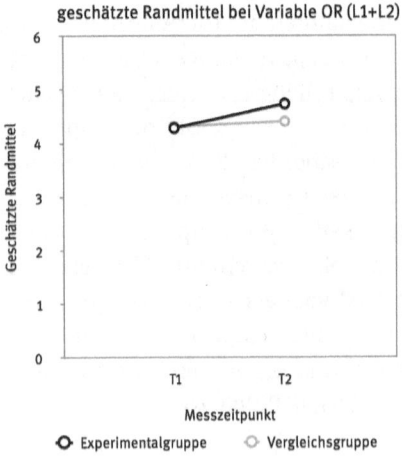

Abb. 43: Auswertungsdarstellung der Variable Objekt-Referenz nach Untersuchungsgruppen (L1- und L2-Lernende) und Messzeitpunkt (T1-T2)

---

[224] Ein signifikanter Haupteffekt hinsichtlich des Faktors Zeit bedeutet, dass Differenzen festzustellen sind, die ausschließlich auf die Zeit (1. Messzeitpunkt – 2. Messzeitpunkt) zurückzuführen sind, unabhängig von der Gruppenzugehörigkeit der Versuchsteilnehmer/innen.
[225] Unter Zwischensubjekteffekten ist der Haupteffekt einer spezifischen Gruppenzugehörigkeit zu verstehen.

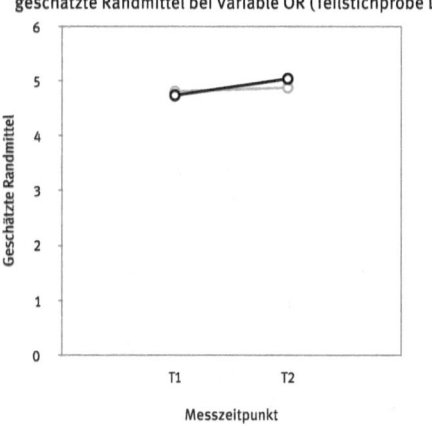

Abb. 44: Auswertungsdarstellung der Variable Objekt-Referenz nach L1-Lernenden, Untersuchungsgruppen und Messzeitpunkt (T1-T2)

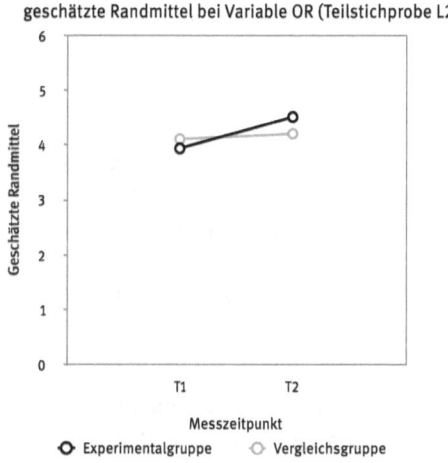

Abb. 45: Auswertungsdarstellung der Variable Objekt-Referenz nach L2-Lernenden, Untersuchungsgruppen und Messzeitpunkt (T1-T2)

Werden in einem weiteren Schritt die Indikatoren der OR untersucht, so zeigen sich folgende Ergebnisse: Eine *mixed-design ANOVA* mit Messwiederholung zeigt beim Indikator „Gesamtobjektbenennung" (GOB) einen statistisch signifikanten

Haupteffekt hinsichtlich des Faktors Zeit $F(1,104)=6{,}715$, $p=0.011$. Weiteres zeigt die *ANOVA* beim Indikator GOB eine statistisch signifikante Wechselwirkung der Faktoren Zeit und Erstsprache(n) $F(1,104)=4{,}629$, $p=0{,}034$, partielles $\eta^2=0.04$[226]. Ferner kommt es zu einem signifikanten Haupteffekt bezüglich des Faktors Erstsprache(n) von $F(1, 104)=15{,}004$, $p\leq0{,}001$.

Bei der Untersuchung des Indikators „Schauplatzbenennung" (SB) zeigt eine *mixed-design ANOVA* mit Messwiederholung einen statistisch signifikanten Haupteffekt hinsichtlich des Faktors Zeit $F(1,104)=4{,}113$, $p=0.045$. Eine *ANOVA* zu Zwischensubjekteffekten zeigt bei SB einen signifikanten Haupteffekt bezüglich des Faktors Erstsprache(n) $F(1, 104)=10{,}672$, $p=0{,}001$.

Bei der Untersuchung des Indikators „Detailbenennungen" (DB) zeigt eine *mixed-design ANOVA* mit Messwiederholung einen signifikanten Haupteffekt bezüglich des Faktors Untersuchungsgruppe $F(1, 104)=8{,}034$, $p=0{,}006$. Weiters zeigt sich ein signifikanter Haupteffekt bezüglich des Faktors Erstsprache(n) $F(1, 104)=21{,}392$, $p\leq 0{,}001$. Ferner besteht bei der Auswertung des Indikators DB eine signifikante Wechselwirkung zwischen den Faktoren Untersuchungsgruppe und Erstsprache(n) $F(1, 104)=11{,}810$ $p=0{,}001$, partielles $\eta^2=0.10$.

9.2 Objekt-Attribuierung (Experimental- und Vergleichsgruppe)

Die zugrunde liegenden Forschungsfragen lauten:
- Kommt es nach der Intervention zu statistisch signifikanten Veränderungen bei der Objekt-Attribuierung in Beschreibungstexten der Experimentalgruppe (Erst- und Zweitsprachenlernende)? (9. Forschungsfrage)
- Kommt es nach der Intervention zu statistisch signifikanten Veränderungen bei der Objekt-Attribuierung in Beschreibungstexten der Vergleichsgruppe (Erst- und Zweitsprachenlernende)? (14. Forschungsfrage)

Beim Analyse-Kriterium Objekt-Attribuierung (OA) geht es um die Relation zwischen Objekt-Nennung und Objekt-Attribuierung sowie deren Realisierungsformen (monoton/ornamental) in den Beschreibungstexten (siehe 7.3.1.1.2).

Der *t-Test* für Stichproben mit paarigen Werten zeigt hinsichtlich der Variable OA einen signifikanten Effekt bei L1-Lernenden und L2-Lernenden der

---

[226] Nach Cohen (1988) werden Referenzwerte des η^2 von 0.01 bis 0.06 als kleine Effekte klassifiziert, Referenzwerte von 0.06 bis 0.14 als mittlere und Werte ab 0.14 als große Effekte (vgl. Döring & Bortz 216: 820).

Experimentalgruppe: Schüler/innen mit deutscher Erstsprache zeigen nach der performativen Intervention einen signifikanten Effekt von $t(22)=-2{,}748$, $p=0{,}012$, $d=0.57$ bezüglich der Realisierung von Skalenniveaustufen der OA vom ersten zum zweiten Messzeitpunkt. Auch die Schüler/innen mit nicht-deutscher Erstsprache in der Experimentalgruppe weisen einen signifikanten Effekt $t(30)=-2{,}434$, $p=0{,}021$, $d=0.519$ auf. Der *t-Test* für Stichproben mit paarigen Werten zeigt bei der Untersuchung der Vergleichsgruppe weder bei L1-Lernenden ($t(15)=-0{,}972$, $p=0{,}347$) noch bei L2-Lernenden ($t(37)=-1{,}046$, $p=0{,}302$) signifikante Effekte.

Werden in einem weiteren Schritt die Indikatoren der OA untersucht, dann zeigt sich Folgendes: Der *t-Test* für Stichproben mit paarigen Werten ergibt signifikante Unterschiede zwischen dem ersten und zweiten Testzeitpunkt bei Erst- und Zweitsprachenlernenden in der Experimentalgruppe mit performativem Unterricht. Bei Schüler/innen mit deutscher Erstsprache zeigt sich hinsichtlich der Realisierung von Indikatoren der Objekt-Attribuierung vom ersten zum zweiten Messzeitpunkt ein signifikanter Effekt von $t(22)=-3{,}830$, $p=0{,}001$, $d=0.685$. In den Texten der Zweitsprachenlernenden in der Experimentalgruppe zeigt sich ebenfalls ein signifikanter Effekt von $t(30)=-3{,}855$, $p=0{,}001$, $d=0.699$.

In der Vergleichsgruppe hingegen können bei dieser Untersuchung keine signifikanten Effekte verzeichnet werden (L1-Lernende: $t(15)=0{,}000$ $p=1{,}000$, L2-Lernende: $t(37)=-1{,}487$, $p=0{,}145$).

Gruppenauswertung der Experimental- und Vergleichsgruppe
Bei der Untersuchung der Variable OA zeigt eine *mixed-design ANOVA* mit Messwiederholung einen statistisch signifikanten Haupteffekt hinsichtlich des Faktors Zeit $F(1, 104)=12{,}020$, $p=0{,}001$. Außerdem zeigt sich ein signifikanter Haupteffekt hinsichtlich des Faktors Erstsprache(n) $F(1, 104)=15{,}046$, $p \leq 0{,}001$.

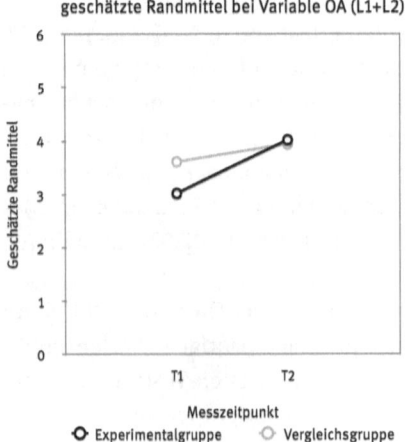

Abb. 46: Auswertungsdarstellung der Variable Objekt-Attribuierung nach Untersuchungsgruppen (L1- und L2 Lernende) und Messzeitpunkt (T1-T2)

Werden in einem weiteren Schritt die Indikatoren der OA untersucht, dann zeigen sich folgende Ergebnisse: Eine *mixed-design ANOVA* mit Messwiederholung zeigt bei der Untersuchung zu Innersubjekteffekten einen statistisch signifikanten Haupteffekt des Testzeitpunktes $F(1, 104)=19,684$, $p≤0,001$. Zusätzlich zeigt sich eine signifikante Interaktion zwischen den Faktoren Testzeitpunkt und Untersuchungsgruppe $F(1, 104)=11,730$, $p=0,001$, partielles $\eta2=0.101$. In Bezug auf diese signifikante Wechselwirkung zwischen den Faktoren Testzeitpunkt und Untersuchungsgruppe zeigen *follow-up t-Tests*, dass die Experimentalgruppe zum zweiten Messzeitpunkt statistisch höhere Scores bei der Realisierung von Indikatoren der Objekt-Attribuierung aufweist als zum ersten Messzeitpunkt. Im Gegensatz dazu gibt es bei der Vergleichsgruppe keine statistisch signifikanten Effekte zwischen den Scores zum ersten und zum zweiten Testzeitpunkt (T1 Experimentalgruppe $\bar{X}=3,70$, T2 Experimentalgruppe $\bar{X}=6,70$, T1 Vergleichsgruppe $\bar{X}=5,78$, T2 Vergleichsgruppe $\bar{X}=6,33$), wie Abbildung 47 verdeutlicht.

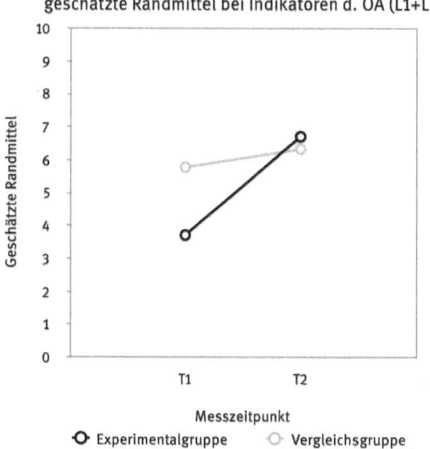

Abb. 47: Auswertungsdarstellung der Indikatoren der Objekt-Attribuierung nach Untersuchungsgruppen und Messzeitpunkt (T1-T2)

Ferner zeigt die *ANOVA*-Auswertung einen signifikanten Haupteffekt bezüglich des Faktors Erstsprache(n) $F(1, 104)=36{,}236$, $p\leq0{,}001$) und des Faktors Untersuchungsgruppe $F(1,104)=4{,}111$, $p=0{,}045$.

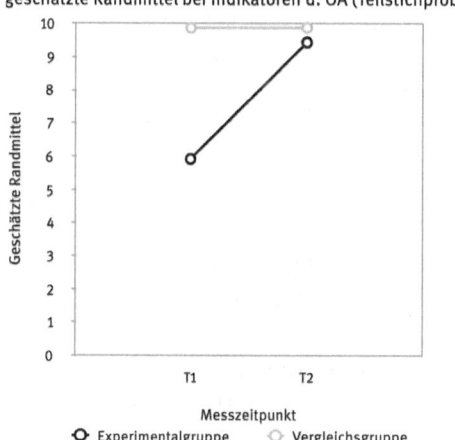

Abb. 48: Auswertungsdarstellung der Indikatoren der Objekt-Attribuierung nach L1-Lernenden, Untersuchungsgruppen und Messzeitpunkt (T1-T2)

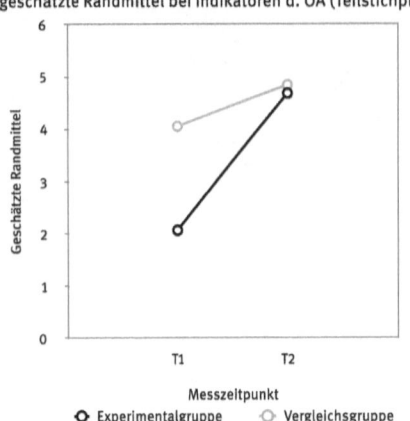

Abb. 49: Auswertungsdarstellung der Indikatoren der Objekt-Attribuierung nach L2-Lernenden, Untersuchungsgruppen und Messzeitpunkt (T1-T2)

9.3 Lokale Objekt-Verortung (Experimental- und Vergleichsgruppe)

Die zugrunde liegenden Forschungsfragen lauten:
- Kommt es nach der Intervention zu statistisch signifikanten Veränderungen bei der lokalen Objekt-Verortung in Beschreibungstexten der Experimentalgruppe (Erst- und Zweitsprachenlernende)? (10. Forschungsfrage)
- Kommt es nach der Intervention zu statistisch signifikanten Veränderungen bei der lokalen Objekt-Verortung in Beschreibungstexten der Vergleichsgruppe (Erst- und Zweitsprachenlernende)? (15. Forschungsfrage)

Beim Analyse-Kriterium Objekt-Verortung (OV) geht es um den Zusammenhang von Objekt-Nennung und Verortung. Dabei wird unterschieden, ob die Verortungen konstitutiv für einen gemeinsamen Referenzrahmen sind oder nicht (siehe 7.3.1.1.3).

Der *t-Test* für Stichproben mit paarigen Werten zeigt hinsichtlich der Variable OV signifikante Differenz-Effekte zwischen dem ersten und dem zweiten Messzeitpunkt (Skalenniveaurealisierung T1-T2) in beiden Untersuchungsgruppen: Bei den Schüler/innen mit deutscher Erstsprache in der Experimentalgruppe zeigt sich nach dem performativen Unterricht ein signifikanter Effekt von $t(22)=-2{,}071$, $p=0{,}05$, $d=0.472$. Auch bei den Schüler/innen mit nicht-deutscher

Erstsprache kommt es nach dem performativen Unterricht (Experimentalgruppe) zu einem signifikanten Effekt von $t(30)=-4{,}045$, $p\leq0{,}001$, $d=0.583$. Bei den Probanden und Probandinnen mit deutscher Erstsprache in der Vergleichsgruppe zeigt sich vom ersten zum zweiten Messzeitpunkt hinsichtlich der Variable Objekt-Verortung ein signifikanter Effekt von $t(15)=-3{,}204$, $p=0{,}006$, $d=0.682$. Bei den Probanden und Probandinnen mit nicht-deutscher Erstsprache in der Vergleichsgruppe zeigt sich diesbezüglich ebenfalls ein signifikanter Effekt von $t(37)=-6{,}724$, $p\leq0{,}001$, $d=0.784$. Das bedeutet, dass alle vier Untergruppen (L1- und L2-Lernende beider Untersuchungsgruppen) bei der Variable Objekt-Verortung einen statistisch signifikanten Unterschied zwischen den Scores (Skalen-Niveau-Stufen der OV) bei Testzeitpunkt 1 und Testzeitpunkt 2 aufweisen, jedoch mit unterschiedlichen Effektstärken.

Werden in einem weiteren Schritt die Indikatoren der OR untersucht, so zeigen sich folgende Ergebnisse: Der *t-Test* für Stichproben mit paarigen Werten zeigt statistisch signifikante Effekte für alle vier Untergruppen (L1 und L2-Lernende beider Untersuchungsgruppen) hinsichtlich des Indikators „Partikel und Phrasen der lokalen Verortung" (PPLV). Die L1-Schüler/innen in der Experimentalgruppe erzielen in Hinblick auf PPLV-Realisierungen vom ersten zum zweiten Messzeitpunkt einen statistisch signifikanten Effekt von $t(22)=-3{,}480$, $p=0{,}002$, $d=0.652$. Die L2-Schüler/innen in derselben Untersuchungsgruppe zeigen ebenfalls einen signifikanten Effekt von $t(30)=-4{,}655$, $p\leq0{,}001$, $d=0.702$.

Die Texte der L1-Schüler/innen in der Vergleichsgruppe zeigen in Hinblick auf PPLV-Realisierungen vom ersten zum zweiten Messzeitpunkt einen statistisch signifikanten Effekt von $t(15)=-2{,}700$ $p=0{,}016$, $d=0.625$. Die Texte der L2-Schüler/innen in derselben Untersuchungsgruppe zeigen ebenfalls einen signifikanten Effekt von $t(37)=-7{,}019$, $p\leq0{,}001$, $d=0.796$.

Der *t-Test* für Stichproben mit paarigen Werten zeigt hinsichtlich der Realisierung des Indikators „Gemeinsamer Referenzpunkt" (GRP) (T1-T2) folgende Effekte: In der Experimentalgruppe zeigt sich in den L1-Texten kein statistisch signifikanter Effekt; es zeichnet sich jedoch ein Trend ab ($t(22)=-1{,}899$, $p=0.071$). Hingegen weisen Texte von Zweitsprachenlernenden einen signifikanten Effekt bei der GRP-Realisierung vom ersten zum zweiten Messzeitpunkt $t(30)=-2{,}186$, $p=0{,}037$, $d=0.409$ auf.

In der Vergleichsgruppe zeigen L1-Texte diesbezüglich einen signifikanten Effekt: $t(15)=-2{,}390$, $p=0{,}030$, $d=0.582$; dasselbe gilt für L2-Texte: $t(37)=-4{,}774$, $p\leq0{,}001$, $d=0.677$.

Gruppenauswertung der Experimental- und Vergleichsgruppe

Bei der Variable Objekt-Verortung zeigt eine *mixed-design ANOVA* einen statistisch signifikanten Haupteffekt des Faktors Zeit $F(1,104)=58,814$, $p\leq0,001$. Es zeigt sich zudem eine signifikante Interaktion zwischen den Faktoren Zeit und Untersuchungsgruppe $F(1,104)=7,596, p=0,030$, partielles $\eta2=0.044$. Ferner zeigt sich ein signifikanter Haupteffekt hinsichtlich des Faktors Erstsprache(n) $F(1,104)=54,065$, $p\leq0,001$ und des Faktors Untersuchungsgruppe $F(1,104)=10,954$, $p=0,001$.

In Bezug auf die zuvor erwähnte signifikante Wechselwirkung zwischen den Faktoren Messzeitpunkt und Untersuchungsgruppe zeigen *follow-up t-Tests*, dass hinsichtlich der Variable Objekt-Verortung zum ersten Messzeitpunkt kein statistisch signifikanter Unterschied zwischen der Experimental- und Vergleichsgruppe besteht. Im Gegensatz dazu erzielt die Vergleichsgruppe zum zweiten Messzeitpunkt statistisch signifikant höhere Scores als die Experimentalgruppe (T1 Experimentalgruppe $\bar{X}$=2,59, T2 Experimentalgruppe $\bar{X}$=3,61; T1 Vergleichsgruppe $\bar{X}$=2,78, T2 Vergleichsgruppe $\bar{X}$=4,61). Das bedeutet, dass die Vergleichsgruppe hinsichtlich der Variable Objekt-Verortung statistisch signifikant besser abschneidet als die Experimentalgruppe (siehe Abb. 50).

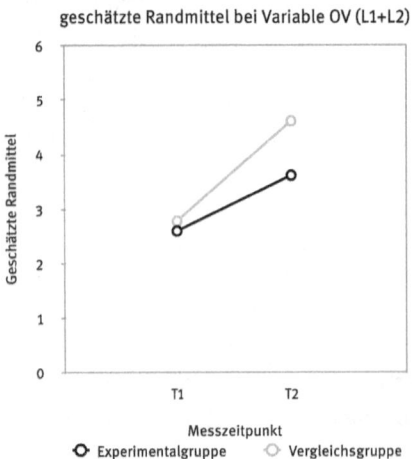

Abb. 50: Auswertungsdarstellung der Variable Objekt-Verortung nach L1-Lernenden, Untersuchungsgruppen und Messzeitpunkt (T1-T2)

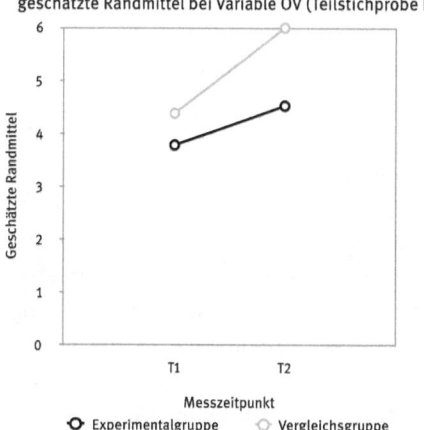

Abb. 51: Auswertungsdarstellung der Variable Objekt-Verortung nach L2-Lernenden, Untersuchungsgruppen und Messzeitpunkt (T1-T2)

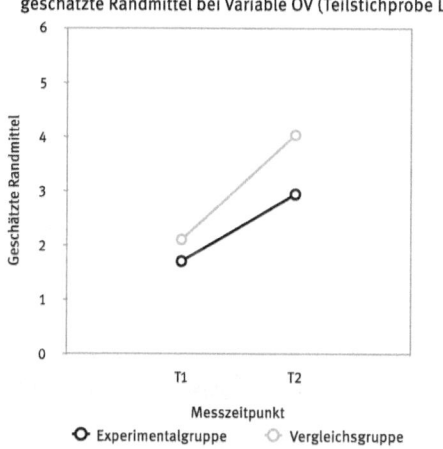

Abb. 52: Auswertungsdarstellung der Variable Objekt-Verortung nach Untersuchungsgruppen (L1- und L2-Lernende) und Messzeitpunkt (T1-T2)

Werden in einem weiteren Schritt die Indikatoren der OV untersucht, so zeigen sich folgende Ergebnisse: Eine *mixed-design ANOVA* zeigt hinsichtlich des Indikators „Partikeln/Phrasen der lokalen Verortung" (PPLV) einen statistisch signifikanten Haupteffekt bezüglich des Faktors Zeit $F(1, 104)=68,796$ $p≤0,001$. Zudem zeigt sich ein signifikanter Haupteffekt bezüglich des Faktors Untersuchungsgruppe $F(1,104)=6,782$, $p=0,011$ und des Faktors Erstsprache(n) $F(1,104)=45,482$, $p≤0,001$.

Bei der Untersuchung des Indikators „gemeinsamer Referenzpunkt" (GRP) zeigt eine *mixed-design ANOVA* einen statistisch signifikanten Haupteffekt hinsichtlich des Faktors Zeit $F(1,104)=30,533$ $p≤0,001$ sowie eine statistisch signifikante Interaktion zwischen den Faktoren Zeit und Untersuchungsgruppe $F(1,104)=4,870$, $p=0,030$, partielles $\eta2=0.044$. Hinsichtlich dieser Interaktion zeigen *follow-up t-Tests*, dass die Vergleichsgruppe bezüglich der Verwendung des Indikators GRP statistisch signifikant besser abschneidet als die Experimentalgruppe (T1 Experimentalgruppe $\bar{x}=0,09$, T2 Experimentalgruppe $\bar{x}=0,52$; T1 Vergleichsgruppe $\bar{x}=0,30$, T2 Vergleichsgruppe $\bar{x}=1,30$; siehe Abb. 53).

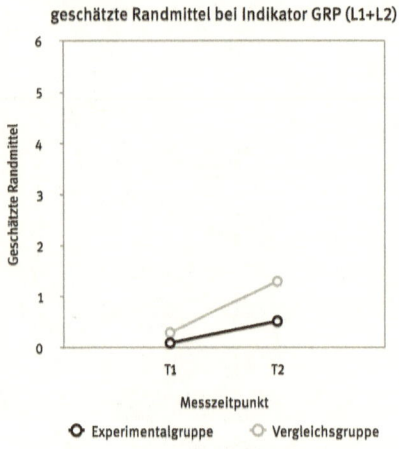

Abb. 53: Auswertungsdarstellung des Indikators GRP nach Untersuchungsgruppen (L1- und L2-Lernende) und Messzeitpunkt (T1-T2)

Ferner zeigt eine *ANOVA*-Auswertung beim Indikators GRP einen Haupteffekt hinsichtlich des Faktors Untersuchungsgruppe $F(1,104)=15,654$, $p≤0,001$ und des Faktors Erstsprache(n) $F(1,104)=9,032$, $p=0,003$.

9.4 Hypothese zum performativen Lehren und Lernen

Die Arbeitshypothese der vorliegenden Untersuchung bezieht sich auf mögliche Effekte dramapädagogischen Arbeitens beim Ausbau deskriptiver Kompetenzen. Im Fokus steht die über körperliche Darstellung und Bewegung gewonnene Wahrnehmungserfahrung von zunächst rein visuellen Impulsen (Bild als Beschreibungsgegenstand) als Basis für das schriftliche Beschreiben. Die Annahme, dass durch dramapädagogische Verfahren im Unterricht die ganzheitliche Wahrnehmung geschult und damit die Bildwahrnehmung verbessert wird, liegt der vorliegenden Arbeit zugrunde. Die Wahrnehmungsschulung und die damit verbundene Fokussierung der Aufmerksamkeit wird durch performative Übungen zu unterschiedlichen lexikalischen Bereichen (mittels Pantomime) wie auch zu zentralen Fragestellungen des Beschreibens (mittels Standbild und Theaterbrille) umgesetzt. Es wird angenommen, dass es durch eine ausdrückliche Schulung der Wahrnehmung und die Anreicherung der zunächst rein visuellen Wahrnehmung mittels performativ spielerischer Auseinandersetzung und persönlichen Erlebens zu progressiven Veränderungen in Bildbeschreibungen bezüglich Objekt-Referenz, Objekt-Attribuierung und Objekt-Verortung kommen könnte. Die Hypothese lautet:

> Dramapädagogisch geführter Sprachunterricht zum Ausbau deskriptiver Schreibkompetenzen, der mittels performativer Techniken (Pantomime, Standbildverfahren, Theaterbrille) die Schulung der Wahrnehmung als Grundlage des Beschreibens fokussiert, zeigt eine positive Wirkung auf das Verfassen von Bildbeschreibungen in Bezug auf Genauigkeit (Objekt-Referenz, Objekt-Attribuierung) und Zusammenhang (Objekt-Verortung) in der Beschreibung.

Diese Hypothese kann in Hinblick auf die Experimentalgruppe ($n=54$) nicht gänzlich, sondern nur partiell verifiziert werden und zwar ausschließlich in Bezug auf das Attribuieren angeführter Objekte. Eine *mixed-design ANOVA* zu Innersubjekteffekten zeigt eine statistisch signifikante Interaktion zwischen Messzeitpunkt und Untersuchungsgruppe bei der Attribuierung von Objekten ($F(1,104)=11,730$, $p=0.001$, partielles $\eta2=0.101$). Das bedeutet, dass Probanden und Probandinnen nach dem performativen Unterricht signifikant mehr Indikatoren der Objekt-Attribuierung realisieren (starker Effekt) als dies in der Vergleichsgruppe der Fall ist.

Eine vollständige Verifizierung der oben angeführten Hypothese die Gesamtgruppe betreffend (L1- und L2-Lernende der Experimentalgruppe) kann auf Basis der vorliegenden Forschungsergebnisse jedoch nicht erfolgen.

Teilt man jedoch die Experimentalgruppe in die Untergruppen Erst- und Zweitsprachenlernende, zeigen sich nach Einzelauswertungen (*t-Test* für Stichproben mit paarigen Werten) folgende Ergebnisse:

Der *t-Test* für Stichproben mit paarigen Werten zeigt bei der Untergruppe der Zweitsprachenlernenden der Experimentalgruppe (n=31) in allen Untersuchungsbereichen statistisch signifikante Effekte[227] mit überwiegend mittleren Effekten. Das bedeutet, dass Zweitsprachenlernende hinsichtlich der Variablen Objekt-Referenz, Objekt-Attribuierung und Objekt-Verortung und deren Indikatoren vom angebotenen didaktischen Unterrichtsarrangement – dem dramapädagogischen, performativen Unterricht – besonders profitieren (siehe 9.1, 9.2 & 9.3). Diese statistisch signifikanten Effekte samt Effektstärken im Rahmen von Einzelauswertungen haben vornehmlich explorativen Charakter und müssen im jeweiligen Kontext mit den ebenfalls statistisch signifikanten Effekten samt Effektstärken der Vergleichsgruppe betrachtet und den Ergebnissen entsprechend relativiert werden[228]. Im Folgenden werden zur Illustration die Ergebnisse nach dem *t-Test* für Stichproben mit paarigen Werten aller Untersuchungsbereiche der L2-Lernenden aus der Experimentalgruppe und Vergleichsgruppe gegenübergestellt:

Tab. 30: Gegenüberstellung T-Testergebnisse der L2-Lernenden (Experimental- und Vergleichsgruppe)

Experimentalgruppe Teilstichprobe L2-Lernende (n=31), T1-T2	Vergleichsgruppe Teilstichprobe L2-Lernende (n=38), T1-T2
Variable „Objekt-Referenz": $t(30)$=-2,466, p=0,0202, d=0.481 (kleine Effektstärke nach Cohen 1988*; knapp an der Grenze zur mittleren Stärke)	Variable „Objekt-Referenz": kein signifikanter Effekt
Indikator „Gesamtobjektbenennung": $t(30)$=-2,922, p=0,007, d=0.54 (mittlere Effektstärke*)	Indikator „Gesamtobjektbenennung": $t(37)$=-2,071, p=0,045, d=0.391 (kleine Effektstärke*)

---

[227] Auch Zwischensubjekt-Effekte hinsichtlich der Variable Erstsprache(n) sind nach der *ANOVA* zu verzeichnen.

[228] Die Gegenüberstellung zeigt aber auch deutlich, dass die Zweitsprachenlernenden in der Vergleichsgruppe in besonderem Maße im Zusammenhang mit der Realisierung eines gemeinsamen Referenzpunktes (GRP) profitieren ($t(37)$=-4,774, p≤0,001, d=0.677). Ein gemeinsamer Referenzpunkt unterstützt die Linearisierung in Bildbeschreibungstexten und gilt daher beim Beschreiben eines Bildes als Indiz für adressatenorientiertes Vorgehen.

Experimentalgruppe Teilstichprobe L2-Lernende (*n*=31), T1-T2	Vergleichsgruppe Teilstichprobe L2-Lernende (*n*=38), T1-T2
Indikator „Detailbenennung": *t*(30)=-2,065, *p*=0,048, *d*=0.422 (kleine Effektstärke*)	Indikator „Detailbenennung": kein signifikanter Effekt
Indikator „Schauplatzbenennung": *t*(30)=-2,443, *p*=0,021, *d*=0.478 (kleine Effektstärke knapp an der Grenze zur mittleren Stärke*)	Indikator „Schauplatzbenennung": kein signifikanter Effekt
Variable „Objekt-Attribuierung": *t*(30)=-2,434, *p*=0,021, *d*=0.519 (mittlere Effektstärke*)	Variable „Objekt-Attribuierung": kein signifikanter Effekt
Gesamtindikatoren der „Objekt-Attribuierung": *t*(30)=-3,855, *p*=0,001, *d*=0.699 (mittlere Effektstärke*)	Gesamtindikatoren der „Objekt-Attribuierung": kein signifikanter Effekt
Variable „Objekt-Verortung": *t*(30)=-4,045, *p*≤0,001, *d*=0.583 (mittlere Effektstärke*)	Variable „Objekt-Verortung: kein signifikanter Effekt
Indikator „Partikeln und Phrasen der lokalen Verortung": *t*(30)=-4,655, *p*≤0,001, *d*=0.702 (mittlere Effektstärke*)	Indikator „Partikeln und Phrasen der lokalen Verortung": *t*(37)=-7,019, *p*≤0,001, *d*=0.796 (mittlere Effektstärke*)
Indikator „gemeinsamer Referenzpunkt": *t*(30)=-2,186, *p*=0,037, *d*=0.409 (kleine Effektstärke*)	Indikator „gemeinsamer Referenzpunkt": *t*(37)=-4,774, *p*≤0,001, *d*=0.677 (mittlere Effektstärke*)

9.5 Evaluierung der didaktischen Settings (Experimental- und Vergleichsgruppe)

Im Folgenden werden die Rückmeldungen der Schüler/innen und Lehrpersonen zu den didaktischen Settings beider Untersuchungsgruppen angeführt, wobei zuerst die Ergebnisse der Experimentalgruppe, dann die der Vergleichsgruppe präsentiert werden; die Ergebnispräsentation folgt zudem der Reihung der Forschungsfragen.

– Wie evaluieren die Schüler/innen den Unterricht in der Experimentalgruppe? (11. Forschungsfrage)

Die Rückmeldung der Schüler/innen zum Unterricht der Experimentalgruppe ($n=54$) und deren deskriptiv statistische Auswertung[229] zeigt folgendes Gesamtbild (Antwortmöglichkeiten: *gefällt sehr gut* ☺, *gefällt weniger gut* 😐, *gefällt gar nicht* ☹): 93% der Schüler/innen gefällt diese Form des Unterrichts sehr gut, 7% der Schüler/innen gefällt sie weniger gut. Das Nachspielen des Impulsbildes (Standbild) bewerten 83% der Schüler/innen als sehr gut, 17% hingegen gefällt dieser Arbeitsschritt weniger gut. Das Nachstellen eines Textes bewerten 72% als sehr gut, 28% gefällt dies weniger gut. Die Arbeit mit dem Reisetagebuch gefällt 94% der Schüler/innen sehr gut, 6% weniger gut. Das schriftliche Beschreiben im Reisetagebuch nach performativen Übungen gefällt 81% der Schüler/innen sehr gut, 19% finden diesen Arbeitsschritt weniger gut.

– Wie evaluieren die Lehrpersonen den Unterricht in der Experimentalgruppe? (12. Forschungsfrage)

Die deskriptiv statistische Auswertung der Ergebnisse der Lehrpersonen-Rückmeldungen ($n=3$) zum performativen Unterricht ergeben ebenfalls ein insgesamt positives Bild: Alle Lehrpersonen finden, dass die Schüler/innen mit Engagement am Unterricht teilgenommen hätten, wobei auch ‚auffällige' und/oder grundsätzlich weniger motivierte Schüler/innen gleichermaßen engagiert mitgearbeitet hätten. Alle Lehrpersonen sind der Meinung, dass die performativ gestaltete „verrückte Reise" guten Anklang bei den Schülern und Schülerinnen gefunden habe und die dabei vermittelten Sachinhalte von den Schülern und Schülerinnen auch verstanden worden seien. Ferner gefällt ihrer Meinung nach den Schülern und Schülerinnen das Nachstellen eines Bildes sehr gut, wobei 2/3 der Meinung sind, dass das Standbildverfahren eine nicht geringe Herausforderung für die Schüler/innen darstelle. Die Arbeit mit dem Reisetagebuch gefällt nach Einschätzungen der Lehrpersonen allen Schüler/innen gut, wobei die Aufgabenstellung ein Bild schriftlich zu beschreiben für 1/3 der Lehrpersonen als nicht ganz unproblematisch bezüglich der Ausführung durch die Schüler/innen erscheint. Alle Lehrpersonen geben an, dass sie auch in Zukunft Wortinhalte performativ mit ihren Schülern und Schülerinnen erproben und das Standbildverfahren im Unterricht anwenden wollen; ein (Reise-) Tagebuch

---

[229] Die Prozentzahlen werden bei der Ergebnispräsentation aus Gründen der Übersichtlichkeit gerundet.

wollen nur 2/3 aller Lehrpersonen zukünftig mit ihren Schülern und Schülerinnen weiterführen.

Den Lehrpersonen war es freigestellt, der Fragebogenerhebung einen persönlichen Kommentar anzufügen; zwei Rückmeldungen sollen hier paraphrasierend (zum Teil mit wörtlichen Zitaten) wiedergegeben werden: Dramapädagogischer Unterricht mit performativen Techniken wird als Anregung und Bereicherung empfunden („motivierende und ansprechende Methodik"). Von Seiten der Lehrpersonen wird zudem angemerkt, dass dieses Vorgehen auch besonders geeignet sei für Kinder, „denen es schwerfällt, sich sprachlich auszudrücken". Außerdem wird angemerkt, dass sogar „sehr energiegeladene" Schüler/innen begeistert mitgearbeitet haben, bei auffallender „Ruhe/Stille im Klassenzimmer".

- Wie evaluieren die Schüler/innen den Unterricht in der Vergleichsgruppe? (16. Forschungsfrage)

Die Rückmeldung zum didaktischen Setting der Vergleichsgruppe und deren deskriptiv statistische Auswertung zeigt folgendes Gesamtbild (Antwortmöglichkeiten: *gefällt sehr gut* ☺, *gefällt weniger gut* 😐, *gefällt gar nicht* ☹): Der Unterricht gefällt 89% der Schüler/innen sehr gut, 11% weniger gut. Die Reise von Max und Lilli bewerten 89% der Schüler/innen als sehr gut, 9% gefällt sie weniger gut und 2% gar nicht. Das Lesen von Sachtexten gefällt 70% der Schüler/innen sehr gut, 22% gefällt es weniger gut und 7% gefällt die Sachtext-Lektüre gar nicht. Das mündliche Beschreiben im Beschreibungsspiel gefällt 85% der Schüler/innen sehr gut, 11% weniger gut und 4% gar nicht. Das schriftliche Beschreiben (im Anschluss an das mündliche Beschreiben) gefällt 83% der Schüler/innen sehr gut, 13% weniger gut und 4% gar nicht.

- Wie evaluieren die Lehrpersonen den Unterricht in der Vergleichsgruppe? (17. Forschungsfrage)

Die deskriptiv statistische Auswertung der Lehrpersonen-Rückmeldungen zum nicht-performativen Unterricht zeigt folgendes Ergebnis: Alle Lehrpersonen haben den Eindruck, dass ihre Schüler/innen mit Engagement am Unterricht teilnehmen, wobei auch ‚auffällige' und/oder grundsätzlich weniger motivierte Schüler/innen gleichermaßen engagiert mitarbeiten. Alle Lehrpersonen sind der Meinung, dass die „verrückte Reise" von Max und Lilli guten Anklang bei den Schülern und Schülerinnen finde und die Verbindung von Sachunterricht und Sprachunterricht gelungen sei. 2/3 der befragten Lehrpersonen geben an, dass die Schüler/innen mit großem Engagement die Sachtexte lesen, 1/3 hingegen sehen bei der Sachtextlektüre ein geringeres Engagement seitens der Schüler/innen. Die Aufgabe einen Sachtext zu lesen sieht 1/3 der Lehrpersonen für ihre Schüler/innen als völlig unproblematisch, 1/3 sieht darin kleinere Probleme und 1/3 meint, dass mit dieser Aufgabe größere Probleme verbunden seien. Bei der Aufgabe ein Bild mündlich zu beschreiben, wirken nach Meinung aller Lehrpersonen die Schüler/innen mit großem Engagement mit. Der Vorgang des mündlichen Beschreibens jedoch stellt für 2/3 der Lehrpersonen ihrer Einschätzung nach eine Herausforderung dar, die nicht ohne Schwierigkeiten zu bewältigen sei; 1/3 sieht bei diesem Vorgang größere Probleme für die Schüler/innen. Die Aufgabe, das Bild (nach der mündlichen Beschreibung) auch schriftlich zu beschreiben, gefällt nach Einschätzung aller Lehrpersonen allen Schüler/innen gut. Die Schreibaufgabe selbst schätzt 1/3 der Lehrpersonen als problematisch für die Schüler/innen ein, 1/3 sieht weniger große Probleme darin und 1/3 sieht diese Aufgabenstellung und deren Bewältigung als unproblematisch für die Schüler/innen an.

Auch hier war den Lehrpersonen freigestellt, der Fragebogenerhebung einen persönlichen Kommentar beizufügen, die Rückmeldungen werden an dieser Stelle paraphrasierend wiedergegeben: Nach Angaben der Lehrpersonen gefällt den Kindern die Arbeitsweise in der Vergleichsgruppe sehr gut. Die Intervention sei gelungen, gut strukturiert, sehr motivierend für die Schüler/innen und es bleibe zudem „genügend Zeit für die Arbeiten". Das mündliche Beschreiben von Bildern gefalle den Kindern gut und sie „haben schnell gelernt, worauf man beim Beschreiben achten muss, damit sich ‚der Zeichner' leichter tut". Solche Beschreibungen werden in Zukunft in den Unterricht eingebaut. Ferner sei das Interesse für Graz geweckt worden („gute Themenwahl").

9.6 Sprachdidaktische Rahmung

Aufgrund der Rahmung der sprachdidaktischen Interventionen im Sachunterricht stellt sich die – im sprachdidaktischen Kontext jedoch untergeordnete Frage – nach dem Zuerwerb von fachlichem Sachwissen nach erfolgter (sprachdidaktischer) Intervention. Die zugrunde liegenden Forschungsfragen lauten:
- Sind statistisch signifikante Effekte auf den fachlichen Wissenszuwachs nach der performativen Intervention der Experimentalgruppe (Erst- und Zweitsprachenlernende) zu verzeichnen? (18. Forschungsfrage)
- Sind signifikante Effekte auf den fachlichen Wissenszuwachs nach der nicht-performativen Intervention der Vergleichsgruppe (Erst- und Zweitsprachenlernende) zu verzeichnen? (19. Forschungsfrage)

Um die Forschungsfragen zu beantworten, die sich auf signifikante Veränderungen des hier abgeprüften fachlichen Wissens bei Erst- und Zweitsprachenlernenden nach erfolgter Intervention beziehen, wird zunächst der *t-Test* für Stichproben mit paarigen Werten herangezogen. Bei der Auswertung der Sachkunde-Tests (Graz-Quiz) zeigt sich, dass alle vier Untergruppen (L1- und L2-Lernende beider Untersuchungsgruppen) zum zweiten Messzeitpunkt statistisch höhere Scores als beim ersten Messzeitpunkt erreichen. Die konkreten Ergebnisse lauten: Der *t-Test* zeigt hinsichtlich der erreichten Scores beim Sachkundetest bei L1-Schülern und -Schülerinnen der Experimentalgruppe nach performativem Sachunterricht einen signifikanten Effekt von $t(22)=-2{,}602$, $p \leq 0{,}001$, $d=0.941$; bei den L2-Probanden und Probandinnen der Experimentalgruppe ergibt sich ein signifikanter Effekt von $t(30)=-2{,}308$, $p \leq 0{,}001$, $d=0.877$. Auch bei den L1-Schüler/innen der Vergleichsgruppe zeigt sich vom ersten zum zweiten Messzeitpunkt diesbezüglich ein signifikanter Effekt von $t(15)=-5{,}928$, $p \leq 0{,}001$, $d=0.846$. Bei den L2-Schüler/innen zeigt sich hier ebenfalls ein signifikanter Effekt von $t(37)=-8{,}399$, $p \leq 0{,}001$, $d=0.84$.

Gruppenauswertung der Experimental- und Vergleichsgruppe
Eine *mixed design ANOVA* zeigt einen signifikanten Haupteffekt hinsichtlich des Faktors Zeit $F(1,104)=282{,}245$, $p \leq 0{,}001$. Weiters zeigt sich eine statistisch signifikante Interaktion zwischen den Faktoren Zeit und Untersuchungsgruppe von $F(1,104)=17{,}248$, $p \leq 0{,}001$, partielles $\eta 2=0{,}142$. Bezüglich dieser statistisch signifikanten Wechselwirkung zwischen Messzeitpunkt und Untersuchungsgruppe zeigen *follow-up t-Tests* für unabhängige Stichproben, dass die Vergleichsgruppe zum ersten Messzeitpunkt statistisch signifikant höhere Scores hat als die Experimentalgruppe. Zum zweiten Messzeitpunkt ist dieser Unterschied zwischen den Gruppen jedoch nicht mehr vorhanden, die Experimentalgruppe erfährt im Gegensatz zur Vergleichsgruppe eine deutlichere Steigerung (T1 Experimentalgruppe $\bar{x}=2{,}1296$, T2 Experimentalgruppe $\bar{x}=5{,}1296$; T1 Vergleichsgruppe $\bar{x}=2{,}9630$, T2 Vergleichsgruppe $\bar{x}=4{,}7778$); siehe Abbildung 54. Das bedeutet im Gruppenvergleich, dass die Experimentalgruppe mit performativem Unterricht stärker profitiert als die Vergleichsgruppe mit nicht-performativem Unterricht und hier der fachliche Wissenszuwachs signifikant höher ist.

Weiters zeigt eine *mixed-design ANOVA*-Auswertung einen statistisch signifikanten Haupteffekt hinsichtlich des Faktors Erstsprache(n) $F(1,104)=16{,}845$, $p \leq 0{,}001$.

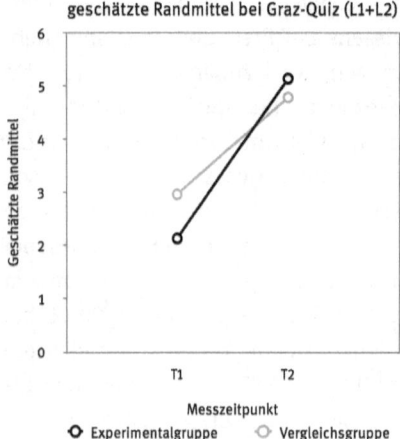

Abb. 54: Auswertungsdarstellung der erreichten Punktezahl im Graz-Quiz nach Untersuchungsgruppen (L1- und L2-Lernende) und Messzeitpunkt (T1-T2

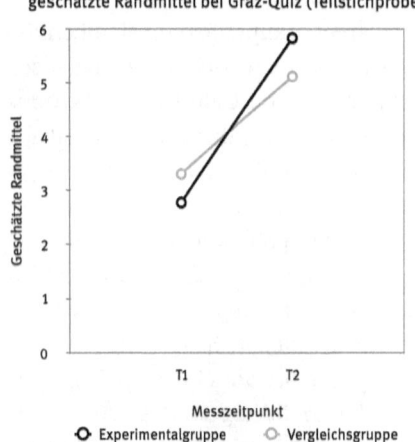

Abb. 55: Auswertungsdarstellung der erreichten Punktezahl im Graz-Quiz nach L1-Lernenden, Untersuchungsgruppen und Messzeitpunkt (T1-T2)

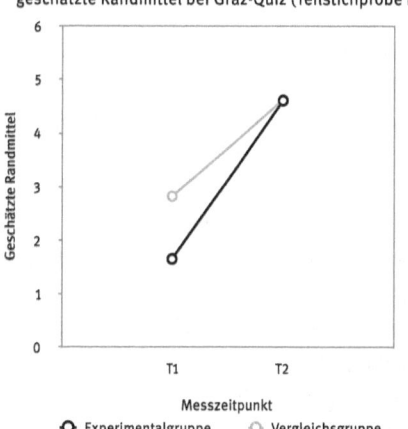

Abb. 56: Auswertungsdarstellung der erreichten Punktezahl im Graz-Quiz nach L2-Lernenden, Untersuchungsgruppen und Messzeitpunkt (T1-T2)

Die Subhypothese bezieht sich auf eine (ebenfalls) dramapädagogisch geführte Rahmung der sprachdidaktischen Intervention im Sachunterricht, bei der körperliches Erfahren und performative Themenerarbeitung im Mittelpunkt stehen. Die Schüler/innen begeben sich im Treatment der Experimentalgruppe spielerisch auf eine Reise. Sie erhalten in einem performativen Kontext (aus dem Reisetagebuch der Versuchsleitung) zentrale Sachinformationen und beteiligen sich spielerisch am Nachvollziehen der Reiseetappen (Standbildverfahren). Sie führen selbst ein Reisetagebuch (performative Spielrequisite), in welchem Sachinformationen und Reiseeindrücke festgehalten werden. Die Subhypothese dazu lautet:

> Dramapädagogisch geführter Sprach- und Sachunterricht, der performatives Lernen und performative Themenerarbeitung einsetzt, zeigt eine positive Wirkung auf das Erlernen von Sachinformationen.

Die statistische Auswertung des Graz-Quiz zum ersten und zweiten Messzeitpunkt (*mixed-design ANOVA* mit *follow-up t-Test*) erlaubt die Verifizierung der Subhypothese.

9.7 Zusammenfassung und Diskussion

Betrachtet man die Ergebnisse zu den anwendungsbezogenen Fragestellungen und zur leitenden Arbeitshypothese, so lässt sich festhalten, dass ein dramapädagogisch geführtes Unterrichtsarrangement zum Ausbau deskriptiver (Schreib-)Kompetenzen besonders beim Attribuieren von Gegenständen in der Gesamtgruppe (L1- und L2-Lernende) positive Effekte zeigt (n=54). Wird jedoch die Experimentalgruppe in die Teilstichproben Erstsprachenlernende (n=23) und Zweitsprachenlernende (n=31) unterteilt und werden diese explorativ getrennt untersucht, so zeigt sich nach dem *t-Test* für abhängige Stichproben, dass Zweitsprachenlernende von dem hier angebotenen performativen Treatment in allen Untersuchungsbereichen – diese sind Variable Objekt-Referenz, Indikator der Gesamtobjekt-Benennung, Indikator der Schauplatz-Benennung, Indikator der Detail-Benennung, Variable Objekt-Attribuierung, Indikatoren der Objekt-Attribuierung (Zusammenfassung aller 16 Einzelindikatoren), Variable Objekt-Verortung, Indikator der Partikeln und Phrasen der lokalen Verortung und Indikator des gemeinsamen Referenzpunktes[230] – statistisch signifikant profitieren; dies mit überwiegend mittleren Effektstärken. Diese Ergebnisse haben jedoch aufgrund der Einzelauswertungen (kein Vergleich zwischen Experimental- und Vergleichsgruppe) grundsätzlich explorativen Charakter.

Der Unterricht in der Experimentalgruppe gestaltet sich zur Gänze nach dramapädagogischen Grundsätzen. Die Dramapädagogik sieht in sprachlichen Zusammenhängen ihren primären Anwendungsbereich in der Fremdsprachendidaktik (Schewe 1993; Tselikas 1999), was auch im Rahmen der vorliegenden Forschungsarbeit ein der Beweggrund für ihre Anwendung in sprachlich heterogenen Klassen war. Das positive Abschneiden der Zweitsprachenlernenden in der Experimentalgruppe kann zunächst mit theoretischen Erläuterungen von Sambanis (2013) erklärt werden; sie führt eine Reihe positiver Effekte dramapädagogischen Arbeitens an, die sich aus neurowissenschaftlicher Sicht förderlich auf Lernprozesse auswirken können (siehe 4.2.3)[231]. Zudem kann durch dramapädagogischen Sprachunterricht eine (fremde) Sprache „mit dem ganzen

---

[230] Eine Gegenüberstellung mit Zweitsprachenlernenden der Vergleichsgruppe (n=38) zeigt aber, dass diese im Hinblick auf die Realisierung eines gemeinsamen Referenzpunktes (GRP) ebenfalls in besonderem Maße profitieren.

[231] Dies sind z.B. nach Sambanis (2013: 130ff.) die Ganzheitlichkeit multisensorischen Lernens, das Integrieren von Emotionen in den Lernprozess, die geschützte Spielsituation (Als-ob-Situation), ein mögliches Flow-Erlebnis im Spielprozess durch erhöhte Kooperation und Interaktion oder der hohe Stellenwert von Bewegung.

Körper" wahrgenommen und so weitgehend angst- und stressfrei und mit – im Vergleich zu konventionellen Unterrichtssituationen – gesteigerter Aufmerksamkeit kennengelernt werden (vgl. Sambanis 2013; Tselikas 1999; Schewe 1993). Dies könnte eine Ursache für die auffallend positive Wirkung des performativen Ansatzes auf Zweitsprachenlernende sein.

Das vorliegende Ergebnis mag auf den ersten Blick Differenzen zu Erkenntnissen aus der in Kapitel 4 vorgestellten Begleitstudie zu performativen Sprachfördermaßnahmen für Kinder aus zugewanderten und sozial benachteiligten Familien erkennen lassen (Rösch & Stanat 2015). Dieser Studie zufolge erweist sich eine performative Sprachfördermaßnahme, welche hinsichtlich ihrer Sprachförderung gänzlich implizit bleibt (die Schüler/innen „spielen nur Theater") gegenüber einem Setting, welches explizite Sprachförderung mit dem Theaterspiel kombiniert, im Gruppenvergleich als nicht effektiv. Hingegen erzielen jene Schüler/innen, die explizite Sprachförderung (in Kombination mit Theaterspiel) erhalten, einen deutlich höheren Leistungszuwachs in den Bereichen der Grammatik und des Lesens; ein Follow-up zeigt jedoch, dass dieser Effekt nicht nachhaltig ist (vgl. Rösch 2007: 288). In der vorliegenden Untersuchung handelt es sich zwar um implizite Sprachförderung in Bezug auf Sprachstrukturen und Redemittel, das Vorgehen ist jedoch höchst explizit, insofern als es auf die Aufmerksamkeitslenkung auf deskriptionsspezifische Aspekte abzielt. Hier wird explizit von den Schülern und Schülerinnen gefordert und mittels performativer Techniken angeregt, sich dem Lerngegenstand – dem Beschreiben eines Bildes – schrittweise und v.a. aufmerksam anzunähern; alle hier angewandten Techniken beziehen sich in ihrer inhaltlichen Ausrichtung explizit auf das Lernziel, also die bewusste, aufmerksame Wahrnehmung von Beschreibungsgegenständen als Grundlage des Beschreibens. Diese explizit inhaltliche wie auch pragmatische Ausrichtung aller performativer Techniken auf den Lerngegenstand wird in der zuvor erwähnten Studie (Rösch & Stanat 2015) nicht gleichermaßen realisiert; inwiefern das Theaterspiel (implizite Sprachförderung) tatsächlich mit den untersuchten sprachlichen Aspekten in Verbindung steht, bleibt m.E. fraglich.

Ein weiterer Faktor, der bei der Diskussion der Ergebnisse bedacht werden muss, ist, dass dramapädagogisches Arbeiten allen Probanden und Probandinnen bis zur Intervention im Rahmen der Untersuchung unbekannt war. Ein solcher Umstand kann einerseits dazu führen, dass Schüler/innen aufgrund der Neuartigkeit des didaktischen Ansatzes mit gesteigerter Motivation arbeiten, wodurch entsprechend bessere Lernergebnisse erzielt werden. Folglich könnte die „vermeintliche positive Treatmentwirkung, die aus den erhöhten Messwerten der abhängigen Variable herausgelesen wird, in Wirklichkeit ein vorübergehender Novitätseffekt sein" (Döring & Bortz 2016: 101)[232]. Diesen Novitätseffekt gilt es jedenfalls bei der Interpretation der Ergebnisse zu beachten.

Ferner müssen – und dies ist im Rahmen der empirischen Untersuchung der Fall – spezifische Arbeitstechniken performativen Lernens von den Schülerinnen und Schülern erst erlernt werden. Diese Arbeitstechniken mit ihnen auch zu üben und damit zu festigen und zu verinnerlichen war nicht Teil der wissenschaftlichen Intervention. Die damit verbundene Problematik zeigt sich deutlich an der Inszenierungstechnik „Standbild": Hat man noch nie ein Standbild gebaut, braucht es neben einigen Erklärungen auch eine gewisse Expertise, die nur in Anwendungsversuchen erlangt werden kann. Solche Anwendungsversuche sind jedoch in der quasiexperimentellen Untersuchungssituation aufgrund der Koppelung mit der Vergleichsgruppe nicht möglich. Die unterrichtspraktische Erfahrung mit der Umsetzung des Standbildes mit Schüler/-innen auf der dritten Schulstufe zeigt, dass sie dieses Verfahren bei der ersten Umsetzung (1. Unterrichtseinheit) noch nicht wirklich erfassen können. Performatives Arbeiten und dessen Einführung in den Unterricht braucht Zeit. Diese Zeit ist jedoch in einer Untersuchungssituation in dieser Form nicht vorhanden. Inwiefern die zusätzliche Motivation durch das Arbeiten in einem völlig neuen, performativen Unterrichtsarrangement die Effekte der mangelnden Einübung ausgleichen können, wird hier nicht untersucht.

Die Probanden und Probandinnen der Vergleichsgruppe wurden im Gegensatz dazu im Rahmen der Untersuchung mit Arbeitsaufgaben konfrontiert, die ihnen aus dem Unterricht bereits vertraut sind. Sie schreiben, lesen und diskutieren täglich in unterschiedlichen sozialen Konstellationen. Neuartig war für sie die „Beschreibungsaufgabe[233]", welche aber in Einführung und Umsetzung deutlich weniger komplex ist als das Verfahren des Standbildes. Für die Beschreibungsaufgabe lassen sich überdies Parallelen zu bekannten Spielen finden (z.B. *Ich sehe was, was du nicht siehst*). Die unterrichtspraktische Erfahrung mit der Beschreibungsaufgabe in der Vergleichsgruppe zeigt, dass die Einführung und Umsetzung jedenfalls unproblematisch waren[234].

---

232 Dieser Effekt zeigte sich zum Beispiel bei Erst-Untersuchungen zu Multimedia-Lernumgebungen, „die eine Zeit lang zu einer erhöhten Lernmotivation führten – völlig unabhängig von der Qualität der einzelnen Lernprogramme" (Marx & Steinhoff 2017: 259).
233 Man beschreibt einer Person mündlich einen visuellen Wahrnehmungsgegenstand (Bild). Diese muss anhand der Beschreibung den Gegenstand nachzeichnen (siehe dazu auch Dorner & Schmölzer-Eibinger 2012).
234 Die Beschreibungsaufgabe der Vergleichsgruppe könnte in einem dramapädagogischen Gesamtarrangement als Inszenierungstechnik (Rücken-an-Rücken-Technik) aufgenommen werden (siehe 4.2.1).

Vergleicht man die Ergebnisse der Experimental- und Vergleichsgruppe miteinander, ohne zwischen L1- und L2-Lernenden zu differenzieren (keine Untergruppen), so zeigt eine *mixed-design ANOVA* statistisch signifikante Interaktionen der Faktoren Messzeitpunkt und Untersuchungsgruppe hinsichtlich der Indikatoren-Realisierungen von Objekt-Attribuierung und Objekt-Verortung: Die Probanden und Probandinnen der Experimentalgruppe realisieren zum zweiten Messzeitpunkt im Vergleich zu den Mitgliedern der Vergleichsgruppe statistisch mehr Attribuierungsformen; ihre Objekt-Referenzen weisen statistisch signifikant mehr Charakterisierungen auf. Dies könnte auf den Umstand zurückgeführt werden, dass im Zusammenhang mit der performativen Darstellung ('Verkörperung') die Frage nach dem Wie zunächst zentral ist: Stellt man zum Beispiel ein Tier dar, ist es zunächst nicht so relevant, wo es sich konkret befindet, sondern wie es aussieht, wie es sich bewegt oder wie es sich verhält. Die Attribuierungsmöglichkeiten des Tieres scheinen in diesem Kontext wichtiger als dessen konkrete Verortung.

Im Gegensatz dazu weisen die Probanden und Probandinnen der Vergleichsgruppe statistisch signifikant höhere Scores bei der Realisierung der Objekt-Verortung auf, sie erreichen zum zweiten Messzeitpunkt ein höheres Skalenniveau der Objekt-Verortung als dies in der (gesamten) Experimentalgruppe der Fall ist. Das könnte darauf zurückzuführen sein, dass bei der Beschreibungsaufgabe der Vergleichsgruppe in einer realen Kommunikationssituation mit zweidimensionalen Bildern gearbeitet wurde (ein Foto als Bildvorlage und ein an die Tafel gezeichnetes Bild), die dritte Dimension blieb in Bezug auf die räumliche Darstellung in einer ‚Quasi 1:1-Umsetzung' ausgeblendet. Die Unterrichtsbeobachtungen zeigen außerdem, dass sich das Feedback der Adressaten und Adressatinnen bei der Beschreibungsaufgabe hauptsächlich auf die lokale Verortung beschränkt; die Rückmeldungen beziehen sich größtenteils auf die Frage nach dem Wo. Wie die einzelnen Gegenstände konkret aussehen, scheint – mit Ausnahme der Größenangaben (groß, klein) – weniger wichtig.

Die Probanden und Probandinnen der Experimentalgruppe ($n=54$) hatten hinsichtlich der lokalen Objekt-Verortung eine komplexere Aufgabe zu lösen, da ein zweidimensionales Bild in ein dreidimensionales Standbild umgesetzt werden musste. Es handelt sich hierbei also nicht um eine ‚Quasi-1:1-Umsetzung', sondern um die Rückgewinnung der dritten Dimension. Zudem wirken bei einer körperlichen Darstellung zwei unterschiedliche räumliche Wahrnehmungsperspektiven aufeinander, einerseits die Perspektive eines Betrachters, andererseits die Perspektive eines Darstellers[235]. Das Verorten wird dadurch komplexer und mitunter diffiziler, als dies bei einer zweidimensionalen Darstellung der Fall ist.

Die zentralen Fragen: Was?, Wo?, Wie?, sind in beiden Untersuchungsgruppen grundsätzlich gleichgestellt, entwickeln jedoch durch die unterschiedlichen Unterrichtsarrangements der Experimental- und der Vergleichsgruppe offensichtlich unterschiedliche Gewichtung. Ferner können insbesondere die konkrete Adressaten-Orientierung mit Rückmeldung auf der einen Seite und das Fehlen von konkreten Adressaten und Feedback auf der anderen, weiters die unterschiedliche Komplexität der räumlichen Darstellungsperspektiven als Ursachen für die deutliche Divergenz der Ergebnisse der beiden Untersuchungsgruppen vermutet werden[236].

Die Umsetzung eines dramapädagogischen Verfahrens im Unterricht kann bedeuten, dass der körperlichen Ausdrucksweise ein höherer Stellenwert zugemessen wird, als dies in konventionellen Unterrichtsformen der Fall sein mag. Entsprechend ist auch die körperliche Darstellung im Setting der Experimentalgruppe ein zentrales Element. Durch den Einbezug der Körpersprache (in einer geschützten Spielsituation) wird auf individuelle (körper-)sprachliche Ressourcen der Kinder zurückgegriffen, was als implizites Mehrsprachigkeitsangebot verstanden werden kann. Implizit deshalb, weil die Herkunftssprachen der Schüler/innen im Sinne verbal sprachlicher Ressourcen nicht explizit im Fokus stehen, sondern ihre persönlichen, körperbezogenen Ausdrucksmöglichkeiten. Inwiefern dieser Umstand als Ursache für das positive Abschneiden der L2-Lernenden innerhalb der Experimentalgruppe betrachtet werden kann, bleibt offen. Hier gilt es weiterführende Forschungsarbeit zu leisten.

---

235 Am Theater wird immer aus der Perspektive des Betrachtenden beziehungsweise aus der Perspektive des Regisseurs/der Regisseurin gearbeitet. Dementsprechend bedeutet die Arbeitsanweisung nach „links" zu gehen aus der Perspektive der Darstellenden sich nach „rechts" zu bewegen; unterschiedliche „räumliche Referenzrahmen" (vgl. Thiering 2018) treffen hier aufeinander.

236 Zudem zeigt das Ergebnis der Vergleichsgruppe Parallelen zum Ergebnis aus der Pilotierung der Aufgabenstellung (siehe 6.4.2). Hier wurden zwei Aufgabenstellungen – eine teilprofilierte und eine nicht profilierte – einander gegenübergestellt und die Unterschiede in den daraus resultierenden Performanzen im Hinblick auf das konkret verwendete Testbild herausgearbeitet. Dabei zeigte sich, dass bei der teilprofilierten Aufgabenstellung, die einen konkreten Adressatenbezug („Beschreibe jemanden ein Bild, der das Bild nicht kennt") und ein Handlungsziel (die Person muss anhand der Beschreibung das Bild nachzeichnen können) aufwies, die Verortung der Gegenstände in der Bildbeschreibung in höherem Maße und differenzierter realisiert wurde.

Unabhängig davon, ob dramapädagogisches Arbeiten als implizites Mehrsprachigkeitsangebot verstanden werden kann, bleibt zudem die Frage offen, ob die Effekte auf das sprachliche Lernen (das schriftliche Beschreiben von Bildern) auf die im Rahmen der Intervention angewendeten und untersuchten spezifischen Aufgabenstellungen beziehungsweise einzelnen Techniken (Pantomime, Theaterbrille, Standbild) zurückzuführen sind und/oder auf den Umstand, dass in der Experimentalgruppe der gesamte Unterricht nach dramapädagogischen Grundprinzipien im Sinne der Dramapädagogik gestaltet wurde (*teacher in role*, Klassenvertrag etc.), das Setting daher im Vergleich zum bisher bekannten Unterricht für die Zeit der Intervention grundlegend verändert wurde.

Zudem müssen die Ergebnisse stets vor dem Hintergrund betrachtet werden, dass es sich bei dem hier untersuchten dramapädagogisch-sprachdidaktischen Unterrichtsarrangement nur um eine mögliche Umsetzungsform dramapädagogischen Arbeitens handelt; die Auswahl aus der Vielfalt der dramapädagogischen Techniken wurde vonseiten der Versuchsleiterin auf Basis eigener aktiver Theatererfahrungen getroffen[237].

Ferner muss kritisch angeführt werden, dass die Kontrolle von Störvariablen in dieser Untersuchung nur bedingt durchgeführt wird: In beiden Gruppen wurden zwar Situationsmerkmale (z.B. Untersuchungszeit, Testzeit, Testmaterial, Koppelung der Aufgabenstellungen, gleiche Bezugsmaterialien wie Bilder und Texte) und Versuchsleitermerkmale (z.B. dieselbe Person führt die Interventionen in beiden Untersuchungsgruppen durch) kontrolliert und konstant gehalten, jedoch gab es personengebundene Störvariablen (z.B. Sprachstand, Intelligenz, Bildungshintergrund etc.), die nicht untersucht bzw. kontrolliert wurden. Die Kontrolle personengebundener Störvariablen beziehungsweise konfundierender Variablen sollte daher bei weiterführender Beforschung der hier untersuchten anwendungsbezogenen Erkenntnisinteressen als grundlegend erachtet werden[238]. Hier gilt es vor allem auch mögliche Baseline-

---

[237] Neben persönlicher Expertise im Bereich performativen Arbeitens waren zudem Meinungen von Lehrpersonen bezüglich Umsetzbarkeit im Unterricht mit Kindern auf der dritten Schulstufe entscheidend für die Auswahl der Treatments. Ebenso wurden Meinungen von Personen eingeholt, die in performativ-künstlerischen Arbeitsfeldern tätig sind.

[238] Als personenbezogene Störvariable könnte auch der individuelle Lernertyp der Probanden und Probandinnen betrachtet werden, um dem häufig vorgebrachten Einwand gegenüber performativem Lernen – es würden nur motorische Lernertypen von diesem Arbeitsverfahren profitieren – zu begegnen. Dieser Aspekt ist allerdings nicht Teil der vorliegenden Untersuchung. Aus entwicklungspsychologischer Perspektive kann erwidert werden, dass Bewegung, (Rollen-)Spiel und Verkörperung auf dieser Altersstufe immer noch wichtige Grundlagen für

Unterschiede zwischen den Untersuchungsgruppen zu berücksichtigen, die u.a. auf ein quasi-experimentelles Design zurückgeführt werden können. Bei einem quasi-experimentellen Design werden natürliche Gruppen ohne Randomisierung einer Untersuchungsgruppe zugeordnet; in der vorliegenden Untersuchung handelt es sich dabei um Schulklassen (konkret um Parallelklassen auf der dritten Schulstufe), die per Zufallsprinzip der Experimental- oder Vergleichsgruppe zugewiesen wurden. Die Zusammenstellung dieser Klassenverbände war nicht auf thematische Schwerpunkte (z.B. Musikklasse) oder auf spezifische Förderschwerpunkte (z.B. Sprachförderklasse) zurückzuführen, sondern administratives Resultat gesetzlich vorgeschriebener Klassengrößen. Unter diesen Umständen sollten die Schulklassen (hier Parallelklassen in Volksschulen) grundsätzlich vergleichbar sein.

Die Ergebnisse der Prätests (Bildbeschreibung und Sachkundetest) zeigen, dass die Probanden und Probandinnen der Experimentalgruppe in den hier abgeprüften Bereichen schwächere Leistungen zeigen als die der Vergleichsgruppe. Diese Baseline-Unterschiede sollen an dieser Stelle – also bei der Diskussion der Ergebnisse – grundsätzlich angeführt werden, auch wenn sie hier nicht statistisch kontrolliert wurden. Die Ergebnisse der vorliegenden Studie müssen daher als explorative Tendenzen bezeichnet werden, die es in weiterführenden Untersuchungen eingehend zu überprüfen gilt, indem u.a. auch mögliche Baseline-Unterschiede[239] zwischen den Untersuchungsgruppen einbezogen werden.

Ferner gilt es die von Hackl (2005) eingebrachten Vorwände bezüglich der Untersuchung pädagogischen Handelns und der Standardisierung zwischen Pädagogen und Pädagoginnen und Schülern und Schülerinnen im Rahmen einer Intervention bei der Ergebnisinterpretation zu bedenken (vgl. Hackl 2005: 171). Hier gilt es die Ergebnisse mit Blick auf mögliche Störeffekte die Versuchsleitung und die experimentelle Situation betreffend (Hawthorne-Effekt als Reaktivität experimenteller Situationen, Rosenthal-Effekt als Erwartungseffekt des Ver-

---

(erfahrungsbasiertes) Lernen sind, dass also performatives Lehren und Lernen auf der dritten Primarstufe jedenfalls für alle Kinder altersgerecht passend ist.

239 Aufgrund von Baseline-Unterschieden kann vermutet werden, dass die schwächere Gruppe grundsätzlich schwächer ist d.h. sich auch in geringerem Ausmaß verbessert oder aufgrund der niedrigen Erstwerte grundsätzlich höhere Zuwächse möglich sind und/oder die leistungsstärkere Gruppe ihre bereits starken Ergebnisse – aus diversen Gründen wie Unterforderung z.B. im Sinne einer nicht-kalkulierten Herausforderung nach Leisen (2018) – nicht weiter ausbauen kann. Um diese Leistungsdifferenzen zwischen den Untersuchungsgruppen entsprechend zu berücksichtigen, können Baseline-Unterschiede mittels Kovarianzanalyse (*ANCOVA*) in die Untersuchung einbezogen werden (vgl. Döring & Bortz 2016: 722).

suchsleiters), zu interpretieren. Darüber hinaus können bei quasi-experimentellen Studien Störeffekte auch durch die Gruppenzuordnung entstehen, wie zum Beispiel der kompensatorischer Ausgleichseffekt der Vergleichsgruppe[240] oder der „kompensatorische Wettstreit der Vergleichsgruppe mit der Experimentalgruppe" (*compensatory rivalry*), die „empörte Demoralisierung der Kontrollgruppe" (*resentful demoralization*)[241] oder die „Treatmentdiffusion in die Kontrollgruppe", indem die Kontrollgruppe Kenntnis von der Arbeitsweise der Experimentalgruppe erhält und versucht die Reaktionen der Experimentalgruppe zu antizipieren oder zu imitieren (Döring & Bortz 2016: 101). Letztlich muss aber auch – unabhängig von diversen Störvariablen im Rahmen quasi-experimenteller Forschungssituationen – die Multifaktorialität von Dramapädagogik als kritischer Aspekt angeführt werden, der eine Generalisierbarkeit positiver Effekte dramapädagogischen Arbeitens grundsätzlich nur bedingt möglich macht.

Im Hinblick auf die sprachdidaktische Rahmung der vorliegenden Untersuchung und die Auswirkungen eines dramapädagogischen Unterrichtsarrangements auf den fachlichen Wissenszuerwerb lässt sich festhalten, dass beide Gruppen grundsätzlich statistisch signifikant von beiden angebotenen Treatments profitierten, also beide Gruppen einen statistisch signifikanten Wissenszuwachs erfuhren[242]. Eine *mixed-design ANOVA* mit *follow-up t-Test* zeigt jedoch, dass die

---

[240] Unter dem „compensatory equalization" wird verstanden, dass „Untersuchungspersonen, die nicht in den ‚Genuss' der Experimentalbedingungen kommen, [...] im Zuge der Studie von den Projektbeteiligten mehr oder minder bewusst zum Ausgleich besonders freundlich behandelt" werden oder gewisse Vorteile erhalten (Döring &Bortz 2016: 101; Hervorhebung im Original).

[241] In der empirischen Untersuchung wurde daher bewusst zuerst die Intervention in der Vergleichsgruppe und erst danach die in der Experimentalgruppe durchgeführt, um diesen Effekt möglichst zu vermeiden.

[242] Dabei wird jedoch nur der unmittelbare Effekt im Posttest untersucht; die Überprüfung eines längerfristigen Effekts mittels *follow-up Test* wurde aus organisatorischen Gründen nicht durchgeführt. Dies ist auf das Sachthema der sprachdidaktischen Rahmung (Landeshauptstadt Graz) zurückzuführen, welches auf der dritten Schulstufe im Sachunterricht der Grazer Volksschulen behandelt wird. Damit verbunden sind auch Exkursionen zu den betreffenden Schauplätzen, deren Termine bereits langfristig vorher fixiert wurden. Die Weiterbehandlung und Vertiefung des Sachkunde-Themas (zum Beispiel durch Exkursionen) zeigt Auswirkungen auf das fachliche Lernen. Als schulexterne Person derartige Vertiefungen (Lehrausgänge usw.) über einen längeren Zeitraum (bestenfalls 6 Wochen für einen *follow-up Test*) in allen mitwirkenden Klassen zu unterbinden, ist m.E. nicht angebracht; Sensibilität und Verständnis für die längerfristige Planung des Regelunterrichts durch die klassenführenden Lehrpersonen sind auch im Sinn der Aufrechterhaltung einer dauerhaften Forschungskooperation notwendig.

Probanden und Probandinnen der Experimentalgruppe ($n=54$) statistisch signifikant besser abschneiden als die der Vergleichsgruppe (starker Effekt).

Warum die Experimentalgruppe statistisch signifikant stärkere Effekte zum zweiten Messzeitpunkt (Landeskunde-Quiz) aufweist, könnte auf die erhöhte Erfahrungsbezogenheit des performativen Ansatzes zurückgeführt werden. Die Probanden und Probandinnen setzen sich dabei mit allen Sinnen mit Sachinhalten auseinander, sie sehen und ertasten Anschauungsmaterial, sie wiederholen mit körperlicher Bewegung Sachinhalte und verknüpfen spielerisch sprachliches mit fachlichem Lernen. Das sach-/fachbezogene Wissen wird zu einem ‚Bühnenbild' des sprachlichen Lernens, indem man im Spiel eine Reise unternimmt und in ein Bild ‚springt' (Standbild), welches an eben jenem Schauplatz zuvor gewonnen wurde. Fachliches Lernen gewinnt durch das Spiel an Aktualität und individueller Bedeutsamkeit. Man erfährt Sachwissen auf der Ebene des Erlebens und über mehrkanaliges Wahrnehmen. Auch hier können die von Sambanis (2013) angeführten neurowissenschaftlich fundierten, als wirksam erkannten Effekte dramapädagogischen Arbeitens (siehe 4.2.3) als Grund für das positive Abschneiden der Experimentalgruppe genannt werden. Grundsätzlich müssen – wie zuvor angeführt – mögliche Störeffekte quasi-experimenteller Studien bei der Interpretation dieser Ergebnisse berücksichtigt werden (vgl. Döring & Bortz 2016: 101).

Ein weiterer Aspekt, der neben einer möglichen positiven Wirkung dramapädagogischen Arbeitens auf das fachliche Lernen nicht außer Acht gelassen werden darf, ist die unterschiedliche Gewichtung der Medialität fachlicher Wissensvermittlung: Erfährt die Experimentalgruppe das fachliche Grundlagenwissen auf mündlicher Basis in einem performativen Kontext (die Versuchsleitung liest beziehungsweise trägt Sachkundetexte aus dem Reisetagebuch – als Spielrequisite – vor), so muss sich die Vergleichsgruppe dasselbe fachliche Grundlagenwissen anhand von Textlektüre (abwechselndes lautes Lesen) mit Diskussion über den Text im Klassenplenum erschließen. Mündlicher Vortrag einerseits und schriftliche Textlektüre andererseits, das kann ebenfalls eine Ursache für das unterschiedliche Abschneiden beider Untersuchungsgruppen sein, wobei hier die performative Ausrichtung der Experimentalgruppe u.U. irrelevant bleibt und die fachlichen Leistungsdifferenzen nur auf geringe Lesekompetenzen (der Vergleichsgruppe) zurückzuführen sind. Um diesen Aspekt eingehend zu untersuchen, müsste auch hier weiterführende Forschung betrieben werden.

10 Fazit und Ausblick

Die vorliegende Untersuchung, die sich in der empirischen Schreibdidaktik positioniert, hat Zielsetzungen, welche sich einerseits auf grundlagentheoretische und andererseits auf anwendungsbezogene Erkenntnisinteressen beziehen.

Zum einen wird der Frage nachgegangen, wie Beschreibungsnovizen[243] mit deutscher und nicht-deutscher Erstsprache schriftlich ein Bild beschreiben, um eine Perspektive auf die Entwicklungsbandbreite deskriptiver (Schreib-)Kompetenzen[244] von Schülern und Schülerinnen auf der dritten Schulstufe in sprachlich heterogenen Klassen zu erhalten[245]. Damit wird eine Forschungslücke geschlossen, da im deutschsprachigen Raum bisher keine Untersuchung zu deskriptiven (Schreib-)Kompetenzen von Beschreibungsnovizen mit Deutsch als Zweitsprache auf der dritten Primarstufe und deren Entwicklung vorgelegt wurde. Die Ergebnisse dieser grundlagentheoretischen Untersuchung können als Basis für die Konzeption von Schreibarrangements im Sinne eines kompetenzfördernden Schreibunterrichts dienen (vgl. Baurmann & Pohl 2009: 75ff.).

Zum anderen wird untersucht, wie sich spezifische sprachdidaktische Vorgangsweisen auf die Förderung deskriptiver (Schreib-)Kompetenzen (schriftliches Beschreiben eines Bildes) auswirken; dies im Besonderen – der gegenwärtigen Realität schulischen Unterrichtens entsprechend – in sprachlich heterogenen Volksschulklassen. Um eine systematische Untersuchung der sprachdidaktischen Vorgangsweisen zu ermöglichen, wird eine Interventionsstudie mit quasi-experimentellem Design, Experimental- und Vergleichsgruppe sowie Prä- und Posttest realisiert. Dabei werden Verfahren zur Erweiterung und Vertiefung deskriptiver Kompetenzen genutzt, die in der Forschungsliteratur empfohlen werden (vgl. Heinemann 2000; Klotz 2005) und als Grundlage für die Konzeption der didaktischen Interventionen dienen. Im Zentrum des Interesses

---

[243] Das „Noviziat" bezieht sich ausschließlich auf den schulischen Unterricht und die damit verbundene Vermittlung deskriptiver (Schreib-)Kompetenzen.
[244] Auf Basis der zugrundeliegenden Quaestio des Beschreibens „Wie ist x beschaffen?" (v. Stutterheim & Kohlmann 2001: 1280) sind in der vorliegenden Untersuchung die deskriptionsspezifischen Kompetenzen des Referierens (Objekt-Referenz), Attribuierens (Objekt-Attribuierung) und Verortens von Gegenständen (Objekt-Verortung) im Rahmen von Bildbeschreibungen zentral.
[245] Ab der dritten Schulstufe ist das Beschreiben (von Gegenständen, Personen etc.) nach Vorgaben des Lehrplans österreichischer Volksschulen Lerngegenstand im Sprachunterricht; deskriptive Kompetenzen sollen auf der vierten Schulstufe weiter ausdifferenziert werden (vgl. BMUKK 2018: 117).

steht das performative Lehren und Lernen im Kontext eines dramapädagogisch geführten Unterrichtsarrangements in der Experimentalgruppe. Dabei wird untersucht, welche Effekte ein dramapädagogischer Sprachunterricht auf das schriftliche Beschreiben von Bildern hat, der über das rein visuelle Wahrnehmen von zunächst visuellen Impulsen (Bild) hinausführt, indem Bilder nonverbal über den gesamten Körper und in Bewegung (im performativen Spiel) wahrgenommen und erlebt werden. Über performative Techniken (Pantomime, Theaterbrille, Standbild) soll also die Grundlage des Beschreibens – das Wahrnehmen des Beschreibungsgegenstandes – auf performativem Wege intensiviert werden. Dem performativen Ansatz der Experimentalgruppe steht ein Unterrichtsarrangement gegenüber, welches ebenfalls bei der zunächst visuellen Wahrnehmung eines Bildes ansetzt, die visuelle Wahrnehmung jedoch in einer mündlichen Beschreibungssituation (mündliche Beschreibungsaufgaben) durch die auditive Wahrnehmung ergänzt. Es wird in der Vergleichsgruppe eine Kommunikationssituation realisiert, bei der die Produzenten-Rezipienten-Dyade (z.B. kritisches Feedback zu mündlichen Beschreibungen) ein wichtiges Kriterium darstellt. Die hier untersuchten Settings beider Untersuchungsgruppen haben also gemein, dass die Aufmerksamkeit der Schüler/innen explizit auf die Wahrnehmung des Beschreibungsgegenstandes gelenkt wird: im Falle der Experimentalgruppe primär non-verbal[246] und vorwiegend körperbezogen (performativ) und im Falle der Vergleichsgruppe primär verbal-kommunikationsbezogen. Beide sprachdidaktischen Arrangements finden ihre Rahmung im Sachunterricht, weshalb neben dem Fokus auf die Entwicklung deskriptiver Schreibkompetenzen auch die Frage interessiert, wie sich die beiden Arrangements auf den sach-/fachlichen Wissenserwerb der Schüler/innen auswirken.

Grundsätzlich muss im Auge behalten werden, dass die vorliegende Untersuchung eine kleine Stichprobe ($n=108$) umfasst, die Ergebnisse daher nicht uneingeschränkt verallgemeinerbar sind und vornehmlich explorativen Charakter besitzen. Es zeigen sich jedoch Tendenzen, die für die schulische Praxis und den Schreibunterricht von Relevanz sind und einen Forschungsbeitrag für die empirische Schreibdidaktik wie auch das Schreiben in der Zweitsprache leisten.

---

246 Hier darf nicht fälschlicherweise der Eindruck entstehen, dass performatives Arbeiten ohne verbal-sprachlichen Ausdruck realisiert werde. Im Setting der Experimentalgruppe steht jedoch der Rückgriff auf individuelle körpersprachliche Ressourcen mehrsprachiger Schüler/innen im Zentrum, ohne dabei verbalsprachliche Ausdrucksformen (wie dies im Setting der Vergleichsgruppe im Rahmen eines realen kommunikativen Anlasses) in den Vordergrund zu rücken.

Für die Untersuchung wurde eigens ein Auswertungsverfahren konzipiert (Bildimpuls samt Messskalen der Objekt-Referenz, Objekt-Attribuierung und Objekt-Verortung), welches eine objektive, rein quantitativ erfassbare Untersuchung von Bildbeschreibungen ermöglicht, ohne dabei auf subjektive Textbewertungsverfahren zurückgreifen zu müssen. Auch dieses Produkt (Auswertungsinstrument) versteht sich als Beitrag zur empirischen Schreibforschung und kann außerdem der schulischen Praxis dienlich sein.

Die Ergebnisse der Untersuchung zeigen, dass in sprachlich heterogenen Klassen auf der dritten Schulstufe beim erstmaligen schriftlichen Beschreiben eines Bildes in den Texten von Beschreibungs-Novizen deutliche Unterschiede hinsichtlich ausgewählter beschreibungsspezifischer Analysekriterien bestehen. Sie betreffen in besonderer Weise den Gruppenvergleich zwischen Erst- ($n=39$) und Zweitsprachenlernenden ($n=69$), sind aber auch innerhalb dieser Untergruppen nachzuweisen. Die Bildbeschreibungen der Erst- und Zweitsprachenlernenden unterscheiden sich nach *t-Test* für unabhängige Stichproben in allen beschreibungsrelevanten Untersuchungsbereichen statistisch signifikant voneinander (überwiegend mittlere und starke Effektstärken): Bildbeschreibungen von Erstsprachenlernenden weisen mehr (und konkretere) Objekt-Referenzen, Objekt-Details, Schauplatz-Referenzen, Objekt-Attribuierungen und Objekt-Verortungen auf als die von Zweitsprachenlernenden. Qualitative und quantitative Zusatzuntersuchungen zeigen außerdem, dass Texte von Zweitsprachenlernenden eine geringere Textlänge, mehr lexikalische Wiederholungen im Sinne von einheitlichen Formulierungsweisen (Parallelismen) und eine höhere Anzahl syntaktisch unvollständiger Aufzählungen besitzen als Texte von Erstsprachenlernenden. Weiters zeigen Bildbeschreibungen von L2-Lernenden häufiger deiktische Verweise auf das Testbild. Ferner weisen Performanzen von L2-Lernenden häufiger deskriptionsspezifische Atypien auf, indem ihre Texte mitunter einen narrativen Grundduktus, der sich zum Beispiel in Tempusverwendung (Präteritum), Innensichtdarstellung etc. widerspiegelt.

Die Untersuchung zeigt zudem, dass beim didaktisch angeleiteten Ausbau deskriptiver (Schreib-)Kompetenzen das performative Lehren und Lernen im Besonderen Zweitsprachenlernenden zugute kommen kann: Hier zeigen sich nach explorativen Untersuchungen nach *t-Test* für abhängige Stichproben in allen deskriptionsrelevanten Untersuchungsbereichen (Skalen der Objekt-Referenz, Objekt-Attribuierung, Objekt-Verortung sowie den Indikatoren-Untersuchungen) signifikante Effekte vom ersten zum zweiten Messzeitpunkt (überwiegend mittlere Effektstärken). Das bedeutet, dass diese Schüler/innen ($n=38$)

von einem dramapädagogischen Unterrichtsarrangement profitieren, welches das Lernen über den Körper und in Bewegung fokussiert und die Grundlage des Beschreibens – das Wahrnehmen – in den Mittelpunkt stellt. Das primär visuelle und auditive Wahrnehmen in der Schule (vgl. Meyer 2017) wird damit um das Wahrnehmen über möglichst alle Sinneskanäle erweitert; es kommt zu einer vordergründigen, non-verbalen Auseinandersetzung mit Bezugsobjekten einer Beschreibung, indem diese – über Sprachgrenzen hinweg mittels Rückgriff auf individuelle körpersprachliche Ressourcen der Schüler/innen – performativ dargestellt und verkörpert werden. Das sprachliche Handeln der Lernenden im Unterricht erweitert sich um den Aspekt des aktiven körperlichen Handelns. Dadurch kann – um es mit den Worten des Wegbereiters der deutschen Dramapädagogik Manfred Schewe zu formulieren – ein Lernen mit Kopf, Herz, Hand und Fuß stattfinden (vgl. Schewe 1993: 7).

Die Untersuchung nach einer *mixed-design ANOVA* zeigt zudem, dass sich das performative Setting der Experimentalgruppe, unterteilt man diese nicht in Untergruppen von Erst- und Zweitsprachenlernenden, förderlich auf die Entwicklung des Attribuierens von Beschreibungsobjekten auswirkt. Statistisch signifikant werden mehr Indikatoren der Objekt-Attribuierung in den Bildbeschreibungen des Posttests realisiert als dies bei der Vergleichsgruppe der Fall ist (partielles $\eta 2$=0.101). Die vorliegende Arbeit zeigt aber auch, wie zwei scheinbar divergierende Tätigkeiten – Spielen und Schreiben – miteinander in Verbindung treten und das Schreiben auf der Primarstufe durch performatives Erfahren im Spiel profitieren kann.

Ferner wird deutlich, dass ein sprachdidaktisches Setting, welches – wie im Falle der Vergleichsgruppe – auf einer kommunikativen Interaktion (realer Kommunikationsanlass mit eindeutigem Handlungsziel und konkreter Adressatenorientierung samt Wirkungsüberprüfung durch Feedback) aufbaut, signifikante Effekte auf das Verorten von Beschreibungsobjekten im Gruppenvergleich von Experimental- und Vergleichsgruppe zeigt (partielles $\eta 2$=0.0444 bei der Variable Objekt-Verortung, partielles $\eta 2$=0.0447 bei Indikator Gemeinsamer Referenzpunkt); dies kann als Ergebnis den schreibdidaktischen Diskurs zu profilierten Aufgabenstellungen im Hinblick auf das schriftliche Beschreiben ergänzen.

Abschließend kann festgehalten werden, dass in Anbetracht der tatsächlich vorhandenen deskriptiven Schreibkompetenzen (siehe Kapitel 8) in der Schule eine differenzierte schreibdidaktische Förderung zum Ausbau deskriptiver Schreibkompetenzen stattfinden muss. Diese sollte neben den hier untersuchten Kriterien der Objekt-Referenz, Objekt-Attribuierung und der lokalen Objekt-

Verortung auch weitere schreib- und textbezogene Kriterien beinhalten, die sich auf den Schreibprozess selbst und/oder auf das Textprodukt einer Bildbeschreibung beziehen. Dies legt insbesondere die hohe Zahl von „Nicht-Texten" im Sinne gängiger Textdefinitionen zum ersten Messzeitpunkt nahe, die nach Augst et al. (2007) dem niedrigsten Schreibentwicklungsstadium zuzuordnen sind (vgl. Augst et al. 2007: 233ff.).

Die in der vorliegenden Arbeit untersuchten didaktischen Verfahren zum Ausbau deskriptiver Schreibkompetenzen stellen das Wahrnehmen als Grundlage für das schriftliche Beschreiben in den Mittelpunkt und verknüpfen das Wahrnehmen mit dem Schreiben in einem integrierenden Ansatz; dies ohne dabei textbezogene formale und/oder strukturelle Aspekte (z.B. explizite Vermittlung von Textmusterwissen) zu fokussieren. Die Ergebnisse zeigen, dass diese Vorgangsweisen zu positiven Entwicklungen in Bezug auf Bildbeschreibungen führen, aber auch formale und strukturelle Aspekte betreffen; die in dieser Studie erhobenen Bildbeschreibungen werden nach den Interventionen nicht nur inhaltlich detaillierter, sondern auch sprachlich angemessener und textuell kohärenter. Bei den hier untersuchten Verfahren zum Ausbau deskriptiver (Schreib-)Kompetenzen werden spezifische – auf die Wahrnehmung bezogene – deskriptionsrelevante, ‚vorschriftliche' Erfahrungen ermöglicht: im Falle der Experimentalgruppe eine (primär non-verbale) performative und im Falle der Vergleichsgruppe eine (primär verbale) kommunikative Erfahrung. Es werden weder Redemittel zur Verfügung gestellt noch wird deskriptionsspezifisches Textmusterwissen vermittelt; es handelt sich um individuelle Erfahrung durch gezielte explizite Lenkung der Aufmerksamkeit auf die zentralen Fragen (Was?, Wo? und Wie?) einer Bildbeschreibung. Die Ergebnisse der Bildbeschreibungen zum zweiten Messzeitpunkt können u.a. deswegen als deduktives Ergebnis der gewonnenen (performativen oder kommunikativen) Erfahrung betrachtet werden.

Wie die Studie zeigt und vor allem die Ergebnisse der grundlagentheoretischen Untersuchung nahelegen, bedarf es einer intensiven und differenzierten Förderung deskriptiver (Schreib-)Kompetenzen in der Volksschule; einer Förderung, die insbesondere auch Zweitsprachenlernenden zu Gute kommt. Dabei sollten jedoch unterschiedliche Aspekte und Anforderungen des Schreibens (betreffend Schreibprozess und Schreibprodukt) mit der hier im Zentrum stehenden Grundlage des (Be)Schreibens – nämlich der Wahrnehmung – in Verbindung gebracht und entsprechend darüber hinaus erweitert werden: Eine Wahrnehmung, die nicht nur über performative (Experimentalgruppe), sondern auch über kommunikative Erfahrung (Vergleichsgruppe) gewonnen und intensiviert wird und über die Vermittlung von schreib- und textspezifischen Kriterien

Erweiterung findet. Dabei sollten in besonderer Weise aktuelle Erkenntnisse und Ansätze der empirischen Schreibforschung zu Textprozeduren des Beschreibens – wie z.B. bei Anskeit (2019) und darüber hinaus unter explizitem Einbezug von Mehrsprachigkeit wie z.B. bei Marx & Steinhoff (2016) – das hier untersuchte vornehmlich basale und auf die bewusste Wahrnehmungslenkung zentrierte Vorgehen ergänzen. Dies mit dem Ziel, eine möglichst ganzheitliche Förderung zu bewirken und das zunächst implizite Sprachlernen, wie in der vorliegenden Studie vornehmlich praktiziert, durch eine zunehmend explizite Sprachvermittlung zu komplementieren, damit in besonderer Weise auch sprachlich schwächere Schüler/innen von diesem Vorgehen profitieren können. Ganzheitlich auch im Sinne performativen Arbeitens, welches sich – wie in dieser Studie explorativ untersucht – besonders für Zweitsprachenlernende auf der Primarstufe beim Ausbau deskriptiver (Schreib-)Kompetenzen als wirksam erweist.

Literaturverzeichnis

Abraham, Ulf (2005): „stills" aus Filmen beschreiben – der Strömung im Fluß der Bilder widerstehen. Überlegungen zur Untrennbarkeit von Sprachdidaktik und Medienpädagogik. In Peter Klotz & Christine Lubkoll (Hrsg.) *Beschreibend wahrnehmen - wahrnehmend beschreiben. Sprachliche und ästhetische Aspekte kognitiver Prozesse.* Freiburg: Rombach, 153–166.

Abraham, Ulf & Sowa, Hubert (2012): Bilder lesen und Texte sehen. Symbiosen im Deutsch- und Kunstunterricht. *Praxis Deutsch. Zeitschrift für den Deutschunterricht* 232: 4–11.

Abraham, Ulf & Sowa, Hubert (2012): Materialblätter. *Praxis Deutsch. Zeitschrift für den Deutschunterricht* 232: 12–19.

Ankseit, Nadine (2019): *Schreibarrangements in der Primarstufe. Eine empirische Untersuchung zum Einfluss der Schreibaufgabe und des Schreibmediums auf Texte und Schreibprozesse in der 4. Klasse.* Münster: Waxmann.

Anskeit, Nadine & Steinhoff, Torsten (2014): Schreibarrangements für die Primarstufe. Konzeption eines Promotionsprojektes und erste Ergebnisse zum Gebrauch von Schlüsselprozeduren. In Thomas Bachmann & Feilke Helmuth (Hrsg.): *Werkzeuge des Schreibens. Beiträge zu einer Didaktik der Textprozeduren.* Stuttgart: Fillibach bei Klett, 129–155.

Ansorge, Ulrich & Leder, Helmuth (2017): *Wahrnehmung und Aufmerksamkeit. Basiswissen Psychologie.* (2. Aufl.), Wiesbaden: Springer.

Augst, Gerhard, Disselhoff, Katrin, Henrich, Alexandra, Pohl, Thorsten, Völzing & Paul-Ludwig (2007): *Text-Sorten-Kompetenz. Eine echte Longitudinalstudie zur Entwicklung der Textsortenkompetenz im Grundschulalter.* Frankfurt a.M.: Peter Lang.

Bachmann, Thomas et al (2007): *Aufgaben mit Profil. Zur frühen Förderung funktional-pragmatischer Schreibfähigkeiten* (unveröffentlichter Schlussbericht zu einem internen Projekt der Pädagogischen Hochschule Zürich).

Bachmann, Thomas & Becker-Mrotzek, Michael (2010): Schreibaufgaben situieren und profilieren. In Thorsten Pohl & Torsten Steinhoff (Hrsg.): *Textformen als Lernformen.* Duisburg: Gilles & Francke, S. 191–210.

Barsalou, Lawrence (1992): Frames, concepts and conceptual field. In Lehrer, Adrienne & Eva Kittay (Hrsg.) *Frames Fields and Contrasts.* Hillsdale, N. Jersey: LEA, 21–74.

Bateson, Gregory (1954): A theory of play and fantasy. In: *Steps to an ecology of mind. Collected essays in anthropology, psychiatry, evolution and epistemology.* New Jersey, London: Jason Aronson Inc. 67–73.

Baumann, Hans-Heinrich (1970): Der deutsche Artikel in grammatischer und textgrammatischer Sicht. *Jahrbuch für internationale Germanistik 2*, 145–154.

Baumgartner-Heidschuka, Pia (2015): *Sprachförderung durch Standbilder. Auswirkungen und Anwendungsbeispiele aus der Dramapädagogik.* Norderstedt: Grin.

Baurmann, Thomas & Pohl, Thorsten (2009): Schreiben – Texte verfassen. In Albert Bremerich-Vos, Dietlinde Granzer, Ulrike Behrens & Olaf Köller (Hrsg.): *Bildungsstandards für die Grundschule: Deutsch konkret.* Berlin: Cornelesen, 75–103.

Becker, Tabea (2018): Schreibentwicklung in der Grundschule. In Wilhelm Grießhaber, Sabine Schmölzer-Eibinger, Heike Roll & Karen Schramm (Hrsg.): *Schreiben in der Zweitsprache.* Berlin: Walter de Gruyter, 79–93.

Becker-Mrotzek, Michael & Bachmann, Thomas (2010): *Schreibaufgaben situieren und profilieren*. https://wiki.edu-ict.zh.ch/_media/quims/fokusa/becker-mrotzek_bachmann_2010_schreibaufgaben.pdf (20.05.2019).

Becker-Mrotzek, Michael & Böttcher, Ingrid (2015): *Schreibkompetenz entwickeln und beurteilen*. Berlin: Cornelsen.

Begemann, Christian (2005): Adalbert Stifter und das Problem der Beschreibung. In Peter Klotz & Christine Lubkoll (Hrsg.): *Beschreibend wahrnehmen – wahrnehmend beschreiben. Sprachliche und ästhetische Aspekte kognitiver Prozesse.* Freiburg: Rombach, 189–210.

Behrens, Ulrike (2017): Vorschule und Primarstufe. In Michael Becker-Mrotzek, Joachim Grabowski & Torsten Steinhoff (Hrsg.): *Forschungshandbuch empirische Schreibdidaktik*. Münster, New York: Waxmann, 75–88.

Bereiter, Carl (1980): Development in Writing. In Lee Gregg & Erwin Steinberg (Hrsg.): *Cognitives processes in Writing*. Hillsdale: Lawrence Erlbaum Associates, 73–93.

Bertsch, Christian, Eichhorn, Susanne, Lehner-Simonis, Kornelia & Ludwig-Szendi, Sabine (2016): *Sachunterricht. Sonnenklar 3/4*. Wien: Schulbuchverlag.

Betz, Anica, Schuttkowski, Caroline, Stark, Linda & Wilms, Anne-Kathrin (Hrsg) (2016): *Sprache durch Dramapädagogik handelnd erfahren. Ansätze für den Sprachunterricht*. Baltmannsweiler: Schneider.

Bibermann, Irmgard (2009): Heldinnen und Helden wie wir. Dramapädagogische Unterrichtseinheiten. IDE 2009 (1), 76–82.

Bidlo, Tanja (2006): *Theaterpädagogik. Einführung*. Essen: Oldip

BIFIE (2011): *Bildungsstandards. Praxishandbuch für „Deutsch, Lesen, Schreiben" 4. Schulstufe*. Wien: Leykam.

BIFIE (2015): *Standardüberprüfung 2015. Deutsch, 4. Schulstufe. Bundesergebnisbericht*. https://www.bifie.at/wpcontent/uploads/2017/05/BiSt_UE_D4_2015_Bundesergebnisbericht.pdf (03.06.2019).

BMBWF (2018): *Lehrplan der Volksschule*.https://bildung.bmbwf.gv.at/schulen/unterricht/lp/lp_vs_gesamt_14055.pdf?61ec07 (18.10.2018).

BMBWF (2018b): *Bundesgesetzblatt für die Republik Österreich. Deutschförderklassen*. https://bimm.at/wp-content/uploads/2018/09/bgbliinr2302021828129lehrplandfkl.pdf (04.07.2019).

Boeckmann, Klaus-Börge (2019): *Lehrpläne im DaF- und DaZ-Unterricht*. https://www.researchgate.net/publication/329774956_Lehrplane_im_DaF-_und_DaZ-Unterricht (03.06.2019).

Böhmer, Jule (2015): *Biliteralität. Eine Studie zu literalen Strukturen in Sprachproben von Jugendlichen im Deutschen und Russischen*. Münster: Waxmann.

Bolton, Gavin (1979): *Towards a Theory of Drama in Education*. Harlow: Longman.

Bolton, Gavin (1984): *Drama as Education. An argument for placing a drama at the center of the curriculum*. Harlow: Longman.

Boroditsky Lera, Fuhrman Orly & McCormick, Kelly. (2011a): Do English and Mandarin speakers think about time differently? *Cognition 118*, 123–129.

Boroditsky, Lea (2011b): How Language Shapes Thought. The languages we speak affect our perceptions of the world. *Scientific American*, 62–65.

Boroditsky, Lera (2012): Wie die Sprache das Denken formt. https://www.spektrum.de/news/wie-die-sprache-das-denken-formt/1145804 (06.06.2018).

Bortz, Jürgen & Döring, Nicola (2006*): Forschungsmethoden und Evaluation für Human- und Sozialwissenschaftler*. Heidelberg: Springer.

Boueke, Dietrich (1995): *Wie Kinder erzählen. Untersuchungen zur Erzähltheorie und zur Entwicklung narrativer Fähigkeiten.* München: Fink.
Bower, Gordon, Black, John & Turner, Terrence (1979): Scripts in memory for text. *Cognitive Psychology* (11), 177–220.
Bowerman, Melissa (2007): Containment, support, and beyond. Constructing topological spatial categories in first language acquisition. In Michel Aurnague, Maya Hickmann & Laure Vieu (Hrsg.) *The categorization of spatial entities in language and cognition.* Amsterdam: John Benjamins Publishing Company, 177–203.
Brewer, William & Treyens, James (1981): The role of schemata in memory for place. *Cognitive Psychology* 13, 207–230.
Brinker, Klaus (2001): *Linguistische Textanalyse. Eine Einführung in Grundbegriffe und Methoden.* (5. Aufl.), Berlin: Erich Schmidt Verlag.
Brook, Peter (1984): *The empty space.* London: Penguin Books.
Bruner, Jerome & Goodman, Cecile (1947): Value and needs as organizing factors in perception. *Journal of Abnormal and Social Psychology* 42, 33–44.
Brunner-Traut, Emma (1990): *Frühformen des Erkennens. Am Beispiel Altägyptens.* Darmstadt: Wissenschaftliche Buchgesellschaft.
Bryant, Doreen (2012): DaZ und Theater. Der dramapädagogische Ansatz zur Förderung der Bildungssprache. *Scenario* 1 (2012), 27–55.
Busse, Dietrich (2009): *Semantik.* München: Willhelm Fink.
Bußmann, Hadumod (2008): *Lexikon der Sprachwissenschaft.* Stuttgart: Kröner.
BWBMF (2003): *Lehrplanzusatz. Deutsch für Schüler mit nichtdeutscher Muttersprache.* https://bildung.bmbwf.gv.at/schulen/unterricht/lp/VS7T_nicht-deutsch_3998.pdf?61ec04 (04.07.2019).
Choi, Soonja & Hattrup, Kate (2012): Relative contribution of perception/cognition and language on spatial categorization. *Cognitive Science.* 36 (1), 102–129.
Dalton-Puffer, Christiane (2007): Fremdsprache als Medium des Wissenserwerbs: Definieren und Hypothesen bilden. In Daniela Caspari, Wolfgang Hallet, Anke Wenger & Wolfgang Zydatiß (Hrsg.): *Bilingualer Unterricht macht Schule. Beiträge aus der Praxisforschung.* Frankfurt a.M.: Lang, 67–79.
Damasio, Antonio (2007): *Descartes Irrtum. Fühlen, Denken und das menschliche Gehirn.* Berlin: List Taschenbuch.
Darthé, Katalin & de Martin, Susanne (2013): *Meine bunte Welt 3/4, Arbeitsbuch.* Wien: Jugend und Volk.
de Beaugrande, Robert-Alain & Dressler, Wolfgang (2002): *Introduction to Text Linguistics.* London. New York: Longman.
Disselhoff, Katrin (2007): Einzelanalyse der Textsorte Beschreibung. In Gerhard Augst, Katrin Disselhoff, Alexandra Henrich, Thorsten Pohl & Paul-Ludwig Völzing (Hrsg.): *Text-Sorten-Kompetenz. Eine echte Longitudinalstudie zur Entwicklung der Textsortenkompetenz im Grundschulalter.* Frankfurt a.M.: Peter Lang, 167–198.
Dorner, Magdalena (2010): *Deutsch bewegt: Vorstellen – Darstellen – Verstehen. Dramapädagogische Förderung von Vorstellungsbildung bei Schüler/innen nicht-deutscher Muttersprache.* Graz: Univ. Dipl.
Dorner, Magdalena, Schmölzer-Eibinger, Sabine (2012): Bilder beschreiben. Ein Beitrag zur Förderung literaler Handlungskompetenz. *Praxis Deutsch. Zeitschrift für den Deutschunterricht.* (1182), 48–53.
DUDEN (2006): *Das Fremdwörterbuch.* 9. Aufl. Mannheim: Dudenverlag.

DUDEN (2015): *Universalwörterbuch der deutschen Sprache.* (8. Aufl.), Berlin: Bibliographisches Institut.
DUDEN (2016): *Die Grammatik.* Angelika Wöllstein (Hrsg.), Berlin: Dudenverlag.
Dulay, Heidi & Burt, Marina (1974): You cant't without goofing. In Jack C. Richards (Hrsg.): *Error Analysis. Perspektives on Second Language Acquisition.* London: Longman, 95–123.
Ehlich, Konrad (1984): Zum Textbegriff. In Annely Rothkegel & Barbara Sandig (Hrsg.): *Text - Textsorten - Semantik. Linguistische Modell und maschinelle Verfahren.* Hamburg: Buske, 9–25.
Eigenbauer, Karl (2009): Dramapädagogik und Szenische Interpretation. *IDE 2009 (1)*, 62–75.
Eimas, Peter & Corbitt, John (1973): Selective adaptation of linguistic feature detectors. *Cognitive Psychology* 4, 99–109.
Ende, Michael (2004): *Aber das ist eine andere Geschichte. Das große Michael Ende Lesebuch.* München: Piper.
Esser, Günter & Wyschkon, Anne (2016): *Basisdiagnostik Umschriebener Entwicklungsstörungen im Vorschulalter (BUEVA-III).* Bern: Hogrefe.
Even, Susanne (2003): *Drama Grammatik. Dramapädagogische Ansätze für den Grammatikunterricht Deutsch als Fremdsprache.* München: Iudicum Verlag.
Even, Susanne (2010): Dramapädagogischer Grammatikunterricht in der Fremdsprache. Denken und Handeln. *IDE* 2010 (2 /10), 104–112.
Even, Susanne & Schewe, Manfred (2016): Einleitende Gedanken zum performativen Lehren, Lernen und Forschen. In Susannen Even & Manfred Schewe (Hrsg.): *Performatives Lehren Lernen Forschen.* Berlin: Schibri-Verlag, 10–26.
Feilke, Helmuth (2003): Beschreiben und Beschreibung. *Praxis Deutsch. Zeitschrift für den Deutschunterricht.* (H. 182), 6–14.
Feilke, Helmuth (2005): Beschreiben, erklären, argumentieren – Überlegungen zu einem pragmatischen Kontinuum. In Peter Klotz & Christine Lubkoll (Hrsg.): *Beschreibend wahrnehmen – wahrnehmend beschreiben. Sprachliche und ästhetische Aspekte kognitiver Prozesse.* Freiburg: Rombach, 45–60.
Feilke, Helmuth (2017): Schreibdidaktische Konzepte. In Michael Becker-Mrotzek, Joachim Grabowski & Torsten Steinhoff (Hrsg.): *Forschungshandbuch empirische Schreibdidaktik.* Münster: Waxmann, 153–172.
Fillmore, Charles (1976): Frame semantic and the nature of language. In Stevan Harnad, Horst Steklis & Jane Lancaster (Hrsg.): *Origins and Evolution of Language and Speech.* New York, 20–32.
Fix, Martin (2008): *Texte schreiben. Schreibprozesse im Deutschunterricht.* Paderborn: Schöning UTB.
Flecken, Monique & Francken, Jolien (2016): *Ich sehe was du nicht sagst! Wie Sprache unsere Wahrnehmung färbt. Forschungsbericht 2016 – Max-Planck-Institut für Psycholinguistik.* https://www.mpg.de/9957413/Psycholinguistik_JB_2016 (02.05.2018).
Fleming, Mike (2016): Überlegungen zum Konzept performativen Lehrens und Lernens. In Susannen Even & Manfred Schewe (Hrsg.): *Performatives Lehren Lernen Forschen.* Berlin: Schibri-Verlag, 27–46.
Friedmann, Alinda (1979): Framing picture. The role of knowledge in automatized encoding and memory for gist. *Journal of Experimental Psychology: General* 108, 316–355.
Gegenfurtner, Karl, Walter, Sebastian & Braun, Doris (2018): *Visuelle Informationsverarbeitung im Gehirn.* Justus-Liebig-Universität Gießen https://www.kurt-paulus.de/pdf/Visuelle_Verarbeitung_im_Gehirn_com.pdf (20. 06.2018).

Gleitman Lila & Papafragou Anna (2013): Relations between language and thought. In Daniel Reisberg (Hrsg.): *Oxford handbook of cognitive psychology New York*. New York: Oxford University Press, 504–523.

Goldstein, Bruce (2002): *Wahrnehmungspsychologie* (6. Aufl.), Heidelberg: Spektrum.

Goller, Florian, Lee, Donghoon, Ansorge, Ulrich & Choi, Soonja (2017): Effects of Language Background on Gaze Behavior: A Crosslinguistic Comparison Between Korean and German Speakers. *Advances in Cognitive Psychology* 13 (4), 267–279.

Goodale, Melvin & Milner, David (1992): Separate visual pathways for perception and action. *Trends Neuroscience* 15 (1), 2025.

Graham, Stephen & Hebert Michael (2011): Writing to read. A meta-analysis of the impact of writing and writing instructions on reading. *Harvard Educational Reviews* 81 (4), 710–744.

Grießhaber, Wilhelm (2016): *Spracherwerbsprozesse in Erst- und Zweitsprache. Eine Einführung*. (3. Aufl.) Duisburg: Universitätsverlag Rhein-Ruhr.

Griessler, Marion (2003): ‚Der Frosch schleichte leise aus dem Glas...' Bewegungsverben in der Erst- und Zweitsprache Deutsch multikultureller Volksschulkinder. In Hans-Jürgen Krumm & Paul Portmann-Tselikas (Hrsg.): *Theorie und Praxis. Österreichische Beiträge zu Deutsch als Fremdsprache*. Innsbruck: Studienverlag, 99–120.

Grimm, Jacob & Grimm, Wilhelm (1922): *Deutsches Wörterbuch*. (Bd. 13), Leipzig: S. Hirzel.

Grimm, Jakob & Grimm, Wilhelm (1854): *Deutsches Wörterbuch*. Leipzig: S. Hirzel.

Grob, Alexander, Meyer, Christine & Hagmann von Arx, Priska (2009): *Intelligence and Development Scales für Kinder von 5 bis 10 Jahren (IDS 5–10)*. Bern: Hogrefe.

Gudjons, Herbert (2014): *Handlungsorientiert lehren und lernen*. Regensburg: Klinkhardt.

Hackl, Wilfried (2005): Erfahrung aus der Feldarbeit: Methodisches Wissen abseits des Lehrbuchs. In Hubert Stigler, Hannelore Reicher (Hrsg.): *Praxisbuch empirische Sozialforschung*. Innsbruck: Studienverlag, 167–175.

Hagendorf, Herbert, Krummenacher, Joseph, Müller, Hermann-Josef & Schubert, Torsten (2011): *Wahrnehmung und Aufmerksamkeit. Allgemeine Psychologie für Bachelor*. Berlin, Heidelberg: Springer.

Hallet, Wolfgang & Surkamp, Carola (Hrsg.) (2015): *Dramendidaktik und Dramapädagogik im Fremdsprachenunterricht*. Trier: WVT.

Hannigan, Sharon & Reinitz Mark (2001): A demonstration and comparison of two types of influence-based memory errors. *Journal of Experimental Psychology* 27, 931–940.

Heinemann, Wolfgang (1975): Das Problem der Darstellungsarten. In Wolfgang Fleischer & Georg Michel (Hrsg.): *Stilistik der deutschen Gegenwartssprache*. Leipzig: Bibliographisches Institut, 268–300.

Heinemann, Wolfgang (2000): Vertextungsmuster Deskription. In Klaus Bringer, Gerd Antos, Wolfgang Heinemann & Sven Sager (Hrsg.): *Text- und Gesprächslinguistik. Ein internationales Handbuch zeitgenössischer Forschung*. Berlin, New York: De Gruyter, 356–369.

Heise, Elke (2000): Sind Frauen mitgemeint? Eine empirische Untersuchung zum Verständnis des generischen Maskulinums und seiner Alternativen. *Sprache & Kognition* (2000), 19, 3–13.

Heppt, Birgit, Haag, Nicole, Böhme, Katrin & Stanat, Petra (2015): The role of academic-language features for reading comprehension of language-minority students and students from low-SES families. *Reading Research Quarterly* 50, 61–82.

Hermann Paul (1992): *Deutsches Wörterbuch*. Tübingen: Max Niemeyer.

Hoffmann, Joachim & Klein, Richard (1988): Kontexteffekte bei der Benennung und Entdeckung von Objekten. *Sprache & Kognition* (7), 25–39.

Hoffmann, Joachim & Klein, Rosemarie (1988): Kontexteffekte bei der Benennung und Entdeckung von Objekten. *Sprache & Kognition* 7(1), 25–39.
Holmes, Kevin, Moty, Kelsey & Regier, Terry (2017): Revisiting the role of language in spatial cognition: Categorical perception of spatial relations in English and Korean speakers. *Psychonomic Bulletin and Review 24*, 2031–2036.
Hussy, Walter, Schreier, Margit & Echterhoff, Gerald (2013): *Forschungsmethoden in Psychologie und Sozialwissenschaften für Bachelor.* (2. Aufl.), Berlin, Heidelberg: Springer.
Ingenkamp, Karlheinz. (1966): *Bildertest (BT 2–3).* Weinheim: Beltz.
Irmen, Lisa & Kurovskaja, Julia (2010): On the semantic content of grammatical gender and its impact on the representation of human referents. *Experimental Psychology* (57), 367–375.
Jambor-Fahlen, Simone (2018): *Entwicklung der Lese- und Schreibleistungen.* https://www.mercator-institutsprachfoerderung.de/fileadmin/Redaktion/ PDF/Publikationen/Mercator-Institut_Faktencheck_Entwicklung_der_Lese-_und_Schreibleistungen_screen_final.pdf (25.03.2019).
Jeuk, Stefan (2018a): Schriftspracherwerb und Alphabetisierung in der Zweitsprache im Grundschulalter. In Wilhelm Grießhaber, Sabine Schmölzer-Eibinger, Heike Roll & Karen Schramm (Hrsg.): *Schreiben in der Zweitsprache.* Berlin: Walter de Gruyter, 49–62.
Jeuk, Stefan (2018b): *Deutsch als Zweitsprache in der Schule. Grundlagen – Diagnose – Förderung* (4. Aufl.). Stuttgart: Kohlhammer.
Kalkavan-Aydın, Zeynep (Hrsg.) (2016): *Deutsch als Zweitsprache. Didaktik der Grundschule.* Berlin: Cornelsen.
Keith, Johnstone (2018a): *Improvisation und Theater.* Berlin: Alexander Verlag.
Keith, Johnstone (2018b): *Theaterspiele. Spontaneität, Improvisation und Theatersport.* Berlin: Alexander Verlag.
Kessler, Benedikt (2008): *Interkulturelle Dramapädagogik. Dramatische Arbeit als Vehikel des interkulturellen Lernens im Fremdsprachenunterricht.* Frankfurt am Main: Peter Lang.
Klein, Wolfgang (1992) *Zweitsprachenerwerb* (3.Aufl.). Königstein: Athenäum.
Klotz, Peter (2005): Die Wahrnehmung, die Sinne und das Beschreiben. In Peter Klotz & Christine Lubkoll (Hrsg.): *Beschreibend wahrnehmen – wahrnehmend beschreiben. Sprachliche und ästhetische Aspekte kognitiver Prozesse.* Freiburg: Rombach, 45–60.
Klotz, Peter (2013): *Beschreiben. Grundzüge einer Deskriptologie.* Berlin: Erich Schmidt.
Kluge, Friedrich (2011) *Etymologisches Wörterbuch*, bearbeitet von Elmar Seebold, 25. Aufl. Berlin, Boston: De Gruyter.
Knapp, Werner (1997): *Schriftliches Erzählen in der Zweitsprache.* Tübingen: Niemeyer.
Kniffka, Gabriele & Siebert-Ott, Gesa (2012): *Deutsch als Zweitsprache. Lehren und lernen.* Stuttgart: UTB.
Köller, Wilhelm (2005): Perspektivität und Beschreibung. In Peter Klotz & Christine Lubkoll (Hrsg.): *Beschreibend wahrnehmen – wahrnehmend beschreiben. Sprachliche und ästhetische Aspekte kognitiver Prozesse.* Freiburg: Rombach, 25–44.
König, Katharina (2016): *Erstsprache – Herkunftssprache – Muttersprache. Sprachbiographische Zugriffe von Deutsch-TürkInnen.* https://www.researchgate.net/ publication/282334914_Erstsprache_-_Herkunftssprache__Muttersprache_Sprach biographische_Zugriffe_von_DeutschTurkInnen_auf_den_Ausdruck_Muttersprache_2016 (20.06.2019).
Kunde, Wilfried & Hoffmann, Joachim (1998): Über die Wahl von Referenzsystemen in der visuellen Suche. In Uwe Kotkamp & Krause Werner (Hrsg.): *Intelligente Informationsverarbeitung.* Wiesbaden: Deutscher Universitätsverlag, 121–130.

Kuyumcu, Reyhan (2006): "Jetzt male ich dir einen Brief". Literalitätserfahrungen von (türkischen) Migrantenkindern im Vorschulalter. In Bernt Ahrenholz (Hrsg.): *Kinder mit Migrationshintergrund*. Freiburg: Fillibach, 34–45.

Leisen, Josef (2010): *Handbuch Sprachförderung im Fach – Sprachsensibler Fachunterricht in der Praxis*. Bonn: Varus.

Leisen, Josef (2019): Das Prinzip der "kalkulierten Herausforderung". Kompetenzorientiert unterrichten. Schulmagazin (2019 / 5), 10–13. http://www.josefleisen.de/downloads/aufgabenkultur/00%20Kalkulierte%20Herausforderung%202019.pdf [25.03.2019].

Lenhard, Alexandra (2016): *Berechnung von Effektstärken*. https://www.psychometrica.de /effektstaerke.html. (01.09.2019).

Levinson, Stephen, Meira, Sérgio &The Language and Cognition Group (2003): Natural concepts in the spatial topological domain – adpositional meanings in crosslinguistic perspective: An exercise in semantic typology. *Language* 79(3), 485–516.

Levinson, Steven, Kita, Sotaro, Haun, Daniel & Rasch, Björn (2002): Returning the table: Language affects spatial reasoning. *Cognition* 84, 155–188.

Li, Peggy & Gleitmann, Lila (2002): Turning the tables: Language and spatial reasoning. *Cognition* 83, 265–294.

Linde, Charlotte & Labov, William (1975): Spatial networks as a site for the study of language and thought. *Language* 51 (4), 924–939.

Loftus, Elisabeth & Palmer, John (1974): Reconstruction of automobile destruction: an example of the interaction between language and memory. *Journal of Verbal Learning and Verbal Behaviors* 13, 585–589.

Lucy, John & Gaskin, Suzanne (2003): Interaction of Language Type and Referent Type in the Development of Nonverbal Classification Preferences. In Dedre Gentner & Susan Goldin-Meadow (Hrsg.): *Language in Mind. Advances in the Study of Language and Thought*. London: MIT, 465–492.

Lütke, Beate (2011): *Deutsch als Zweitsprache in der Grundschule. Eine Untersuchung zum Erlernen lokaler Präpositionen*. Berlin, Boston: De Gruyter.

Maiwald, Klaus (2005): *Wahrnehmung – Sprache – Beobachtung. Eine Deutschdidaktik bilddominierter Medienangebote*. München: kopaed.

Majid, Asifa, Jordan, Fiona & Dunn, Michael (2015): Semantic systems in closely related languages. *Language Sciences* 49, 1–18.

Marx, Nicole (2017): Schreibende mit nichtdeutscher Familiensprache. In Michael Becker-Mrotzek, Joachim Grabowski & Torsten Steinhoff (Hrsg.*): Forschungshandbuch empirische Schreibdidaktik*. Münster, New York: Waxmann, 139–152.

Marx, Nicole & Steinhoff, Torsten (2016): *Schlussbericht zu dem vom BMBF geförderten Forschungsprojekt „Schreibförderung in der multilingualen Orientierungsstufe". Bremen/Siegen*. https://www.researchgate.net/publication/332686848 _Marx_NicoleSteinhoff_Torsten_2016_Schlussbericht_zu_dem_vom_BMBF_geforderten_Forschungsprojekt _Schreibforderung_in_der_multilingualen_Orientierungsstufe_BremenSiegen_httpswwwtibeudesucheniadTIBKAT3A88 (03.08.2018).

Marx, Nicole & Steinhoff, Torsten (2017): Unterrichtsbezogene Interventionen. In Michael Becker-Mrotzek, Joachim Grabowski & Torsten Steinhoff (Hrsg.): *Forschungshandbuch empirische Schreibdidaktik*. Münster: Waxmann, 253–266.

Meyer, Hilbert (2004): *Was ist guter Unterricht?* Berlin: Cornelsen Verlag.

Meyer, Hilbert (2017): *Unterrichtsmethoden II. Praxisband*. Berlin: Cornelsen.

Michel, Georg (1986): *Sprachliche Kommunikation. Einführung und Übungen*. Leipzig: Bibliographisches Institut.
Michel, Georg (1986): *Sprachliche Kommunikation. Einführung und Übungen*. Leipzig: VEB Bibliographisches Institut.
Minsky, Marvin (1975): A framework for representing knowledge. In Patrick Henry Winston (Hrsg.) *The psychology of computer vision*. New York: McGraw-Hill Book, 211–277.
Mishkin, Mortimer, Ungerleider Leslie & Macko, Kathleen (1983): Object vision and spatial vision: Two cortical pathways. *Trend in Neuroscience* 6, 414–417.
Molitor-Lübbert, Sylvie (1996): Schreiben als mentaler und sprachlicher Prozess. In Günther, Hartmut & Ludwig Otto (Hrsg.): *Schrift und Schriftlichkeit. Ein interdisziplinäres Handbuch internationaler Forschung*. (2. Halbband), Berlin, New York: de Gruyter, 1005–1027.
Montagu, Ashley (1994): Die Haut. In Dietmar Kamper & Christoph Wulf (Hrsg.): *Das Schwinden der Sinne*. Frankfurt a.M.: Suhrkamp, 210–224.
Müller, Christina & Schminder, Sylvia (2009): Die „bewegte Grundschule" – Konzepte zur Sprachförderung durch Bewegung. *Frühes Deutsch. (=Fachzeitschrift für Deutsch als Fremdsprache und Zweitsprache im Primarbereich)*, 7–14.
Müller, Thomas (2008): *Dramapädagogik und Deutsch als Fremdsprache. Eine Bestandsaufnahme*. Saarbrücken: VDM.
Nisbett, Richard & Miyamoto, Yuri (2005): The influence of culture: holistic versus analytic perception. *Trends in Cognitive Sciences* 9 (10), 467–473.
Nix, Christoph, Sachser, Dietmar & Streisand Marianne (Hrsg.) (2012): *Lektionen 5. Theaterpädagogik*. Berlin: Theater der Zeit.
Ohlhus, Söre (2005): Schreibentwicklung und mündliche Strukturierungsfähigkeiten. In Helmuth Feilke & Regula Schmidlin (Hrsg.): *Literale Textentwicklung*. Frankfurt am Main: Lang, 43–68.
Ortner Brigitte (1998): *Alternative Methoden im Fremdsprachenunterricht: Lerntheoretischer Hintergrund und praktische Umsetzung*. Ismaning: Huber.
Ossner, Jakob (2005): Das deskriptive Feld. In Peter Klotz & Christine Lubkoll (Hrsg.): *Beschreibend wahrnehmen – wahrnehmend beschreiben. Sprachliche und ästhetische Aspekte kognitiver Prozesse*. Freiburg: Rombach, 61–78.
Ossner, Jakob (2016): Schriftliches Beschreiben. In Helmuth Feilke & Thorsten Pohl (Hrsg.): *Deutschunterricht in Theorie und Praxis. Schriftlicher Sprachgebrauch – Texte verfassen* (B. 4), Baltmannsweiler: Schneider, 252–269.
Österreichischer Buchklub der Jugend (2017): *JEP* (2017/1)
Österreichisches Jugendrotkreuz (2017): *LUX*. (2017 /2), Jungösterreich Zeitschriftenverlag.
Österreichisches Jugendrotkreuz (2017): *LUX*. (2017 / 1) Jungösterreich Zeitschriftenverlag.
Österreichisches Jugendrotkreuz (2017): *Minispatzenpost*. (2017 / 1), Jungösterreich Zeitschriftenverlag.
Österreichisches Jugendrotkreuz (2017): *Minispatzenpost*. (2017 / 3), Jungösterreich Zeitschriftenverlag.
Österreichisches Jugendrotkreuz (2017): *Spatzenpost*. (2017 /1), Jungösterreich Zeitschriftenverlag.
Österreichisches Jugendrotkreuz (2017): *Spatzenpost*. (2017 / 2), Jungösterreich Zeitschriftenverlag.
Ott, Margarete (2002): Wortschatzerwerb und Erwerbsstrategien jugendlicher Zweitsprachenlernender. *Deutsch als Zweitsprache. Jahresheft (2002)*, 25–49.

Paefgen, Elisabeth (2005): Das gelbe New York und das goldene On. Beschriebene und erzählte Städte bei Thomas Mann und Uwe Johnson. In Peter Klotz &Christine Lubkoll (Hrsg.): *Beschreibend wahrnehmen – wahrnehmend beschreiben. Sprachliche und ästhetische Aspekte kognitiver Prozesse.* Freiburg: Rombach, 229–246.

Pederson Eric, Danziger Eve, Levinson, Stephen, Kita Sotaro, Senft Gunter & Wilkins David (1998): Semantic typology and spatial conceptualization. *Language* 74, 557–589.

Peltzer-Karpf, Annemarie (2006): *A kući sprecham Deutsch. Sprachstandserhebung in multikulturellen Volksschulklassen.* Online unter: http://www.schule-mehrsprachig.at/fileamin/schule_mehrsprachig/redaktion/hintergrundinfo/ pdfs/20965.pdf (01.07.2018).

Petermann, Franz (2018): *Sprachstandserhebungstest für Kinder im Alter zwischen 5 und 10 Jahren (SET 5–10)*, Bern: Hogrefe.

Petersen, Inger (2017): Schreiben im Fachunterricht mögliche Potenziale für Lernende mit Deutsch als Zweitsprache. In Beate Lütke, Inger Petersen & Tanja Tajmel (Hrsg.): *Fachintegrierte Sprachbildung. Forschung, Theoriebildung und Konzepte für die Unterrichtspraxis.* Berlin/Boston: De Gruyter, 99–126.

Philipp, Maik (2015): *Schreibkompetenz.* Tübingen: Francke.

Pracht, Henrike (2007): Wissen über Wörter. Zum Lernbereich ‚Phonologische Bewusstheit – Sprachbewusstheit – Aussprache' in der zweitsprachlichen Alphabetisierungsarbeit. *Deutsch als Zweitsprache* (2). 19–32.

Radvan, Florian (2012): An-sehen, hin-schauen, über-blicken. Bilder im Deutschunterricht und im Lehrwerk. In Anja Ballis & Ann Peyer (Hrsg.): *Lernmedien und Lernaufgaben im Deutschunterricht. Konzeption und Analysen.* Bad Heilbrunn: Klinkhardt, 183–202.

Rauh, Hellgard (2008): Vorgeburtliche Entwicklung und frühe Kindheit. In Leo Montanda & Rolf Oerter (Hrsg.): *Entwicklungspsychologie.* Weinheim, Basel: Beltz, 149–224.

Rehbein, Jochen (1984): Beschreiben, berichten und erzählen. In Konrad Ehlich (Hrsg.): *Erzählen in der Schule.* Tübingen: Narr, 67–124.

Reichertz, Jo (2013): *Die Abduktion in der qualitativen Sozialforschung. Über die Entdeckung des Neuen.* (2. Aufl.), Wiesbaden: Springer.

Rosch, Eleanor (1971): Natural categories. *Cognitive Psychology* 7, 573–605.

Rösch, Heidi (2007): Das Jacobs-Sommercamp – neue Ansätze zur Förderung von Deutsch als Zweitsprache. In Bernt Ahrenholz (Hrsg.): *Kinder mit Migrationshintergrund. Spracherwerb und Fördermöglichkeiten.* Freiburg: Fillibach, 287–302.

Roth, Gerhard (1996): *Das Gehirn und seine Wirklichkeit. Kognitive Neurobiologie und ihre philosophischen Konsequenzen.* Frankfurt a.M.: Suhrkamp.

Rüßmann, Lars (2018): *Schreibförderung durch Sprachförderung – Eine Interventionsstudie zur Wirksamkeit sprachlich profilierter Schreibarrangements in der mehrsprachigen Sekundarstufe I.* Münster: Waxmann.

Rüßmann, Lars, Steinhoff, Torsten, Marx, Nicole & Wenk, Anne Kathrin (2016a): Förderung bilingualer Schreibfähigkeiten am Beispiel Deutsch – Türkisch. *Zeitschrift für Fremdsprachenforschung* 27 (2), 151–179.

Rüßmann, Lars, Steinhoff, Torsten, Marx, Nicole & Wenk, Anne Kathrin (2016b): Schreibförderung durch Sprachförderung? Zur Wirksamkeit sprachlich profilierter Schreibarrangements in der mehrsprachigen Sekundarstufe I unterschiedlicher Schulformen. *Didaktik Deutsch* 40 (21), 41–59.

Sambanis, Michaela (2013): *Fremdsprachenunterricht und Neurowissenschaften.* Tübingen: Narr Verlag.

Sambanis, Michaela (2014): Bewegtes Lernen – unterrichtliches Vorgehen, Effekte, Ursachen. In Heiner Böttger & Gabriele Gien (Hrsg.): *The Multilingual Brain – Zum neurodidaktischen Umgang mit Mehrsprachigkeit.* Eichstätt: Academic Press UG, 118–132.

Sambanis, Michaela (2016): Dramapädagogik im Fremdsprachenunterricht - Überlegungen aus didaktischer und neurowissenschaftlicher Sicht. In Susanne Even & Manfred Schewe (Hrsg.) *Performatives Lehren Lernen Forschen.* Berlin, Strasbourg: Schibri-Verlag, 47–66.

Samel, Ingrid (2000): *Einführung in die feministische Sprachwissenschaft.* Berlin: Erich Schmidt Verlag.

Schäfer, Joachim (2018): DaZ-Schreibdidaktik in der Grundschule. In Wilhelm Grießhaber, Sabine Schmölzer-Eibinger, Heike Roll & Karen Schramm (Hrsg.): *Schreiben in der Zweitsprache.* Berlin: Walter de Gruyter, 300–314.

Schank, Roger & Abelson Robert (1977): *Script, plans, goals and understanding. An inquiry into human knowledge structures.* Hillsdale, New York: LEA.

Scheller, Ingo (2016): *Szenische Interpretation. Theorie und Praxis eines handlungs- und erfahrungsbezogene Literaturunterrichts in der Sekundarstufe I und II.* Seelze: Klett, Kallmeyer.

Scheller, Ingo (2018): *Szenisches Spiel. Handbuch für die pädagogische Praxis.* Berlin: Cornelsen.

Schewe, Manfred (1993): *Fremdsprache inszenieren. Zur Fundierung einer dramapädagogischen Lehr- und Lernpraxis.* Carl von Ossietzky Universität Oldenburg: Zentrum für Pädagogische Berufspraxis.

Schewe, Manfred (2013): *Taking Stock and Looking Ahead: Drama Pedagogy as a Gateway to a Performative Teaching and Learning Culture.* http://research.ucc.ie/scenario/2013/01/Schewe/02/en (22.08.2018).

Schewe, Manfred (2015): Fokus Fachgeschichte: Die Dramapädagogik als Wegbereiterin einer performativen Fremdsprachendidaktik. In Wolfgang Hallet & Ansgar Nünning (Hrsg.): *Handbuch Dramendidaktik und Dramapädagogik im Fremdsprachenunterricht.* Trier: Wissenschaftlicher Verlag Trier, 21–36.

Schindler, Kirsten & Siebert-Ott, Gesa (2014): Schreiben in der Zweitsprache. In Helmuth Feilke & Thorsten Pohl (Hrsg.): *Schriftlicher Sprachgebrauch – Texte verfassen.* Baltmannsweiler: Schneider Verlag Hohengehren, 195–215.

Schmid, Hans-Jörg (2005): „Cathedrals of the Earth". Wege aus dem Korsett der Konventionalität. In Bergbeschreibungen von englischen Schriftstellern und Bergsteigern. In Peter Klotz & Christine Lubkoll (Hrsg.): *Beschreibend wahrnehmen – wahrnehmend beschreiben. Sprachliche und ästhetische Aspekte kognitiver Prozesse.* Freiburg: Rombach, 135–152.

Schmölzer-Ebinger, Sabine (2018b): *Wo bleibt die wissenschaftliche Basis?* https://static.uni-graz.at/fileadmin/gewi-zentren/fachdidaktikzentrum-gewi/Artikel_Kleine_Zeitung.pdf (04.07.2019).

Schmölzer-Eibinger, Sabine (2017): *10 Empfehlungen zur Sprachförderung von neu zugewanderten Schülerinnen und Schülern.* Online: https://static.uni-graz.at/fileadmin/gewi-zentren/fachdidaktikzentrumgewi/Dokumente/Tagungen/Fluechtlingsinitiative/Empfehlungen_Sprachfoerderung_fuer_neu_zugewanderte_SchulerInnen.pdf (02.11.2017).

Schmölzer-Eibinger, Sabine (2018a): Literalität und Schreiben in der Zweitsprache. In Wilhelm Grießhaber, Sabine Schmölzer-Eibinger, Heike Roll & Karen Schramm (Hrsg.): *Schreiben in der Zweitsprache Deutsch. Ein Handbuch.* Berlin, Boston: De Gruyter, 3–16.

Schmölzer-Eibinger, Sabine, Dorner, Magdalena (2012): Literale Handlungskompetenz als Basis des Lernens in jedem Fach. In Manuela Paechter, Michaela Stock, Sabine Schmölzer-

Eibinger, Peter Slepcevic-Zach & Wolfgang Weirer (Hrsg.): *Handbuch Kompetenzorientierter Unterricht*. Weinheim, Basel: Beltz, 60–71.
Schmölzer-Eibinger, Sabine, Dorner, Magdalena, Langer, Elisabeth & Helten-Pacher, Marita (2013): *Sprachförderung im Fachunterricht in sprachlich heterogenen Klassen*. Stuttgart: Klett.
Schneuwly, Bernard & Rosat, Marie-Claude (1995): „Ma chambre" ou: comment linéariser l'espace. Étude ontogénétique de textes descriptifs écrits. In Jean-Paul Bronckart (Hrsg.): *Psychologie des discours et didactique des textes. Bulletin suisse de linguistique appliquée* (61) VALS-ASLA, 83–100.
Selinker, Larry (1972): Interlanguage. In Richard C. Richards (Hrsg.): *Error Analysis. Perspectives in Second Language Acquisition*. London: Longmann, 31–54.
Slade, Peter (1954): *Child Drama*. London: London UP.
Spering, Miriam & Schmidt, Thomas (2017): *Allgemeine Psychologie 1 Kompakt. Wahrnehmung •Aufmerksamkeit •Denken •Sprache*. (3. Aufl.), Weinheim: Beltz.
Spitzer, Manfred (2008): Spielen und Lernen. Friedrich Schiller und der Wachstumsfaktor BDNF. *Nervenheilkunde* 5, 458–462.
Spitzer, Manfred (2009): Kindertheater. Kreativität, Vorstellungen und Gehirnforschung. *Nervenheilkunde* 28, 97–102.
Spitzer, Manfred (2016): *Lernen. Gehirnforschung und die Schule des Lebens*. Heidelberg: Springer.
Stanat, Petra (2006): Disparitäten im schulischen Erfolg. Forschungsstand zur Rolle des Migrationshintergrundes. *Unterrichtswissenschaft* (Jg. 36 / 2), 98–104.
Stanat, Petra, Baumert, Jürgen & Müller, Andrea (2005): Förderung von deutschen Sprachkompetenzen bei Kindern aus zugewanderten und sozial benachteiligten Familien. Evaluationskonzeption für das Jacobs-Sommercamp Projekt. *Zeitschrift für Pädagogik* (51 / 69), 856–875.
Steinhoff, Torsten (2016): Lernen durch Schreiben. In Helmuth Feilke & Thorsten Pohl (Hrsg.): *Deutschunterricht in Theorie und Praxis. Schriftlicher Sprachgebrauch Texte verfassen*. Baltmannsweiler: Schneider, 331–348.
Steinig, Wolfgang, Betzel, Dirk, Geider, Franz Josef & Herbold, Andreas (2009): *Schreiben von Kindern im diachronen Vergleich*. Münster: Waxmann.
Steinitz, Renate (1968): Nominale Pro-Formen. In Werner Kallmeyer, Reinhardt Meyer-Hermann & Wolfgang Klein (Hrsg.): *Lektürekolleg zur Textlinguistik*. (B. 2), 246–265.
Stifter, Adalbert (2016): *Bergkristall*. (Erstdruck 1845), Wroclaw: Holzinger.
Thiering, Martin (2018): *Kognitive Semantik und kognitive Anthropologie. Eine Einführung*. Berlin, Boston: De Gruyter.
Thürmann, Eike (2012): *Lernen durch Schreiben? Thesen zur Unterstützung sprachlicher Risikogruppen im Sachfachunterricht*. http://geb.uni-giessen.de/geb/volltexte/2012/8668/pdf/DieS_online-2012-1.pdf (26.06.2018).
Tselikas, Elektra (1999): *Dramapädagogik im Sprachunterricht*. Zürich: Orell Füssli.
Universität Trier (2018): *Deutsches Wörterbuch von Jacob Grimm und Wilhelm Grimm*. http://woerterbuchnetz.de/cgi-bin/WBNetz/wbgui_py?sigle=DWB (05.10.2018).
Universität Trier (2019a): *Deutsches Wörterbuch von Jacob Grimm und Wilhelm Grimm*. http://woerterbuchnetz.de/cgi-bin/WBNetz/wbgui_py?sigle=DWB&mode= Vernetzung&lemid=GB05189#XGB05189 (10.01.2019).

Universität Trier (2019b): *Deutsches Wörterbuch von Jacob Grimm und Wilhelm Grimm.* http://woerterbuchnetz.de/cgi-bin/WBNetz/wbgui_py?sigle=DWB&mode= Vernetzung&lemid=GW02881#XGW02881 (10.01.2019).

v. Helmholtz, Helmuth (1913): *Die Lehre von den Tonempfindungen als physiologische Grundlage für die Theorie der Musik.* Wiesbaden: Springer.

v. Stutterheim, Christiane & Kohlmann, Ute (2001): Beschreiben im Gespräch. In Armin Brukhardt, Hugo Steger & Herbert Ernst Wiegand (Hrsg.): *Handbuch der Sprach- und Kommunikationswissenschaft.* Berlin, New York: Walter de Gruyter, 1279–1292.

Vaßen, Florian (2012): Theater +/- Pädagogik. Korrespondenzen von Theater und (Theater-) Pädagogik. In Christoph Nix, Dietmar Sacher & Marianne Streisand (Hrsg.) Theaterpädagogik. Berlin: Theater der Zeit, 53–63.

Vaßen, Florian (2016): Die Vielfalt der Theaterpädagogik in der Schule – Theater und theatrale Ausbildung im Kontext des Lehrverhaltens, als Unterrichtsmethode und als künstlerisch-ästhetisches Fach. In Susanne Even & Manfred Schewe (Hrsg.) *Performatives Lehren Lernen Forschen.* Berlin, Strasbourg: Schibri-Verlag 87–125.

Vollmann, Ralf & Marschik, Peter (2011): *Narrative Strukturen in der Kindersprache. Grazer linguistische Studien.*: https://static.uni-graz.at/fileadmin/_Persoenliche_ Webseite/vollmann_ralf/Publikationen/VR2011A_GLS75_gesamt_05.pdf (10.10.2018).

Vollmer, Helmuth Johannes & Thürmann, Eike (2011): Zur Sprachlichkeit des Fachlernens. Modellierung eines Referenzrahmens für Deutsch als Zweitsprache. In Bernt Ahrenholz (Hrsg.): *Fachunterricht und Deutsch als Zweitsprache,* Tübingen: Narr Francke, 107–132.

Vygotskij, Lev (2002): *Denken und Sprechen.* Weinheim, Basel: Beltz.

Wagner, Betty Jane (1979): *Dorothy Heathcote. Drama as a learning medium.* London: Hutchinson.

Waldenfels, Bernhard (1974): Wahrnehmung. In Hermann Krings, Michael Hand & Christoph Wild (Hrsg.): *Handbuch philosophischer Grundbegriffe.* München: Kösel, 1669–1678.

Way, Brian (1967): *Development Through Drama.* Harlow: Longman.

Weinert, Franz (2001): Vergleichende Leistungsmessung in Schulen – eine umstrittene Selbstverständlichkeit. In Franz Weinert (Hrsg.): *Leistungsmessung in Schulen.* Weinheim: Beltz, 17–31.

Weinert, Sabine & Grimm, Hannelore (2008): Sprachentwicklung. In Leo Montanda & Rolf Oerter (Hrsg.): *Entwicklungspsychologie.* Weinheim, Basel: Beltz, 502–534.

Weinhold, Swantje (2016): Schreiben in der Grundschule. In Helmuth Feilke & Thorsten Pohl (Hrsg.): *Deutschunterricht in Theorie und Praxis. Schriftlicher Sprachgebrauch - Texte verfassen* (B. 4), Baltmannsweiler: Schneider, 143–158.

Weinrich, Harald (1969): Textlinguistik. Zur Syntax des Artikels in der deutschen Sprache. *Jahrbuch für internationale Germanistik* 1, 61–74.

Wenk, Anne Kathrin, Marx, Nicole; Steinhoff, Torsten & Rüssmann, Lars (2016): Schreibförderung durch Sprachförderung? Zur Wirksamkeit sprachlich profilierter Schreibarrangements in der mehrsprachigen Sekundarstufe I unterschiedlicher Schulformen. *Didaktik Deutsch* 40, 41–59.

Werker, Janet & Tees, Richard (2002): Cross-language speech perception. Evidence for perceptual reorganization during the first year of life. *Infant Behavior & Development* 25, 121–133.

Werlich, Egon (1979): *Typologie der Texte.* Heidelberg: Quelle & Meyer (UTB).

Werlich, Egon (1983): *A text grammar of English.* Heidelberg: Quelle & Meyer.

Whorf, Benjamin (1994): *Sprache – Denken – Wirklichkeit. Beiträge zur Metalinguistik und Sprachphilosophie*. Hamburg: Rowohlt.
Wildemann, Anja & Fornol, Sarah (2016): *Sprachsensibel unterrichten in der Grundschule. Anregungen für den Deutsch-, Mathematik- und Sachunterricht*. Seelze: Klett.
Wilkening, Friedrich & Krist, Horst (2008): Entwicklung der Wahrnehmung und Psychomotorik. In Leo Montada & Rolf Oerter (Hrsg.): *Entwicklungspsychologie*. Weinheim, Basel: Beltz, 413–435.
Klappenbach, Ruth & Steinitz, Wolfgang (Hrsg.) (1961): *Wörterbuch der Deutschen Gegenwartssprache*. Berlin: Akademie Verlag
Zimmer, Renate (2012): *Handbuch Sinneswahrnehmung. Grundlagen einer ganzheitlichen Bildung und Erziehung*. Freiburg im Breisgau: Herder.
Zöller, Isabelle, Roos, Jeanette & Schöler, Hermann (2006): Einfluss soziokultureller Faktoren auf den Schriftspracherwerb im Grundschulalter. In Agi Schründer-Lenzen (Hrsg.): *Risikofaktoren kindlicher Entwicklung. Migration, Leistungsangst und Schulübergang*. Wiesbaden: Springer, 45–65.
Zydatiß, Wolfgang (1989): Types of texts. In René Dirven, Wolfgang Zydatiß & Willis J. Edmondson (Hrsg.): *A User's Grammar of English: Word, Sentence, Text, Interaction*. Frankfurt a.M.: Peter Lang, 723–788.

Abbildungsverzeichnis

Abb. 1: Darstellungskontinuum von der aspektivischen zur zentralperspektivischen Darstellungsweise nach Köller (2005) —— **19**
Abb. 2: Untersuchung des österreichischen Grundschullehrplans nach der Häufigkeit darin genannter sprachlicher Handlungen —— **43**
Abb. 3: Wahrnehmungsprozess nach Zimmer (2012) —— **63**
Abb. 4: Was-Bahn und Wo-Bahn nach Hagendorf et al. (2011) —— **68**
Abb. 5: Analyse des österreichischen Lehrplans für Volksschulen nach ausgewählten kognitiven Handlungen in allen Unterrichtsfächern —— **80**
Abb. 6: Analyse des österreichischen Lehrplans für Volksschulen nach ausgewählten kognitiven Handlungen im Unterrichtsfach „Deutsch, Lesen und Schreiben" (1.-4. Schulstufe) —— **81**
Abb. 7: Häufigkeit der expliziten Nennung ausgewählter sprachlicher Handlungen im Lehrplan für „Deutschförderklassen" —— **120**
Abb. 8: Zielsetzungen der empirischen Untersuchung —— **127**
Abb. 9: Bildimpuls Prätest —— **131**
Abb. 10: Bildimpuls Posttest —— **133**
Abb. 11: Darstellung des Untersuchungsablaufs (Datenerhebung und -auswertung) —— **134**
Abb. 12: Beschreibungsbild Schloss Eggenberg – „Verrückte Reise durch Graz" (1. Einheit) —— **135**
Abb. 13: Beschreibungsbild Grazer Stadtpark – „Verrückte Reise durch Graz" (2. Einheit) —— **137**
Abb. 14: Beschreibungsbild Grazer Schlossberg – „Verrückte Reise durch Graz" (3. Einheit) —— **137**
Abb. 15: Sprachliches Lernen: Visueller Input – performative Erfahrung – schriftliches Beschreiben —— **141**
Abb. 16: Max und Lilli —— **143**
Abb. 17: Sprachliches Lernen: Visueller Input – kommunikative Erfahrung – schriftliches Beschreiben —— **144**
Abb. 18: Sprachliches Lernen: Gegenüberstellung der beiden Untersuchungsgruppen —— **147**
Abb. 19: Fachliche Rahmung: Gegenüberstellung der beiden Untersuchungsgruppen —— **149**
Abb. 20: Testbilder für Prä- und Posttest —— **151**
Abb. 21: Anteil der Erst- und Zweitsprachenlernenden der Gesamtstichprobe nach Geschlechterzugehörigkeit —— **156**
Abb. 22: Zentrale Analysekriterien —— **160**
Abb. 23: Skala der Objekt-Referenz —— **166**
Abb. 24: Skala der Objekt-Attribuierung —— **170**
Abb. 25: Skala der lokalen Objekt-Verortung —— **175**
Abb. 26: Angaben zu Lese- und Schreibeinstellungen die Freizeit betreffend (Gesamtstichprobe) —— **186**
Abb. 27: Angaben zu Lese- und Schreibeinstellungen die Freizeit betreffend (Teilstichproben von L1- und L2-Lernenden) —— **187**
Abb. 28: Histogramm der realisierten Muster der Objekt-Referenz (Gesamtstichprobe, T1) —— **189**

Abb. 29: Histogramm der realisierten Muster der Objekt-Referenz (L1-Teilstichprobe, T1) —— **191**
Abb. 30: Histogramm der realisierten Muster der Objekt-Referenz (L2-Teilstichprobe, T1) —— **193**
Abb. 31: Histogramm der realisierten Muster der Objekt-Attribuierung (Gesamtstichprobe, T1) —— **196**
Abb. 32: Die am häufigsten realisierten Indikatoren der Objekt-Attribuierung in Relation zur Gesamtzahl aller Indikatoren-Realisierungen der OA (Gesamtstichprobe, T1) —— **197**
Abb. 33: Histogramm der realisierten Muster der Objekt-Attribuierung (L1-Teilstichprobe, T1) —— **199**
Abb. 34: Die am häufigsten realisierten Einzel-Indikatoren der Objekt-Attribuierung in Relation zur Gesamtzahl aller Indikatoren-Realisierungen der OA (L1-Teilstichprobe, T1) —— **200**
Abb. 35: Histogramm der realisierten Muster der Objekt-Attribuierung (L2-Teilstichprobe, T1) —— **201**
Abb. 36: Die am häufigsten realisierten Einzel-Indikatoren der Objekt-Attribuierung in Relation zur Gesamtzahl aller Indikatoren-Realisierungen der OA (L2-Teilstichprobe, T1) —— **202**
Abb. 37: Histogramm der realisierten Muster der Objekt-Verortung (Gesamtstichprobe, T1) —— **204**
Abb. 38: Histogramm der realisierten Muster der Objekt-Verortung (L1-Teilstichprobe, T1) —— **207**
Abb. 39: Histogramm der realisierten Muster der Objekt-Verortung (L2-Teilstichprobe, T1) —— **209**
Abb. 40: Anteil der Bildbeschreibungen, in denen Parallelismus und Aufzählung dominieren (Gesamtstichprobe, T1) —— **220**
Abb. 41: Anteil der Bildbeschreibungen, in denen Parallelismus dominiert (Teilstichproben L1 und L2, T1) —— **224**
Abb. 42: Anteil der Bildbeschreibungen, in denen die Aufzählung dominiert (Teilstichproben L1 und L2, T1) —— **225**
Abb. 43: Auswertungsdarstellung der Variable Objekt-Referenz nach Untersuchungsgruppen (L1- und L2-Lernende) und Messzeitpunkt (T1-T2) —— **242**
Abb. 44: Auswertungsdarstellung der Variable Objekt-Referenz nach L1-Lernenden, Untersuchungsgruppen und Messzeitpunkt (T1-T2) —— **243**
Abb. 45: Auswertungsdarstellung der Variable Objekt-Referenz nach L2-Lernenden, Untersuchungsgruppen und Messzeitpunkt (T1-T2) —— **243**
Abb. 46: Auswertungsdarstellung der Variable Objekt-Attribuierung nach Untersuchungsgruppen (L1- und L2 Lernende) und Messzeitpunkt (T1-T2) —— **246**
Abb. 47: Auswertungsdarstellung der Indikatoren der Objekt-Attribuierung nach Untersuchungsgruppen und Messzeitpunkt (T1-T2) —— **247**
Abb. 48: Auswertungsdarstellung der Indikatoren der Objekt-Attribuierung nach L1-Lernenden, Untersuchungsgruppen und Messzeitpunkt (T1-T2) —— **247**
Abb. 49: Auswertungsdarstellung der Indikatoren der Objekt-Attribuierung nach L2-Lernenden, Untersuchungsgruppen und Messzeitpunkt (T1-T2) —— **248**
Abb. 50: Auswertungsdarstellung der Variable Objekt-Verortung nach L1-Lernenden, Untersuchungsgruppen und Messzeitpunkt (T1-T2) —— **250**

Abb. 51: Auswertungsdarstellung der Variable Objekt-Verortung nach L2-Lernenden, Untersuchungsgruppen und Messzeitpunkt (T1-T2) —— **251**
Abb. 52: Auswertungsdarstellung der Variable Objekt-Verortung nach Untersuchungsgruppen (L1- und L2-Lernende) und Messzeitpunkt (T1-T2) —— **251**
Abb. 53: Auswertungsdarstellung des Indikators GRP nach Untersuchungsgruppen (L1- und L2-Lernende) und Messzeitpunkt (T1-T2) —— **252**
Abb. 54: Auswertungsdarstellung der erreichten Punktezahl im Graz-Quiz nach Untersuchungsgruppen (L1- und L2-Lernende) und Messzeitpunkt (T1-T2) —— **260**
Abb. 55: Auswertungsdarstellung der erreichten Punktezahl im Graz-Quiz nach L1-Lernenden, Untersuchungsgruppen und Messzeitpunkt (T1-T2) —— **260**
Abb. 56: Auswertungsdarstellung der erreichten Punktezahl im Graz-Quiz nach L2-Lernenden, Untersuchungsgruppen und Messzeitpunkt (T1-T2) —— **261**

Tabellenverzeichnis

Tab. 1: Darstellungsarten des traditionellen Aufsatzunterrichts (nach Heinemann 2000: 359) —— 30
Tab. 2: Entwicklungsstufen deskriptiver Textsortenkompetenz in Bezug auf Schulstufen nach Augst et al. 2007 —— 49
Tab. 3: Sprachliches Lernen – Gegenüberstellung der Untersuchungsgruppen —— 146
Tab. 4: Fachliche Rahmung – Gegenüberstellung der Untersuchungsgruppen —— 148
Tab. 5: Skalenniveaustufen der OR, OA und OV für die Textauswertung —— 175
Tab. 6: Indikatoren für Objekt-Referenz —— 176
Tab. 7: Indikatoren für Objekt-Attribuierung —— 177
Tab. 8: Indikatoren für Objekt-Verortung —— 178
Tab. 9: Korpusauszug getaggt (25 Indikatoren) —— 179
Tab. 10: Indikatoren für deiktische Bildverweise —— 180
Tab. 11: Indikator für narrative Darstellungsweisen —— 181
Tab. 12: Indikatoren für Objekt-Konkretisierungen —— 181
Tab. 13: Tabellarische Darstellung der realisierten Objekt-Referenzen (2-7) in Prozent (Gesamtstichprobe, T1) —— 189
Tab. 14: Tabellarische Darstellung der realisierten Objekt-Referenz in Prozent (L1-Teilstichprobe, T1) —— 190
Tab. 15: Tabellarische Darstellung der realisierten Objekt-Referenz in Prozent (L2-Teilstichprobe, T1) —— 192
Tab. 16: Tabellarische Darstellung der realisierten Objekt-Attribuierungen (1-7) in Prozent (Gesamtstichprobe, T1) —— 195
Tab. 17: Tabellarische Darstellung der realisierten Objekt-Attribuierung in Prozent (L1-Teilstichprobe, T1) —— 198
Tab. 18: Tabellarische Darstellung der realisierten Objekt-Attribuierung in Prozent (L2-Teilstichprobe, T1) —— 201
Tab. 19: Tabellarische Darstellung der realisierten Objekt-Verortungen (1-7) in Prozent (Gesamtstichprobe, T1) —— 204
Tab. 20: Tabellarische Darstellung der realisierten Objekt-Verortung in Prozent (L1-Teilstichprobe, T1) —— 206
Tab. 21: Tabellarische Darstellung der realisierten Objekt-Verortung in Prozent (L2-Teilstichprobe, T1) —— 208
Tab. 22: Kreuztabelle zur Auswertung des Zusammenhangs von Objekt-Referenz und Objekt-Attribuierung (Gesamtstichprobe, T1) —— 212
Tab. 23: Kreuztabelle zur Auswertung des Zusammenhangs von Objekt-Referenz und Objekt-Attribuierung (L1-Teilstichprobe, T1) —— 212
Tab. 24: Kreuztabelle zur Auswertung des Zusammenhangs von Objekt-Referenz und Objekt-Attribuierung (L2-Teilstichprobe, T1) —— 213
Tab. 25: Kreuztabelle zur Auswertung des Zusammenhangs von Objekt-Referenz und Objekt-Verortung (Gesamtstichprobe, T1) —— 214
Tab. 26: Kreuztabelle zur Auswertung des Zusammenhangs von Objekt-Referenz und Objekt-Verortung (L1-Teilstichprobe, T1) —— 215
Tab. 27: Kreuztabelle zur Auswertung des Zusammenhangs von Objekt-Referenz und Objekt-Verortung (L2-Teilstichprobe, T1) —— 215

Tab. 28: Gegenüberstellung der Performanzen mit geringster und höchster Zeichenanzahl (T1) —— **220**
Tab. 29: Gegenüberstellung OA- und OV-Realisierung —— **237**
Tab. 30: Gegenüberstellung T-Testergebnisse der L2-Lernenden (Experimental- und Vergleichsgruppe) —— **254**

www.ingramcontent.com/pod-product-compliance
Lightning Source LLC
Chambersburg PA
CBHW020222170426
43201CB00007B/288